空间电推进科学与技术丛书

霍尔电推进工程

Engineering of Hall Electric Propulsion

康小录 余水淋 梁 伟 杭观荣 徐亚男 等 著

科学出版社

北 京

内 容 简 介

本书主要介绍霍尔电推进工程研制基础、流程、方法和应用实践等。全书分为4篇共15章：基础篇（第1~3章）主要介绍霍尔电推进工程内涵、发展历程、工程任务和研制基础等；方法论（第4~7章）主要介绍霍尔电推进工程研制基本要求、各阶段工程研制流程和方法等；实践篇（第8~13章）主要介绍霍尔电推进系统及其主要单机工程研制的特点和要求、各研制阶段的工程实践以及应用案例等；拓展篇（第14~15章）主要介绍霍尔电推进工程"三化"产品研制以及生产线建设。

本书可供从事空间电推进技术研究、设计、生产、试验和应用的工程技术人员及管理人员参考、借鉴，亦可作为高等院校相关专业研究生和高年级本科生的教学参考书。

图书在版编目(CIP)数据

霍尔电推进工程／康小录等著. —北京：科学出版社，2023.9
（空间电推进科学与技术丛书）
ISBN 978-7-03-075768-5

Ⅰ. ①霍… Ⅱ. ①康… Ⅲ. ①离子发动机—电推进 Ⅳ. ①V514

中国国家版本馆 CIP 数据核字(2023)第 106321 号

责任编辑：徐杨峰／责任校对：谭宏宇
责任印制：黄晓鸣／封面设计：殷 靓

科学出版社 出版
北京东黄城根北街 16 号
邮政编码：100717
http://www.sciencep.com

南京展望文化发展有限公司排版
苏州市越洋印刷有限公司印刷
科学出版社发行 各地新华书店经销

*

2023 年 9 月第 一 版 开本：B5(720×1000)
2023 年 9 月第一次印刷 印张：35 3/4
字数：697 000

定价：240.00 元
（如有印装质量问题，我社负责调换）

霍尔电推进工程
编写组

组　长
康小录

副组长
余水淋　梁　伟　杭观荣　徐亚男

组　员
（以姓名笔画排序）

田雷超　乔彩霞　刘　鹏　余水淋　张　岩
张　敏　张乾鹏　杭观荣　金逸舟　赵　震
徐亚男　黄　浩　康小录　梁　伟

丛书序

喷气推进通过将工质流高速向后喷出,利用动量守恒原理产生向前的反作用力使航天器运动变化,在此过程中消耗质量和能量。根据能量供应的形式,喷气推进可以分为基于燃料化学能的化学推进和基于外部电能源的电推进。电推进的设想由俄国物理学家齐奥尔科夫斯基和美国物理学家罗伯特·戈达德分别在 1902 年和 1906 年提出,与传统化学火箭提出时间基本一致。但是由于其技术复杂性和空间电功率等限制,早期电推进的发展明显滞后于化学推进。20 世纪 50 年代,美国和苏联科学家对电推力器进行了理论研究,论证了空间电推进的可行性,并开始了电推进技术的工程研究。1960~1980 年是电推进技术成熟发展并开始应用的主要发展阶段,几位电推进的先驱者留下了探索的足迹。

空间飞行器对燃料消耗量非常敏感,推进器的比冲成为最重要的性能指标。化学推进受到推进剂焓能限制和耐高温材料的制约,比冲达到 340 s 水平后几乎再难以大幅度提升;电推进可以借助于外部电能,突破传统化学推进比冲的极限,目前已经很普遍地达到 1 000~3 000 s 的高比冲,并且远未达到其上限。

电推进由于其高比冲、微推力等主要特征,在长寿命卫星、深空探测、无拖曳控制等航天工程中正日益发挥极其突出的作用,成为航天推进技术的前沿,受到世界各国的重视;智慧 1 号探月卫星,隼鸟号、深空 1 号、全电推进卫星等的成功应用,标志着电推进技术逐渐走向成熟,在未来航天领域的重要性日益凸显;中国的电推进经过了漫长的发展储备期,在离子推进、霍尔推进、电弧推进、脉冲等离子体推进等方面取得了坚实的进展,2012 年实践 9 号卫星迈出了第一个空间验证的步伐,此后实践 13、实践 17 等卫星进入了同步轨道应用验证和工程实施阶段。

我国电推进的学术交流蓬勃发展,其深度、广度和影响力持续提高,电推进学会发展走入正轨,对促进电推进技术的知识共享、扩大影响、壮大队伍、加快技术进步发挥了巨大的作用。

在此背景下,我国电推进行业的发展和人才培养急需一套电推进技术领域的专业书籍,科学出版社和中国宇航学会电推进技术专业委员会合作推出了这套丛书,希望这套丛书的出版,对我国航天推进领域科学技术的发展起到推动作用。

丛书在编辑过程中得到北京控制工程研究所、上海空间推进研究所、兰州空间技术物理研究所、北京理工大学、北京航空航天大学、哈尔滨工业大学、中国空间技术研究院通信卫星事业部、航天工程大学、西安微电子技术研究所、合肥工业大学、上海交通大学等单位的大力支持,对此表示感谢。

由于电推进技术处于快速发展中,丛书所包括的内容来不及涵盖最新的进展,书中的不足之处在所难免,敬请广大读者和同行批评指正。

丛书编委会
2019 年 7 月

前　言

　　霍尔电推进是电推进家族中综合性能优良的空间动力技术。自20世纪60年代由苏联库尔恰托夫原子能研究所物理学家莫罗佐夫发明以来，经过多国科学家和工程技术人员数十年的技术研发和工程优化，已经大量用于各类航天器的在轨推进任务。霍尔电推进空间应用所涉及的航天器任务类型包括低轨卫星的大气阻力补偿和轨道机动、空间站轨道维持、地球同步轨道卫星轨道转移和位置保持、卫星寿终离轨推进、深空探测航天器主推进、商业航天廉价推进应用等。截至2022年3月，采用霍尔电推进的航天器数量已经超过3 000颗，遥遥领先于其他电推进技术。

　　我国的霍尔电推进技术研发以上海空间推进研究所为代表，始于20世纪90年代中期，经过二十多年的不懈努力，攻克了霍尔电推进放电振荡抑制、放电室抗离子溅射腐蚀、空心阴极高可靠长寿命、微小流量分配和精确控制等多项关键技术，实现了霍尔电推进产品原理样机、工程样机和飞行样机的三次跨越。2012年10月14日，SJ-9A卫星搭载国内首套霍尔电推进系统入轨飞行，拉开了我国霍尔电推进工程应用的序幕。随后的空间站核心舱、多媒体卫星及多个卫星星座等采用霍尔电推进的航天器相继发射入轨，令霍尔电推进工程应用驶入了快车道。

　　为了更好地总结霍尔电推进工程研制的成果经验，促进霍尔电推进工程研制和在轨应用的发展，特组织撰写了这本《霍尔电推进工程》。本书分为4篇共15章：基础篇含3章，其中第1章绪论主要介绍霍尔电推进工程内涵、发展历程、工程研制阶段划分和发展趋势等；第2章霍尔电推进工程任务，主要介绍霍尔电推进可以完成的航天器在轨推进任务；第3章霍尔电推进工程研制基础，主要介绍霍尔电推进原理、系统组成、预研成果及其技术状态表征等；方法论含4章，其中第4章霍尔电推进工程研制基本要求，主要介绍霍尔电推进主要功能、性能、设计和验证等方面的要求；第5~7章，分别介绍霍尔电推进方案、初样、正样各阶段工程研制流程和要求，涉及各阶段的目标要求、主要工作内容、重点关注的问题和阶段完成标志等；实践篇含6章，其中第8~11章，分别介绍霍尔推力器、空心阴极、贮供单元、功率处理单元等单机的工程研制，涉及各单机工程研制的特点和要求，原理样机、工程样机、飞行样机以及在轨应用的工程实践等;第12章霍尔电推进系统工程研制,主要介绍系统层面的工程研制,涉及系统研制特点和要求,方案阶段、初样阶段、正样阶段以及在轨应用的工程实践等;第13章霍尔电推进工程应用,主要介绍国内外霍尔电推进在低轨、高轨、深空探测和在轨服务等领域的典型应用案例;拓展篇含2章,其中第14章霍尔电推进"三化"产品研制,主要介绍"三化"的原则和要求、工作策划、产品研制和典型案例;第15章霍尔电推进生产线建设,主要介绍生产线建设模式、组成与要求、策划建造和运行等。

　　本书的结构框架、内容范围由康小录提出,并主笔和校审全书文稿。本书内容是上海空间推进研究所电推进研发团队集体智慧的结晶,主要编写者有康小录、余水淋、梁伟、杭观荣、徐亚男、乔彩霞、张乾鹏、赵震、张岩、黄浩、张敏、金逸舟、刘鹏、田雷超等。全书文稿的整理和排版由田雷超和徐亚男负责完成。

　　感谢中国航天科技集团推进技术研究院科技委朱智春副主任和上海空间推进研究所魏青所长对本书选题和编写给予的支持和指导。感谢哈尔滨工业大学于达仁教授对本书章节、内容、布局安排的建议。感谢"空间电推进科学与技术丛书"编委会专家对本书的支持和帮助。本书撰写过程中引用了许多专家学者的著作、论文和劳动成果,在此一并表示谢意。

　　由于作者的水平有限,书中难免有错误和不妥之处,恳请专家和读者批评指正。

康小录

2023 年 3 月于上海

目　录

丛书序
前言

基　础　篇

第1章　绪　　论

第2章　霍尔电推进工程任务

第3章　霍尔电推进工程研制基础

方　法　论

第4章　霍尔电推进工程研制要求

第 5 章　霍尔电推进系统方案阶段研制

第 6 章　霍尔电推进系统初样研制

第7章　霍尔电推进正样研制与在轨飞行

实　践　篇

第8章　霍尔推力器工程研制

第9章　空心阴极工程研制

第 10 章　推进剂贮存供给单元工程研制

第 11 章 功率处理单元产品工程研制

第12章　霍尔电推进系统产品工程研制

第13章　霍尔电推进工程应用

拓 展 篇

第14章 霍尔电推进"三化"产品研制

第15章 霍尔电推进生产线建设

基础篇

第 1 章
绪　　论

2012 年 10 月 14 日,SJ‐9A 卫星在太原卫星发射中心成功发射,揭开了我国霍尔电推进进入空间应用的序幕[1],随后的空间站核心舱、多媒体贝塔卫星及多个卫星星座等采用霍尔电推进的航天器相继发射入轨,令霍尔电推进工程应用驶入了快车道,目前,中等功率(百瓦至五千瓦)的霍尔电推进已经全面进入工程研制和应用阶段。

1.1　霍尔电推进工程内涵

宽泛地讲,"工程"就是指由一群人(或某个人)为达到某种目的,在一段时间内进行协作(或单独)活动的过程。描述得再具体些,"工程"则是指以某组(或某个)设想的目标为依据,应用相关的科学知识和技术手段,在预定的时间周期内,通过有组织的一群人(或某个人)将某些(或某个)现有实体(自然的或人造的)转化为具有预期使用价值的人造产品的过程。

工程的主要依据是数学、物理学、化学,以及由此产生的材料科学、结构力学、固体力学、流体力学、热力学、输运过程和系统分析等。工程的主要职能通常包括如下几方面。

(1) 研究:应用数学和自然科学概念、原理、实验技术等,探求新的工作原理和方法;

(2) 开发:解决把研究成果应用于实际过程中所遇到的各种问题;

(3) 设计:选择不同的方法、特定的材料,并确定符合技术要求和性能规格的设计方案,以满足结构或产品的要求;

(4) 实施:包括准备场地、材料存放、选定既经济又安全并能达到质量要求的工作步骤,以及人员组织和设备利用等;

(5) 生产:在考虑人和经济因素的情况下,选择场地布局、生产设备、工具、原材料、元器件和工艺流程,进行产品的制造、试验和检查;

(6) 操作:管理机器、设备以及能源动力和流体供应、运输和通信,使各类设

备经济可靠地运行;

（7）工程管理及其他职能。

一般而言,工程可以大致分为三大类:第一类就是将自然科学的理论应用到人类实践活动中而形成的工程门类,如化学工程、水利工程、生物工程、海洋工程、航天工程等,通常这些工程门类对应的就是相应的专业,如化学工程专业、水利工程专业、生物工程专业、航天工程专业等;第二类就是在上述专业门类里细分出来的工程类别,尚没有达到学科专业的级别,这类工程的内涵与第一类相近,也是自然科学的理论应用到人类实践活动中而形成的工程门类。如化学工程专业的化工系统工程、化学反应工程、化工分离工程、化工安全工程等。航天工程专业的载人航天工程、运载火箭工程、深空探测工程、航天器（卫星）工程等,以及由其再细分出的各种具体的工程科目,如航天员生保工程、在轨推进工程、卫星环境工程、卫星姿态动力学工程等。通常,第二类工程是作为第一类工程专业的具体专业课程出现的。随着应用领域的扩展和技术的不断深化细化,第二类工程可以转化为第一类工程;第三类是指具体的工程项目,也就是第一、二类工程的具体实践活动,如京九铁路工程、某某卫星工程、某某大厦电梯改造工程、某某设备研制工程等。工程门类和工程项目有大有小,有复杂有简单,但其内涵和职能都遵循上述定义。

霍尔电推进工程是上面描述的第二类工程,它属于航天工程专业中航天器工程的子类。作为一项相对专业的工程科目,霍尔电推进工程以航天器的在轨推进任务为目标,将航天器总体提供的技术任务书作为工程研制依据,应用该领域预先研究的成果和已有技术经验,按照航天产品工程研制的相关规范和流程,通过有组织地开展方案论证、工程设计、生产制造、试验验证、迭代优化等各项活动,最终形成可满足航天器在轨推进任务需求的霍尔电推进系统工程产品。

从航天产品工程的角度,霍尔电推进工程就是对霍尔电推进产品开发、生产、质量管理、产品定型和应用等过程进行优化,以满足霍尔电推进产品高性能、高可靠、高质量要求的一项系统工程。因此,广义地讲,霍尔电推进工程应该涉及霍尔电推进工程技术和工程管理两个层面的内容。本书的霍尔电推进工程是一个相对狭义的概念,介绍霍尔电推进工程研制中技术层面的内容,主要包括霍尔电推进工程研制方法、工程实践和工程应用等,不涉及与人员相关的工程管理方面的内容。

1.2　霍尔电推进工程发展历程

霍尔电推进概念是由苏联库尔恰托夫原子能研究所的莫罗佐夫教授于 20 世纪 60 年代提出的。虽然在 1970 年至 1980 年间,苏联开展了一些霍尔电推进的空间飞行试验,但还远未达到成熟工程应用的技术状态。

随着 20 世纪 90 年代初苏联解体,霍尔电推进技术逐渐传播到西方和国际社会,再加上随后的航天器电源技术迅猛发展,使得霍尔电推进技术具备了工程应用的条件。目前中小功率霍尔电推进已经作为成熟技术,在各国的航天器上得到了大量的工程应用。大功率和超大功率的霍尔电推进技术也在积极研发,朝着工程应用的方向迈进。从工程研制的角度,霍尔电推进工程发展可以大致划分为两个主要阶段:第一个阶段是 20 世纪 90 年代之前的技术发展和工程培育阶段;第二个阶段就是 20 世纪 90 年代之后的工程研制和空间应用阶段[2-5]。

1.2.1 技术发展和工程培育阶段

20 世纪 70~80 年代,正是美苏冷战的巅峰时期,围绕航天器空间推进的竞争也在悄然进行。虽然当时的航天电源技术尚处于比较低的技术水平,但基于电推进技术不可估量的未来前景,美苏两国都在不遗余力地加紧发展。美国重点以机理清晰而结构复杂的离子电推进技术作为发展方向,而苏联则瞄准机理复杂而结构简单的霍尔电推进技术开展研究。当时苏联投入了大量的人力、物力和财力发展霍尔电推进技术,仅莫斯科航空学院的一个教研室专职从事霍尔推力器基础研究的就超过了 200 多人,哈尔科夫航空学院(苏联时期布局在乌克兰的著名航空学院之一)从事空心阴极基础研究的专职人员近百人,可见研究规模之巨。苏联霍尔电推进研究工作主要涉及两个方向:磁层霍尔推力器,也称稳态等离子体推力器(stationary plasma thruster, SPT)和阳极层霍尔推力器(thruster with anode layer, TAL)。

磁层霍尔推力器是当时苏联电推进发展的重点,早期的研究工作表明,其非常适合放电电压在几百伏范围间工作。基于当时卫星电源水平的考虑,磁层霍尔推力器研究主要集中在放电电压为 200~300 V 的中小功率领域。磁层霍尔推力器的主要工程研制单位是位于加里宁格勒地区的火炬设计制造局 Fakel EDB,开发了系列的霍尔推力器工程产品。1971 年 12 月 29 日,苏联发射了第一颗搭载霍尔推力器的 Meteor 卫星[6](图 1-1),初步验证了霍尔电推进技术的性能优势及其在空间环境的工作效果,图 1-2 是当时 Meteor 卫星上的霍尔推力器及其系统产品照片。此后磁层霍尔推力器得到不断改进和优化,至 20 世纪 90 年代,中小功率磁层

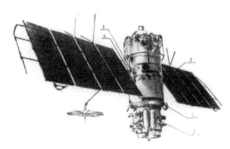

图 1-1　Meteor 卫星

图 1-2　Meteor 卫星上的霍尔推力器及其系统产品

霍尔推力器达到了工程应用的状态。基于苏联在磁层霍尔电推进领域的辉煌成果,该技术也成了国际上霍尔电推进发展和应用的主流。在没有特别注明的情况下,业界普遍所说的霍尔推力器通常就是指磁层霍尔推力器。

阳极层霍尔推力器作为苏联电推进的储备技术,早期的研究尝试表明,其非常适合于在放电电压为几千伏的工况下以双级模式工作。1960~1985年,中央机械制造研究院(TsNIIMash)开展了以铋为工质的阳极层霍尔推力器研究,演示的功率水平超过100 kW,比冲在3 000~8 000 s,效率接近80%[7]。基于当时的航天技术水平,空间任务使用大功率电推进仍十分遥远,导致该技术的发展缺乏明确的工程需求牵引。而在低功率领域,千瓦量级的阳极层霍尔推力器相对于磁层霍尔推力器而言,又不存在明显的技术优势。正是上述两大原因,至20世纪90年代阳极层霍尔电推进技术的发展几乎处于停滞状态。

1.2.2　工程研制和应用阶段

冷战结束后,苏联的霍尔电推进技术对国际社会公开,西方国家意识到该技术的综合优势,通过技术引进与合作,逐渐掌握了霍尔电推进技术。早期引入的霍尔推力器功率基本上处于千瓦量级,典型的产品型号主要有:火炬设计局的SPT-100、中央机械制造研究院的D-55、克尔德什研究中心的T-100等。随着霍尔电推进技术逐渐获得西方航天界的认可,在国际上掀起了霍尔电推进研究的小热潮,也加快了该技术工程研制和空间应用的步伐。特别是美国和欧洲的一些卫星研制厂商,通过直接采购俄罗斯生产的霍尔推力器用于卫星的在轨推进任务,极大地推动了霍尔电推进的工程化进程。典型的例子就是美国劳拉公司,其研制的LS-1300高轨卫星平台(图1-3),将俄罗斯火炬设计制造局研制生产的SPT-100霍尔推力器(图1-4)作为该卫星平台的标准配置,一直应用至今。

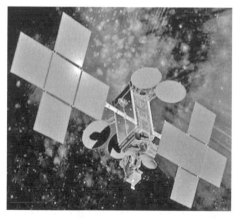 

图1-3　美国劳拉公司LS-1300卫星　　　图1-4　SPT-100霍尔推力器

进入 21 世纪,在全面消化吸收了苏联的霍尔电推进技术经验的基础上,美国的霍尔电推进研究全面展开,研究机构主要有美国空军研究实验室(Air Force Research Laboratory, AFRL)、美国国家航空航天局 NASA 的格伦研究中心(Glenn Research Center, GRC)、喷气推进实验室(Jet Propulsion Laboratory, JPL)、密歇根大学和 Busek 公司等,研究领域包括中小功率霍尔电推进的适应性优化和工程应用,以及大功率(10~100 kW)和新型工质(氪、碘)霍尔电推进等方面的研究。另外,格伦研究中心和俄罗斯的中央机械制造研究院、火炬设计制造局等进行了大功率、高比冲霍尔电推进的联合研究,推动了大功率霍尔电推进技术的快速发展。除俄罗斯和美国外,法国、中国和日本等也在积极开展霍尔电推进的研究,朝着工程应用的方向努力。法国的 Snecma 公司通过与俄罗斯火炬设计制造局合作,在 SPT－100 的原型样机基础上,升级改进研制出了 PPS－1350 霍尔推力器,于 2003 年 9 月成功应用在欧洲的智慧 1 号(SMART－1)探月航天器上,取得了良好的空间应用效果和经验。目前欧洲的其他国家如意大利等已在开展大功率霍尔电推进的研究,不断拓宽霍尔电推进的产品型谱。上海空间推进研究所亚千瓦级霍尔电推进系统在 SJ－9A 卫星上于 2012 年 11 月完成了国内首次在轨飞行验证,拉开了中国霍尔电推进工程研制和空间应用的序幕。图 1－5 为 SJ－9A 卫星效果图,图 1－6 是 SJ－9A 卫星上的霍尔推力器实物照片。2021 年 10 月,中国空间站核心舱霍尔电推进系统点火成功,成为国际上首个采用电推进执行大气阻力补偿任务的空间站。另外,日本东京大学、大阪大学、三菱公司等也在进行中小功率霍尔推力器的研究和工程应用开发。

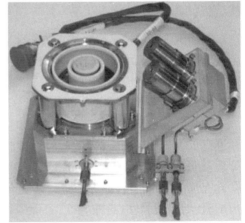

图 1－5　SJ－9A 卫星效果图　　　　图 1－6　SJ－9A 卫星上的霍尔推力器

总而言之,霍尔电推进从 20 世纪 70 年代开始空间飞行试验,到 20 世纪 90 年代进入商业应用,中小功率霍尔电推进技术已经相当成熟。截至 2022 年 3 月,国际上在轨的采用了霍尔电推进技术的卫星数量超过 3 000 多颗,并且这一数量还在不断刷新(特别是美国 SpaceX 公司的"星链"工程,平均每月发射采用霍尔电推进的卫星数量就达 180 颗左右)。与此同时,基于未来大型空间任务和空间核电推进技术发展需求的牵引,超大功率和极高比冲及新型工质等方向的霍尔电推进技术研究正在国际上全面启动,随着技术的不断进步和发展成熟,其工程研制和应用指日可待。

1.3　霍尔电推进工程研制阶段划分

与其他航天系统和产品工程研制一样,霍尔电推进工程研制主要划分为方案阶段、初样阶段、正样阶段。方案阶段主要完成原理样机的研制,初样阶段主要完成工程样机和鉴定样机的研制,正样阶段主要完成飞行样机的研制并实现与航天器的集成和空间飞行应用[8,9]。

1.3.1　方案阶段

在霍尔电推进工程研制的方案阶段,根据总体输入,确定单机的技术指标,对系统的各组件进行反复地设计、验证和迭代优化,最终研制的霍尔电推进系统(或关键单机,如霍尔推力器、功率处理单元等)原理样机,经过测试和试验验证,实现产品的主要功能,即在一定的供电、供气条件下,产生推力,并且满足推力、比冲和功率等主要性能指标。方案阶段完成最后,需对各项技术工作进行总结并归档,对下一阶段的工作内容进行策划和布置。

1.3.2　初样阶段

初样阶段需要完成霍尔电推进系统工程样机研制并通过实际的各种外部条件的考核。基于此要求,需要对霍尔电推进原理样机进行全面的工程化,包括材料的选用、结构强度设计和工艺的实施等。外部条件包括实际的空间工作环境条件和力学条件等,最终要达到在满足外部条件考核的同时,产品的主要功能和性能不受影响。

初样阶段通常需要研制霍尔电推进系统工程样机和鉴定样机,其中工程样机即进行工程化设计,完成环境适应性试验、热真空试验等。此时,有必要开展功率处理单元(power processing unit, PPU)和推力器的系统级联试;鉴定样机需要在环境适应性、寿命可靠性等方面进一步优化设计,目标是通过鉴定级环境试验,热平衡试验、羽流试验、电磁兼容性(electromagnetic compatibility, EMC)试验和寿命考核试验等。初样阶段完成后,需对各项技术工作进行总结并归档,对下一阶段的工作内容进行策划和布置。

1.3.3　正样阶段

正样阶段的目标就是研制霍尔电推进系统飞行样机,完成与航天器集成并参加发射和空间应用的相关工作。霍尔电推进系统飞行样机的研制依照鉴定样机的产品技术状态，形成最终的霍尔电推进系统飞行样机正样产品，并经过规范的性能测试、验收及环境试验等，确认满足总体的全部要求，交付航天器总体并与航天器集成后，按照航天器的研制流程开展后续联合测试和发射准备，并完成发射和空间应用的相关工作。

1.4　霍尔电推进工程研制发展趋势

上一节介绍的霍尔电推进工程研制阶段划分是基于一直以来航天产品小子样研制和一次成功的基本特点而言的，随着航天技术的发展和普及，特别是商业航天的发展，原有的航天工程研制模式已经不再适应航天技术的发展，导致航天工程研制模式的转变。对于霍尔电推进产品的工程研制而言，其发展主要是产品化和生产线研制模式的引入，将极大地促进霍尔电推进工程向"去型号化""货架产品化"和"规模批产化"方向发展。

1.4.1　霍尔电推进货架产品化

霍尔电推进工程研制按照传统的研制流程和工作模式开展研制，往往是针对需求的产品"订制"，研制工作与航天器型号的整个研制流程相互交织，导致霍尔电推进产品的研制周期、研制成本、产品质量和稳定性受制于航天器研制流程。为了适应整个航天产品研制从试验应用型向业务服务型，从单星向多星和星座组批生产模式的战略转型，有必要开展霍尔电推进的产品化研制工作，使得霍尔电推进产品研制形成"货架产品"，实现"去型号化"的目标，满足霍尔电推进产品的大规模空间应用需求。

霍尔电推进货架产品化的前提就是要解决好霍尔电推进的"三化"问题，即解决通用化、系列化、模块化问题。相对于传统的化学推进技术，霍尔电推进是一项新兴的技术，在"三化"产品研制方面积累有限。"三化"需要结合型号产品设计，深入认识和分析霍尔电推进的结构和相关部件，尽可能地对各个部件做出规范性的设计。

1.4.2　霍尔电推进产业化

近两年来，随着电推进系统在国内市场的迫切需求，霍尔电推进的产品研制已越来越明显地呈现出任务多、周期短、质量与可靠性要求高的特点，对航天企业产品研制、生产能力提出了新的挑战。目前，特别是对于国内，霍尔电推进的投产仍是以单件产品为主，效率非常低。这就要求将生产模式由单机研制向批量生产转变，逐步构建起能适应多任务、多项目和批产要求的产品生产体系，以实现产品的规模化。其中,生产线的建设是全面提升生产能力和质量保证能力以及产业化发展的必经之路。

霍尔电推进"三化"产品研制工作和关键通用产品的相继定型给生产线建设和产品的批量生产提供了可能,生产线则是充分发挥定型产品作用的桥梁。通过生产线建设和定型产品的线上应用,实现高效产出、质量稳定和性能一致的产品目标,推动霍尔电推进工程研制的产业化发展。

1.4.3　大功率霍尔电推进的工程化

当前,以 HERMeS、NASA-400M 等为代表的数十千瓦级霍尔推力器已经达到工程样机水平,并且被列入空间应用规划。如 HERMeS 计划用于月球门户任务等;NASA-400M 计划用于低轨货运飞船轨道转移、国际空间站(international space station, ISS)近地轨道空间飞行任务等。

与此同时,未来更大规模的空间任务,如载人火星、载人探月、大型深空探测等任务,对更大功率、更高比冲的霍尔电推进提出了需求,要求功率达到百千瓦级,比冲达到 7 000 s 以上,并且要求霍尔推力器具备更强大的多模式工作能力。例如,基于大功率的需求,美国已经研制出了功率为 240 kW 的 X3 嵌套式霍尔推力器等;基于高比冲的需求,美俄联合研制了 25～36 kW 的超高比冲双级阳极层霍尔推力器 VHITAL-160。[10,11]

超大功率霍尔推力器尚处于原理样机和工程化研制初期,推力器及其配套的功率处理技术等都需要进行工程化研制,以满足航天任务对大功率霍尔电推进的需求。

参考文献

[1] 康小录. SJ-9A 卫星霍尔电推进系统研制. 溧阳:中国宇航学会液体推进专业委员会学术研讨会,2012.

[2] Hofer R R. Development and Characterization of High-Efficiency, High-Specific Impulse Xenon Hall Thrusters. Ann Arbor:University of Michigan,2004.

[3] Massey D R. Development of a Direct Evaporation Bismuth Hall Thruster. Michigan Technological University,2008.

[4] Manzella D. Scaling Hall Thrusters To High Power. Palo Alto:Stanford University,2005.

[5] Lev D, Myers R M, Lemmer K M, et al. The Technological and Commercial Expansion of Electric Propulsion in the Past 24 Years. Atlanta:35th International Electric Propulsion Conference,2017.

[6] Khodnenko V P. Activities of VNIIEM in EPT Field History, Our Days and Prospects. Washington:33rd International Electric Propulsion Conference,2013.

[7] Kim V, Kozubsky K N, Murashko V M. History of the Hall Thrusters Development in USSR. Florence:30th International Electric Propulsion Conference,2007.

［8］吴开林,唐伯昶,邱楠.航天器研制技术流程编写规则:GB/T 29072－2012.北京:中国国家标准化管理委员会,2012.

［9］于凤亭,陈寿根,吴开林,等.航天产品项目阶段划分和策划:QJ 3133－2001.北京:国防科学技术委员会,2001.

［10］康小录,张岩,刘佳,等.大功率霍尔电推进研究现状与关键技术.推进技术,2019,40(1):1－11.

［11］刘佳,康小录,张岩.基于核电的大功率霍尔电推进系统设计及分析.原子能科学技术,2019(1):9－15.

第 2 章
霍尔电推进工程任务

在航天器层面,霍尔电推进系统通常是作为一个分系统出现的,主要是响应航天器姿轨控系统(attitude and orbit control system, AOCS)的指令,执行推进任务,为航天器提供所需动力。因此霍尔电推进系统可看作是姿轨控系统的执行机构。在霍尔电推进和其他先进电推进技术尚未成熟之前,航天器的空间动力通常采用传统的化学推进技术。近年来,随着霍尔电推进等先进推进技术逐渐成熟,越来越多的航天器采用霍尔电推进系统作为空间动力,大幅提升推进剂利用效率,达到如下效果:

(1) 更大载荷承载能力;

(2) 更长寿命;

(3) 更小扰动力;

(4) 更远飞行距离;

(5) 更强的应急能力。

本章主要论述霍尔电推进适合的推进任务,并从低轨、高轨、深空探测和其他任务四个方面,开展霍尔电推进工程任务分析。

2.1　霍尔电推进任务分析

2.1.1　航天任务选择霍尔电推进的主要指标

航天任务选择霍尔电推进系统时,需要考虑系统级指标和各单机主要指标,包括:推力、比冲、系统功率、推进剂消耗量、寿命、总冲、质量等。

1) 推力

推力是霍尔推力器在工作时产生并传递给航天器的作用力。推力是由推进剂产生的粒子喷出而产生的反作用力,其定义为

$$F = \frac{\mathrm{d}}{\mathrm{d}t}(mv_e) = \dot{m}v_e \qquad (2-1)$$

式中, F 为推力,单位为 N; $\dot{m}$ 为推进剂质量流量,单位为 kg/s; v_e 为推进剂平均喷

射速度,单位为 m/s。

2) 比冲

比冲 I_{sp} 是代表推进系统的推进剂利用率的直接指标,是推进剂排气速度的另一种表征,其定义为单位重量推进剂产生的冲量,或是单位重量流量推进剂产生的推力,单位为 s,用公式表示为

$$I_{sp} = \frac{F \cdot t}{m \cdot g} = \frac{F}{\dot{m} \cdot g} = \frac{v_e}{g} \qquad (2-2)$$

式中,g 为重力加速度,9.8 m/s^2。

从上式可知,比冲是排气速度与重力加速度之比,排气速度越高,比冲越高。

霍尔推力器的推力主要由静电场加速的离子产生,其排气速度即离子的喷出速度与加速电压 U_i、离子质量 m_i、离子带电量 q 之间具有如下关系:

$$v_e = \sqrt{\frac{2qU_i}{m_i}} = \sqrt{\frac{2q}{m_i}} \sqrt{U_i} \qquad (2-3)$$

式中,U_i 为加速电压,单位为 V;m_i 为离子质量,单位为 kg;q 为离子带电量,单位为 C。

3) 系统功率

霍尔推进系统功率为所有同时工作的霍尔推力器、贮供单元、功率处理单元、控制单元、矢量调节机构等各单机消耗功率之和。当同种单机消耗的功率相同时,系统功率表达式为

$$P_{SYS} = N_T P_T + P_{PSF} + N_{PPU} P_{PPU} + P_C + N_G P_G \qquad (2-4)$$

式中,P_{SYS} 为霍尔电推进系统功率,单位为 W;N_T 为同时工作的霍尔推力器数量;P_T 为单台霍尔推力器功率,单位为 W;P_{PSF} 为贮供单元功率,单位为 W;N_{PPU} 为同时工作的功率处理单元数量;P_{PPU} 为单台功率处理单元的功率,单位为 W;P_C 为控制单元功率,单位为 W;N_G 为同时工作的推力矢量调节机构数量;P_G 为单台矢量调节机构功率,单位为 W。

霍尔电推进系统中,由于功率处理单元效率可达约 90% ~ 95%,贮供单元和矢量调节机构功率消耗仅在瓦级或数十瓦量级,霍尔推力器功率在系统功率中占主导,占到整个系统功率的 85% ~ 90%。

霍尔推力器有效输出功率 P_{jet} 为喷出束流的运动学喷气功率,为

$$P_{jet} = \frac{1}{2} F v_e = \frac{1}{2} F I_{sp} g = \frac{1}{2} \dot{m} v_e^2 = \frac{1}{2} \dot{m} I_{sp}^2 g^2 \qquad (2-5)$$

霍尔推力器功率为工作时消耗的所有电能,包括放电功率、磁线圈功率等,是有效输出功率 P_{jet} 与推力器效率 η 之比,其表达式为

$$P_{\text{T}} = \frac{P_{\text{jet}}}{\eta} = \frac{g}{2\eta}FI_{\text{sp}} \qquad (2-6)$$

从上式可知,当霍尔推力器功率、效率一定时,其推力与比冲成反比关系,推力越大,比冲越低;比冲越高,推力越小。

4)推进剂消耗量

推进剂消耗量为电推进工作时所消耗的推进剂总量,与航天器初始质量、任务速度增量、推力器比冲相关。

对于同一推进任务,比冲越高,所需的推进剂越少。根据"航天之父"齐奥尔科夫斯基推导得到的火箭方程,可知航天器速度增量 ΔV 与比冲 I_{sp}、航天器初始质量 M_0、推进剂消耗量 m_{p} 之间的关系为

$$\Delta V = I_{\text{sp}} \cdot g \cdot \ln\left(\frac{M_0 - m_{\text{p}}}{M_0}\right) \qquad (2-7)$$

求解得到推进剂消耗量 m_{p} 为

$$m_{\text{p}} = M_0\left(1 - e^{-\frac{\Delta V}{I_{\text{sp}} \cdot g}}\right) \qquad (2-8)$$

图 2-1 为不同比冲时,推进剂消耗量与航天器初始质量之比与速度增量之间的关系。320 s 比冲代表目前空间化学推进中性能较高的可长期贮存的化学双组元推进的比冲水平,1 000~10 000 s 的比冲代表目前应用和在研的电推进的比冲水平。考虑目前工程实现水平,推进剂装载量一般最多占到卫星、探测器等航天器质量的 60%~70%,从图中可知,比冲 320 s 的化学推进只能承担最高约不到 5 km/s速度增量的任务,1 000 s、4 000 s、10 000 s 比冲的电推进分别可执行最高约

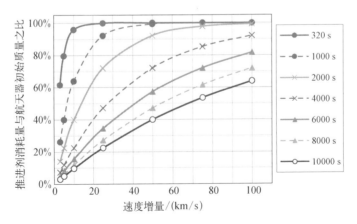

图 2-1   不同比冲时,推进剂消耗量与航天器初始
质量之比与速度增量之间的关系

10 km/s、50 km/s 和 100 km/s 速度增量的任务。

对于初始质量 5 000 kg 的航天器,当任务速度增量为 2 000 m/s 时,采用比冲 320 s 的化学推进和比冲 2 000 s 的霍尔电推进,所需的推进剂分别为 2 358 kg 和 485 kg,霍尔电推进高比冲带来的推进剂节省量十分显著。

5) 寿命

推力器寿命定义为霍尔推力器可正常工作的最长工作时间,对于多模式霍尔推力器,寿命为不同模式下的工作时间之和。对于采用一台电推力器的电推进系统,当推力器流量一定时,推力器寿命可由下式获得

$$\tau = \frac{m_p}{\dot{m}}\qquad\qquad(2-9)$$

式中,τ 为推力器寿命,单位为 s。

由于霍尔推力器的推力较小,完成与化学推进相同的任务,需要更长的工作时间,其寿命一般需要达到数千至上万小时。

例如,接着上面的例子进行分析,对于初始质量 5 000 kg 的航天器,采用比冲 320 s、推力 490 N 的化学推进和 2 000 s、推力 65 mN 的霍尔推力器执行 2 000 m/s 速度增量的任务,推进剂需求量分别为 2 358 kg 和 485 kg,推力器累计工作时间为 4.19 h 和 40 627 h。

由于霍尔推力器的寿命制约因素之一为离子对放电室壁面的溅射削蚀,当霍尔推力器功率提升时,由于放电室增大,磁场对放电区和加速区的约束增强,且放电室的面积—容积比增大,离子对放电室壁面的溅射削蚀减弱,从而使霍尔推力器寿命提升。如千瓦级 PPS 1350 - G 霍尔推力器寿命超过 15 000 h[1],而最新型的十千瓦级 HERMeS 霍尔推力器设计寿命可达 5 万小时以上[2,3]。

6) 总冲

推力器总冲是推力与工作时间的乘积。当霍尔推力器存在多种工作模式时,总冲为每种工作模式下推力与工作时间的乘积之和,单位为 N·s,反映出霍尔推力器为航天器提供冲量的能力,其表达式为

$$I = \sum F_i t_i\qquad\qquad(2-10)$$

式中,I 为霍尔推力器总冲,单位为 N·s;F_i 为霍尔推力器第 i 种工作模式时的推力,单位为 N;t_i 为霍尔推力器在第 i 种工作模式下的工作时间,单位为 s。

7) 质量

霍尔电推进系统质量为霍尔推力器、贮供单元、功率处理单元、控制单元、推力矢量调节机构各单机、推进剂以及电缆、推进剂管路、支架、紧固件等总装件的质量之和,其中含推进剂质量的系统质量称为总质量,而不含推进剂质量的系统质量称

为干质量,可知:

$$m_{\text{SYS}} = m_{\text{P}} + m_{\text{SYSN}} \tag{2-11}$$

式中, m_{SYS} 为电推进系统总质量,单位为 kg; m_{P} 为电推进的推进剂质量,单位为 kg; m_{SYSN} 为电推进系统干质量,单位为 kg。

2.1.2　最佳比冲

电推进的高比冲是利用电能加速推进剂实现的,作为其能量源的功率处理单元,在电推进系统质量中占据了较大的比例。电推进系统推力一定时,比冲提升的代价,是功率处理单元功率和质量的上升,电推进系统干质量随之上升,比冲过高时,会抵消比冲提升带来的推进剂消耗量减小带来的收益。因此,对于电推进而言,不能通过简单比较比冲指标来评判系统总质量。

对于某一电推进航天器,在其发射质量一定,推力、效率一定的限制条件下,随着比冲的升高,会存在一个最佳比冲点,使电推进系统总质量最小,此时航天器其余部分的质量最大,由于航天器其余部分主要由航天器平台和有效载荷组成,航天器平台质量一定或变化不大,有效载荷质量就会存在一个最大值,使航天器有效载荷承载能力最强[4,5]。下面对最佳比冲进行推导和半定量分析。

由于电推进系统干质量与电推进系统功率基本成正比,引入比功率概念,比功率为电推进系统功率与干质量的比值,其表达式为

$$\alpha = \frac{P_{\text{SYS}}}{m_{\text{SYSN}}} \tag{2-12}$$

目前技术水平下,霍尔电推进系统产品的 α 为 $10 \sim 100$ W/kg。

根据电推力器功率、推力、比冲之间的关系,可知:

$$\alpha = \frac{P_{\text{jet}}}{\eta m_{\text{SYSN}}} = \frac{\dot{m} v_{\text{e}}^2}{2 \eta m_{\text{SYSN}}} = \frac{\dot{m} I_{\text{sp}}^2 g^2}{2 \eta m_{\text{SYSN}}} = \frac{m_{\text{P}} I_{\text{sp}}^2 g^2}{2 \eta m_{\text{SYSN}} \tau} \tag{2-13}$$

航天器初始质量可由下式表示:

$$M_0 = m_{\text{P}} + m_{\text{F}} = m_{\text{P}} + m_{\text{SYSN}} + m_{\text{L}} \tag{2-14}$$

式中, m_{F} 为航天器在电推进消耗完推进剂后的质量,单位为 kg; m_{L} 为航天器除去含推进剂的电推进系统后的其余部分质量,单位为 kg。

定义 m_{L}/M_0 为载荷质量占比,当 m_{L}/M_0 最大时,对应的比冲即为最佳比冲, m_{L}/M_0 推导如下:

$$\frac{m_{\text{L}}}{M_0} = 1 - \frac{m_{\text{P}}}{M_0} - \frac{m_{\text{SYSN}}}{M_0} = e^{-\frac{\Delta V}{I_{\text{sp}} \cdot g}} - \left(1 - e^{-\frac{\Delta V}{I_{\text{sp}} \cdot g}}\right) \frac{I_{\text{sp}}^2 g^2}{2 \eta \alpha \tau} \tag{2-15}$$

根据上式,当比冲 200~50 000 s,α 为 50 W/kg 时,可获得速度增量为 250、500、1 000、2 500、5 000、10 000 m/s 时的 m_L/M_0 随比冲的变化情况,详见图 2-2。可见,不同速度增量下,均存在一个比冲,使 m_L/M_0 最大,该比冲即为最佳比冲。实际上,接近最佳比冲的范围,均可作为优选比冲选择范围。随着速度增量的提升,最佳比冲选择范围相应扩大。

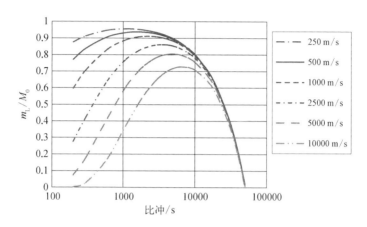

图 2-2　m_L/M_0 随比冲的变化情况

2.1.3　国际上典型霍尔推力器指标

表 2-1 给出了国际上达到工程应用状态的典型霍尔推力器主要性能指标[6-10]。这些霍尔推力器功率覆盖百瓦至 10 kW 量级,推力在 10~500 mN 量级,比冲在 1 000~3 000 s 量级,总冲在 10^5~10^8 N·s 量级,可用于从微小卫星到大型地球静止轨道(geostationary Earth orbit,GEO)卫星、全电推进卫星和深空探测器等的推进任务。举例来说,对于 100 kg、1 000 kg 质量的卫星,3×10^5 N·s 总冲的霍尔推力器可分别提供约 3 000 m/s、300 m/s 的速度增量。更大功率的霍尔推力器一般寿命更长,总冲也更大,从而可为航天器提供更大的速度增量。国际上研制的最大功率的霍尔推力器分别是苏联的 D-160[11,12] 和美国的 X3[13],最大点火功率分别达到 140 kW 和 102 kW。

表 2-1　达到工程应用状态的典型霍尔推力器主要性能指标

霍尔推力器型号	研制国家及单位	功率/W	电压/V	推力/mN	比冲/s	寿命/h	总冲/(N·s)	质量/kg
SPT-50M	俄罗斯火炬设计局	225 300	180 300	14.8 18	930 1 200	>5 000	>3.24×10⁵	1.32
SPT-70		670	300	39	1 470	>3 100	>4.35×10⁵	1.5

续　表

霍尔推力器型号	研制国家及单位	功率/W	电压/V	推力/mN	比冲/s	寿命/h	总冲/(N·s)	质量/kg
SPT - 70M	俄罗斯火炬设计局	600 800 1 000	300	36 48 59	1 430 1 530 1 600	>7 000	>1.49×10⁶	2.6
SPT - 100B		1 350	300	83	1 540	>9 000	>2.69×10⁶	3.5
SPT - 140D		4 500	300	290	1 750	>15 000	>1.57×10⁷	8.5
XR - 5	美国 Aerojet 公司	2 000 2 000 3 000 3 000 4 500 4 500	300 400 300 400 300 400	132 117 195 170 290 254	1 676 1 858 1 700 1 920 1 790 2 020	>10 400	>8.7×10⁶	12.3
HERMeS	美国格伦研究中心，喷气推进实验室	6 300~ 12 500	300~ 800	396~ 613	1 960~ 2 830	50 000	1.1×10⁸	—
PPS 1350	法国赛峰公司	1 500	300~ 350	92	1 800	>10 500	>2.23×10⁶	5.3
PPS 5000		5 000		100~ 300	1 730~ 2 000	>15 000*	>1.62×10⁷	—
HET - 40	中国上海空间推进研究所	660	310	40	1 500	>3 000	>5×10⁵	3.2
HET - 80		1 350	300	80	1 600	>9 240	>2.6×10⁶	5
HET - 300		2300~ 5 000	300~ 500	120~ 320	1 850~ 2 350	>15 000*	>1×10⁷	10
HET - 500		780~ 12 500	250~ 900	40~ 610	1 200~ 3 200	>20 000*	>4×10⁷	15

注：带＊标记的为设计寿命。

2.1.4　霍尔电推进适合的推进任务类型分析

霍尔电推进作为一种空间电推进系统，其任务是为航天器提供轨道控制、姿态控制所需的力和力矩[14]。

霍尔电推进的高比冲、小推力的特点使其适合执行大速度增量、响应时间要求低、时效性不高的任务场合，要求航天器具备相应的供电能力。

另一方面，霍尔电推进推力小，虽然会导致执行任务的时间较长，但有利于减小推力器工作时对卫星姿态的扰动，使其适用于较高稳定度要求的姿态控制、高精度航天器星座控制等任务场合。

对霍尔电推进可执行任务,主要有如下两种不同分类方法:

(1)按照任务类型进行分类时,叫分为轨道控制(如轨道转移、在轨位置保持、离轨等)、姿态控制、动量轮卸载等;

(2)按照应用领域分类时,可分为低轨(low Earth orbit,LEO)航天器推进任务、高轨航天器推进任务、深空探测航天器推进任务和其他任务等,每一种航天器任务又包括了姿态控制、轨道控制等不同任务类型。

可见,上述两种分类方法各有针对性,并有一定交叉和重复。

本书按照应用航天器类型对霍尔电推进适合的推进任务进行分类,对在不同类型航天器都有的任务,以在前一类型航天器中介绍为主。这些航天器主要包括以下几种。

(1)低轨航天器:如低轨卫星及其星座、超低轨航天器等;

(2)高轨航天器:如 GEO 卫星、轨道延寿器和太阳能电站等;

(3)深空探测器:如月球探测器、小行星探测器、水星探测器、木星探测器等;

(4)其他航天器:如轨道机动飞行器、火箭上面级等。

表 2-2 为霍尔电推进适合的推进任务汇总,表中同时给出了任务类型及某些任务的典型速度增量需求、对霍尔电推进的主要需求。此外,霍尔推力器还可作为等离子体源,用于空间科学试验任务。

表 2-2　霍尔电推进适合的推进任务汇总

任 务 类 别			典型速度增量需求/(m/s)	推力方向和指向	对霍尔电推进主要需求
低轨任务	低轨卫星及星座	轨道提升	400～1 000 km LEO:318(霍曼转移)	轨道切向方向,推力过质心	长时间工作,推力较大
		轨道控制	≈5/年[15]	—	多次启动
		轨道降低	700 km LEO 离轨:180(霍曼转移)、330(小推力)[16]	轨道切向方向,推力过质心	长期在轨后工作,长时间工作
	超低轨航天器	大气阻力补偿	1～2/月(国际空间站,额定轨道高度 400 km)	轨道切向方向,推力过质心	长期在轨工作,多次启动,比冲高,抗原子氧能力强
		无拖曳控制	—	轨道切向方向,推力过质心	快速响应,毫牛级宽范围推力调节,高稳定度,高推力分辨率,较高比冲
		扰动力消除	—	—	快速响应,微牛级宽范围推力调节,高稳定度,高推力分辨率,较高比冲

续　表

任 务 类 别			典型速度增量需求/(m/s)	推力方向和指向	对霍尔电推进主要需求
高轨任务	GEO 卫星、轨道延寿器、太阳能电站等	发射后轨道转移 GTO > GEO	≈2 000（霍曼转移）、约 3 000（小推力）[17]	轨道切向方向，推力过质心	长时间工作，推力较大，尺寸较小
		在轨位置保持	南北位置保持：约 700（15 年）；东西位置保持：约 45（15 年）	南北、东西方向，推力过质心	开关机次数达到数千次，累计工作时间达到数千小时，可以较小功率、较高比冲工作
		姿态控制	≈10（15 年）	三轴正负方向力矩，推力不经过质心	—
		寿命末期离轨进入墓地轨道	≈11	轨道切向方向，推力过质心	—
深空探测任务	月球探测器、火星探测器等	深空探测主推进	LEO（0° 倾角）- LLO*：4 040（霍曼转移）、8 000（小推力）LEO -火星捕获轨道：5 800（霍曼转移）[18]	轨道切向方向，推力过质心	多模式调节，长时间工作
		姿态控制			
其他任务	编队飞行航天器	维持编队队形	—	—	微小推力，快速响应
	火箭上面级	轨道转移	LEO-GEO（小推力）：约 6 000	轨道切向方向，推力过质心	长时间工作，推力较大

注：带 * 标记的 LLO 为 low lunar orbit,低月球轨道。

2.2　低轨航天器推进任务

低轨航天器是指轨道高度在 2 000 km 以下的航天器[19],主要包括低轨卫星、空间站、超低轨卫星等。

由于在 400 km 以下的低轨道上大气阻力较大,对航天器减速效果明显,以往一般航天器都运行在 400 km 以上。研究表明,250 km 高度处,大气平均密度、航天器单位迎风面上的大气阻力均较 500 km 高度处升高 2 个数量级,250 km 高度超低轨道上的大气阻力成为影响运行在该轨道上航天器寿命的主要因素[20]。本书把高度低于 400 km 的轨道称为超低轨道。

近年来,随着高比冲电推进技术的应用,一些航天器将轨道设置在高度低于 400 km 的超低轨道上,称为超低轨航天器[21]。例如,当光学遥感载荷能力一定时,降低卫星轨道,即可提升成像分辨率,提高对地面目标观测的精细程度。

下面论述霍尔电推进在低轨、超低轨航天器上的应用需求、推力器布局和工作策略。

2.2.1　低轨卫星

霍尔电推进可执行低轨通信卫星、低轨遥感卫星、重力梯度卫星等低轨卫星的轨道提升、轨道控制、寿命末期离轨等任务。

近年来,针对 GEO 通信卫星、遥感卫星等传统大型卫星存在的数量少、单颗卫星成本高、发射代价大、不能覆盖极低区域、信号时延较长且强度弱、卫星更新迭代周期长等,以及地面通信基站不覆盖海洋、对山区和沙漠等偏远地区覆盖差等问题,国际上正在积极建设低轨通信、遥感等卫星星座,典型低轨星座包括美国 SpaceX 的星链星座、英国和印度的 OneWeb 星座、加拿大 Telesat 星座[22],以及我国正在建设的鸿雁星座、虹云星座通信卫星星座和吉林一号遥感卫星星座等。低轨星座的卫星高度一般在 500~2 000 km,该高度低于范·阿伦辐射带(Van Allen Belts),有利于卫星的长期运行。

低轨星座由于距离地表较近,以及采用星座组网模式,其信号时延及强度、可用频率、数据带宽、星座重访周期等都显著优于高轨卫星,且成本低、发射灵活、抗风险、抗打击能力强。

为了提高这些卫星的有效载荷承载能力,控制卫星重量和成本,提高卫星寿命,许多星座采用了比冲高、简单可靠、性价比较高,易于模块化、轻质化的霍尔电推进执行发射后的轨道提升、入轨后的轨道控制、在轨重定位、寿命末期的离轨等任务。如 SpaceX 公司的星链卫星[23]采用了氪工质霍尔推力器(图 2-3)和氩工质霍尔推力器,OneWeb 卫星[24]采用了 SPT-50M 霍尔推力器(图 2-4)。

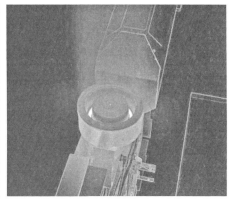

图 2-3　SpaceX 公司的星链卫星及其氪工质霍尔推力器

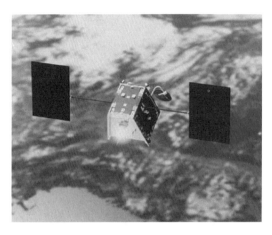

图 2 - 4　OneWeb 卫星及其 SPT - 50M 霍尔推力器

低轨卫星通常要求执行轨道转移的推力器推力沿轨道切线方向,因此,电推力器一般在沿着卫星飞行方向的轴线布局,或对称布局,使推力合力过质心。OneWeb 通信卫星、星链通信卫星等采用了一台变轨用霍尔推力器。俄罗斯 Canopus - V 卫星采用 2 台安装在背风面上的 SPT - 50 霍尔推力器(图 2 - 5),Egyptsat - A 遥感卫星则采用了 6 台 SPT - 70 霍尔推力器(图 2 - 6)[25],推力器两两一组,分为三组,呈正三角形分布安装在六边形星体的三个间隔面上,推力器推力轴线过质心。Canopus - V 卫星、Egyptsat - A 卫星的推力器布局使其可在不改变遥感载荷指向的情况下进行轨道机动。

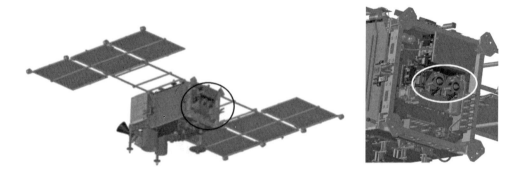

图 2 - 5　Canopus - V 卫星及其 SPT - 50 霍尔推力器机组(椭圆标识内)

由于电推进的推力较小,低轨卫星轨道转移的时间会很长,一般达到数月。

例如,OneWeb 星座卫星,发射时星箭分离轨道高度 450 km,之后质量为 147.5 kg 的卫星[26]利用推力为 14.8 mN 的 SPT - 50M 霍尔推力器执行三个多月的轨道提升任务,将卫星送入 1 200 km 高度的工作轨道[27]。图 2 - 7 为 2021 年 3 月

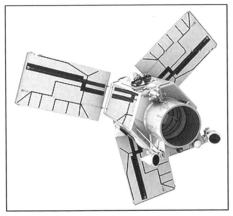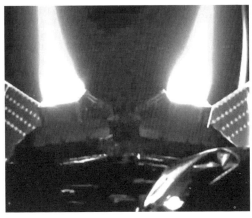

图 2-6　Egyptsat-A 及其 SPT-70 霍尔推力器机组在轨点火状态

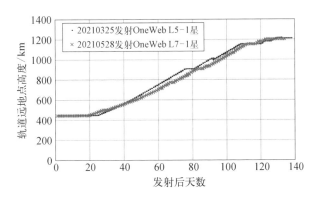

图 2-7　2021 年 3 月 25 日和 5 月 28 日批量发射的
OneWeb 卫星中的 1 号星轨道提升过程

数据来自：https://www.space-track.org/

25 日和 5 月 28 日批量发射的 OneWeb 卫星中的两颗 1 号星的轨道提升过程。可以看出，卫星在发射约 20 天后，霍尔推力器点火，约三个半月后，卫星进入 1 200 km 的工作轨道。

2.2.2　超低轨航天器

航天器在较低轨道运行时，所在轨道的大气已不可忽略，对高速运行的航天器会产生一定的阻力，将减缓航天器运行速度，降低其轨道。图 2-8 给出了运行在约 280 km 轨道的快舟一号卫星在发射后 1 个月和 1 年内的轨道长半轴数据[28]，该卫星在 1 年内利用化学推进系统进行了 20 次轨道维持机动控制，平均 18 天修正一次。可以看出，快舟一号卫星轨道衰减速率随着轨道高度降低而增加，在 19 天时间里，轨道长半轴减小了 19 km，平均每天 1 km。由于化学推进比冲较低，在

400 km 高度以下的轨道运行的低轨航天器的轨道维持将消耗大量的推进剂,寿命严重受限。

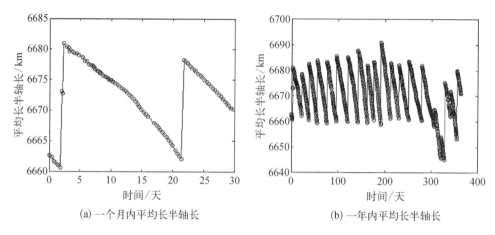

(a) 一个月内平均长半轴长　　　　　　(b) 一年内平均长半轴长

图 2 - 8　快舟一号卫星在发射后 1 个月和 1 年内的轨道长半轴数据

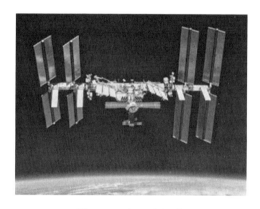

图 2 - 9　国际空间站

运行在额定 400 km 高度轨道的国际空间站(图 2 - 9),每月轨道高度下降约 2 km[29]。国际空间站采用化学推进进行大气阻力补偿,每月因补偿大气阻力所需的速度增量约 2 m/s。由于国际空间站质量高达 400 t,每年会消耗数吨的推进剂。提高运行轨道,会显著降低国际空间站的推进剂补给量[30]。在 350 km 高度轨道时,每年轨道维持所需推进剂量为约 8.6 t,推进剂费用约 240 万美元。2011 年 2 月 27 日 ATV - 2 补给飞船发射,与国际空间站对接后,国际空间站运行轨道提升至 380~420 km 轨道,每年轨道维持所需的推进剂量降低至约 3.6 t,推进剂量减少的同时,还减少了运输推进剂的运输飞船发射数量。国际空间站的轨道维持所需的推进剂由俄罗斯进步号(Progress)飞船、欧洲自动转移飞行器(Automated Transfer Vehicle, ATV)等航天器输送。图 2 - 10 给出了 1998~2018 年国际空间站运行轨道高度变化[31]。

因此,对于在较低轨道运行的航天器,必须对其进行大气阻力补偿,以使其维持在一定高度的轨道,避免坠入稠密大气层烧毁。

国际上采用霍尔电推进进行大气阻力补偿的航天器包括法国和以色列联合研制的 Venμs 卫星[32]、俄罗斯 Canopus 卫星、我国空间站等。

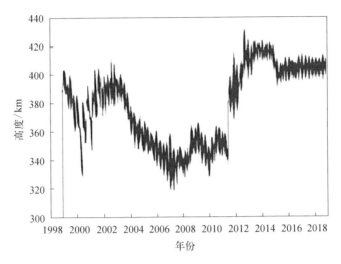

图 2 - 10　1998~2018 年国际空间站运行轨道高度变化

采用比冲较高的霍尔电推进执行低轨和超低轨航天器的大气阻力补偿任务，可大幅度减小推进剂需求量。例如，质量 400 t 的国际空间站，若每年大气阻力补偿所需的速度增量为 24 m/s，采用比冲 280 s 的化学推进，以及比冲 1 600 s 的霍尔电推进，每年所需的推进剂分别为 3 497 kg 和 612 kg，可见，采用霍尔电推进可大幅减少推进剂的需求量。每年减少的推进剂量，约是 3 艘 Progress - M 货运飞船的补加推进剂运送量。

我国空间站在化学推进系统的基础上，增加了霍尔电推进系统执行大气阻力补偿任务[33]，每年可节省数百千克的推进剂需求量。我国天舟货运飞船的补加推进剂运送能力为 2~3 t[34-36]，可见采用霍尔电推进系统执行我国空间站的大气阻力补偿任务，从推进剂补加需求角度讲，每 3 年的推进剂节省量约为一艘天舟货运飞船的补加推进剂装载量，这为提升我国空间站运维效能创造了十分有利的条件。

空间站和超低轨航天器大气阻力补偿任务要求推力沿航天器的轨道切线方向，因此，电推力器一般在沿着航天器飞行方向的轴线布局，或对称布局，使推力合力的方向沿着航天器飞行方向。

空间站、超低轨航天器大气阻力补偿任务霍尔电推进系统的工作策略为：当航天器轨道低于轨道高度下限时，推进系统启动工作，向飞行方向的反方向喷射，产生与轨道切线方向相同、过航天器质心的推力，从而补偿航天器的飞行速度，提升轨道高度；当航天器轨道高度达到预期的轨道高度上限时，推进系统关闭；当航天器轨道再次低于轨道高度下限时，推进系统再次启动进行大气阻力补偿任务；这样周而复始，航天器轨道始终维持在所需高度范围。图 2 - 11 为航天器大气阻力补偿过程示意图。

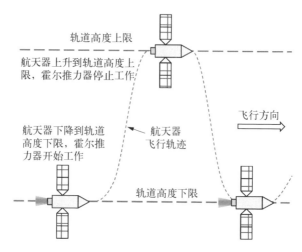

图 2-11   航天器大气阻力补偿过程示意图

2.3   高轨航天器推进任务

　　高轨航天器指轨道高度在 30 000 km 以上的航天器,通常指运行在 GEO 轨道的航天器,包括地球静止轨道卫星、轨道延寿器和正在研发中的空间太阳能电站等。

　　GEO 卫星是指位于地球静止轨道上的卫星,轨道面与地球赤道面重合、运转周期与地球自转相同,卫星与地球之间处于相对静止状态,具有有效载荷价值高、寿命长、发射代价大等特点,主要用于通信、遥感、导航等领域。GEO 卫星质量一般在数吨,需要亚千瓦至十千瓦量级的霍尔推力器。

　　轨道延寿器是一种以高总冲推进为主要功能的航天器,装备高性能推进系统并携带大量推进剂,利用捕获机构与推进系统失效但有效载荷尚能使用的高价值 GEO 卫星对接后,接管 GEO 卫星的推进任务,以延长 GEO 卫星的寿命[37]。轨道延寿器质量一般在数吨,需要 5~10 kW 量级的霍尔推力器。一般一颗轨道延寿器可对接并延寿多颗 GEO 卫星。美国诺斯罗普·格鲁曼公司研制的 MEV - 1(Mission Extension Vehicle - 1)和 MEV - 2 轨道延寿器分别于 2019 年 10 月 9 日和 2020 年 5 月 18 日发射,并与 Intelsat 901 和 Intelsat 10 - 02 卫星进行了对接,利用霍尔电推进系统执行轨道控制任务,开启了 GEO 在轨延寿的先河[38]。图 2 - 12 为 MEV 轨道延寿器基本组成及其对接卫星后的状态[39]。

　　空间太阳能电站是利用太空中太阳光不会被大气减弱、功率密度稳定、单位面积平均太阳辐射总量相当于地球表面 6 倍以上等特点,在空间大规模高效收集太阳能,并将转换成的电能通过无线能量传输技术向地面提供连续稳定清洁能源的航天器,其概念自 1968 年提出,目前处于研发阶段[40]。由于 GEO 轨道一年 90%

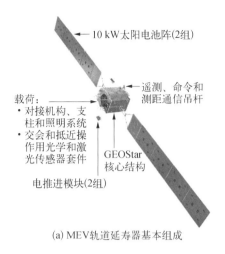

(a) MEV轨道延寿器基本组成　　　　(b) 对接卫星后示意图

图 2-12　诺斯罗普·格鲁曼公司研制的 MEV 轨道延寿器及其对接卫星后示意图

的时间可连续 24 h 接收太阳光,太阳光总利用率超过 99%,且轨道与地面相对静止,是建设太阳能电站的理想位置。太阳能电站有望成为解决未来能源和环境问题的一种重要方式。我国正在成为推动国际空间太阳能电站发展的核心力量[41,42]。图 2-13 为中国空间技术研究院提出的多旋转关节空间太阳能电站示意图[43]。空间太阳能电站重量将达到上百吨至上万吨,寿命长达数十年,质量和寿命均远远高于现有航天器,因此需要采用高比冲、大推力的电推进作为主动力,电推进系统功率将达到百千瓦至百兆瓦量级,单台电推力器功率达到数十千瓦至兆瓦量级,对大功率霍尔推力器提出了需求。某些设想中的空间太阳能电站太阳电池电压达到 300~1 000 V 甚至更高,可采用高压太阳电池阵输出的电力直接驱动霍尔推力器实现高比冲工作,从而大幅简化霍尔电推进系统。

图 2-13　中国空间技术研究院提出的多旋转关节空间太阳能电站示意图

　　这些航天器应用霍尔电推进执行轨道控制和姿态控制任务。轨道控制任务包括航天器星箭分离后的轨道提升、在轨位置保持、寿命末期离轨等轨道控制任务。姿态控制任务包括轨道控制期间的姿态控制,太阳、地球和其他姿态基准捕获,角动量卸载等任务。GEO 卫星、轨道延寿器、太阳能电站等由于航天器规模不同、各推进任务速度增量比例不同,对霍尔电推进的推力和比冲等性能、模式调节和响应时间等要求具有差异,但总的任务种类、霍尔推力器布局思路是类似的。

霍尔电推进的诸多优点使其特别适合于 GEO 卫星位置保持和轨道转移、近地天体深空探测和取样返回等中小速度增量任务,也非常适合于载人深空探测、星际货物运输等需要兼顾推力和比冲并便于推力器安装集成的大功率电推进的任务。

在 GEO 平台应用领域,欧洲研究表明,在目前技术条件下,对于典型 GEO 卫星的在轨南北位保任务,很高比冲的电推进,如比冲约 3 000 s 的离子电推进,由于推力小,束流粒子对太阳电池阵轰击作用强,功率处理单元重量和平台蓄电池放电深度增加,一定程度上会抵消高比冲的优势,而中等比冲(如 1 500 s)的电推进系统是 GEO 卫星南北位置保持任务的折中选择[44]。对于 GEO 卫星发射后的部分轨道提升任务,劳拉空间系统公司研究表明,对于发射重量 6 000 kg,全化学推进轨道提升速度增量 1 800 m/s,远地点发动机比冲 310 m/s 的 GEO 平台,改用化学—电复合推进时,在化学推进执行前一部分轨道提升,电推进功率 10 kW 且轨道提升时间限制在 90 天内等条件的限制下,电推进最佳比冲为 1 240~1 320 s[45]。霍尔推力器 1 600 s 的典型比冲均接近于上述两个比冲值,因此目前霍尔电推进成为国外 GEO 平台选用电推进时的首选。

同时,霍尔电推进具有合适的比冲和推力、系统简单、工作电压较低等特点,综合性能好,在 GEO 卫星中应用最广泛。美国 LS - 1300、A2100M、GeoStar - 3,俄罗斯 MSS - 2500 - GSO、USP 和 US - KMO,欧洲 Spacebus 4000、Eurostar 3000、@ bus 和 Small GEO 等十多种化—电混合推进 GEO 平台,以及美国 LS - 1300 全电版、欧洲 Eurostar 3000 EOR 等多种全电推进 GEO 平台采用霍尔电推进,系统功率已从 1.5 kW 拓展至 10 kW 量级。2010 年美国发射的顶尖技术水平的战略通信卫星 AEHF - 1 率先采用了 10 kW 霍尔电推进执行轨道转移和位置保持任务,质量增益超过 908 kg。该星在发射后,双组元远地点发动机因推进剂管路存在多余物而未能正常工作,BPT - 4000 霍尔电推进成功实施了这颗超过 20 亿美元卫星的拯救,并确保预定的 14 年寿命。劳拉空间系统公司的 LS - 1300 平台和欧洲新一代大型平台@ bus 也升级到 5 kW 霍尔电推进。

下面以 GEO 卫星为例,分析高轨航天器对霍尔电推进的需求、推力器布局和应用策略等。

2.3.1　轨道控制任务

航天器的轨道控制任务主要包括在轨位置保持、轨道转移、大气阻力补偿任务等。

1. 位置保持任务

1) 位置保持需求分析

GEO 卫星工作在地球赤道面上的圆形轨道上,轨道高度约为 35 786 km,轨道周期与地球自转周期相同,为 23 h 56 min 4 s,运行速度为约 3 km/s。

GEO 卫星在运行过程中,由于多种外力的作用,其运行轨道并不会保持在理想状态,而是会产生摄动,导致卫星在其定点附近运动,星下点产生南北、东西漂移,地面通信天线为达到最佳的通信效果,必须相应地对卫星进行南北、东西跟随扫描,增加了使用的复杂性。导致 GEO 卫星运行轨道产生摄动的原因主要为以下几点。

(1) 日月引力摄动。

GEO 卫星在轨运行过程中,除了受到地球引力作用,还受到太阳和月球的引力作用。地球赤道面与黄道面(地球绕太阳公转轨道平面)存在 23.5°的夹角,每年从夏至开始太阳向南运动,其万有引力把 GEO 卫星往南拽,冬至开始又把 GEO 卫星往北拽。白道面(月球绕地球公转轨道平面)与黄道面存在 5.15°的夹角,且轨道面进动周期为 18.6 年,白道面与地球赤道面夹角在 23.5°±5.15°(18.35° ~ 28.65°)内变化。太阳、月球对 GEO 卫星的引力作用使 GEO 卫星轨道倾角产生摄动,在纬度方向产生南北漂移。日月摄动导致卫星倾角的初始变化率约为 0.85°/年,每过 26.5 年倾角达到最大值 15°。为了修正这项引力摄动,GEO 卫星需要进行定期的南北方向的轨道位置保持,每年用于修正倾角的总速度增量大约为 50 m/s,是 GEO 卫星在轨最大的轨道机动消耗。

(2) 地球偏心率摄动。

地球非正球形。赤道部分突出,呈轻微的椭圆状,且质量分布不均匀。两极稍扁,赤道半径比极轴半径大约 21.4 km。静止轨道上有两个稳定的平衡点(75.3°E 和 104.7°W)和两个不稳定的平衡点(165.3°E 和 14.7°W)。位于静止轨道平衡点之间的卫星等航天器,在没有任何机动的情况下,会缓缓朝着两个稳定平衡点加速移动,GEO 卫星运行时会被缓慢地被拉向较近的平衡点,这导致了经度的周期性变化,产生向东或向西的漂移[46]。为了修正经度漂移效应,静止轨道卫星每年共需要 2 ~ 3 m/s 的速度增量来进行东西方向的轨道保持,具体的数值取决于卫星的定点经度[47]。

(3) 太阳光压力摄动。

航天器运行在轨道上,会受到太阳光压的作用。光具有波粒二象性,由于光子具有一定质量,虽然很微弱,但对照射面进行撞击时,光子把动量传递给照射面,对照射面会产生光压力。航天器在微重力环境下,光压的作用不可忽略。

太阳光压力由下式计算:

$$F_s = - Kp\left(\frac{S}{m}\right) \tag{2-16}$$

式中,$K \in [1,2]$ 为光压系数;p 为太阳光压强,$p = 4.65 \times 10^{-6}$ N/m²;S 为卫星受太阳光直射的面积;m 为卫星质量。

太阳光压力摄动主要影响 GEO 卫星的轨道偏心率,其对偏心率的影响在太阳光压力摄动、地球偏心率摄动、日月引力摄动三种摄动中占主动作用。

在太阳光压力作用下,GEO 卫星偏心率的变化以一年为周期,幅值约为 8×

10^{-4}。偏心率的矢量变化呈椭圆状,且主轴垂直于春分点方向。

在轨位置保持是利用霍尔电推进提供的速度增量来抵消三种摄动因素造成的 GEO 卫星运行轨道摄动影响,其速度增量一般相对于轨道转移要小很多。由于 GEO 卫星的轨道保持是在卫星入轨后、正常开展业务期间完成的,要求推进系统点火不能影响航天器正常工作,对推进系统工作时长要求不严格,因此,选择推力不大,但比冲高的推进系统执行轨道转移任务,有利于提升航天器的有效载荷承载能力或寿命。这是为什么高比冲的霍尔电推进系统广泛应用于 GEO 卫星在轨位置保持的重要原因。

2)适合位置保持任务的霍尔推力器布局

(1)人字布局。

人字布局是指将推力器分别布置在卫星南侧、北侧舱板上,推力器轴线指向航天器质心。常见的人字布局采用 4 台霍尔推力器,推力器分成主备份 2 个支路,每个支路 2 台霍尔推力器,分别布置在卫星南侧、北侧舱板上,每侧两台推力器居中安装在卫星南北舱板上靠近背地面处的推力矢量调节机构上,推力矢量通过卫星质心,示意图见图 2-14。该采用该布局的平台有美国 LS-1300(图 2-15)和欧洲 Eurostar 3000、Spacebus 4000 等平台,霍尔推力器轴线与太阳电池阵夹角一般为 30°~45°,如 LS-1300 平台为 30°~40°[48]。

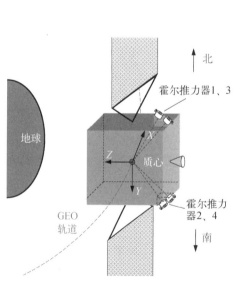

图 2-14 执行南北位保任务的人字霍尔
推力器布局示意图

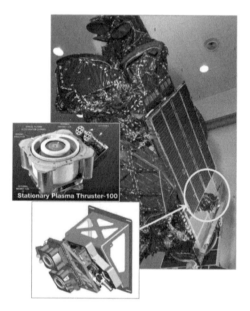

图 2-15 LS-1300 平台人字
霍尔推力器布局

该布局方案的优点是:

i. 电推力器角度可通过推力矢量调节机构小范围调整,使推力器轴线过卫

质心,减小干扰力矩和推进剂消耗;

ii. 电推力器可方便地集成在已有的成熟的 GEO 平台上,最大规模地减小平台的改动量;

iii. 电推力器推力过质心时,通过调整卫星姿态,具备通过一台推力器执行轨道转移任务的功能,如欧洲 Artemis 卫星,由于运载火箭故障导致星箭分离轨道过低,通过星上人字布局、原计划用于南北位置保持的电推力器将卫星送入轨道,实现拯救[49,50]。

该方案的缺点是:

i. 电推力器布局针对执行南北位置保持任务设计,任务功能较为单一;

ii. 电推力器与南北方向夹角为 30°~45°,推力损失较大,造成额外推进剂消耗;

iii. 执行轨道转移功能时,只有一台推力器工作,推力较小,轨道转移时间较长。

(2) 锥形布局。

锥形布局为在 GEO 卫星背地面上布置 4 台霍尔推力器,南北两侧各分布两台,对角线两台推力器为一组,4 台推力器的安装位置呈长方形,示意图见图 2-16。推力器轴线可指向卫星质心,4 台推力器整体呈锥形分布,每台推力器由 1 台两轴动作范围较大的推力矢量调节机构调节推力方向。

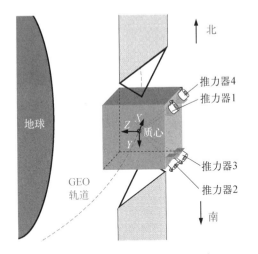

图 2-16　霍尔推力器锥形布局示意图

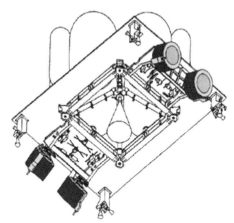

图 2-17　BSS - 702HP 平台采用的离子推力器锥形布局示意图

锥形布局的优点是:同时兼顾了轨道转移、位置保持和角动量卸载的能力,性能集成度高,可靠性高。

缺点是:姿态、轨道控制存在耦合,增大了控制策略设计难度。

采用这种电推力器布局的主要是波音 BSS - 702HP 化—电混合推进平台(图2-17)[51]、BSS - 702SP 全电推进平台(采用离子推力器,推力矢量调节机构动作范围可达±36°）[52]，我国 DFH - 4SP 全电推进平台（兼容霍尔推力器和离子推力器）、DFH - 5 平台（采用离子推力器）等。

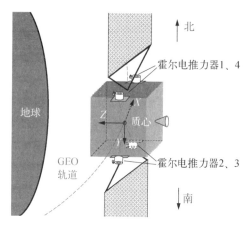

图 2 - 18　十字交叉霍尔推力器布局示意图

（3）十字交叉布局。

该方案的 4 组电推力器布局在东西板和南北板的棱边的中部，每组电推力器一般含 1~2 台电推力器，推力矢量过质心，示意图见图 2 - 18。十字交叉布局下每台电推力器工作都能产生法向和切向速度，不产生径向速度，轨道控制中的耦合影响减弱，可不需要推力矢量调节机构。借助于矢量调节机构，推力器推力方向可进行调节，从而使电推力器在执行在轨位置保持的基础上，可扩展执行轨道转移任务。

该方案的典型代表有美国洛克希德·马丁公司的 A2100M 平台、欧洲 Small GEO 平台等。

A2100M 平台（图 2 - 19）采用 4 台 4.5 kW 功率的 BPT - 4000 霍尔推力器执行发射后的部分轨道提升任务和在轨位置保持任务。4 台霍尔推力器通过 4 台推力矢量调节机构安装在卫星背地面和对地面四条棱边的中部。推力矢量调节机构两轴转动范围±36.5°。

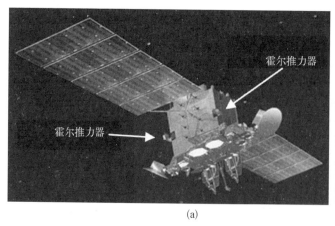

(a)　　　　　　　　　　　　　　　　　(b)

图 2 - 19　美国 A2100M 平台及其霍尔推力器安装位置

该布局方案的优点是：

i. 电推力器角度可通过推力矢量调节机构进行大范围调整，执行高效率轨道

提升、位置保持、动量轮卸载、姿态控制等任务;

ii. 通讨推力矢量调节机构的精确指向,减小干扰力矩和推进剂消耗;

iii. 4 台电推力器可组成主备份支路,提高系统可靠性。

该方案的缺点是:

i. 推力器安装高度与卫星执行高度需一致或接近一致,以消除或减小径向分量的影响;

ii. 大角度推力矢量调节机构研制难度大。

3)位置保持策略

不同推力器布局的航天器,位置保持策略有所不同。

对于人字布局,霍尔推力器执行南北位置保持工作过程如图 2 - 20 所示。在进行南北位保时,北侧的一台推力器在升交点附近点火,南侧的一台推力器在降交点附近点火。

对于锥形布局,位置保持过程点火如图 2 - 21 所示,在执行南北位保时,北侧的两台推力器(4 和 1)分别在升交点附近点火,南侧的两台推力器(2 和 3)分别在降交点附近点火,这样每次点火都能产生径向和切向的速度增量,可以在南北位保的同时进行偏心率控制和东西位保。

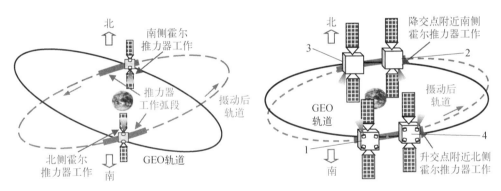

图 2 - 20　人字布局霍尔推力器位置　　　　图 2 - 21　锥形布局方案位置
　　　　　保持点火示意图　　　　　　　　　　　　保持点火示意图

不考虑角动量卸载时,调节推力矢量调节机构可使推力器的推力方向对准质心,从而不产生力矩作用。调整推力矢量调节机构,使推力不对准质心,就可产生一定力矩,实现角动量卸载。

当对角线的 2 台推力器通过矢量调节机构使推力指向背地面,并以相同推力工作时,即可实现通过质心的合成推力,执行轨道转移任务。

2. 轨道转移任务

1)轨道转移需求分析

轨道转移是指航天器从一个运行轨道利用推进系统提供的速度增量转移到另

一个轨道,一般包括轨道高度、相位、倾角的变化,典型应用包括 GEO 卫星等航天器从星箭分离轨道转移到 GEO 工作轨道、在轨期间从一个定点位置变化至另一个定点位置、在寿命末期从 GEO 轨道离轨至墓地轨道,深空探测器从初始运行轨道变化至新的任务轨道。轨道转移一般需要比较大的速度增量,特别是全电推进卫星从星箭分离轨道至 GEO 轨道,深空探测器变轨至探测目标星体轨道等,轨道转移的时间则与具体任务需求有关。由于霍尔电推进推力功率比约为 60 mN/kW,在目前太阳能卫星、深空探测器等航天器可提供给霍尔电推进系统的百瓦至约 50 kW 电能的限制条件下,霍尔电推进可提供的推力仅在 10 mN 至牛顿量级,无法提供非常大的推力,决定了目前霍尔电推进无法执行快速轨道转移任务,但霍尔电推进可以发挥其高比冲的优势,对于相同的轨道转移任务,相对于化学推进,可显著节省推进剂。

GEO 卫星发射后,从 GTO 轨道转移至 GEO 轨道,采用霍曼转移,速度增量约为 1 850 m/s,采用霍尔电推进时,考虑小推力变轨带来的变轨损失,变轨效率 0.6 时,相应速度增量为 3 084 m/s。GEO 卫星寿命末期进入墓地轨道的离轨速度增量约为 11 m/s。

2) 适合轨道转移任务的霍尔推力器布局

适合轨道转移任务的霍尔推力器布局往往同时考虑在轨位置保持、姿态控制等任务,具体推力器布局方案如下。

(1) 锥形布局。

采用锥形布局的卫星,当对角线的 2 台推力器通过矢量调节机构使推力指向背地面,并以相同推力工作时,即可实现通过质心的合成推力,执行轨道转移任务。

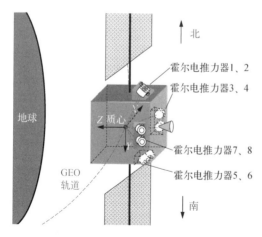

图 2 - 22   针对轨道转移及东西位保、南北位保的两轴摆动安装布局方案

(2) 双人字形布局方案。

双人字形布局,是指在 GEO 卫星南侧、北侧舱板上以人字布局布置南北位保用霍尔推力器,在 GEO 卫星东侧、西侧舱板上也以人字布局布置东西位保用霍尔推力器。霍尔推力器相对于太阳电池阵有一定倾斜角度且可以一定角度摆动,推力矢量可过质心,布局示意图见图 2 - 22。这种布局东西南北可各布置 1~2 台推力器,一般推力器数量南北向或东西向对称布置。当东西两侧各有一台霍尔推力器同时工作时,可产生平行于 Z 轴的推

力,从而可执行轨道转移任务。若东西位保推力器安装在可大角度调节的推力矢量调节机构上,则可大范围调整推力指向,有效增大 Z 轴上的推力分量,提高轨道转移时的有效推力。

采用这一种布局的典型 GEO 平台是俄罗斯列舍特涅夫信息卫星系统股份公司(ISS - Reshetnev 公司,原应用力学科研生产联合体 NPO PM)的 Express - 1000、Express - 2000 平台。这两种平台采用了 8 台 SPT - 100 霍尔推力器,组成 4 个霍尔推力器模块,布置在卫星中部东、西、南、北四个舱板上(图 2 - 23),每个霍尔推力器模块含主备份 2 台推力器,推力矢量过卫星质心。南北位保推力器与太阳能电池阵夹角约 20°,东西位保推力器与舱壁夹角约 45°。

太阳电池阵转动机构安装处

南北位保霍尔推力器（南北各一组），推力器与太阳电池阵夹角约20°

东西位保及轨道转移霍尔推力器（东西各一组），与舱壁夹角约45°

图 2 - 23　Express - 1000 卫星平台 8 台霍尔推力器布局和推力方向示意图

卫星执行东西和南北位置保持时,每次相应方向的 1 台霍尔推力器工作。

该布局方案的优点是:

i. 电推力器角度可通过推力矢量调节机构小范围调整,使推力器轴线过卫星质心,减小干扰力矩和推进剂消耗;

ii. 东西向霍尔推力器由于用于东西位保的累计工作时间远小于南北位保霍尔推力器,因此可充分发挥其剩余工作能力,执行轨道转移任务;

iii. 霍尔推力器总台数多,应对特殊情况的灵活性大。如俄罗斯 2014 年 10 月 21 日发射的 Express AM6 通信卫星(Express - 2000 平台第二星),由于上面级提前关机,卫星进入 31 307 km×37 784 km,倾角 0.7°的低轨道,最后利用 SPT - 100 霍尔推力器实现拯救,历时 180 天将卫星送入轨道。

(3)展开式人字布局。

展开式人字布局是利用机械臂推力矢量调节机构将霍尔推力器伸出星体一段距离,通过机械臂矢量调节机构,可大幅调整霍尔推力器的位置和推力指向,从而执行轨道转移、在轨位置保持和姿态控制等任务。一般霍尔推力器为 4 台,分成两组,每组 2 台,安装在机械臂推力矢量调节机构上,通过调节推力矢量调节机构,大范围调节推力器的位置和指向,从而执行轨道转移、位置保持、角动量卸载等任务。执行轨道转移任务时,可南北各一台霍尔推力器成对使用,也可单独使用南侧或北侧的一台霍尔推力器(图 2 - 24);执行位置保持、姿态控制时,采用一台霍尔推力器工作;执行角动量卸载任务时,展开式人字布局可提供较长的推力力臂,有利于提升角动量卸载的效能。

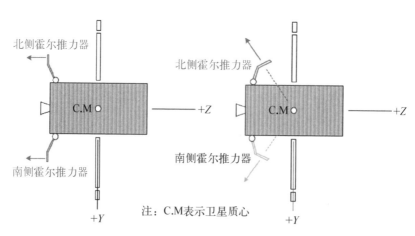

(a) 2 台霍尔推力器同时工作　　　(b) 1 台霍尔推力器工作

图 2 - 24　展开式人字布局霍尔推力器执行轨道提升时的推力器工作策略

美国劳拉公司(现已并入 Maxar 公司)率先提出了展开式人字布局方案,每个机械臂上安装 2 台 1.35 kW 功率的 SPT-100 霍尔推力器或 2 台 4.5 kW 的 SPT-140 霍尔推力器。机械臂推力矢量调节机构安装在靠近背地面的南北舱板处,具有两轴大角度转动能力。图 2-25 为 LS-1300 平台采用机械臂推力矢量调节机构时的展开式人字霍尔推力器布局示意图。图 2-26 为 LS-1300 平台机械臂推力矢量调节机构及霍尔推力器的安装示意图,图 2-27 展示了卫星地面测试时展开状态的机械臂推力矢量调节机构。

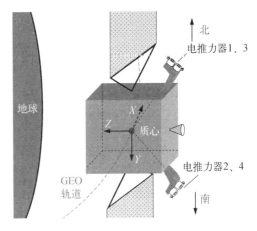

图 2-25　展开式人字霍尔推力器布局示意图

欧洲最新的 Eurostar 3000 EOR(图 2-28)、Neosat 平台全电推进卫星平台均采用了两台较长尺寸的展开式人字布局推力矢量调节机构。Eurostar 3000 EOR 每台机械臂推力矢量调节机构上安装了 2 台 SPT-140 霍尔推力器。

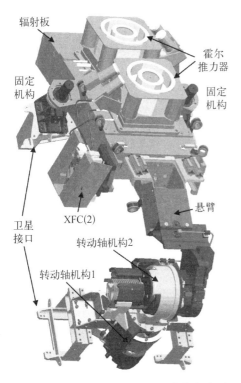

图 2-26　LS-1300 平台展开式人字布局
的推力矢量调节机构外观

图 2-27　地面测试时展开状态的展开式
人字布局推力矢量调节机构

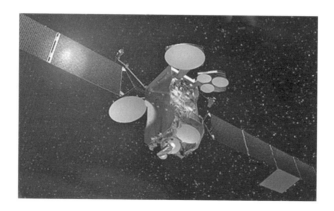

图 2 - 28　基于 Eurostar 3000 EOR 平台的 Eutelsat 172B 全电推进卫星

该布局方案的优点是：

i. 霍尔推力器角度可通过推力矢量调节机构进行大范围调整,执行高效率轨道转移、位置保持、动量轮卸载、姿态控制等任务,且执行轨道转移时,推力合力方向平行于飞行方向,无推力损失;

ii. 通过机械臂推力矢量调节机构的精确指向,减小干扰力矩和推进剂消耗;

iii. 霍尔推力器依靠较长的机械臂推力矢量调节机构,使其羽流远离卫星本体和太阳能电池阵,减小电推进羽流对卫星的力矩干扰、溅射削蚀等影响;

iv. 4 台霍尔推力器可组成主备份支路,提高系统可靠性。

3）轨道转移策略

霍尔推力器由于推力相对于化学推进要小得多,执行轨道转移任务时,无法采用化学推进常用的最省能量的霍曼转移方式,只能采用小推力变轨方式。变轨时,霍尔推力器一般在沿着卫星飞行方向的轴线布局,或对称布局,使推力合力过质心,一般推力方向沿着轨道切线方向。图 2 - 29 为霍尔电推进小推力轨道转移与化学推进霍曼轨道转移对比示意图。

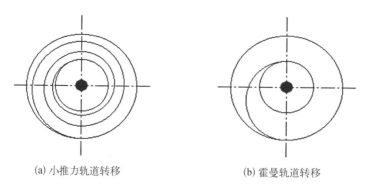

(a) 小推力轨道转移　　　　　　　　　　(b) 霍曼轨道转移

图 2 - 29　霍尔电推进小推力轨道转移与化学推进霍曼轨道转移对比

2.3.2　姿态控制任务

化-电混合推进卫星的姿态控制一般由化学推进完成,但某些卫星的霍尔电推进也具备姿态控制能力。对于全电推进卫星,姿态控制必须由霍尔电推进完成。由于卫星上配置的霍尔推力器数量远远小于化学推进卫星配置的化学推力器数量,在使用上也因为推力小、启动慢等特点不如化学推进灵活,所以霍尔电推进一般不直接用于姿态控制,而是配合飞轮等角动量交换装置共同完成姿态控制,主要是完成角动量卸载。一种方法是在霍尔推力器进行位置保持控制点火的同时,通过略微偏转霍尔推力器的角度,使其偏离卫星质心,产生力矩,实现角动量卸载[53]。

2.4　深空探测航天器推进任务

相对于地球轨道航天器,深空探测器的显著任务特点是速度增量大,以及与太阳距离会在较大范围内变化,导致电功率在较大范围内变化。在深空探测领域,霍尔电推进可发挥高比冲和多模式工作的优势,大幅节省深空探测器的推进剂需求量,并适应任务期间电功率的宽范围变化。

目前航天器速度增量大都在 3 km/s 以下,某些深空探测器的最大速度增量超过 10 km/s,未来大速度增量的卫星,快速/远距离深空探测器,轨道转移飞行器,核动力飞行器的速度增量将达到 10~100 km/s。表 2-3 给出了不同典型任务的速度增量需求[54]。

表 2-3　不同典型任务的速度增量需求

任 务 类 型	速度增量/(m/s)
地表-LEO(轨道高度 270 km)	7 600
LEO-GEO	4 200
LEO-地球逃逸	3 200
LEO-月球轨道(7 天)	3 900
LEO-火星轨道(0.7 年)	5 700
LEO-火星轨道(40 天)	85 000
LEO-太阳逃逸	70 000
LEO-1000 天文单位(50 年)	142 000
LEO-半人马座阿尔法星(50 年)	30 000 000

注:所有变轨均考虑采用脉冲喷射方式。

从航天器工程实现角度考虑,推进剂最多一般占到航天器质量的60%~70%,以这个限制为前提,可以分析在不考虑其他因素及变轨效率时,对于3~100 km/s的不同速度增量,比冲从化学推进的320 s,到目前应用的1 000~4 000 s比冲,再到正在研发10 000 s比冲的电推进时所需的推进剂量与航天器质量的比值,详见表2-4,比冲320 s时,最多可达到约3 km/s的速度增量,而比冲10 000 s时,最多可达到约100 km/s的速度增量。

表2-4　对于不同速度增量,不同比冲时所需的推进剂量与航天器质量的比值

$\Delta V/$ (km/s)	不同比冲(s)时推进剂量与航天器质量的比值						
	320	1 000	2 000	4 000	6 000	8 000	10 000
3	62.2%	26.4%	14.2%	7.4%	5.0%	3.8%	3.0%
5	80.2%	40.0%	22.5%	12.0%	8.2%	6.2%	5.0%
10	96.1%	64.0%	40.0%	22.5%	15.6%	12.0%	9.7%
25	99.969 6%	92.2%	72.1%	47.2%	34.6%	27.3%	22.5%
50	99.999 991%	99.4%	92.2%	72.1%	57.3%	47.2%	40.0%
75	99.999 999 997%	99.95%	97.8%	85.2%	72.1%	61.6%	53.5%
100	99.999 999 999 999 1%	99.996%	99.4%	92.2%	81.7%	72.1%	64.0%

采用化学推进的嫦娥一号月球探测器速度增量约2 km/s,火星探测器速度增量约2.5 km/s[55],而采用平均比冲1 540 s的霍尔电推进的智慧一号(SMART-1)月球探测器的速度增量达到3.7 km/s。由于霍尔电推进系统的出色表现,智慧一号探测器寿命延长1年,科学观测周期达到原计划的3倍。图2-30为智慧一号月球探测器轨道转移过程示意图[56]。

霍尔电推进推力功率比较大的特点,在一些深空探测任务中具有优势。例如,美国NASA研究表明,当综合考虑电推进系统重量、运载火箭能力、太阳电池阵功率变化情况、轨道转移等因素时,在适当提高霍尔推力器的比冲后,霍尔电推进应用于深空探测器,可发挥推力功率比较大的优势,提高轨道转移效果,增加有效载荷,从而执行本来只有更高比冲的离子电推进能够执行的任务[57,58]。因此,美国从2003年开始,针对中小规模的探索级和新边疆级深空探测任务,大力发展HiVHAc霍尔推力器[59,60],从2015年左右开始,针对深空之门、小行星偏移等大规模深空探测任务,发展比冲达到2 800 s以上的10千瓦级HERMeS霍尔推力器[61]。

霍尔推力器在深空探测器上的布局与采用霍尔推力器执行轨道转移和位置保持等任务的低轨航天器、GEO卫星基本相同,具体如下。

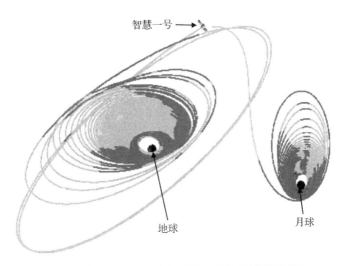

图 2－30 智慧一号月球探测器轨道转移过程示意图

（1）探测器尾部布局：沿着探测器飞行方向,在探测器尾部布局,从而使推力或合力过探测器质心,方向沿着飞行轨道切线方向。通过推力矢量调节机构,可使推力偏移质心,实现角动量卸载功能。采用这种电推力器布局方式的探测器有深空一号[62]、智慧一号(图 2－31)[63]、黎明号[64]、隼鸟号[65]和正在研制中的美国深空之门任务能源与动力单元(power and propulsion element，PPE)的主推进霍尔推力器[66]。

图 2－31 智慧一号电推进系统组件分布示意图

（2）展开式人字布局：与兼顾轨道转移、位置保持和姿态控制任务的 GEO 卫星一样,采用展开式人字布局如美国计划于 2023~2024 年发射的"赛姬"小行星探测器(图 2－32)。

 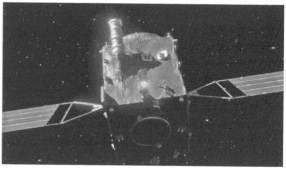

(a)"赛姬"小行星探测器   (b) 使用单台霍尔推力器执行轨道转移的状态

图 2-32   "赛姬"小行星探测器及其使用单台霍尔推力器执行轨道转移的状态

2.5   其 他 任 务

除了上述任务,霍尔电推进还可用于编队飞行航天器、火箭上面级等的推进任务。此外,霍尔推力器可拓展应用为等离子体源,用于空间科学试验。

2.5.1   编队飞行航天器

在遥感、气象等领域,由于传统单个航天器的物理和架构限制,探测局限在较小区域内。

编队飞行航天器由多个航天器构成的,以一定构型编队飞行,利用星间通信相互联系、协同开展空间信号采集与处理等工作的航天器系统。编队飞行航天器可利用多个较小的航天器,构成一个较大的虚拟卫星或卫星网络系统,执行单个航天器无法完成的空间探测和成像等任务。

编队飞行航天器的轨道转移、位置保持、高精度快响应姿态控制等任务对霍尔电推进提出了快速响应、多推力器布局等需求,要求霍尔推力器能够在瞬间启动、推力小且精确可调、推力器尺寸小,对可以快速启动的无加热器阴极、快速调节能力和高推力密度等提出了需求。

2.5.2   火箭上面级

火箭上面级是多级火箭的第一级以上的部分,通常为第二级或第三级。上面级在运载火箭飞出稠密大气层后工作,具有较长的飞行时间、多次点火能力及自主轨道机动飞行能力,可以将一个或多个有效载荷送入包括低轨到高轨等各种轨道,显著提升了运载火箭任务的灵活性。

目前的火箭上面级都是采用化学推进。为了进一步提升运载火箭的发射能力,美国、俄罗斯、欧洲都开展了采用电推进的火箭上面级技术研究,利用电推进高比冲的特性,通过大幅节省推进剂来提高有效载荷的运载能力,代价是上面级需要增加太阳电池阵及相应的功率变换装置,以及延长有效载荷的入轨时间。

美国计划在重型运载火箭(heavy-lift launch vehicle, HLV)上应用装备大功率霍尔电推进的轨道转移器,将30 t的载荷送入GEO轨道(采用化学推进时为15 t),在180天内将载荷送入GEO轨道[67]。

俄罗斯开展了在多种运载火箭上采用电推进上面级的效益分析,研究表明,对于GEO轨道运输任务,相对于化学推进上面级,电推进上面级可增加50%~70%的运载能力,但飞行时间将增加30~60天[68]。

意大利针对织女星火箭(图2-33),开展了采用霍尔电推进上面级的方案设计,分析表明,采用四台5 kW级霍尔推力器,当执行4 km/s的轨道转移任务时,运载能力将从化学推进上面级的100.8 kg提升至1 049.4 kg[69]。

(a)　　　　　　　　　　　　　　　(b)

图 2-33　针对织女星火箭的霍尔电推进上面级方案设想

火箭上面级霍尔推力器的布局与深空探测器霍尔推力器布局类似,推力器一般位于上面级的尾部,使推力或多台霍尔推力器的合力指向上面级质心,方向沿着飞行轨道切线方向。通过推力矢量调节机构,可使推力偏移质心,实现角动量卸载功能。

2.5.3　人工空间等离子体

霍尔推力器工作时会产生等离子体羽流,羽流会与空间环境产生相互作用,起到激发空间等离子体的作用。根据这一特性,可用霍尔推力器产生人工空间等离子体,使人们更好地探索太空环境。

美国2010年11月20日发射的Falcon 5卫星,承担了空间天气探测演示任务,该任务目的是研究电离层中射频传输和等离子体测量的相关性。该卫星利用美国Busek公司的500 W霍尔推力器来激发卫星周围的空间环境等离子体,并由星上光谱仪、静电分析仪等来测量霍尔推力器工作带来的空间环境扰动[70]。

苏联基于霍尔推力器研制的等离子体加速器[71],作为火箭电荷中和器应用于20 世纪 70 年代的"Porcupine"国际合作项目,后来又应用于地球磁场测量研究所(Institute of Earth Magnetism Measurement, ISMIRAN)主导的"Apex"空间试验中,试验时发射电流 2.0~2.6 A,离子能量 250 eV[72]。

参考文献

[1] Cornu N, Marchandise F, Darnon F, et al. The PPS ® 1350-G Qualification Demonstration: 10,500 hrs on the Ground and 5,000 hrs in Flight. Cincinnati: 43rd AIAA/ASME/SAE/ASEE Joint Propulsion Conference & Exhibit, 2007.

[2] Frieman J D, Kamhawi H, Peterson P Y, et al. Impact of Facility Pressure on the Wear of the NASA HERMeS Hall Thruster. Vienna: 36th International Electric Propulsion Conference, 2019.

[3] Kamhawi H, Mackey J, Frieman J, et al. HERMeS Thruster Magnetic Field Topology Optimization Study: Performance, Stability, and Wear Results. Vienna: 36th International Electric Propulsion Conference, 2019.

[4] Sutton G P, Biblarz O. Rocket Propulsion Elements (Seventh Edition). New York: JOHN WILEY & SONS, 2001.

[5] 黄良甫. 电推力器的比冲及其选取. 真空与低温,2004,10(1): 1 - 5.

[6] Plasma Thrusters. [2022 - 04 - 15]. https://fakel-russia.com/en/productions.

[7] Electric Propulsion. [2023 - 06 - 13]. https://satcatalog. s3. amazonaws. com/components/927/SatCatalog_-_Aerojet_Rocketdyne_-_XR-5_Hall_Thruster_-_Datasheet. pdf.

[8] Grys K D, Mathers A, Welander B, et al. Demonstration of 10,400 Hours of Operation on a 4. 5 kW Qualification Model Hall Thruster. Nashville: 46th AIAA/ASME/SAE/ASEE Joint Propulsion Conference & Exhibit, 2010.

[9] Safran, a Major Player in Plasma Propulsion. [2021 - 07 - 22]. https://www. safran-group. com/products-services/safran-major-player-plasma-propulsion.

[10] PPS5000. [2021 - 02 - 03]. https://www. satcatalog. com/component/pps5000/.

[11] Sengupta A, Marrese-Reading C, Cappelli M, et al. An Overview of the VHITAL Program: A Two-Stage Bismuth Fed Very High Specific Impulse Thruster with Anode Layer. Princeton: 29th International Electric Propulsion Conference, 2015.

[12] Marrese-Reading C M, Frisbee R, Sengupta A, et al. Very High Isp Thruster with Anode Layer (VHITAL): An Overview. San Diego: Space 2004 Conference and Exhibit, 2004.

[13] Hall S J, Jorns B A, Gallimorez A D, et al. High-Power Performance of a 100-kW Class Nested Hall Thruster. Atlanta: 35th International Electric Propulsion Conference, 2017.

[14] 王敏,仲小清,王珏,等. 电推进航天器总体设计. 北京: 科学出版社,2019.

[15] Oleson S R, Sankovic J M. Electric Propulsion for Low Earth Orbit Constellations. Hanover: NASA, 1998.

[16] Janson S W, Helvajian H, et al. Microthrusters for Nanosatellites. Pasadena: The Second International Conference on Integrated Micro Nanotechnology for Space Applications, 1999.

[17] Loghry C S, Oleson S, Woytach J, et al. LEO to GEO(and Beyond) Transfers Using High Power Solar Electric Propulsion (HP-SEP). Atlanta: 35th International Electric Propulsion Conference, 2017.

[18] Mission Delta-V and Flight Times. [2022 – 08 – 24]. http://www. projectrho. com/ public_html/rocket/appmissiontable. php.

[19] 向开恒,陈克威,张荣保,等. 航天器轨道分类及常用参数符号: GB/T 29079 – 2012. 北京: 中国标准出版社,2012.

[20] 周伟勇,张育林,刘昆. 超低轨航天器气动力分析与减阻设计. 宇航学报,2010,31(2): 342 – 348.

[21] 姜海富,柴丽华,周晶晶,等. 国外超低轨卫星计划及环境效应研究进展. 环境技术,2015, 33(5): 30 – 34.

[22] 宋海丰. 国外新兴低轨通信星座发展态势分析. 国际太空,2018(5): 17 – 22.

[23] 李博. "星链"试验星. 卫星应用,2019(6): 78.

[24] UK jump-starts OneWeb-ESA Program with $23 Million Pledge. [2021 – 09 – 25]. https:// spacenews. com/uk-jump-starts-oneweb-esa-program-with-23-million-pledge/.

[25] EgyptSat-A Enters Orbit after a Close-call Soyuz Launch. [2022 – 11 – 21]. https://www. russianspaceweb. com/egyptsat-a. html.

[26] OneWeb 8 | Soyuz 2. 1b/Fregat. [2021 – 06 – 28]. https://everydayastronaut. com/oneweb-8/.

[27] On Dec. 18, 2020 at 14: 40 Moscow Time, 36 Satellites Built by Airbus OneWeb Satellites,with Plasma Thrusters Manufactured by EDB Fakel, were Launched from Vostochny Cosmodrome. [2021 – 05 – 21]. https://fakel-russia. com/en/archives/3099.

[28] 李梦奇. 基于大气参数修正的低轨航天器轨道预报方法研究. 哈尔滨: 哈尔滨工业大学, 2017.

[29] Orbit of the International Space Station(ISS). [2023 – 02 – 21]. https://planetseducation. com/international-space-station-orbit/#:~:text = And%20atmospheric%20drag%20will%20slowly% 20lower%20the%20orbit, done%20by%20space%20agencies%20several%20times%20a% 20year.

[30] Higher Altitude Improves Station's Fuel Economy. [2023 – 06 – 07]. https://www. nasa. gov/ mission_pages/station/expeditions/expedition26/iss_altitude. html.

[31] ISS: International Space Station. [2023 – 07 – 08]. https://lunaf. com/space/iss/.

[32] VENμS(Vegetation and Environment Monitoring on a New MicroSatellite). [2023 – 05 – 30]. https://earth. esa. int/web/eoportal/satellite-missions/v-w-x-y-z/venus.

[33] 金广明,康亮杰. "天和"核心舱霍尔电推进子系统设计. 中国航天,2021(8): 22 – 27.

[34] 发明与创新杂志社. 空间站的"货运专列"——揭秘天舟二号货运飞船. 发明与创新,2021 (7): 52 – 53.

[35] 刘进军. 太空快递——漫谈世界各国的货运飞船. 航空世界,2017(6): 70 – 80.

[36] 胡蓝月. 天舟二号:中国空间站的第一位"访客". 太空探索,2021(7): 20 – 26.

[37] 朱毅麟. 研制中的轨道延寿飞行器. 国际太空,2004(12): 20 – 24.

[38] MEV 1,2. [2023 – 06 – 09]. https://space. skyrocket. de/doc_sdat/mev-1. htm.

[39] MEV – 1(Mission Extension Vehicle – 1) and MEV – 2. [2023 – 07 – 22]. https://www. eoportal. org/satellite-missions/m/mev-1.

[40] 侯欣宾,王立,张兴华.空间太阳能电站概论.北京:中国宇航出版社,2008.

[41] 杨璐茜,祁首冰,侯欣宾.中国空间太阳能电站研究的开拓者——王希季院士.国际太空, 2021(511):4-7.

[42] 驭驰.中国首个空间太阳能电站实验基地启动建设.太空探索,2019(4):5.

[43] 王立,成正爱,张兴华.空间太阳能电站发展展望.国际太空,2017(466):14-23.

[44] Koppel R C. Optimal Specific Impulse of Electric Propulsion. Noordwijk:Second European Spacecraft Propulsion Conference,1997.

[45] Oh D Y, Santiago G. Analytic Optimization of Mixed Chemical-Electric Orbit Raising Missions. Pasadena:27th International Electric Propulsion Conference,2001.

[46] Kelso T S. Basics of the Geostationary Orbit. [2023-04-14]. https://celestrak.com/columns/ v04n07/#:~:text=Geostationary%20and%20Geosynchronous%20Orbits%20Orbits%20with% 20non-zero%20eccentricity, in%20movement%20relative%20to%20a%20fixed%20ground% 20point.

[47] 太阳能电推进——静止轨道通信卫星瘦身治疗方案漫谈.[2023-04-12]. https://www. sohu.com/a/197952603_466840.

[48] Corey R L, Gascon N, Delgado J J, et al. Performance and Evolution of Stationary Plasma Thruster Electric Propulsion for Large Communications Satellites. Anaheim:28th AIAA International Communications Satellite Systems Conference,2010.

[49] Celebrating 10 years of Artemis. [2021-12-08]. https://www.esa.int/Enabling_Support/ Operations/Celebrating_10_years_of_Artemis.

[50] Ion Propulsion System to the Rescue. [2022-10-12]. https://www.esa.int/Applications/ Telecommunications_Integrated_Applications/Ion_propulsion_system_to_the_rescue.

[51] Goebel D M, Martinez-Lavin M, Bond T A, et al. Performance of XIPS Electric Propulsion in On-orbit Station Keeping of the Boeing 702 Spacecraft. Indianapolis:38th AIAA/ASME/SAE/ ASEE Joint Propulsion Conference & Exhibit,2002.

[52] 邵珠君.基于GEO卫星的小推力推进器构型设计与轨道转移设计研究.南京:南京航空航天大学,2016.

[53] 马雪,韩冬,汤亮.电推进卫星角动量卸载研究.中国空间科学技术,2016,36(1):70-76.

[54] Komerath M. Basic Orbits and Mission Analysis. [2023-03-21]. https://fdocuments.net/ documents/extrovertspace-propulsion-03-1-basic-orbits-and-mission-analysis.html.

[55] 叶培建,张熇,饶炜.积极应对深空探测的技术挑战.航天器工程,2006,15(3):1-7.

[56] Koppel C R, Marchandise F, Prioul M, et al. The SMART-1 Electric Propulsion Subsystem around the Moon:In Flight Experience. Tucson:41st AIAA/ASME/SAE/ASEE Joint Propulsion Conference & Exhibit,2005.

[57] Witzberger K, Manzella D. Performance of Solar Electric Powered Deep Space Missions Using Hall Thruster Propulsion. Tucson:41st AIAA/ASME/SAE/ASEE Joint Propulsion Conference, 2005.

[58] Kamhawi H, Haag T, Pinero L, et al. Overview of the Development of a Low Cost High Voltage Hall Accelerator Propulsion System for NASA Science Missions. San Diego:47th AIAA/ASME/ SAE/ASEE Joint Propulsion Conference & Exhibit,2011.

[59] Jacobson D T, Manzella D H, Hofer R R, et al. NASA's 2004 Hall Thruster Program. Fort

Lauderdale：40th AIAA/ASME/SAE/ASEE Joint Propulsion Conference and Exhibit，2004.

[60] Kamhawi H，Soulas G，Pinero L，et al. Overview of Hall Thruster Activities at NASA Glenn Research Center. Kurhaus：32nd International Electric Propulsion Conference，2011.

[61] Huang W S，Kamhawi H，Myers J L，et al. Non-Contact Thermal Characterization of NASA's HERMeS Hall Thruster. Orlando：51st AIAA/SAE/ASEE Joint Propulsion Conference，2015.

[62] Ion Propulsion System(NSTAR) DS1 Technology Validation Report. [2023-07-14]. https://pdssbn. astro. umd. edu/holdings/ds1-c-micas-3-rdr-visccd-borrelly-v1. 0/document/doc_Apr04/int_reports/IPS_Integrated_Report. pdf.

[63] Estublier D L. The SMART-1 Spacecraft Potential Investigations. IEEE Transactions on Plasma Science，2008，36(6)：2262-2270.

[64] Brophy J R，Etters M A，Gates J，et al. The Dawn Ion Propulsion System—Getting to Launch. Florence：30th International Electric Propulsion Conference，2007.

[65] Kuninaka H，Nishiyama K，Funaki I，et al. Powered Flight of Electron Cyclotron Resonance Ion Engines on Hayabusa Explorer. Journal of propulsion and power，2007，23(3)：544-550.

[66] Herman D A，Gray T，Johnson I，et al. The Application of Advanced Electric Propulsion on the NASA Power and Propulsion Element(PPE). Vienna：36th International Electric Propulsion Conference，2019.

[67] Rothschild W J，Talay T A，Henderson E M. A Foundational Heavy Lift Launch Vehicle Enabling Deep Space Missions. Nashville：46th AIAA/ASME/SAE/ASEE Joint Propulsion Conference & Exhibit，2010.

[68] Remishevsky V P，Belousov I I，Troshchenkov S V. Main Directions of Rocket Propulsion Development in Russia through 2015. Sacramento：42nd AIAA/ASME/SAE/ASEE Joint Propulsion Conference & Exhibit，2006.

[69] Ascanio G，Fossati T，Pizzarelli M，et al. Electric Propulsion Module for the extension of VEGA Launch Vehicle Payload Capability. Kobe：Joint Conference of 30th International Symposium on Space Technology and Science，34th International Electric Propulsion Conference and 6th Nano-satellite Symposium，2015.

[70] Falconsat-5. [2023-07-11]. https://directory. eoportal. org/web/eoportal/satellite-missions/f/falconsat-5.

[71] Bober A，Maslennikov N，Day M，et al. Development and Application of Electric Propulsion Thrusters in Russia. Seattle：23rd International Electric Propulsion Conference，1993.

[72] Baranets N，Ruzhin Y，Erokhin N，et al. Acceleration of energetic particles by whistler waves in active space experiment with charged particle beams injection. Advances in Space Research，2012(49)：859-871.

第3章
霍尔电推进工程研制基础

　　霍尔电推进可用于低轨、高轨、深空探测等航天器执行轨道转移、位置保持、姿态调整、轨道修正、动量轮卸载、离轨、主推进等任务。在霍尔电推进进入工程研制阶段之前,一般都开展了相应的预先研究工作,预先研究工作主要包含霍尔电推进概念论证、样机研制、集成演示[1]三大部分。概念论证部分的主要目标是通过调研技术现状分析研究的必要性,梳理关键技术,提出主要研究内容和研究方法。样机研制阶段开展材料的选购、仿真计算、霍尔推力器设计、试验验证等。集成演示部分开展系统级的设计、联试、确定关键工艺的稳定性等工作。

　　预先研究工作的目的在于原理验证、新材料与新工艺的验证、性能范围初步探索,为后续工程研制奠定基础。预先研究阶段形成的主要成果就是霍尔电推进的原理样机,同时,还会开展一定的霍尔电推进技术成熟度的提升工作,使得霍尔电推进的技术成熟度达到 3~4 级,甚至更高,以减轻工程研制阶段的技术和进度压力。

　　本章介绍霍尔推力器的工作原理、霍尔电推进系统基本组成、霍尔电推进预研成果、霍尔电推进工程研制状态表征及成熟度的提升等内容,这些都是霍尔电推进工程研制的技术基础。

3.1　霍尔推力器基本原理

　　霍尔推力器是利用电子在正交电磁场中的霍尔效应形成推进剂气体放电产生等离子体,同时通过静电场加速等离子体中的离子从推力器出口喷出,从而产生反作用推力[2]。

　　如图 3-1(a)所示,环形放电室通道临近出口的区域是推进剂气体放电形成等离子体和离子加速的主要区域,在放电室轴向上有阳极和阴极形成的指向放电室出口的静电场,径向上有内外磁(一般是励磁线圈)及磁路构建的径向磁场。工作时,首先空心阴极发射一定数量的电子,在静电场作用下,电子向阳极方向移动,到达放电室临近出口区域受正交电磁场的作用而做周向漂移运动(霍尔效应)。

由于推进剂从气体分配器均匀地进入放电室通道内,当中性粒子扩散漂移至放电室临近出口区时,将会与周向漂移运动的电子级联碰撞形成气体放电产生等离子体,如图 3-1(b),等离子体中的离子在轴向静电场作用下向外加速喷出产生推力。与此同时,空心阴极发射的另一部分电子在出口处受空间电场作用与离子碰撞,发生电荷中和,保证了霍尔推力器喷出羽流的宏观电中性。

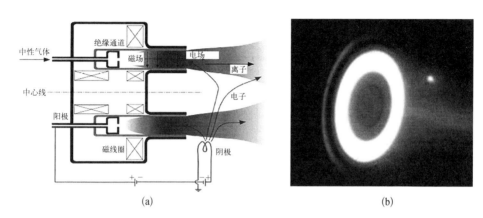

(a) (b)

图 3-1　霍尔推力器工作原理示意及喷出等离子体照片

霍尔推力器虽然结构简单,但内部的物理机制相当复杂,各种物理现象交织在一起,相互作用,使得推力器性能对一些微观物理现象相当敏感。例如:磁场构形影响电子在放电室出口区域的动态分布,而电子的分布又会影响到空间电场的分布;放电室壁面材料的二次电子发射影响通道内电子的平均温度,而电子温度的变化会改变通道内气体放电的电离度,进而又会对壁面材料的二次电子发射产生影响。这些物理现象的交织耦合主导了等离子体在通道内的产生、碰撞、中和、运动等行为,最终也决定了霍尔推力器的工作特性。图 3-2 给出了霍尔推力器放电室通道内典型区域的电场和磁场分布特点。

从宏观角度看,实现霍尔推力器电离和加速过程重要的是电场和磁场构建、气体的均匀分配和阴极的可靠启动。因此,霍尔推力器中重要的功能部件是内外磁部件、阳极部件与阴极模块。霍尔推力器工作时,在额定的输入参数下将稳定地输出推力。由此可以确定推力器的主要性能参数,如比冲、工作效率等。

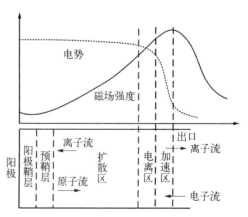

图 3-2　霍尔推力器放电室典型区域的电场和磁场分布

3.2 霍尔电推进系统

3.2.1 系统基本组成

霍尔推力器要正常工作,必须有推进剂的稳定供给和电能的有效输入,同时还需要对各种输入进行控制和协调,即要形成完整的霍尔电推进系统。霍尔电推进系统正常运行主要涉及三条支流,分别是物质流、能量流和信息流,如图 3-3 所示。三条支流的汇聚节点为霍尔推力器,是实现系统功能的核心。

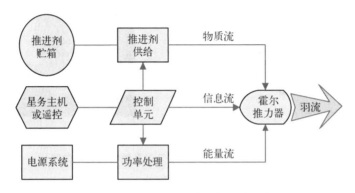

图 3-3 霍尔电推进系统三条支路示意图

物质流主要涉及推进剂 Xe 气的贮存、减压稳压、流量分配调节等,确保在推进剂贮存压力和环境变化时,为推力器阳极和阴极供给稳定的 Xe 气流量;能量流为霍尔推力器工作提供能源,主要涉及功率输入保护、DC/DC 变换、稳压稳流、输出滤波等,确保推力器不同电极获得稳定的电压和电流;信息流是系统工作的指令传输线,通过执行上位机程控指令及各物理量传感器信号的上传,实现系统的稳定有效运行。

霍尔电推进系统一般包含电源、控制、功率处理、推进剂贮存和供给、霍尔推力器等单元。通常,电源和控制在航天器上不单是电推进系统所独有的,往往是航天器上的各个分系统所共用。所以,在一般情况下,电源系统不包含在电推进系统中。至于控制,根据航天器的资源和任务情况,有些霍尔电推进系统的控制完全交由航天器上的控制系统完成,而有些霍尔电推进系统却有自己独立的控制子系统;推进剂贮存与供给单元的功能是贮存推进剂并将其输送给霍尔推力器;功率处理单元是对电源系统输出的功率进行变换,以适应霍尔电推进系统中各个用电设备的功率需求。

图 3-4 给出了霍尔电推进系统各个单元子系统之间的基本关系,系统中各个单元子系统之间的联系既有单向的也有双向的。霍尔推力器是电推进系统的核心部件,用于将电能转化为推进剂动能。功率处理单元提供霍尔推力器所需要的电

能,而推进剂贮存和供给子系统贮存和向霍尔推力器输送推进剂。由控制系统进行控制,监控系统的工作状态。

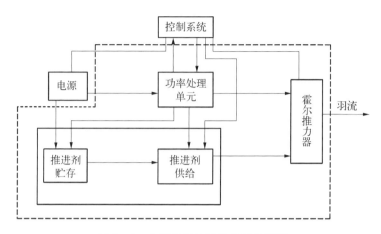

图 3-4　电推进系统组件关系示意图

图 3-5 给出了一个以霍尔推力器为核心的执行 GEO 卫星南北位置保持(north-south station keeping, NSSK)任务的霍尔电推进系统的基本组成。系统包括 4 台霍尔推力器、2 台功率处理单元、2 个推进剂 Xe 气瓶(贮箱),以及推进剂供给阀门和相应的部件等。

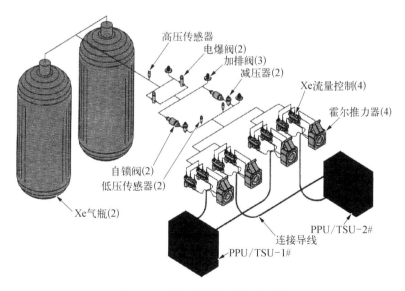

图 3-5　典型的霍尔电推进系统

霍尔电推进系统的功能首先取决于所采用的推力器的数量及用途。系统中推力

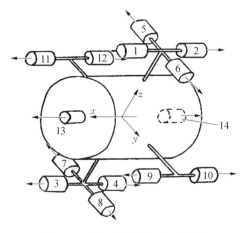

**图 3 - 6   航天器上霍尔推力器的
安装位置示意**

器的数量取决于空间任务,一般而言,用于航天器主推进的霍尔电推进系统包括一台或多台霍尔推力器;用于航天器轨道调整的霍尔电推进系统至少包括两台霍尔推力器;用于定位和调姿的霍尔电推进系统至少包括 14 台霍尔推力器,如图 3-6 所示。其中用于轨道修正的推力器 13 和 14 通常安装在沿飞行方向(x 轴)和逆着飞行方向。推力器 1、2、3、4 用于绕 y 轴的定位,推力器 5、6、7、8 用于绕 x 轴的定位,推力器 9、10、11、12 用于绕 z 轴定位。当对推力器采取冗余方案及实现机动控制时,推力器的总数量还要增多。

在有些霍尔电推进系统设计时,为减少推力器数量,采用推力矢量调节机构调整推力器的推力指向,从而可以用少量推力器完成多台推力器的任务。

3.2.2　系统主要单元功能

针对不同的空间任务,霍尔电推进系统可以有多种组合,但每种组合都离不开三个主要单元,即霍尔推力器、功率处理单元和推进剂贮供单元。

1. 霍尔推力器

霍尔推力器是霍尔电推进系统的核心,其主要功能就是利用电能将推进剂工质电离并加速喷出产生推力,即完成电能与动能之间的能量转换。霍尔推力器的关键输入条件就是电功率和推进剂的供给。

图 3-7 是典型的霍尔推力器及其内部结构示意图,一般包含阴极模块和加速器模块,加速器模块主要包含磁极、阳极部件和陶瓷放电室。阴极模块的主要功能

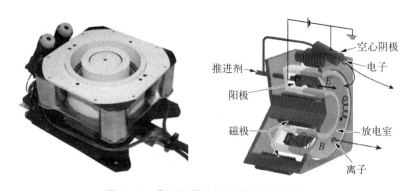

图 3 - 7   典型的霍尔推力器及内部结构

是为霍尔推力器内的电离提供电子并中和放电室出口喷出的离子。内外磁线圈和部件的主要作用是在放电室和内部构建约束电子分布所需要的磁场。阳极部件的主要作用是提供相对于阴极的正电势差,并将工质气体均匀分配进入放电室通道,是供电供气的关键部件。陶瓷放电室的主要作用是将等离子体与推力器其他导电零部件绝缘,保证霍尔推力器的导电通路在阴阳极之间,防止阳极高电位与其他零部件的异常放电影响霍尔推力器的正常工作,由于陶瓷放电室与高能等离子体直接接触,是霍尔推力器寿命的重要保障零件。

2. 功率处理单元

功率处理单元(PPU)主要包含阳极电源模块、阴极加热电源模块、点火电源模块、励磁电源模块、滤波模块和数字接口电路等。各电源模块通过对一次电源进行转换,为推力器供电;滤波模块串接在电源处理模块与霍尔推力器供电线路之间,用于抑制霍尔推力器工作时的放电振荡并减小系统电磁辐射;数字接口电路用于接受控制器程序指令,完成对功率处理单元内部各模块的控制(包括选择切换功能和供电开/关控制功能),以及模拟量和状态采集并提供给上位机[3]。

图 3-8 给出了一款典型的功率处理单元结构框图,该功率处理单元主要由输入电磁干扰(electro-magnetic interference, EMI)滤波模块、阳极电源模块、加热点火电磁铁(heating & keeping & magnetic, HKM)集成电源模块、辅助电源模块、输出滤波模块、氙气流量阀驱动器、氙气流量比例阀控制器及遥控/遥测 I/O 口等组成。其中,EMI 滤波模块主要滤除母线上的差模和共模干扰,而输出滤波模块主要抑制霍尔推力器工作时等离子体振荡对 PPU 的噪声干扰。PPU 中阳极电源由 2 个功率电源模块并联组成,该阳极模块功率转换电路中采用了电流反馈技术以提高其对辐射引起的单粒子翻转的抗扰力。HKM 电源模块为一个多路输出的单电源模块,可为推力器阴极加热丝、触持极、磁线圈提供所需的电源,并可为磁线圈和阴极加热丝提供多级可变电流。这种设计与推力器各模块用单独的电源模块供电的方式相比,可以极大地减少元器件的数量。辅助电源模块主要为 PPU 内的数字逻辑电路提供电源。

3. 推进剂贮供单元

贮供单元用于贮存氙气推进剂,在系统控制器控制下完成相应的温度控制、阀门开关及温度和压力参数的采集,为下游霍尔推力器供给稳定流量的氙气。贮供单元通常由贮气模块、压力调节模块、流量调节模块以及管路、电缆等组成[4]。

图 3-9 是一款典型的霍尔电推进系统贮供单元方案,分为贮供模块和流量调节模块两部分。贮供模块由氙气气瓶、充气阀、压力传感器、自锁阀、机械减压阀、缓冲罐、Bang-Bang 减压阀等组成。贮供模块的核心是由机械减压阀和 Bang-Bang 减压器(包括 Bang-Bang 减压阀、压力传感器、缓冲罐)组成的两级减压稳压组合,这样的组合结构,一方面改善了 Bang-Bang 减压阀的入口压力条件,提高了其压力输出精度,同时也降低了 Bang-Bang 减压器的控制难度及其对 Bang-Bang 减压阀的

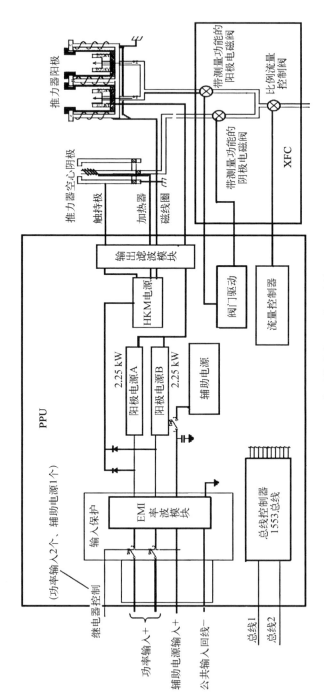

图 3 - 8　典型的功率处理单元结构图

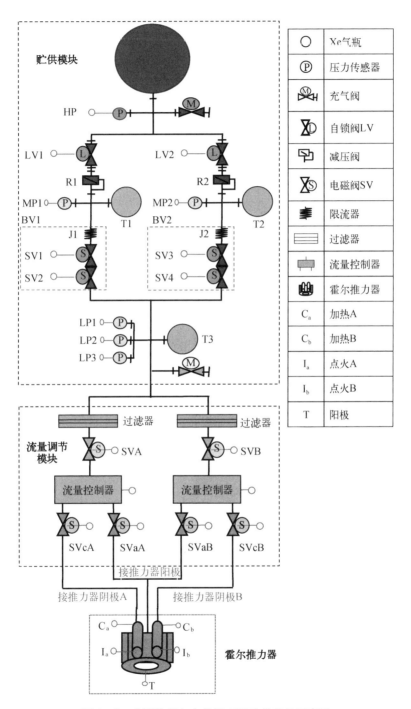

图 3 - 9　典型的霍尔电推进系统贮供单元示意图

性能要求。流量调节模块由流量控制器、电磁阀、过滤器等组成。工作时,上游推进剂气体通过过滤器和电磁阀进入流量控制器,流量控制器具备流量分配和流量微调的功能,可以把进入其内的推进剂气流按照10∶1的比例分为2路,一路供给阳极,另一路供给阴极;流量微调是通过热阀实现的,由于推进剂进入推力器后的流动会受等离子体振荡的影响,导致流量的不稳定性,在推力器放电之后,将放电电流作为热阀工作的控制参数,通过开关热阀达到稳定流量的目的。

3.3 霍尔电推进预研及其成果

任何一项新技术在进入实际应用之前都要经历预先研究的过程,通过预先研究的工作,验证物理概念和原理、优化方案设计、攻克关键技术、解决可行性问题。霍尔电推进也不例外,由于霍尔电推进基本概念已经被验证,则霍尔电推进预先研究工作主要就是针对可能的任务需求,开展方案设计、关键技术攻关、试验验证等工作[5]。

3.3.1 霍尔电推进预研

通常,霍尔电推进预先研究主要包含三类项目: ① 第一类是侧向于工程应用的预先研究项目,主要是针对可能的工程应用需求,开展基于可行性的关键技术攻关和试验验证,形成基本的设计方案,并完成满足基本功能和性能要求的原理样机。例如,研制一款 10 kW 量级的霍尔电推进系统,就是一项侧向于工程应用的预先研究项目,通过预先研究攻关,形成 10 kW 量级的霍尔电推进系统原理样机,可以在此基础上直接进入工程研制阶段。② 第二类是侧向于理论基础研究的项目。这类项目没有直接的工程应用背景,但也都是与霍尔电推进技术的最终工程应用相关的基础技术问题。这类研究着重于通用理论或方法,成果体现为软件或报告,可以通用于同等类型产品。例如,针对影响霍尔推力器寿命的离子对放电室陶瓷材料的溅射削蚀问题开展的荷能离子对材料的溅射机制研究,虽然解决的是基础问题,但也可以直接用于霍尔电推进的工程研制、科研实践中,并且解决的是共性问题,可以达到以点带面的效果。③ 第三类就是霍尔电推进新概念研究项目,侧向于新原理新概念的创新,以提升霍尔电推进的基本功能和性能。概念研究类项目研究的是短时间内无法实现的先进理论或技术,成果一般为报告,可作为科研创新的储备。例如,试图将霍尔推力器电离和加速区分离的新型超高比冲霍尔推力器概念研究,就属于新原理新概念的创新性预先研究项目,其推力器的工作机理与传统霍尔推力器完全不同,需要通过预先研究验证新原理和应用的可行性。通常,这类预先研究项目侧重于验证新的物理概念和原理,研究成果尚不具备直接进入工程研制阶段,还需要再经历上面介绍的第一类预先研究阶段的工作,才能进入工程研制阶段。

　　与型号研制不同,预先研究通常不以产品交付为目的,研究过程中涉及多种方案和途径,是一个探索创新、解决问题并逐步迭代的过程。以典型工程类预先研究项目为例,霍尔电推进预先研究可以分为概念论证、样机研制、集成演示三个阶段。

　　1）概念论证阶段

　　本阶段主要任务是完成霍尔电推进技术的可行性论证。具体工作主要包含:

　　（1）调研霍尔电推进技术的国内外研究基础与现状,针对航天发展趋势,从"需求牵引和专业推动"两个维度梳理霍尔电推进可能的需求,确定项目的研究方向;

　　（2）针对项目研究方向,进行项目研究的总体策划,明确项目研究的重点目标;

　　（3）根据项目目标,梳理并明确项目的研究内容和研究思路;

　　（4）通过对项目研究内容和技术途径的分析,识别出项目研究过程的主要关键技术,并给出攻克关键技术的技术途径;

　　（5）通过上述工作与当前技术现状的对比分析,提出项目的预期指标和成果。

　　2）关键组件原理样机研制阶段

　　本阶段的主要任务是形成霍尔电推进系统关键组件的原理样机,为系统集成演示验证奠定基础。具体工作主要包含:

　　（1）通过理论计算与分析、建模与仿真从理论角度论证原理的可行性,这里的原理可行性不是指霍尔电推进物理层面,因为这一层面的可行性早已被验证,而是指具体规格的霍尔推力器及其系统组件实现的可行性;

　　（2）根据理论计算和指标进行霍尔电推进关键组件原理样机的设计,涉及霍尔推力器、功率处理单元、推进剂贮存供给单元等原理样机的设计,其中霍尔推力器是新方案研究的重点和其他组件研究需求的出发点,主要开展磁场设计、阳极气体分配设计、力学设计、热设计等,设计过程中需考虑新材料、新工艺的选用,方案经初步的建模仿真确认后开展相应投产及装配工作;

　　（3）根据设计,确认关键材料与元器件的选用及关键生产工艺的稳定性,并开展各个原理样机实现过程的各项关键技术攻关,可能要通过多轮迭代优化过程才能达到攻关目标;

　　（4）在霍尔电推进各个组件原理样机基础上开展原理试验验证工作,并探究样机稳定工作的范围和性能包络;

　　（5）验证各个原理样机工作特性满足预期或总体的指标要求的情况。

　　3）集成演示

　　在各关键组件原理样机研制完成后,开展霍尔电推进系统集成演示试验。主要工作包含:

（1）开展霍尔电推进系统集成演示试验的总体方案设计,确定霍尔电推进系统各组件的布局与集成策略;

（2）开展霍尔电推进系统级联试验证系统功能和技术指标的可实现性分析;

（3）必要时,对于霍尔电推进系统及其关键组件还可以开展典型的环境试验考核,特别是航天产品必须要通过的环境试验项目,在这一阶段要进行摸底试验,以减少进入工程研制阶段出现的原理性方案颠覆;

（4）对霍尔电推进整个预先研究阶段的工作进行系统总结,提出下一步工程样机研制时的工作建议。

3.3.2　霍尔电推进预研成果

正如上面提到的,霍尔电推进预先研究有三种类型的项目,每一类项目的研究成果不同,分别处于航天产品研制工作进程的不同阶段,也就是指成果的技术成熟度处于不同层级。

第一类侧重于工程应用的霍尔电推进预先研究项目成果主要体现为霍尔电推进原理样机实物和试验验证报告,通常技术成熟度可达到 3~4 级,具备了直接进入工程研制阶段的技术基础。

第二类侧向于理论基础研究的霍尔电推进预先研究项目成果主要体现在针对霍尔电推进系统中某项具体技术的理论基础方面的突破,研究成果通常为研究报告的形式。这类预先研究成果通常为普适性技术,可用于多种规格的霍尔电推进产品研制中,技术成熟度有时可以达到较高的层级,甚至具备直接应用到工程实践中。

第三类侧向于新原理新概念创新的霍尔电推进研究项目成果主要体现在新原理新概念的验证方面,研究成果的技术成熟度不高,尚需要在新概念新原理验证的基础上,经过技术凝练,再开展一轮针对该技术侧重于工程应用的预先研究工作（第一类预先研究）,将技术成熟度提升到 3~4 级的水平,才是该技术预先研究的最终目标,该技术也才能达到具备直接进入工程研制阶段的技术基础。

总之,不管霍尔电推进技术预先研究项目是上述的哪一类项目,在预先研究转入工程研制之前,最后要经历一轮侧重于工程应用的预先研究阶段,达到相应技术成熟度,才是预先研究的最终目标。也就是说,抛开上述对霍尔电推进预先研究项目的分类,在预先研究阶段,霍尔电推进预研工作的最终成果就是经过了集成演示验证的原理样机,这是霍尔电推进进入工程研制的技术基础。

3.4　霍尔电推进工程研制进程节点表征

每一项航天新技术研发的终极目标都是要达到在空间的实际工程应用,霍尔电推进研发也不例外。通常,整个霍尔电推进研制过程主要分为两个主要阶段,即预先研究阶段和工程研制阶段。预先研究工作的起点就是对应规格的霍尔电推进技术原理得到认可,通过预先研究,最终形成霍尔电推进系统组部件和系统的原理样机,其功能和性能在实验室环境下得到确认。工程研制阶段的起点就预先研究阶段的成果,通过工程研制,达到在真实航天器飞行任务中成功使用所研制的霍尔电推进系统产品。

为了表征一项新技术从发现基本原理,以及经过研究、开发、验证和应用整个过程中关键节点所达到的成熟程度,分别建立了两套标准体系,即技术成熟度和产品成熟度。两种表征体系的角度不同,前者关注的是技术本身,后者关注的是技术的主要载体—产品。两种表征方法之间存在交叉和重叠,对于衡量霍尔电推进工程研制进程所处阶段及其技术状态具有的实用价值。本节对技术成熟度和产品成熟度的划分和定义作一个概括性介绍,可以作为衡量霍尔电推进工程研制进程节点的准量化标准。

3.4.1　技术成熟度

技术成熟度的概念最早是由美国 NASA 在 20 世纪 80 年代提出的,2001 年美国国防部开始采用技术成熟度技术,并颁布相应的标准和指南。随后,欧美等西方国家在项目采办过程中普遍开展技术成熟度评估。后来,我国在航天科研体系中也引入了这一方法,并形成了《航天工程技术成熟度评估指南》标准,在航天产品研制过程中推广使用。

技术成熟度是指一项新技术经过研究、开发、验证和应用所达到的成熟程度,它将一项技术从发现基本原理,经过技术研究和试验验证达到工程应用的成熟进程进行了划分和量度,用以表明该项技术被掌握的程度和工程应用水平。根据《航天工程技术成熟度评估指南》,航天产品技术成熟度可划分为 9 级,技术成熟度等级的具体定义见表 3 - 1[6]。

表 3 - 1　航天产品技术成熟度划分与定义

等级	硬 件 定 义	软 件 定 义
1	发现技术的基本原理,成果得到了公认	
2	根据基本原理,提出了技术应用方案或应用设想	提出了技术应用方案或应用前景设想分析
3	方案的关键功能或特性通过了分析与实验验证	完成了方案的关键功能验证,通过了原理性试验

等级	硬 件 定 义	软 件 定 义
4	部件或功能试验模型在实验室环境下得到确认	软件部件或功能模型的关键功能在原理样机环境下得到了验证
5	部件或功能试验模型在相关环境下得到确认	部件级软件通过工程样机的验证
6	系统或分系统工程样机在相关环境下(地面或空间)得到确认	系统级软件通过工程样机验证
7	系统级工程样机在相关环境中得到验证	软件系统在相关环境下得到验证
8	实现了真实系统,并通过试验和演示进行了鉴定	软件系统在使用环境下的试验与演示鉴定
9	真实系统多次通过成功执行任务的验证	实用系统在实际任务中多次通过地面或空间验证

通常开展技术成熟度评估的时间节点可以设置在项目论证转方案阶段、方案阶段转初样阶段、初样转正样、正样产品出厂前的评审前,项目论证转方案阶段评审时技术成熟度应该达到三级,方案阶段转初样阶段时技术成熟度应该达到四级,初样转正样阶段时技术度应达到六级,正样阶段的飞行试验时技术成熟度应该达到七级。硬件每级技术成熟度评估的重点介绍如下。

(1) 一级技术成熟度的评估重点在于: ① 是否明确了研究的假设条件;② 基于假设条件,是否提出了基本科学原理;③ 是否明确了支持基本科学原理的物理定律和假设条件;④ 是否已证明提出的基本科学原理符合物理定律和假设条件;⑤ 是否确定了技术的基本要素;⑥ 是否产生能支持假设(前提)条件的科学知识;⑦ 说明基本原理的研究学术出版物是否得到同行认可或评审。

(2) 二级技术成熟度的评估重点在于: ① 是否提出了技术应用方案;② 是否明确了技术支撑应用方案的基本科学原理;③ 是否已通过初步的分析研究证实了技术应用方案;④ 是否明确了技术应用方案的应用前景;⑤ 是否确定了初步设计方案;⑥ 是否进行了初步系统研究的可行性分析;⑦ 是否预测了初步的性能;⑧ 是否进行了建模和仿真,进一步改进性能预测并确认了技术的应用价值;⑨ 是否系统地阐述了技术的应用价值;⑩ 是否已形成了研究、开发途径;⑪ 是否初步提出了实验室试验及其试验环境条件;⑫ 在科学期刊、会议录、技术报告中是否报道过方案或应用的可行性及价值。

(3) 三级技术成熟度评估的重点内容包括: ① 是否识别出了方案(应用设想)的关键功能或部件;② 是否分析预测了分系统或部件的性能;③ 是否通过建模和仿真对分系统或部件的预测性能进行了评价;④ 是否初步确定了关键性能参数

量化指标;⑤ 是否制定了实验室试验方案并明确了试验环境条件;⑥ 用于验证部件基本原理测试的试验设备和基础设施是否到位;⑦ 试验用的部件是否到位;⑧ 是否完成了部件的实验室试验;⑨ 是否完成了试验结果分析,并明确了部件或分系统的关键性能量化指标;⑩ 是否完成了基于验证原理试验的关键功能的分析性验证;⑪ 是否已编写了分析报告和验证原理试验的实验报告。

（4）四级技术成熟度评估的重点内容包括:① 方案是否已转化为详细的系统级、分系统级和部件级的功能试验模型的设计;② 是否初步明确了技术的使用环境;③ 是否制定了功能试验模型实验室试验的试验方案并明确了试验环境条件;④ 是否在试验前通过建模和仿真评估了功能试验模型在实验室环境下的预测性能;⑤ 是否确定了功能试验模型在实验室试验下的更关键性能参数指标;⑥ 功能试验模型的实验室试验设备和基础设施是否到位;⑦ 是否生产了实验室试验用的系统级、分系统级和部件级的功能试验模型;⑧ 是否完成了试验结果的分析,并验证了与预测相关的性能;⑨ 是否确定了最终用户应用的初步系统要求;⑩ 是否确定了与初步确定的使用环境相关的关键实验环境条件及试验性能;⑪ 是否明确了相关试验环境条件;⑫ 是否形成了验证分析预测性能的功能试验模型的性能结果和相关使用环境条件的报告。

（5）五级技术成熟度评估的重点内容包括:① 是否确认了关键功能及其相关分系统和部件;② 是否确定了最终的相关环境;③ 是否用文件明确了定标要求;④ 是否设计和确认了关键系统和零部件的功能试验模型(实物/半实物功能试验模型);⑤ 是否设计和确认了关键零部件、分系统的功能试验模型/半实物功能试验模型;⑥ 相关环境试验的基础设施、地面保障设备、特殊试验设备是否到位;⑦ 在试验前,是否用建模和仿真的方法预测试验性能;⑧ 是否预测了后续开发阶段系统级性能;⑨ 是否在相关环境中成功地演示验证了关键分系统和部件功能试验模型/半实物功能试验模型;⑩ 是否形成了与定标要求一致的成功验证文档。

（6）六级技术成熟度评估的重点内容包括:① 是否确定了最终的系统要求;② 是否确定了最终的使用环境条件;③ 是否明确了能体现最终使用环境关键方面的相关环境;④ 是否通过建模和仿真模拟使用环境下的系统性能;⑤ 是否通过建模和仿真模拟了相关环境中分系统和系统工程样机或原型产品的性能;⑥ 是否确定了外部接口基线;⑦ 是否最终确定了相关环境试验下的分系统或系统的工程样机或原型产品的标定要求;⑧ 相关环境试验的基础设施、地面保障设备、特殊试验设备是否到位;⑨ 是否已经制造了试验用的满足标定要求的工程样机或原型产品;⑩ 是否完成了体现工程样机或原型产品的相关环境试验;⑪ 是否完成了试验结果的分析,并验证了相关环境下的预测性能;⑫ 是否形成了与预测性能一致的演示验证文档。

（7）七级技术成熟度评估的重点内容包括：① 是否建立了飞行硬件的设计基线；② 设计是否体现了所有的关键定标问题；③ 是否通过建模和仿真预测了使用环境下的性能；④ 飞行试验产品鉴定试验的基础设施、地面保障设备、特殊试验设备是否到位；⑤ 是否制造了能充分体现所有关键定标和外部接口的完整工程样机或者缩比样机单元；⑥ 是否已经完成了产品的鉴定试验；⑦ 是否通过试验或分析验证了完整的样机单元；⑧ 是否建立了最终验收试验计划、演示程序和验收准则的基线；⑨ 是否形成了成功飞行演示验证文档。

（8）八级技术成熟度评估的重点内容包括：① 是否已经完成所有飞行硬件分系统研制；② 是否已确定了所有飞行硬件的接口；③ 是否已完成了飞行系统的研制；④ 是否建立了飞行和地面使用计划基线；⑤ 是否完成了所有飞行系统鉴定试验；⑥ 是否通过试验或分析验证了所有系统性能的技术要求；⑦ 是否已经完成了所有部件、分系统、系统的飞行硬件系统的验收试验；⑧ 所有的飞行硬件是否已交付总装；⑨ 是否完成了最终系统的总装；⑩ 是否形成了系统发射/使用准备情况的文档。

（9）九级技术成熟度评估的重点内容包括：① 是否已将飞行系统应用于使用环境；② 系统在实际使用环境下是否成功运行；③ 是否分析了飞行系统性能；④ 是否验证了飞行系统性能满足使用要求；⑤ 是否形成了飞行系统满足使用要求的验证文档。

3.4.2 产品成熟度

航天产品的研制具有一定的探索性、创新性、独特性，具有高可靠性与小子样的特点，而航天系统通常十分复杂，涉及多个专业领域，局部产品的失效可能会引起整个系统的失败，航天系统的研制因此变得十分具有挑战性。随着我国航天事业的不断发展，空间探索活动的不断增加，航天产品由单件向小批量转变，为了开展航天产品研制过程中的高效高质量管理，从航天系统工程理论出发提出了航天产品成熟度。

航天产品成熟度是指根据产品设计、生产、试验和应用情况，对其质量与可靠性以及可应用程度的度量，通过产品成熟度管理产品的研制过程，对产品发展过程中核心要素的识别和控制具有重要意义。从产品开发的角度，产品成熟度是产品技术状态细化、量化、可控化的进一步体现，随着产品技术状态的发展，设计关键特性、工艺关键特性、过程控制关键特性等关键特性的稳定性和可控性不断提高，决定了产品成熟度的提升。中国航天科技集团自 2010 年开始推行宇航单机产品成熟度定级工作，在重大专项产品的转阶段降低任务风险方面起到了一定作用。一般宇航单机产品的成熟度可以分为 8 级，根据标准 Q/QJA 53 - 2010《宇航单机产品成熟度定级规定》等级的划分和定义如表 3 - 2 所示[7]。

表 3 - 2　宇航单机产品成熟度等级划分和定义

产品成熟度等级	产品成熟度等级名称	定　义
1	原理样机	已完成预先研究或技术攻关阶段的相关研制工作,尚未按飞行条件进行地面考核,达到 1 级定级条件的产品。
2	工程样机	原理样机产品基础上,按飞行条件进行地面考核,功能和性能满足要求,达到 2 级定级产品,但不可用于飞行的产品。
3	飞行产品	工程样机产品基础上,经系统和地面测试验证,达到 3 级定级条件,可以用于飞行的产品。
4	一次飞行考核产品	在飞行产品基础上,经过 1 次实际飞行考核,证明满足飞行应用要求,达到 4 级定级条件的产品。
5	多次飞行考核产品	在一次飞行考核产品基础上,又经过 2 次以上实际飞行考核并完成全寿命考核,满足飞行应用要求,达到 5 级定级条件的产品。
6	三级定型产品	在多次飞行考核产品的基础上,完成相关工作,达到 6 级定级条件的产品。
7	二级定型产品	在三级定型产品基础上,经小批量生产验证,可以重复稳定生产,达到 7 级定级条件的产品。
8	一级定型产品	在二级定型产品的基础上,经过可靠性增长,证明其具有较高可靠性水平,达到 8 级定级条件的产品。

标准 Q/QJA 53 - 2010《宇航单机产品成熟度定级规定》规定的宇航单机产品不同等级的定级条件如下。

（1）产品成熟度 1 级应该具备以下条件：① 完成原理样机的研制；② 经测试,功能和主要性能满足预订要求；③ 产品数据包中包含了功能和性能参数指标要求；初步识别了产品关键特性参数（含设计、工艺、过程控制关键特性）,形成了清单；功能参数经过了原理性验证,形成了验证数据表；④ 通过相应级别的技术评审。

（2）产品成熟度 2 级应该具备以下条件：① 满足产品成熟度 1 级定级条件；② 形成了产品规范；③ 完成工程样机研制,功能和性能满足产品规范要求；④ 通过规定的鉴定试验；⑤ 发生的质量问题已经完成归零；⑥ 产品数据包工作策划中形成了飞行产品研制过程数据（含产品基础数据、产品关键特性数据、产品功能和性能数据等）记录项、比对要求及表格格式；经地面验证的产品关键特性参数及检验方法形成了正式要求；形成了功能和性能参数的地面模拟飞行环境鉴定级实测数据；⑦ 通过相应级别的技术评审。

（3）产品成熟度 3 级应该具备以下条件：① 满足产品成熟度 2 级定级条件；② 确定了技术状态基线；③ 完善了产品规范；④ 经系统测试验证,功能和性能满足飞行要求;⑤ 发生的质量问题已经完成归零;⑥ 产品的设计、工艺、测试、试验等技术文件齐套;⑦ 产品数据包中形成了飞行产品基础数据;形成了产品关键特性实测数据;形成了功能和性能参数的地面模拟飞行环境验收级实测数据及所有其他地面测试数据;⑧ 产品数据包中形成了飞行数据记录项及表格格式;⑨ 通过相应级别的技术评审。

（4）产品成熟度 4 级应该具备以下条件:① 满足产品成熟度 3 级定级条件;② 已经过 1 次成功飞行试验考核,其中卫星单机单次飞行考核时间应不低于 2 年（设计寿命低于 2 年的按照实际设计寿命考核）,考核期间工作正常;③ 飞行试验表明其功能和性能满足飞行要求;④ 发生的质量问题已经完成归零,不影响后续的飞行试验;⑤ 产品数据包中的关键特性参数经飞行验证;记录产品功能和性能的飞行实测数据并与地面实测数据进行了对比分析;⑥ 产品生产和飞行数据表格格式经过实际应用和改进。

（5）产品成熟度 5 级应该具备以下条件:① 满足产品成熟度 4 级定级条件;② 已经过至少 3 次成功飞行试验考核,其中卫星单机单次飞行考核时间应不低于 2 年（设计寿命低于 2 年的按照实际设计寿命考核）,考核期间工作正常;③ 飞行试验表明其功能和性能满足飞行要求;④ 发生的质量问题已经完成归零,不影响后续的飞行试验;⑤ 产品数据包补充了多次飞行产品的基础数据、产品关键特性的多次实测数据;累积了功能和性能的多次地面测试及飞行实测数据,并对多次实测数据进行了比对分析;⑥ 作为质量问题归零的措施,针对 4 级成熟度定级后出现的质量问题,补充、修改、完善了产品数据包中的相关数据。

（6）产品成熟度 6 级应该具备以下条件:① 满足产品成熟度 5 级定级条件;② 产品技术文件完善齐套,工艺和过程控制文件能保证产品重复生产,满足定型要求;③ 产品经过质量分析,对所有在研、飞行相关质量问题的归零工作进行了复查;④ 产品已通过环境适应性、极限能力、性能拉偏、寿命与可靠性等试验考核;⑤ 产品数据包中对多次飞行的产品基础数据进行了分析和要求值的固化;对产品关键特性参数的多次实测数据进行了分析,对要求值和检验验证方法进行了固化;固化了功能和性能指标;⑥ 产品数据包中补充了定型过程中进一步开展的试验验证形成的数据,形成最大环境适应性数据和极限能力数据;⑦ 产品数据包补充了产品研制、成熟度提升过程中所有更改、增加及验证结果数据;⑧ 确定了要建立成功数据包络线的参数;形成信息化的数据库,开始积累各项数据;⑨ 利用已开展的地面和飞行考核数据,进行了产品可靠性评估;⑩ 按规定履行了相关定型程序,并由主管部门批准三级定型。

（7）产品成熟度 7 级应该具备以下条件:① 满足产品成熟度 6 级定级条件;② 定型文件经小批量生产验证,能够保证产品一致、质量稳定;③ 在三级定型产品基础上,又经过 3 次成功飞行试验考核,其中卫星单机单次飞行考核时间应不低于 2 年(设计寿命低于 2 年的按照实际设计寿命考核),考核期间工作正常;④ 至少经过 1 次实际飞行全寿命考核;⑤ 地面考核和飞行工作期间,产品未发生 Q/QJA 11A-2007 描述的重大质量问题或严重质量问题,出现的质量问题已经完成归零;⑥ 产品数据包中进一步补充了 3 次飞行产品的基础数据、关键特性实测数据、功能和性能地面及飞行实测数据;⑦ 作为质量归零措施,针对 6 级成熟度后出现的质量问题,补充、修改、完善了产品数据包中的相关数据;⑧ 根据重复生产和多次飞行考核数据记录、比对的实践情况,对固化产品生产及飞行数据记录项、比对要求及表格格式进行了持续改进;⑨ 统计历次飞行成功产品的关键特性参数实测值,并结合成功地面试验结果形成成功数据包络线,对于飞行环境密切相关的产品,还要形成环境条件参数成功数据包络线;⑩ 根据增加的地面和飞行考核数据,更新了产品可靠性评估结果,按规定履行了相关定型程序,并由主管部门批准二级定型。

（8）产品成熟度 8 级应该具备以下条件:① 满足产品成熟度 7 级定级条件;② 在二级定型产品基础上,又经过 2 次成功飞行试验考核,其中卫星单机单次飞行考核时间应不低于 2 年(设计寿命低于 2 年的按照实际设计寿命考核),考核期间工作正常;③ 产品数据包中进一步补充了 2 次飞行产品的基础数据、关键特性实测数据、功能和性能地面及实测数据;④ 作为质量归零措施,针对 7 级成熟度后出现的质量问题,补充、修改、完善了产品数据包中的相关数据;⑤ 根据积累的地面和飞行实测数据,进一步修订了成功数据包络线;⑥ 细化完善产品数据包中的关键特性参数,偏差控制在 6σ 以内,达到精细化要求;⑦ 根据应用情况,进一步对产品数据包中生产及飞行数据记录项、比对要求及表格格式进行改进;⑧ 根据增加的地面和飞行考核数据,修订了产品可靠性评估结果,产品可靠度评估值在 0.7 置信度条件下不小于 0.99;⑨ 按规定履行了相关定型程序,并由主管部门批准一级定型。

3.5 霍尔电推进技术成熟度提升

霍尔电推进技术经过预先研究阶段的工作,其物理概念和原理得到验证和认可,也攻克了相关的关键技术,并且实现了方案的优化设计,总体上解决了该款霍尔电推进的可行性问题,具备了进入工程研制阶段的基本条件。但在科研实践中,由于认知水平和不可预见性等原因,有时新技术在完成预先研究阶段的工作进入工程(型号)研制时,会出现预研成果与工程研制衔接存在差距,也就是通常所说的预研到型号的"最后一公里"没有打通,这就需要开展成熟度的提升工作,打通预研到型号的"最后一公里"。另外,有时预先研究工作已经完成,而型号尚未立项进入工程研制阶段,技术发展瞄准最终需求进行"货架产品"的研制,也是属于成熟度提升的工作。其实,综观整个霍尔电推进科研活动,包括预先研究和工程研制两个阶段,都是技术和产品成熟度不断提升的过程。

按照技术成熟度和产品成熟度的要求,霍尔电推进成熟度的提升实际上是技术状态的进阶,表现为产品关键特性成熟度的提高,主要包含霍尔电推进系统的设计成熟度、工艺成熟度、产品控制成熟度[8]。

(1)提高霍尔电推进系统的设计成熟度。霍尔电推进系统的设计是进一步生产装配的输入,设计成熟度的提高从源头上控制了产品的质量水平。霍尔电推进产品成熟度的重点在于准确地识别和全面地验证设计关键特性,通过不断的生产实践和应用反馈,设计关键特性得到不断完善,设计成熟度上升。

(2)提高霍尔电推进工艺的成熟度。霍尔推进系统生产过程中的工艺成熟度决定着产品性能输出正常和稳定。霍尔推进产品的工艺需要不断向"可操作、可量化、可检测、可重复"的标准发展,从工艺上控制产品各项性能的一致性,因此准确地识别和全面地验证并不断完善工艺关键特性十分重要。

(3)提高产品控制的成熟度。完善合理的产品控制制度是提高霍尔电推进成熟度的重要保证,霍尔电推进研制流程涉及多人员、多岗位的密切合作,为了控制过程中可能产生的偏差,不仅需要从文件上明确规定,还需要优化管理流程。做好产品保证工作,合理规划研制流程及设置质量控制点,准确识别和全面验证过程控制关键特性是提高产品控制成熟度的核心。

产品成熟度在霍尔电推进系统研制和多次迭代再开发过程中得到不断提升,传统航天产品的开发过程需要经过"用户使用要求、产品研制技术要求、产品整体方案设计和要求分解、产品各组成单元技术要求、各组成单元采购与研制、产品各组成单元交付、产品集成、产品地面验证测试、产品交付及应用"各个阶段。产品的初次研制完整完成了一次上述开发过程,工作重点在于产品基线的形成和三类关键特性的识别与确认。根据实际需求,当霍尔电推进系统进入了重复生产和使用阶段,型谱化产品实现重复应用和三类关键特性再识别、再设计、再验证,此阶段完成后,产品基线经过了应用的验证,关键特性得到了完善和细化,产品性能稳定输出,此阶段的所有新状态需要得到充分验证。经过小批量生产和应用验证后霍尔电推进产品的成熟度已经达到可以直接选用的程度,此时针对多次实践应用积累的数据再次进行传统航天产品的开发过程,优化产品性能,保持产品性能输出的稳定性和一致性。经过上述三个阶段,霍尔电推进产品实现了成熟度的提升,产品定型并升级改进。

参考文献

[1] 刘宁,陈松. 航天预研项目中的质量管理探索. 质量与可靠性,2016,3(183):13 - 20.
[2] 康小录,杭观荣,朱智春. 霍尔电推进技术的发展与应用. 火箭推进,2017,43(1):8 - 37.

［3］邱刚,康小录.BPT－4000 霍尔推力器功率处理单元.火箭推进,2013,39(2):67－73.

［4］杭观荣,余水淋.霍尔电推进流量调节模块研制及在轨验证.火箭推进,2016,42(1):20－32.

［5］王鹏.航天预研项目六西格玛设计流程及模式.中国质量,2014,7(397):22－24.

［6］袁家军.宇航单机产品成熟度定级规定:Q/QJA 53－2010.北京:中国航天标准化与产品保证研究院,2010.

［7］李跃生.航天工程技术成熟度评估指南:Q/QJA 148－2013.北京:中国航天标准化与产品保证研究院,2013.

［8］袁家军.航天产品成熟度研究.航天器工程,2011,20(1):1－7.

方法论

第4章
霍尔电推进工程研制要求

霍尔电推进系统进入工程研制阶段,其所涉及的主要关键技术都已经在预先研究阶段得到突破,工程研制的主要目标就是要按照航天器对霍尔电推进系统的要求开展工作。通常工程研制阶段依据航天器的研制流程可划分为方案论证阶段(有时也称模样研制阶段)、初样研制阶段、正样研制阶段及产品定型阶段等,每一阶段的目标和工作内容各不相同,将在本书方法论篇中的后几个章节专门介绍。本章主要介绍霍尔电推进系统工程研制的基本要求,包括霍尔电推进任务功能要求、系统对航天器的影响及设计验证要求等,同时还涉及约束条件、接口要求、霍尔电推进质量保证要求等。

4.1 霍尔电推进的主要功能要求

4.1.1 任务剖面

霍尔电推进系统的功能要求与霍尔电推进系统整个寿命周期将要经历的各种事件密切相关。作为航天器的一部分,霍尔电推进系统将伴随着航天器完成从发射入轨、在轨执行任务、一直到寿终离轨的整个过程。因此,在航天器的整个寿命周期内,霍尔电推进系统必须适应这些过程的各种环境及其诱导应力的考验,并能够按照预定要求完成相应的任务。通常,这些过程按照航天器的工作流程划分为四个主要阶段。

1) 地面阶段

在航天器发射之前的地面阶段,霍尔电推进系统需要经历功能和性能测试、推进剂加注的过程,同时还要与航天器一起经历装卸和运输等过程,这就要求霍尔电推进系统能够经得起上述过程的环境和诱导应力的考验,同时具备功能和性能测试以及推进剂加注等能力[1]。

2) 预发射和发射阶段

在这一阶段,霍尔电推进系统与航天器一起,需要经历与运载器的对接和集成,然后还要在运载器测试、加注和准备阶段处于等待状态,最后经历与运载器一起的发射环境考验。在这一阶段,霍尔电推进系统通常处于休眠模式,但要确保经历这一阶段后能够保持完好状态[2]。

3) 在轨运行阶段

在轨道运行阶段,霍尔电推进系统主要参与航天器的轨道转移、轨道维持和姿态控制等任务,执行任务期间,霍尔电推进系统处于工作状态,需要按照任务要求在规定的时段提供所要求的推力。在这一阶段,霍尔电推进系统处于空间环境,需要其能够耐受各种空间环境的考验并确保处于正常状态。

对于化学推进和电推进混合推进的航天器而言,上述任务有些可能由化学推进系统完成,则霍尔电推进系统在化学推进系统工作期间处于待机状态,这就要求霍尔电推进系统能够耐受化学推进工作的羽流污染及其工作诱导的力学环境等的考验。

4) 离轨阶段

出于对轨道垃圾和碎片控制的考虑,航天器在任务结束后都要远离工作轨道而被送入垃圾轨道(或者称为坟墓轨道)[3]。进入垃圾轨道可以由霍尔电推进系统提供动力,因此,在这一阶段霍尔电推进系统也要处于工作状态,并按照航天器离轨的任务要求在规定的时段提供所要求的推力。

因此,对于霍尔电推进系统的功能要求必须与以上任务剖面的四个阶段相适应,霍尔电推进系统必须在以上各个阶段保持其应有的功能,直到最终随航天器进入垃圾轨道。

4.1.2　功能要求

功能在这里是指霍尔电推进系统满足航天器特定需求的各种属性的统称。霍尔电推进系统在航天器的任务链处于姿轨控系统(AOCS)的下游,习惯上也将其视为 AOCS 的执行机构,其功能的核心就是提供动力。因此,对霍尔电推进系统的要求主要涉及与力和力的作用时间等相关的功能[4]。

(1) 霍尔电推进系统需提供完成任务所需要的总冲。通常对于恒定推力工作模式,也可以用霍尔推力器累积工作时间(工作寿命)来代替。总冲与任务的速度增量和航天器质量有关,通常在霍尔电推进系统论证阶段由航天器总体给出。

(2) 霍尔电推进系统需要提供 AOCS 规定的推力。这是对总冲的补充和细化,由于航天器不同阶段推进任务的差异,还需要规定霍尔电推进系统能够提供的不同推力的大小。

(3) 霍尔电推进系统要能够具备 AOCS 规定的各种工作模式。这是对霍尔电推进系统工作状态的规定,根据 AOCS 任务在不同时刻或时段的推力或冲量需求,要求霍尔电推进系统具备关机、待机、稳态推力模式、脉冲推力模式等功能。针对有些特殊任务,还需要霍尔电推进系统具备其他特殊的工作模式。

　　（4）霍尔电推进系统需要按照 AOCS 的规定，具备调整推力方向的功能。通常这一功能的实现会借助推力矢量调节装置，针对研制习惯和型号分工考虑，推力矢量调节装置可以归于霍尔电推进系统中，也可以归于 AOCS 系统管理[5]。不同管理模式的接口界面需要根据任务分工进行具体协调，但功能要求都是要保证的。

　　（5）霍尔电推进系统需要具备监测推进剂剩余量的功能。推进剂剩余量随在轨工作时间的变化是霍尔电推进系统在轨健康状况的重要指标，也是判断和预估霍尔电推进系统能否完成后续任务的关键，因此，霍尔电推进系统需要具备监测推进剂剩余量的基本功能。

4.1.3　性能要求

1. 一般性能要求

　　性能在这里是指霍尔电推进系统实现上述功能的效果，通常表征霍尔电推进系统性能的指标很多，涉及一般性能、推力特性、响应特性、一致性特性及寿命和可靠性等。一般性能是衡量霍尔电推进系统实现功能的最基本的指标，主要表征霍尔电推进系统输出推力的代价，包括比冲、电功率、推进剂流量、羽流发散角等。这些一般性能指标的基本定义和要求如下[1,6-7]。

　　1）比冲

　　比冲是指霍尔推力器消耗单位推进剂质量所能产生的冲量，单位为 N·s/kg（或者 m/s），工程实践中，推力单位有时采用千克力，则比冲的单位习惯于用 s，以 s 为单位的比冲数值是以 N·s/kg 为单位的 $1/g$（g 为重力加速度）。如果推力器在恒推力模式工作，并且其推进剂流量也处于稳态模式，也可以将比冲定义为单位推进剂质量流量所产生的推力。常规霍尔推力器的比冲在 1 000~3 000 s 范围，随着功率范围的拓展及高比冲技术的突破，正在发展比冲超过 5 000 s 以上的霍尔推力器技术[8]。比冲作为霍尔电推进系统工程研制的重要指标，对于确定任务所需推进剂携带量和系统设计等都是基本前提条件。

　　2）推进剂质量流量

　　推进剂质量流量是霍尔电推进系统的重要指标，该指标的稳定性直接关乎输出推力的稳定性。质量流量的常用单位是 mg/s（流量大的话可用 g/s 或 kg/s），也有用标准体积流量标准毫升/分（standard cubic centimeter per minute, sccm）代替，对于 Xe 推进剂而言，两者的换算关系为 1 sccm=0.098 300 9 mg/s。

　　3）电功率

　　霍尔电推进产生推力的能量来源是电能，其电能的消耗多少直接关乎系统的效率，并且，系统所需电功率的大小与航天器平台的供电能力息息相关，因此，对于霍尔电推进系统而言，电功率是最基本的性能指标，在霍尔电推进系统研制之初就需要明确。通常，电功率指标既要给出平均功率或稳态功率，也要给出功率峰值和谷值以及功率消耗随时间的变化情况。

4）推力方向

推力方向也就是推力矢量,是指霍尔推力器产生推力的空间向量。通常用侧向推力、推力偏斜角和推力偏移等物理量来表征。其中,侧向推力是指推力在霍尔推力器安装定位法兰面的投影,通常用 F_{YZ} 表示;推力偏斜角是指推力矢量与霍尔推力器几何理论轴线的夹角,通常用 α 表示;推力偏移是指霍尔推力器安装定位法兰面内推力矢量作用点偏离推力器几何理论轴线的距离,通常用 δ 表示。

5）羽流发散角

霍尔推力器羽流发散角是推力器羽流发散程度的度量,也是推力器等离子体束流聚焦效果的表现。基于工程研制习惯,羽流发散角通常定义为羽流中90%(或95%)的离子电流所占区域与推力器喷口构成的锥角,如图4-1所示。在未特别声明的情况下,羽流发散角均指全角[9,10]。

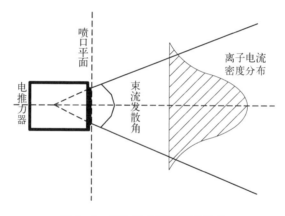

图 4-1　霍尔推力器羽流发散角

2. 推力性能要求

霍尔电推进系统的功能就是为航天器提供所需要的推力,因此,推力性能是霍尔推力器最重要的性能指标。与推力性能相关的具体指标包括推力大小、推力调制范围、推力分辨率和准确度、推力噪声等。

1）推力量级

通常霍尔推力器都有一个额定推力值,是指在额定输入功率和推进剂流量等条件下,推力器输出的推力值,单位通常用 mN,工程应用较普遍的典型霍尔推力器的推力量级有 20 mN、40 mN、80 mN、300 mN 等。

2）推力调制范围

这一指标是衡量霍尔推力器输入条件变化时,输出推力值的变化范围,也是衡量霍尔推力器推力调制能力的一项指标。通常的霍尔推力器推力调制范围都能达到额定推力值的±125%左右。如额定推力为 80 mN 的霍尔推力器的推力调制范围在 60～100 mN 范围。当然,霍尔推力器工作偏离额定工作点,比冲和寿命等性能指标会发生不同程度的变化,这需要在具体要求中予以明确。

3)推力分辨率

推力分辨率是指霍尔推力器推力连续可调的最小调节间隔,也就是通过调节霍尔推力器输入条件(流量和输入功率等)所能达到的输出推力的最小变化量值。这是衡量霍尔推力器输出推力分辨能力的重要指标,该值越小,也说明霍尔推力器的工况调节能力和控制能力越强。对于有些精确调节任务,需要这一指标来保证。如空间引力波探测任务,由于航天器干扰力可能会产生 0.1 μN 量级的连续变化,为了实现无拖曳控制,需要推力器具有推力连续可调能力,可调最小间隔应不大于 0.1 μN[11]。

4)推力噪声

推力在其额定值(名义值)附近的随机漂移,通常用推力信号的功率谱密度表征,即推力的广义功率(信号数值的平方)随频率分布情况。对于需要精确控制的推进任务,对推力器的推力噪声有严格的要求。

3. 响应特性要求

通常,霍尔推力器启动与关机都是一个渐变的过程,即使在正常工作期间,保持霍尔推力器输入不变的情况下,其输出特性也存在一定的波动,这些就表现为霍尔推力器的响应特性。通常,霍尔推力器的响应特性主要包括启动响应时间、关机响应时间,以及正常工作期间的推力波动情况。

1)启动响应时间

霍尔推力器启动响应时间定义为推力器启动指令下达之后,推力器输出推力达到额定推力值所需的时间。通常,霍尔推力器采用的是热空心阴极,通过热子加热使得阴极发射体达到工作温度后才能进入推力器的工作状态。这一加热过程通常需要 3～5 min 的时间,也就导致霍尔推力器的启动响应时间达几分钟。当然,有的霍尔推力器采用无热子快启动空心阴极,其启动响应时间很短,可以达到 1 s 以内[12]。

2)推力波动

在霍尔推力器额定输入条件(推进剂流量、阳极电压、磁路供电电流等)不变的情况下,输出的推力值并非一个固定的值,而是随时间有一定的波动,这个波动与推力器中的等离子体振荡有关,也与输入条件的波动及霍尔推力器性能随环境因素变化等因素有关。通常霍尔推力器的平均(时间尺度秒级以上)推力是一个稳定值,但对于时间尺度要求敏感的情况下,如时间尺度在毫秒量级,其推力随时间有较大的波动。这一指标对于有些快响应控制领域需要特别关注。

3)关机响应时间

霍尔推力器关机响应时间定义为关机指令下达以后,推力器输出推力由额定值下降到零所需要的时间。通常霍尔推力器关机指令下达后,阳极供电和推进剂供给同时切断,则推力会在很短时间(应该在 ms 级)下降到零。虽然从理论上讲,霍尔推力器的关机响应是瞬态过程,但如果采用动力学摆的方法测量推力器的推力变化,可能会由于摆的响应时间偏长,使测得的霍尔推力器的关机响应时间偏大,这需要在工程实践中具体分析。

4. 性能一致性要求

性能一致性是指相同款霍尔推力器因为制造和装配工艺差异所造成的产品性能的差异,特别对于在不同的飞行单元及同一单元相邻推力器点火等应用场合,需要确定不同推力器输出特性的差异。另外,对于有些应用场合,要求数台霍尔推力器同时点火工作,而当霍尔推力器推力轴线不通过航天器质心并且与航天器质心的力臂较长时,不同推力器点火滞后差异会导致航天器姿态发生旋转的危险。通常,关于霍尔推力器性能一致性主要通过推力偏差和点火滞后时间来表征,工程研制时,必须确定这两个指标。

5. 寿命和可靠性要求

霍尔推力器及其推进系统的寿命和可靠性是工程研制重要的性能指标,寿命和可靠性是决定霍尔推力器及其推进系统完成预定任务的能力,主要涉及如下性能指标。

1)总冲量

总冲量 I 是霍尔推力器产生推力 $F(t)$ 对工作时间的积分,即

$$I = \int_0^t F \mathrm{d}t \tag{4-1}$$

对于霍尔推力器产生恒定推力的情况,忽略启动和停机的瞬态变化,上式可以简化为

$$I = Ft \tag{4-2}$$

通常由于霍尔推力器产生的推力是一恒定值,则这一指标实际上就代表了推力器的工作寿命(也称为推力器的累积工作时间)。

对于霍尔电推进系统而言,总冲量是整个系统能够产生的冲量之和,这里面既涉及系统中各个霍尔推力器的工作寿命,还涉及系统携带推进剂的量及系统中其他限制系统工作寿命的因素,如功率处理单元的工作寿命、关键阀门的工作寿命等,系统总冲量是上述因素共同作用的结果,往往是由这些因素中的短板所决定。

在霍尔电推进系统工程研制时,根据任务对总冲量的要求,就需要明确系统推进剂的携带量及霍尔推力器等单机的工作寿命要求。通常,在工程研制时,习惯上将总冲指标转化为霍尔推力器累计工作寿命,例如,要求霍尔推力器累计工作寿命为 8 000 h 等。当然,这一做法的前提是系统其他组件和单元的寿命要远大于霍尔

推力器的工作寿命[13]。

2）循环寿命

也叫开关次数寿命,主要指霍尔电推进系统具备的开关机次数的能力,这一指标与霍尔推力器的开关次数能力息息相关,也与其他限制系统开关机次数的因素有关,如关键阀门的开关次数等,系统的循环寿命通常是由这些因素的短板确定。工程研制中,通常需要将系统循环寿命进行分解,分别给出霍尔推力器的开关机次数（循环寿命）、关键阀门的循环寿命要求。

3）任务寿命

是指霍尔电推进系统具备的包含存放时间、循环工作寿命和累计工作寿命（总冲）在内的最长时间,通常与航天器的寿命相协调一致,单位一般以年计,如:10y、15y 等。

4）可靠性

可靠性定义为霍尔电推进系统在规定条件（对应的工作条件）下和规定时间（任务周期）内完成规定功能（4.1.2 节规定的各种功能）的能力。

4.2　霍尔电推进对航天器的影响

霍尔电推进不同于传统的化学推进,霍尔推力器在预处理、点火启动、稳定工作,以及关机熄火过程中,会带来许多新的物理现象和效应。因此,对这些物理现象及其效应必须作出明确定义和描述,从而为航天器总体和其他分系统设计提供必要的输入条件。

通常,这些物理现象和效应主要包括霍尔电推进系统工作所引起的热流效应、霍尔推力器等离子体羽流效应、导电等离子体形成的高频电流环效应、霍尔电推进工作产生的电磁干扰与航天器的电磁兼容性、航天器的充放电问题等。霍尔电推进系统工程研制时,必须评估这些物理现象和效应的影响情况,必要时还需要采取一定的工程措施,将影响降低到最低程度。

4.2.1　热流效应

霍尔电推进系统工作期间,系统各个单元和部件都可能产生不期望的废热,特别是霍尔推力器和功率处理单元,是整个霍尔电推进系统中产生废热最集中的部分。因此,在霍尔电推进工程研制时必须对这些热流进行明确的定义和描述,以确保霍尔电推进系统自身稳定可靠工作,同时也要确保霍尔电推进系统工作产生的热流不至于影响航天器其他设备的正常工作。

通常,在霍尔电推进系统工程研制时,需要明确下面与热流相关的内容。

（1）霍尔推力器热流的最大值,并需要确保霍尔推力器周围结构和设备能够耐受推力器热辐射和热传导的影响。

（2）即使功率处理单元的效率很高,功率处理单元的热损耗也是很明显的。如果热分析表明系统过热,就需要采取特殊的布局或者采用特殊的冷却措施。

4.2.2 羽流效应

霍尔推力器喷出羽流最显著特征是呈电中性等离子体的定向运动,羽流中的带电粒子能量高,其运动与周围的电场、磁场发生相互作用,流动状况极其复杂。图4-2是霍尔推力器羽流场示意图。图中的束流等离子体是指霍尔推力器高速喷出的由中性推进工质原子、推力器溅射物及高能推进工质离子与中和器发射的电子构成的轴向运动的等离子体束。电荷交换等离子体是束流中高能离子与中性原子发生电荷交换碰撞产生的,其能量比较低,无法挣脱航天器电场的束缚,在航天器表面电位的作用下,返回并扩散至航天器周围,改变航天器周围的等离子体环境。

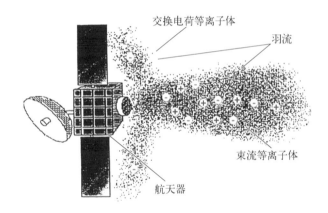

图4-2 霍尔电推进羽流流场示意图

霍尔电推进羽流会改变航天器周围的等离子体环境,并对航天器产生力、热、电位、溅射污染和电磁效应等影响[14,15]。由上述电推进羽流效应而导致对航天器造成的主要危害有:

（1）霍尔电推进羽流引起的航天器力、热方面的效应,会产生干扰力(力矩)或造成航天器表面温度升高和材料损坏。

（2）霍尔电推进羽流粒子对航天器表面、太阳电池阵、有效载荷等产生溅射腐蚀和沉积污染效应,会改变材料的表面特性,影响载荷性能,缩短航天器寿命。

（3）霍尔推力器本身及其喷出的羽流产生的交变电磁场会对测量电场或磁场的科学仪器和航天器其他子系统(主要是通信系统和电源系统)产生影响。

因此,在霍尔电推进工程研制时,需要开展霍尔推力器羽流对航天器的影响分析,分析的内容需要包括霍尔推力器周围的离子及电荷交换碰撞(charge exchange,CEX)离子的效应。主要工作内容如下:

(1)需要识别和定义对霍尔电推进羽流敏感的航天器组部件。

(2)需要在航天器层面规定上述组部件对羽流的允许范围。

(3)需要明确和定义因羽流引起的干扰力矩、干扰力、热降级、表面污染和腐蚀等。

(4)需要给出在航天器层面是否需要羽流防护措施的结论。

(5)需要评估羽流效应对霍尔电推进系统自身性能的影响。

4.2.3　高频电流环效应

由于霍尔电推进等离子体羽流的导电特性,在推力器点火工作期间,可能在推力器、等离子体和太阳帆板之间诱导产生高频电流环(如在航天器机械结构和电源系统之间),从而产生潜通路和引起漏电等风险(如等离子体为太阳电池阵提供泄漏通道,形成寄生电流损失,造成太阳电池功率的下降等)。

因此,在霍尔电推进系统工程研制过程,必须评估航天器电气结构、霍尔推力器及其产生等离子体之间高频电流环效应的影响,并给出明确结论。如果高频电流环效应影响严重,就需要在工程实现中采取相应的措施。

4.2.4　电磁兼容效应

霍尔推力器工作时,推力器及其中和器(空心阴极)本身产生电磁辐射,喷出的羽流等离子体也将产生电磁辐射,电推进等离子体环境与航天器相互作用还将诱发产生新的电磁辐射,且这些电磁辐射频带范围很宽,可能会干扰航天器系统敏感设备,从而引发基于霍尔电推进航天器的电磁兼容问题。另一方面,航天器射频通信载荷收发的电磁信号与羽流存在相互作用,羽流等离子体的折射、反射、散射和吸收,会导致通信电磁波信号波矢量的变化,从而干扰航天器的通信。

因此,必须保证霍尔电推进系统与航天器的电磁兼容,例如:有效载荷、遥测/遥控、火工品等。

4.2.5　航天器充放电问题

霍尔推力器工作喷出羽流为带电粒子束,带电粒子与航天器表面接触或注入航天器材料内部,有可能造成航天器表面或结构材料内部形成电荷累积,随着电荷积累的增多,航天器的一些薄弱部位可能被充电到很高的电位,导致静电放电。静电放电具有很强的破坏性,轻则引起所在部位的材料、器件、组件的损伤、性能蜕变、老化、电子系统功能紊乱,计算机出错、控制系统误动作,重则引起分系统或系统失效,导致任务失败。

另一方面,随着航天器太阳电池技术的发展,特别是高电压、高效率、可展开的轻型柔性基板薄膜太阳阵的大规模应用,形成了一些航天器带电的新诱因,这些诱因与霍尔推力器羽流等离子体因素的联合作用,有可能造成航天器充电效应的加强或减弱,具体情况需要根据航天器结构布局等因素综合分析。

为了避免航天器因采用霍尔电推进而可能造成的充放电危险,则要求霍尔推力器必须带中和器,以防止霍尔电推进系统被充电,进而造成航天器被充电。霍尔电推进羽流引起的航天器表面的充放电效应,在中和器失效或中和程度不足时都将增加高压放电的可能性。因此,对于与航天器充放电和束中和等相关的效应,在霍尔电推进系统工程实现时,必须按照相应的航天器静电防护标准规范执行。

4.3 霍尔电推进接口要求

霍尔电推进系统的运行与航天器,特别是航天器的姿轨控系统和电源系统关系密切,因此,在霍尔电推进系统工程研制时,必须明确霍尔电推进系统与航天器及其姿轨控和电源系统的接口关系。

4.3.1 霍尔电推进系统与航天器的接口

霍尔电推进系统作为航天器的分系统,与航天器平台联系紧密,主要的接口关系包括与航天器的直接接口及地面测试和与发射场支持系统之间的接口等。

(1)机械接口,主要涉及霍尔电推进系统及其各个组部件在航天器上安装的机械接口,例如:霍尔推力器安装、功率处理单元的安装、隔板插件、推进剂贮箱(或气瓶)的支撑机构。机械接口参数主要包括接口形式、接口尺寸、公差要求等。

(2)热接口,主要涉及霍尔电推进系统中与航天器及其环境存在热流交换的部分,例如:霍尔推力器、功率处理单元(PPU)、推进剂贮箱和热控管路等的热传导和热辐射量级。

(3)电接口,主要涉及霍尔电推进系统中需要通过航天器总体或其他分系统提供供电的设备,例如:电爆阀驱动、电磁阀、压力传感器、热流计、加热器、热电偶等的供电驱动,需要明确接口形式及其供电要求。对于有些航天器,霍尔电推进系统的功率处理单元直接为上述设备提供供电驱动,则上述接口为内部接口,但对于存在电爆阀的霍尔电推进系统,由于涉及火工品通常由航天器总体统一管理,则需要明确电爆阀的电接口形式,包括驱动电压等参数。

(4)接地,是指霍尔电推进系统的与航天器公共地的电接口要求,包括接地形式、接触电阻、接地电感等要求。特别是霍尔电推进系统中的功率处理单元的一次地、二次地、设备内部地线走线方式、地线设计等要满足航天器建造规范对接地及电磁兼容的要求。

（5）遥测遥控接口，主要涉及 AOCS、OBDH、TC/TM 等，例如：指令、数据处理、健康和故障监测等，接口要求主要包括控制指令数量与功能、遥控指令输入接口电路、指令脉宽、遥测信号数量、电压电流范围、精度和实时性要求、遥测信号输出接口电路等。

（6）地面测试和通过地面支持设备（GSE）进行的推进剂加注活动等机电接口都需要明确。

（7）基于安全需要及与发射场系统相关的发射准备活动，需要霍尔电推进系统开展的配合工作所需要的事项也需要明确。

4.3.2　霍尔电推进系统与平台电源母线的接口

霍尔电推进系统与传统化学推进系统的最大区别就在于其能量来源是航天器平台的电能，因此，霍尔电推进系统与航天器平台一次电源母线的接口是非常重要的，在霍尔电推进系统工程研制中，需要明确下列与航天器一次电源母线的接口关系：

（1）母线电压及其精度；

（2）母线最大供电功率；

（3）平台阻抗和接入电容，以抑制浪涌电流；

（4）来自平台的电磁干扰（EMI）量级，以评估供电和控制单元的敏感度。

4.4　霍尔电推进系统设计要求

4.4.1　一般要求

1. 系统构型

霍尔电推进系统构型必须符合相关标准，系统设计须确保满足航天器对容错（故障保险）、冗余、可靠性、安全性等的要求。

2. 部件替换

在霍尔电推进系统研发、测试、预发射活动期间需要进行部件替换时，必须满足相关标准。如针对有些任务系统配置的特点，在发射前需要替换系统中的电爆阀或空心阴极等，必须满足相关火工品标准或空心阴极产品标准。

3. 水击效应

必须对推进剂供给路径的可能的水击效应进行分析，以支撑霍尔电推进系统设计并确保系统正常运转，虽然大部分霍尔电推进系统采用气体推进剂，但对于采用 Bang-Bang 阀技术控制推进剂压力和流量的系统，缓冲气罐的气体出入口位置以及对罐内压力的分布均匀性都需要进行分析，上述分析结论必须与推进系统非稳态（瞬态或过渡状态）分析报告相一致。

4. 管路

推进剂供给管路必须开展设计分析,内容包括不消耗的推进剂、漏率、压力、本征频率和潜在的相互耦合、因活动机构(如推力矢量调节机构)造成的管路弯曲,必须识别上述因素对系统正常运行的影响,如果存在影响,就需要在设计中采取相应的措施。

5. 封闭空间

霍尔电推进系统设计必须防止封闭空间压力爬升到不安全的地步,需要识别和分析压力泄放的能力,特别是要关注减压阀下游封闭空间在系统长期处于待机状态下的压力爬升可能性,并建立相应的处置预案。

6. 压力容器和承压部件

霍尔电推进系统中的压力容器和承压部件的设计必须满足如下要求:

(1)留有适当的余量和安全系数(factors of safety, FOS),涉及验证、爆破压力,以及部件的寿命次数,具体要求按照相应标准或型号的具体要求。

(2)适应全寿命周期的环境因素,主要包括温度、振动、湿度、腐蚀环境、真空、出气、辐射等因素对压力容器和承压部件的影响,特别要关注超临界状态 Xe 推进剂压力随温度升高的变化规律。

7. 多个贮箱

如果霍尔电推进系统采用多推进剂贮箱布局,设计中应避免贮箱间不合适的推进剂流动。

8. 质量不稳定性(失衡)

必须确定霍尔电推进系统的最大质量失衡限度。在任务过程中由于贮箱推进剂的消耗和温度变化,航天器质心会相应变化,因此,需要明确系统的最大质量失衡水平,以确保质量失衡在航天器姿轨控系统的调节能力范围之内。

9. 循环次数

霍尔电推进系统需要满足全任务周期的循环次数寿命要求,包括在部件单机层面、分系统层面和航天器层面,也包括在地面及在预发射服务阶段的循环寿命要求。霍尔电推进系统中涉及循环次数要求的主要有:空心阴极的开关次数能力、Bang-Bang 电子减压系统电磁阀的开关次数能力、推进剂贮箱(气瓶)的充填次数等。

10. 电磁兼容

霍尔电推进系统必须与航天器电磁兼容,既要保证霍尔电推进系统工作期间产生的电磁干扰不影响航天器平台及其他分系统的正常运行,同时,也要保证航天器其他分系统工作所产生的电磁干扰不影响霍尔电推进系统的正常工作。另外,霍尔电推进系统自身也要电磁兼容,例如,霍尔推力器启动瞬间产生的电磁干扰不能影响霍尔电推进系统其他部分的正常工作,否则霍尔电推进系统可能无法正常启动而失去工作能力。

11. 高电压

霍尔电推进系统涉及高电压的地方较多,因此,在系统工程设计时需要遵循相应的高电压设计标准,避免发生电短路和电击穿的风险,特别是给霍尔推力器阳极和阴极触持极供电的高压电源需要明确其输出的电压和功率需求。另外,需要明确树立高压部件的接地观念,包括各个高压电源的布线路径等。

4.4.2　主要参数的选择和确定

1. 工作模式选择

霍尔电推进系统工作模式的选择必须基于详细的任务分析和权衡考虑,特别要关注整个任务周期霍尔电推进系统可用的电功率。另外,霍尔电推进系统中所选用的材料、推进剂和测试介质的相容性必须得到验证。

2. 推进剂及介质选择

霍尔电推进通常选用氙气为推进剂,也有用氪气或者其他物质。一般而言,霍尔电推进系统推进剂的选择主要基于任务需求、相容性及霍尔推力器的性能等方面的考量。系统工程设计时,必须明确推进剂的化学成分、纯度、关键杂质含量、洁净度等特性。

特别是对于霍尔推力器的鉴定试验而言,试验所采用的推进剂等级必须与飞行应用的推进剂等级相同,以确保鉴定试验结果的有效性。另外,对于霍尔电推进系统的力学环境试验,可能存在采用模拟介质代替真实推进剂 Xe 的情况,则需要分析模拟介质与真实推进剂的差异。

3. 参数确定

霍尔电推进系统性能参数的确定必须考虑工作条件的变化范围,特别像推进剂、压力和污染等的预计变化范围都是性能参数确定的主要输入条件,都需要在工程设计阶段明确。例如:对寿命的影响、寿命期间性能的衰减波动、消耗的推进剂量以及剩余不可用的推进剂量等。另外,在整个任务周期,霍尔电推进系统所能得到的电功率也是性能参数确定的一个主要输入条件,同样需要在工程设计阶段予以明确。

通常,需要明确的主要性能参数如下:① 推力量级和范围;② 总冲;③ 可用电功率;④ 质量预算;⑤ 工作循环;⑥ 推进剂、压力和漏率预计;⑦ 敏感部件的抗污染能力,例如,空心阴极的吸收氧气的能力等;⑧ 适应性包络。

在确定上述性能参数时,必须考虑设计裕度,主要涉及如下几方面的因素:① 安全性;② 用户对可靠性的要求;③ 发射场系统的操作限制;④ 推力器的效率;⑤ 羽流效应;⑥ 建模误差和不确定性。

另外,在考虑推进剂、压力和抗污染能力的预计变化范围时,需要涉及如下因素：① 对寿命的影响；② 寿命期间性能的波动；③ 离轨需要的推进剂量；④ 推进剂最终的不可用剩余量。

4.4.3　设计研发要求

1. 一般要求

（1）如果霍尔电推进系统集成到航天器上之后，其特征性能指标无法在航天器层面测试的话，则需要在部件、分系统或推进系统层面进行验证。

（2）如果霍尔电推进系统的飞行级产品被分成几个独立的模块，则它们需要通过安全的隔板被分开安装在航天器上。

（3）霍尔电推进系统的每一个部件都要参照相关的容错设计规范开展容错的设计评价。

2. 研发测试

研发测试必须在部件、分系统和推进系统层面逐级完成，满足工程研制对测试覆盖性的要求。

航天器层面的研发测试，通常霍尔电推进系统与航天器一起置于大气环境中，霍尔推力器（含空心阴极）无法正常点火，可以用电子模拟器（模拟负载）代替霍尔推力器进行系统测试。代替霍尔推力器的电子模拟器需要根据系统测试要求，能够模拟霍尔推力器的相关电性能，如空心阴极加热电阻、霍尔推力器稳态工作阳极等效电阻等。

霍尔电推进系统集成于航天器进行全系统联试时，必须确保所有系统和分系统在测试之后置于安全和洁净的环境。

4.4.4　污染控制

污染是霍尔电推进系统工程研制阶段需要关注的重要因素之一，主要涉及外部污染和内部污染，需要分别针对具体情况开展相应工作。

1. 外部污染

霍尔推力器的设计、安装位置包络和指向等都应该考虑等离子体羽流污染沉积对航天器敏感部件的影响，并应识别出对羽流敏感的航天器部件及羽流污染的危害程度。

通常，对等离子体羽流污染敏感的航天器部件有：太阳帆板、星敏感器、光学设备等。影响程度主要取决于所用推进剂类型、推力器的羽流特性、推进系统的布局、推力器指向和推力器工作时间等因素。

另外，外部污染源对霍尔推力器本身的危害也需要分析，包括潜在污染危害和危害程度。例如：化学推进（如果航天器上安装有化学推力器）和空间碎片等因素对霍尔推力器的影响等。

2. 内部污染

霍尔电推进系统设计应避免内部污染效应的影响,并且要确保霍尔电推进系统能够耐受内部污染的最大量级。特别要关注霍尔推力器及其相关部件,如空心阴极和放电室,对化学污染敏感,可能造成表面特性变化、可能导致短期或长期中毒,从而影响部件性能和工作寿命。在工程研制时,通常要防止的内部污染主要涉及如下几方面:

(1)污染的外部引入,内部产生和传播。例如,推进剂加注时可能引入的氧气和水汽污染,以及这些污染在推进剂供给管路的吸附和解吸传播等。

(2)污染在系统中各个部件的累积,例如,霍尔电推进系统检漏通入示漏介质引入的水汽的吸附和积累。

(3)污染在生产、验证、运行的各个环节造成的累积。例如,霍尔推力器试验验证过程放电室材料表面的沉积污染累积,可能造成表面二次电子发射性能的变化,导致霍尔推力器性能的衰减和振荡的加剧等。

4.4.5 推进剂贮存供给单元

1. 一般要求

霍尔电推进系统推进剂贮存供给单元应具有地面排放功能的设计,加/排阀的位置和管路布局应具备抽真空功能,必要时还需要具备加热功能,以对管路进行加热除气等。

由于霍尔电推进采用的推进剂介质多为惰性气体,必须确保介质一直处于气体状态,这可以由推进剂贮存供给单元的热控装置来保证。

2. 减压器

减压器的设计必须与整个任务的推进剂处理量和任务周期相一致。与化学推进的明显差异就是电推进装置的减压器要在特定时段供给特别微小的流量。

有些任务的减压器采用机械减压阀实现,有些则采用电子减压(Bang-Bang 阀减压装置或比例调节阀),也有些采用机械减压与电子减压相结合的减压方案。不管采用什么方案,都必须确保其对推进剂的处理量(主要对应阀门的开关寿命)满足任务需求。

3. 氧吸附器

由于推进剂贮存供给单元的管路可能残存一些氧气等杂质,或者推进剂自身纯度的原因,导致推进剂中可能残留部分氧气。而霍尔电推进系统中的一些部件,如空心阴极等,对氧等杂质非常敏感,因此,有必要放置氧吸附器以减少进入到关键部件的推进剂的氧等杂质含量。如果使用氧吸附器,必须首先对可能的氧杂质量进行评估,要保证氧吸附器的最大氧吸附量超过评估值的 1.5 倍,氧吸附器尽量放置在靠近易污染部件处或者敏感器件的前端。

4. 推进剂过滤器

所有在霍尔电推进系统层面和部件层面使用的过滤器都需要根据污染控制和可靠性分析的结果进行设计和放置。根据故障风险分析的结果确定过滤器的放置位置,一般在紧邻可能产生颗粒的部件下游,以及对污染和颗粒敏感的部件上游放置。例如:电磁阀、减压阀、霍尔推力器等。过滤器的设计至少必须包括:总的推进剂处理量、过滤能力、压降、绝对和相对过滤率、颗粒尺寸等。

5. 推进剂贮箱和压力容器

推进剂贮箱必须根据其特定要求为霍尔推力器提供推进剂。通常,霍尔电推进系统的推进剂贮箱也是压力容器,为了降低爆炸和推进剂泄漏的风险,霍尔电推进系统中压力容器的设计、研发、生产、验证、运行都需要按照相关规定执行。

由于霍尔电推进系统普遍采用惰性气体推进剂,如氙气,并且通常以超临界状态存贮,超临界状态氙气与环境试验(如振动试验)时采用的模拟气体介质的流体特性(如密度)有较大的区别,因此,在系统设计时,要分析这些差异以防止在航天器结构、氙气贮箱和氙气(作为一种自由流动的高密度流体)之间出现耦合。基于这一目的,氙气贮箱和贮箱形状的选择和设计必须与航天器的固有频率相适应。

6. 电爆阀

霍尔电推进系统的推进剂管理装置内部可能会涉及电爆阀等火工品,设计时需要遵照火工品的相关标准和规定。

4.4.6　霍尔推力器

1. 推力量级

霍尔推力器在其推力调节范围内的性能必须满足任务要求,并且推力的稳定性(如漂移和波动)和可重复性均要满足任务需求。

2. 推力噪声

推力噪声,即推力在其额定值(名义值)附近的随机漂移,必须保持在规定的范围。通常,推力噪声主要由推力器、推进剂供给单元和功率处理单元等的性能波动引起的。

3. 推力准确度

霍尔推力器的推力必须结合 AOCS 的需求分析保持在一定的范围内。

4. 推力调制

如果 AOCS 有需要,霍尔推力器需要具备高频和低频调制模式。

5. 推力不一致性

在同一推进分支成对工作的两台霍尔推力器的推力值差异必须满足相应的要求。

6. 推力向量调整

如果需要,霍尔推力器的推力向量指向必须具备调节功能。通常,霍尔推力器的推力向量可以通过调整推力器的几何因素或工作运行参数进行调整。

几何因素是指对推力向量敏感部件的安装(如霍尔推力器的磁极)及推力器与航天器机械接口安装引起的推力偏心。基于几何因素的推力偏心可以通过如下方法矫正:

(1) 通过在霍尔推力器支撑结构上引入调节装置来调整推力指向;

(2) 精调霍尔推力器内部影响推力向量的部件,例如磁场等;

(3) 上述两种手段相结合。

工作运行因素主要是指在霍尔推力器工作运行期间因为电热变形或推力向量敏感部件的蜕变(如磁场因温升引起的衰减)而引起的推力偏心。工作运行因素对推力偏心的影响可以通过系统层面的推力向量调整系统进行调整补偿。

7. 电气参数

霍尔推力器的设计需要在任务各个阶段对航天器电气系统的影响和推力器性能之间做权衡取舍。其原则就是对航天器电气系统的影响要尽量小而霍尔推力器的性能越优越好。上述工作需要在霍尔电推进系统层面的优化设计过程中完成。

8. 热环境

为了防止霍尔推力器过热,在其集成到航天器时要对推力器的热特性进行分析,从而明确霍尔推力器与支撑结构接口界面的热流情况,确保与其他热分析结论相协调。

9. 工作寿命

霍尔推力器中制约工作寿命的部件设计必须满足推力器的寿命指标要求,例如,空心阴极的工作寿命、霍尔推力器放电室陶瓷材料的选择设计等都必须满足霍尔推力器工作寿命指标要求。

10. 工作循环

霍尔推力器中制约工作循环寿命的部件设计必须满足推力器的工作循环寿命指标要求,例如,空心阴极加热器的工作循环寿命设计等都必须满足霍尔推力器工作循环次数的任务要求。

11. 推力中断(推力器熄火)

霍尔推力器工作期间可能会因偶然因素发生打火(电弧)、过流等造成推力器熄火而推力中断的现象,因此,在霍尔推力器设计时,必须防止工作过程中推力中断事件的发生,即使发生推力中断,也要保证霍尔推力器仍然能够再次正常启动工作,并不会使得推力器的性能和寿命降级。

12. 空心阴极

霍尔推力器空心阴极具备启动点火器和羽流中和器双重功能[16],因此,空心阴极设计必须保证其满足整个任务周期内对启动和中和电流的要求。

4.4.7　推力向量控制

通常,为了采用一台推力器执行多种任务,或者保持推力器推力向量始终通过航天器质心以降低推进剂消耗量,航天器设计都需要具备推力向量控制功能。

用于推力向量控制的措施主要有两种:一种是推力向量主动调节机构,通过连接到霍尔推力器的伺服机构调节推力器的推力指向;另一种是通过调整霍尔推力器内部对推力向量敏感的参数进行推力指向的调整。

1. 推力向量主动调节机构

推力向量主动调节机构需要能根据指令对推力指向进行调节,在霍尔推力器层面需要明确如下参数:

(1) 霍尔推力器的质量和质心;

(2) 需要的力矩。确定所需力矩时,需要考虑所有连接部分、供给管路及其他柔性的管路和连接部分的贡献;

(3) 工作条件下的推力器结构动力学特性。

推力向量调节机构的性能与如下参数有关:

(1) 最大的推力偏角;

(2) 准确度和重复性;

(3) 响应时间,包括从指令发出到开始动作的时间,以及执行到完全偏转及返回的时间;

(4) 霍尔推力器安装的刚度,包括供给管路和安装于推力器的作动器,都需要满足最小值要求。

2. 内部参数推力向量调节

如果设计中涉及内部参数推力向量调节方式,则必须评估参数调节范围内对霍尔推力器性能和寿命的影响情况。

4.4.8　功率处理单元

功率处理单元的目的是为霍尔推力器和其他电气部件在启动和稳态工作期间供电,可以采用专门的独立设备来实现,也可以作为航天器电源系统的一部分。通常,霍尔电推进系统功率处理装置包括控制、数据处理和传输等功能,为了实现冗余、便于操作和质量优化,推力器切换单元也包括在霍尔电推进系统内,从而在电源和多个推力器之间实现交叉连接。

功率处理单元的设计应遵照相关电源设计标准,特别要考虑其与霍尔推力器的相容性,主要包括如下内容:

(1) 必须评估功率处理单元输出与霍尔推力器的相容性;

(2) 设计分析需要给出要满足 EMC 需求是否需要滤波单元(FU)的结论;

(3) 如果需要滤波单元,需要明确其设计和安装位置。

4.4.9　电气设计

1. 一般要求

霍尔电推进系统的电气设计需要遵照相关电气设计标准。

2. 电磁兼容性

为了实现电磁兼容,霍尔推力器和功率处理单元的设计都需要遵照相关标准。通常,电磁兼容性涉及干扰源、敏感对象和传输通道三个方面,采取的措施都是针对这三个方面开展工作,包括减小或消除干扰源、提高敏感对象的抗干扰能力,或者切断干扰源和敏感对象之间的传输(耦合)通道。具体的措施主要有:

(1) 接地,目的是消除干扰源与敏感对象之间通过地线的耦合。每根地线都有电阻,如果存在高频信号还有电感,因此要关注通过地线的电流,使得干扰源的电流在流经地线造成的压降不会进入敏感设备。关于接地,已经形成了成熟的标准规范,要求分清一次地、二次地、弱信号地、大功率地、模拟信号地、数字信号地等,可以有效减少地线耦合造成的电磁兼容问题。

(2) 滤波,即限制带宽,提高抗干扰能力和减少干扰其他设备的可能性。特别是对于霍尔推力器和功率处理单元之间,必须增加滤波电路(通常有专门的滤波模块),以减少霍尔推力器工作产生的电磁干扰信号对功率处理单元的影响。

(3) 屏蔽和隔离,即消除杂散电容引起的静电耦合通道。由于任何两个带电体之间都存在着杂散电容,如功率处理单元机箱与元器件之间、设备与设备之间、两根导线之间。例如,可以将干扰源引出的信号线和其回线双绞以减少干扰发射面积,从而解决磁场引起的干扰问题。

3. 参考电位、接地和绝缘

接地结构和绝缘需要保证对航天器其他部分的干扰在可接受的范围。特别要注意的是对于正在工作的霍尔推力器,参考电位主要依赖于推力器喷出等离子体通过外部环境与航天器机械结构之间的相互作用,参考电位与航天器公共结构的电位(如公共地)不是等电位。

4. 静电放电保护

霍尔电推进系统设计要防止静电放电的发生,设计时要按照相关的静电防护设计标准执行。可能造成静电放电的因素主要包括:

(1) 暴露于空间或其他推力器工作产生的等离子体环境中的非工作推力器电极上的电荷积累。

(2) 推力器开关机期间的瞬态电火花。

5. 寄生放电防护

霍尔推力器工作期间,推力器部分处于空间环境等离子体和其自身产生的等离子体中,有可能发生局部寄生放电的风险。特别是因放气、吸附气体的解吸和漏气等因素导致关键部位附近有不期望的气体出现时,以及推力器通道壁面形成三结合点(导电、绝缘、等离子体)时,寄生放电还会被加强。

因此,在霍尔电推进系统设计时,必须防止处于不同电位的推力器部件之间发生寄生放电的风险。

4.4.10　故障检测

霍尔电推进系统的健康诊断和故障监测需要通过遥测实现,通常,至少要包括系统电气参数、推进剂贮箱(气瓶)的压力和温度、阀门状态、工作支路的压力等,霍尔推力器的工作和健康状况可以通过热电偶或热敏电阻监测,但也可以增加其他设备(如压力传感器和加速度计)。监测结果最起码要保证对安全操作模式的识别和推进剂剩余量的判断。

如果需要监测等离子体参数时,可以采用由朗缪尔探针和阻滞势分析器(retarding potential analyzer, RPA)等组成的等离子体诊断包进行监测。

4.4.11　地面支持设备

1. 一般要求

用于霍尔电推进系统研制的地面支持设备(ground support equipment, GSE)需要满足安全性要求。

2. 介质

加注推进剂(如采用 Xe 推进剂)到超临界状态必须采用专用设备,并且在后续环节中要保证在推进剂输运链路上的任何部分不能出现液态推进剂。与介质相关的 GSE 设计和操作流程必须满足如下要求:

(1) 必须防止推进剂气体的外溢和放出;

(2) 必须防止过压,超出安全系数可承受的最大预期工作压力(maximum expected operating pressure, MEOP)值;

(3) 必须设置排空管路以用于安全阀的操作;

(4) 必须确保可能造成诸如爆炸、化学反应和中毒等危害的材料之间接触;

(5) 必须保证加注进航天器的推进剂,其杂质污染、压力、温度和洁净度等指标必须在规定的范围。

3. 电气部分

GSE 的电气部分设计必须满足如下要求:

(1) 必须确保霍尔电推进系统的所有电气部件都能开展安全检查;

(2) 设备的设计和操作必须防止对航天器部件产生误操作;

(3) 由于霍尔推力器不能在大气环境下工作,需要配置霍尔推力器模拟器以用于霍尔电推进系统与航天器的联试;

(4) GSE 设计必须防止不期望的电气放电。

4.5　霍尔电推进验证要求

4.5.1　一般要求

验证是确保霍尔电推进系统完全满足任务要求的必要流程,可以通过适当的分析、试验、设计审查、检查,或者这些手段的结合来实现,设计审查可以包含在分析验证中,检查也可以包含在试验验证中。因此,整个霍尔电推进系统的验证工作可以按照分析验证和试验验证两部分来分别开展。

为了规范霍尔电推进系统的验证工作,通常需要建立验证矩阵,对于一些特殊验证项目还需要专门规定验证方法。

4.5.2　分析验证

1. 一般要求

与液体化学推进系统不同,对于霍尔电推进系统,由于新元素的引入带来物理现象和部件的差异很大,从而使得分析验证的内容和方法明显不同。通常,带来物理现象和部件差异较大的新元素主要包括:① 霍尔推力器通常产生带电粒子;② 霍尔推力器羽流通常非常稀薄,并且荷能很高,通常达到数百电子伏特;③ 霍尔推力器采用静电场和磁场,以及电加热器等;④ 霍尔推力器工作时间很长,通常达到数千上万小时。

2. 功率和推进剂分析

霍尔电推进系统的两个主要输入条件就是电功率和推进剂,通过消耗电功率和推进剂,霍尔推力器才能正常工作并输出所需要的推力。因此,需要根据整个任务要求,对电功率和推进剂的预算进行分析,确保整个任务周期供给的电功率及推进剂携带量满足任务要求。

3. 霍尔推力器分析

霍尔推力器作为霍尔电推进系统的核心,其集成于航天器上可能会与航天器之间产生相互干扰,因此,必须特别分析霍尔推力器和航天器之间可能的相互影响,主要包括:① 放电干扰(表面放电和体放电);② 力和热影响;③ 溅射腐蚀和沉积污染影响;④ 对航天器通信的干扰;⑤ 电磁干扰。

4. 静电场和磁场的相互作用评估

对于多台霍尔推力器同时工作的情况,推力器之间静电场和磁场的相互作用及对系统性能的影响需要做专门评估。

5. 寿命评估

霍尔电推进系统的工作寿命需要满足任务的要求,工程研制阶段必须对寿命进行分析评估。用于寿命分析评估的工具必须满足如下要求:① 分析工具需要能够预测系统工作参数随时间的演变情况,并且能够搞清楚对寿命起决定作用部件的性能降级情况;② 分析工具需要通过寿命试验的验证。

6. 瞬态过程评估

必须分析霍尔电推进系统的时间响应情况,特别是因精确控制或自主运行需要霍尔推力器工作在闭环控制模式时,需要特别关注系统的时间响应情况。在分析时,至少需要评估瞬态模式(如开关机)下的如下几种特殊的现象:① 推进剂输运通路压力的波动情况;② 启动功率的峰值范围;③ 电磁振荡情况。

4.5.3 试验验证

1. 一般要求

(1)对于在航天器层面霍尔电推进系统功能无法分析验证的情况,就需要开展特定的试验,这些试验可以是在单机部件层面,已有足够的信息来评估对系统和分系统的影响;也可以是在系统或分系统层面验证;或者在航天器层面验证。

(2)每一模块的试验验证条件必须覆盖系统工作期间可能遇到的所有情况。

(3)需要明确验收试验、环境试验、EMC 试验、羽流试验、寿命试验的方法。

2. 点火工作试验

霍尔推力器点火试验的目的是验证霍尔推力器的工作效果和稳定性。试验时需要分析评估下面可能对性能产生影响的一些因素:① 真空度水平;② 真空泵类型及其抽气能力;③ 霍尔推力器与真空舱壁的最小距离;④ 诊断手段的测量和校准;⑤ 羽流溅射产物的影响。

3. 电磁兼容性(EMC)试验

EMC 试验需要在霍尔电推进系统层面进行,采用与飞行产品一致的功率处理单元、硬件和霍尔推力器。为了准确分析试验结果,试验中需要评估与参考地的偏置电压。

由于霍尔推力器实际点火必须在真空条件下开展,则霍尔电推进系统的 EMC 试验无法在常规的 EMC 实验室进行,需要使用专门的电推进 EMC 试验设备[1]。

4. 羽流特性试验

羽流特性试验一般是通过等离子体探针等手段对霍尔推力器等离子体羽流特性进行诊断测量,试验通常包含如下几方面内容:① 主束流特性,如:发散角、能量分布、等离子体密度等;② 推力向量;③ 腐蚀产物特性;④ 电荷交换离子(charge exchange, CEX)特性,如:密度、能量分布。

另外,为了保证试验的有效性,试验时必须特别关注如下对试验有效性可能产生影响的参数:① 试验设备的真空度量级;② 霍尔推力器出口到探针的距离;③ 霍尔推力器出口到真空舱壁的距离。

5. 寿命试验

寿命试验是对霍尔推力器及其系统关键组件工作时长和循环次数寿命的验证,试验时需要特别关注如下几方面。

（1）寿命试验至少必须基于一个完整的功能链,如：霍尔推力器、流量控制器、功率处理单元、滤波模块。

（2）寿命试验必须基于实际的任务循环模式,当降低循环试验的关机时间时,要保证温度的瞬变过程具有代表性。如空心阴极的开关次数寿命试验,关机时间不能太短,否则下一循环的起始温度太高不能代表实际情况。

（3）对于设备的羽流溅射返流效应,要采取措施尽量降低溅射量,并对溅射及其效应进行测量和评估,确保不对寿命试验结果造成可以预见的影响。

（4）寿命试验必须采用飞行级推进剂,以保证试验结果的有效性。

（5）寿命试验期间应对霍尔电推进系统的健康状况进行监测,监测一般通过性能测量来实现。

6. 性能试验

性能试验,包括直接的推力测量,可以在寿命试验过程中进行。必须确保霍尔电推进系统（包括霍尔推力器、流量控制单元、功率处理单元、滤波单元等）的性能满足任务要求。

7. 校准

试验验证所有用于提供数据的设备和仪表等都需要经过校准,以确保满足部件和分系统的试验需求。

4.6　霍尔电推进质量保证要求

霍尔电推进系统的质量保证在设计阶段要保证可靠性设计,在产品生产制造阶段要关注过程控制,在工程研制过程的操作层面要关注极端情况。

4.6.1　设计阶段

霍尔电推进系统设计必须满足可靠性的相关要求,设计阶段需要特别关注如下指标：① 任务的成功概率;② 设计寿命。

4.6.2　生产和制造阶段

（1）生产制造过程应规范化,以确保霍尔电推进系统部件、单元子系统的生产制造满足相应要求。

（2）生产制造过程要防止污染引入产品,保持必要的洁净度,以确保重复一致性。

（3）所有进入霍尔电推进系统及其地面支持设备内的流体必须保证其纯度，并控制特定组分（如氧气、水汽等）的含量，非挥发物质的残留满足一定要求。

4.6.3　操作和处置层面

霍尔电推进系统研制过程的任何系统或组件的操作和处置都需要按照相应的流程进行，并且所依据的流程在操作之前都需要被验证。操作和处置必须满足如下要求：

（1）满足部件、单元子系统和系统的工作极限；

（2）满足系统及其部件的循环寿命极限；

（3）系统及部件经历的循环试验次数都需要记录在相应的系统和部件文件中；

（4）在涉及推进剂贮箱或气瓶的加压和泄压操作时，必须限定压力变化梯度以确保不超过允许的温度范围；

（5）在 AIT 阶段开展的部件和系统层面的测试必须在部件和系统的要求中体现，同时要考虑所有操作场地的特殊需求；

（6）操作结束之后，系统必须隔离存放。特别是对于除气处理过的推进剂流经区域，尽量保持与空气隔离的状态；

（7）如果需要排空地面操作时系统中的推进剂（如 Xe 气），需要按照相关标准和规定，确保人员所处环境的推进剂浓度在安全范围内（如过高的 Xe 气浓度可能造成人员麻醉或窒息等）。

参考文献

［1］康小录，刘佳，乔彩霞，等. 空间电推进试验测量技术. 北京：科学出版社，2020.

［2］李靖，范文杰，刘佳，等. 航天器系统工程. 北京：科学出版社，2014.

［3］刘利生，吴斌，杨萍，等. 航天器精确定轨与自校准技术. 北京：国防工业出版社，2005.

［4］康小录，杭观荣，朱智春. 霍尔电推进技术的发展与应用. 火箭推进，2017，43（1）：8－17，37.

［5］Thomas M R, Timothy P M, et al. Three-Axis Electric Propulsion Attitude Control System with a Dual-Axis Gimbaled Thruster, AIAA 2011－5586.

［6］于达仁，刘辉，丁永杰，等. 空间电推进原理. 哈尔滨：哈尔滨工业大学出版社，2014.

［7］李得天，张天平，张伟文，等. 空间电推进测试与评价技术. 北京：北京理工大学出版社，2018.

［8］康小录，张岩. 空间电推进技术应用现状与发展趋势. 上海航天，2019，36（6）：24－34.

［9］Goebel D M, Katz I. Fundamentals of Electric Propulsion：Ion and Hall Thruster. New York：JOHN WILEY & SONS, 2008.

［10］张乾鹏，康小录，施晨毅，等. 霍尔推力器束流分布特性实验研究. 上海航天，2012，29（4）：49－53.

［11］杭观荣,洪鑫,康小录.国外空间推进技术现状和发展趋势.火箭推进,2013,39(5):7-15.

［12］张岩,康小录,乔彩霞.一种无加热器的电推进用空心阴极.火箭推进,2014,40(2):59-66.

［13］乔彩霞,张岩,康小录,等.80 mN霍尔推力器空心阴极寿命试验.火箭推进,2014,40(4):11-15,49.

［14］于博,王宣,余水淋,等.霍尔推力器羽流对太阳翼的溅射影响规律.中国空间科学技术,2018,38(5):7-16.

［15］于博,张敏,余水淋,等.霍尔推力器羽流对S波段电磁波的衰减研究.中国空间科学技术,2019,39(5):19-27.

［16］张岩,康小录,乔彩霞.六硼化镧与钡钨空心阴极的放电特性实验研究.真空电子技术,2013(3):12-16,20.

第5章

霍尔电推进系统方案阶段研制

霍尔电推进系统方案阶段也称为模样阶段,它标志着工程研制的正式开始,属于型号工程研制周期的最前端。作为型号研制的最关键阶段,方案设计的优劣直接决定了项目能否满足性能、功能指标要求,实现任务目标,因此,方案阶段研制成果是整个项目后续研制工作的基础和保证。由于涉及系统/单机关键技术的进一步攻关,因此其在型号研制各阶段中技术层次也最高。

霍尔电推进工程研制的方案阶段往往具有以下特点:

(1)用户需求可能随着方案论证的深入而发生一定的变化,使得设计状态具有不确定性,需要在方案阶段通过多轮迭代予以明确,包括内外接口和研制条件等;

(2)方案阶段也会涉及关键技术攻关的工作,但与预先研究阶段主要解决原理实现方面的关键技术不同,这里主要解决工程实现方面的关键技术;

(3)如果通过分析论证可以验证方案(包括接口关系等),则方案阶段可以不需要进行模样(原理样机)产品的研制;

(4)方案阶段需要考虑各种资源等制约因素,开展技术、计划、进度、质量、经费、外协、能力、风险等关键要素论证和确定。

本章主要从工程研制流程和方法的角度,介绍霍尔电推进方案研制阶段的目标要求、工作基础、工作内容、工作重点及完成标志等。

5.1 方案阶段目标和要求

霍尔电推进方案研制阶段主要分为方案论证阶段、方案设计阶段和方案研制阶段。研制工作按各分阶段有序进行,前一分阶段工作完成后才能进入后一分阶段,不能互相重叠,更不可逾越。各分阶段完成后,应对各分阶段方案工作进行评审,方案研制阶段结束后的评审作为整个方案阶段的最终评审[1]。图 5-1 为霍尔电推进系统方案研制阶段组成。

在方案论证阶段,应根据项目的实际特点和要求,制定霍尔电推进系统整个工

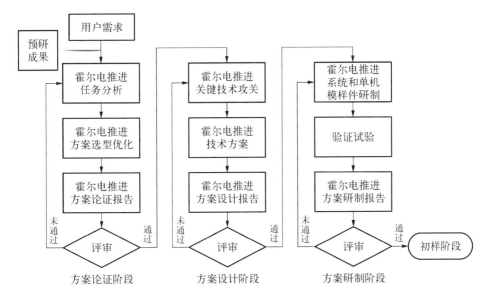

图 5 - 1　霍尔电推进方案研制阶段组成

程研制周期的工作策划(包括技术流程、计划流程等),编制方案阶段产品保障计划、条件,明确总体设计输入,开展详细任务分析,确定任务剖面,确定实现产品性能、功能的技术途径,进行方案初步选型、评价和优化,完成霍尔电推进系统总体方案论证。

在方案设计阶段,应根据总体技术要求,分析并确定霍尔电推进系统设计方案,进行软、硬件功能分解,明确关键技术攻关项目、攻关方案及计划,明确是否进行部件或系统模样研制,提出试验项目和实施方案。

在方案研制阶段完成关键技术攻关,按照方案设计阶段确定的设计方案开展霍尔电推进系统或单机模样研制,并对设计方案进行验证、确认,达到产品的性能、功能要求。

霍尔电推进方案阶段具体工作要求如下:

(1) 对用户需求进行分析,以此为基础开展任务分析,建立任务剖面,确定满足项目需求、合理可行的技术途径;

(2) 开展技术指标的分析、分解、综合工作,确定完整的系统技术指标体系,形成项目任务书;

(3) 按项目任务书要求,完成霍尔电推进系统方案设计论证工作;

(4) 按项目任务书规定对霍尔电推进设计方案的正确性、可行性和合理性进行验证;

(5) 完成方案阶段研制总结,固化方案阶段技术状态,使其作为初样研制的基线。

此外,霍尔电推进系统方案阶段研制中还应考虑霍尔电推进的特殊设计要求,比如:系统集成配置,由于霍尔电推进系统较为复杂,既有气体流,又涉及电路流,并由控制实施气体流和电路流的协调工作,因此,需要在方案阶段,应摸透系统间不同组件和单元的性能特点和特殊要求,实现系统工作的协调、匹配。

其次,应考虑霍尔电推进和航天器相互作用问题,主要包括:① 霍尔电推进会对航天器设计带来能源、结构、热、控制等方面的改变,引起接口、系统兼容性等一系列问题;② 霍尔电推进工作过程存在等离子体振荡、启动过冲等,引起放电工作不稳定性,产生极大的电磁干扰影响;③ 霍尔电推进羽流中包含大量高能粒子,对航天器产生溅射和沉积,尤其对星敏和光学载荷带来污染,影响其正常工作;④ 霍尔电推进产生的高密度等离子体会对航天器通信信号传播的相位、幅值和极化产生影响。这些问题都是霍尔电推进上星型号应用必须重点考虑的,可提前至方案阶段开展仿真研究工作和摸索性试验,对霍尔电推进进行精确布局,使其高效执行任务,又要避免其对航天器产生不良影响。

霍尔电推进长寿命试验问题也需要重点关注。霍尔电推进推力小,工作寿命长,对于新研推力器,需要开展一比一长寿命地面验证试验。由于这种试验成本高、周期长、具有不确定性和可能反复的特点,对各种资源要求高,因此,也可在方案阶段提前考虑电推进寿命试验的相关资源和条件。

5.2　方案阶段工作基础

5.2.1　预先研究的技术成果

霍尔电推进系统方案阶段前,应已开展系统及主要单机(包括霍尔推力器、推进剂贮供系统、功率处理单元等)的预先研究攻关工作,解决了霍尔电推进的主要关键技术问题(如霍尔推力器磁场优化,性能改善提高,推进剂流量控制及功率变换设计等),而在工程研制阶段还需要针对项目的工程应用难点问题(如空间环境适应性、寿命、可靠性、安全性等)进行进一步攻关。预先研究技术成果主要包括:

(1) 预先研究过程所产生的产品和技术文件(包括霍尔电推进系统及单机的设计图纸、设计计算报告、试验报告、技术总结等);

(2) 预先研究所形成的新工艺、新材料、新技术、关键设计参数、产品模型、计算机计算或仿真软件及结果等(包括阳极气体分配器焊接、阴极发射体制备、绝缘器封装等新工艺,氮化硼陶瓷、耐高温软磁材料、电磁导线等新材料和元器件,推力器磁场优化、气体均匀性分配、阳极电路拓扑等新技术,霍尔推力器主要尺寸和边界设计参数,霍尔电推进系统/组部件数字模型及 ANSYS、PROE 和 CAD 等设计仿真软件）；

（3）预先研究可供继承、借用的标准、规范、资料和信息等（如国内外技术标准、国际国内电推进会议文集、AIAA 论文等）。

5.2.2　项目总体输入

霍尔电推进方案阶段开始之前，应与项目总体充分沟通，形成总体输入。项目总体输入作为霍尔电推进方案阶段的工作基础：

（1）以总体为主，承制方参与，对霍尔电推进系统主要技术指标提出初步要求；

（2）总体与承制方签订研制合同或协议，对任务需求予以确认，包括：任务、承制方工作范围、接口需求、周期、应用现有技术成果和目标经费预算等；

（3）任务需求分析经评审后，形成任务需求分析报告。

5.2.3　其他设计开发输入条件

霍尔电推进方案阶段研制工作基础还包括其他设计开发输入项目，包括：

（1）国外霍尔电推进成熟的工程应用经验，国外霍尔电推进技术现状、发展趋势及技术继承性、通用性和创新性；

（2）分析国内霍尔电推进研制能力、实际发展情况，为确定合理可行的霍尔电推进系统方案提供支持；

（3）开展霍尔电推进系统研制过程中大型试验的初步策划，并结合试验规模、试验目标和试验内容进行大型试验保障条件分析，提出型号研制保障条件、需求等。

5.3　方案阶段主要工作内容

5.3.1　霍尔电推进系统方案论证

霍尔电推进方案论证主要按用户需求开展需求及任务分析，明确研制流程、工作内容（确定系统参数、构形、组部件构成等初步要求），并确定主要技术指标，提出可供选择的技术路线、方案，进行方案比较，提出初步优选方案，并初步明确对外技术接口，同时分析条件保障能力，提出所需的新设施、试验设备需求，形成霍尔电推进总体技术要求。图 5 - 2 给出霍尔电推进方案论证研制流程。

1. 用户需求分析

用户需求分析是霍尔电推进方案设计、可行性论证的前提和基础，将用户需求转化为工程研制的实际要求，并分析用户需求的可实现性。通过分析，将使用要求转化为霍尔电推进系统的功能、性能指标要求。

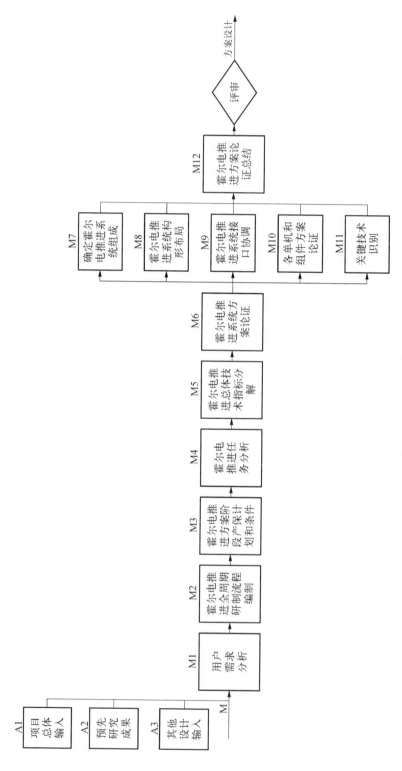

图 5 - 2　霍尔电推进方案论证研制流程

近年来我国霍尔电推进技术发展很快,对霍尔电推进的应用需求主要集中在 GEO 卫星平台(特别是中型卫星平台、全电平台)的位置保持、轨道提升任务,以及低轨卫星轨道维持等方面。此外,我国深空探测、在轨服务等国家重大航天专项对大功率霍尔电推进($\geqslant 50$ kW)提出了应用需求[2]。随着低轨星座、民用微小卫星等民用航天的迅速发展和空间科学探测卫星的发展,对小功率霍尔电推进(<1 kW)也提出更明确需求[3]。

2. 确定霍尔电推进研制流程

在霍尔电推进方案论证阶段,应编制霍尔电推进研制流程,并在研制过程中不断细化。霍尔电推进研制流程包括技术流程和计划流程[4]。

技术流程依据合同、任务书和研制程序等,对项目进行分解,按照技术设计程序和时间顺序编制流程文件。技术流程由设计师系统编制,通常以技术流程图形式出现,是设计师系统完成设计工作的重要文件。

计划流程依据合同最终时间节点、技术流程及完成任务所需的保障条件,按照时间顺序编制程序性文件。计划流程由指挥调度系统编写,是项目指挥调度系统完成的最基本的计划文件。

3. 规划霍尔电推进保障条件

霍尔电推进方案阶段应对研制全周期的各类资源、保障条件进行整体规划,并结合技术、计划流程对保障条件提前统筹、协调,避免关键资源缺失、冲突。对长周期的基础保障条件(如霍尔电推进长寿命试验设备)全面策划,先期启动,确保霍尔电推进研制流程协调匹配。对于服务保障性的稀缺共用资源,应提前给出工作策划,进行动态管理、更新,避免保障条件不能满足霍尔电推进项目工作需要。

4. 任务分析

任务分析是通过对任务总体性能、功能需求的分析和分解,建立任务需求与霍尔电推进系统方案之间的关系。霍尔电推进执行任务具有多样性、适应性和灵活性的特点,可用于轨道转移、轨道位置保持、深空探测主推进、精确轨道定位、动量轮卸载、大气阻力补偿等多种任务,轨道高度也覆盖低、中、高轨甚至更远的星际探测轨道。

表 5-1 给出了地球同步轨道卫星的主要推进任务和速度增量及占比。由表可见,轨道转移的速度增量为 2 000 m/s,占总任务速度增量的 70%,因此,轨道转移段的推进参数选择就变得尤为重要,需要在推力、比冲之间寻求折中。南北位保任务主要用来控制轨道倾角,南北位保速度增量占在轨速度增量的 90% 以上。东西位保主要用来控制轨道偏心率、平经度[5],其速度增量占比仅为 2%,其他两项任务(姿态控制和离轨控制)的速度增量占比更小。

表 5-1　典型地球同步轨道卫星的推进任务、速度增量及占比

推 进 任 务	速度增量/(m/s)	占比/%
轨道转移	2 000	70
南北位保	700	25
东西位保	45	2
姿态控制	10	<1
寿命终期离轨	9	<1

5. 技术指标分解

在任务分析的基础上,对霍尔电推进系统进行技术指标初步分解,确定指标体系,为制定和指导霍尔电推进方案设计提供支持。有些指标是经过论证得出的,有些指标是经过先验知识得出的,还有些指标是包络指标,需在后续研制过程中明确。

按照任务剖面分析,确定霍尔电推进系统推力、比冲、寿命/总冲、推进剂消耗量等主要设计参数。霍尔电推进系统交付后主要经历的任务剖面包括:总装测试、发射、飞行任务、离轨。霍尔电推进在全寿命周期内经历的环境包括:力学环境、真空环境、热环境、电磁兼容(EMC)环境、磁环境等。

1) 推力

霍尔电推进推力主要由任务的速度增量决定。霍尔推力器的推力和放电室外径呈比例关系[6],因此推力确定后,霍尔推力器的大小、规格也随之确定。霍尔电推进推力指标可以用推力量级、推力精度以及调节范围来表征。推力量级反映了推力输出的大小,一般在几十至几百毫牛量级,推力精度则是在推力基准值上下的波动范围,只有几毫牛量级,因此,测量霍尔电推进推力,需要采用专用的微推力测量装置。一般霍尔推力器工作时,其性能最佳的工作点作为额定工作点,其在额定工作点附近有一定的调节范围,但它受等离子体密度稀疏程度和热功率上限的约束。

2) 比冲

根据总体对航天器的重量要求,确定比冲。推进剂质量占航天器重量的主要部分,比冲越高,所携带推进剂越少。化学推进比冲较低,因此其推进剂质量在整个航天器的占比高达70%,采用较高比冲的霍尔电推进,推进剂占比降低到30%以下,这就大大减轻了卫星推进系统的质量,可使在同样的有效载荷条件下卫星质量大大降低,实现一箭多星发射,大大节约发射成本;也可使卫星承载更多的有效载荷,成为大承载平台,增强卫星的任务功能。

3) 寿命/总冲

霍尔电推进寿命涉及累计工作时间、工作次数。在霍尔电推进系统中,霍尔推

力器、空心阴极及其他组件(如 PPU、Bang-Bang 阀等)都对工作时间、次数提出了明确要求,如最长工作时间需要上万小时,工作次数也有数千次,因此,对系统及其重要组件(如推力器、阴极和 PPU 等)在设计之初就要考虑长期工作可靠性,在方案阶段将寿命指标作为系统及其单机的重要考核指标。在确定了推力、寿命后,总冲也就随之确定。

4) 推进剂质量

按卫星执行任务所需的总冲,可直接给出霍尔电推进所需的推进剂质量。

6. 霍尔电推进系统方案论证

在霍尔电推进方案论证阶段对不同技术方案进行比较、分析,通过多方案分析比较,确定最优霍尔电推进系统及组件的方案。

1) 霍尔电推进系统组成

霍尔电推进系统(图 5-3)一般包括: 推进剂贮供系统、功率处理单元(PPU)、控制单元、推力矢量调节机构、霍尔推力器、流量控制模块。其中,推进剂贮供系统集成了推进剂贮存模块、压力调节模块。

一般采用 4 台推力器,分配在南北两条推进支路,每条支路 2 台推力器,分布在卫星的南北两侧。执行南北位保任务时,南北支路上的推力器一主一备工作,而执行主推进任务时为了加大推力,缩短变轨时间 4 台同时工作。一般采用 1 台 PPU 给两台推力器供电,PPU 内部设置推力器切换单元,可以选择所要工作的推力器进行供电。

2) 霍尔电推进系统构形布局

航天器结构分为有效载荷和卫星平台,卫星平台主要包括: 结构和机构、热控、电源、姿轨控、推进、测控等分系统。构形设计主要对推进系统的外形、结构、功能组成划分进行设计。而布局设计对推进系统各单机的位置进行布置、协调,并对各种约束和需求满足情况进行分析。一般采用分布式和集中式两种布局,分布式布局是按照系统各组部件安装要求及重量均衡分配原则,安装在航天器内部的不同位置;而集中式布局是系统各单机集成安装于一个独立模块,便于系统统一装配、管理[7]。

对于大卫星,采用分布式布局,气瓶作为整个系统中体积、重量最大的组件,位于卫星中间。而对空间有限的小卫星,可以采用集中布置。图 5-4 是 Small-GEO 平台的霍尔电推进分布式布局[8]。图 5-5 是实践九号 A 卫星的霍尔电推进集中式布局[9]。

霍尔电推进执行不同任务,在航天器上安装布局也有所不同,比如: 锥形布局、十字交叉布局、人字布局等。其中,人字布局还包括人字布局+机械臂、人字布局+主推两种。表 5-2 对霍尔电推进星上布局进行比较、分析,以便按照具体任务要求选择合理可行的布局方案。

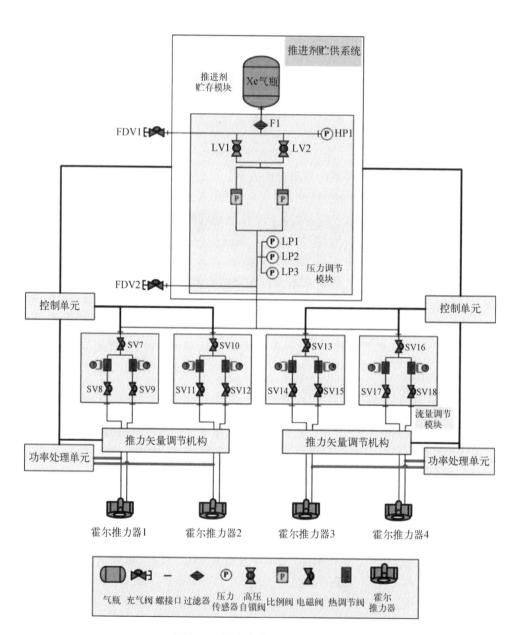

图 5 - 3　霍尔电推进系统组成图

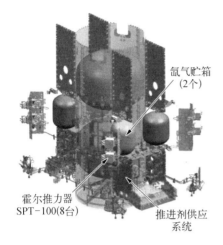

图 5-4　霍尔电推进分布式布局

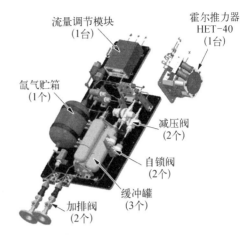

图 5-5　霍尔电推进集中式布局

表 5-2　霍尔电推进在航天器上布局方案比较、分析

布局方案		优　点	缺　点
锥形布局		使用较少数量的推力器完成变轨、位保、动量轮卸载任务	单台推力器失效时,对其他推力器的速度增量需要增加到原来的 1.5 倍 执行大速度增量轨道转移任务,推力效率较低,需要消耗更多推进剂
十字交叉布局		兼顾完成南北、东西位保任务 无需推力矢量调节机构,降低系统复杂度,提高可靠性 单台推力器同时产生切向、法向速度,不产生径向速度,使轨控、姿控耦合作用减小 推力器与质心同高度,消除、减小径向分量	无法执行轨道转移任务
人字布局	常规式	南北位保效率高	无法完成东西位保任务 难以直接用于轨道转移任务
	辅助机械臂式	通过推力矢量大范围调整,执行高效率轨道转移、位置保持、动量轮卸载、姿态控制等任务 消除电推进羽流对星体、太阳帆板的作用影响 灵活控制推力矢量,使南北位保、东西位保等任务解耦,简化控制方案,减小干扰力矩和推进剂消耗	机械臂复杂度高 机械臂执行任务广,但属于单点失效,需要更高的可靠性 机械臂多自由度运动,给电缆、管路设计增加难度 推力器多重使用,需要其能够多模式工作,对寿命、可靠性要求更高
	辅助主推式	轨道转移时推力矢量直接通过卫星质心,无推力损失,提高了推进剂利用效率 推力器可以采用不同的推力器类型,发挥各自优势,配置更加灵活	推力器使用数量多,型号规格不统一 执行东西位保任务,对万向架角度调节要求高 羽流影响较大

3）霍尔电推进系统主要接口

霍尔电推进系统主要接口包括：机械接口、电气接口、遥控接口、遥测接口、热控接口、卫星电缆网接口、地面设备接口等。在方案论证阶段，接口协调主要是明确霍尔电推进系统内部、与外部卫星之间的接口关系及需要其他系统支持的条件。由总体向承制方提出接口要求，经过多轮协商和指标确认，最终由总体提出对霍尔电推进系统的初步要求或规范。在该阶段，接口协调主要进行多方案比较，论证系统接口是否可行，择优选择，为后续霍尔电推进方案设计工作提供支持。

4）系统单机/组件方案论证

（1）霍尔推力器。

根据总体给出系统力要求，分解到单机，选择合适推力和数量的霍尔推力器。霍尔推力器可分为以下几种类型：常规型[10]、复合放电室型[11]、ATON 型[12]、磁阳极[13]、阳极层霍尔推力器[14]（表 5 - 3）。这几种霍尔推力器的结构特点、成熟度各有差异，使它们适合不同的飞行任务。空间应用最多的是常规霍尔推力器。

表 5 - 3   霍尔电推进系统各单机/组件技术方案比较分析

单机/组件	类　型	特　　点
霍尔推力器	常规型	推力较大，比冲适中，推功比大，推力密度高，结构简单，成熟度高
	复合放电室型	推力适中，比冲更高，结构可靠，成熟度高
	ATON 型	推力较大，比冲稍高，结构复杂，可靠性待提高
	磁阳极	推力较大，比冲更高，工作范围宽，轻质，结构简单，技术成熟度待提高
	阳极层	推力适中，比冲更高，结构可靠性低，技术成熟度待提高
推进剂贮存供应系统	机械式	可靠性、成熟度高，但压力输出精度低，无法调节压力。由于减压比为百倍量级，一般需要双级或多级减压，无法多模式工作
	Bang-Bang 式	由两个电磁阀串联而成，中间留有小气容；开关次数多，对阀门可靠性要求高；构造复杂，体积庞大，质量大，输出压力波动大，通过（温度、压力、电流或流量）反馈控制稳定压力，控制过程复杂
	组合式	高压段采用机械式减压，低压段采用 Bang-Bang 电子减压，多模式可调，可靠性高，技术成熟，应用广泛
	比例阀	一级减压后，采用微动元件（磁滞伸缩、压电陶瓷）控制输出压力、流量，体积小，重量轻，响应快，输出精度高，无级调节

续　表

单机/组件	类　型		特　点
流量控制模块	热阀	多孔材料	金属粉末烧结,体积小,重量轻;易掉渣堵塞,影响流量调节
		节流孔板	尺寸小,加工性好;控制精度不高
		毛细管	重量轻,调节响应快,尺寸长;对毛细管加工工艺要求高
		微流道	结构紧凑,易组合;加工精度、一致性有待提高
	比例调节	电磁比例阀	响应快,调节范围宽
		压电比例阀	调节线性好,调节范围宽,耐压强,功耗小
功率处理单元	阳极电源功能模块	全桥电路	变压器双向励磁,磁芯利用率高,功率管电压电流应力小;结构复杂,成本高,驱动电路设计复杂;适用于大功率电源
		半桥电路	相比全桥结构,节省 2 个开关管;变压器体积大,变换效率低;适用于较大功率电源
		正激电路	单管驱动,结构简单,成本低,可靠性高;需要磁复位电路,功率等级低;适用于几十至几百瓦小功率
		反激电路	输出滤波无需电感,结构简单;变压器单向励磁,存储能量低,功率较小;适用于几十至几百瓦小功率
		推挽电路	变压器双向励磁,磁芯利用率较单端电路高;电路存在偏磁,大功率长时间工作会引起变压器饱和;适用于百瓦级中小功率
		谐振电路	具有全桥结构优点,优化磁性元件,输出滤波简单,输出范围宽;结构复杂,成本高,控制复杂;适用于上千瓦更高
	输入保护功能模块	继电器	可靠度高,体积大,重量重;高电压、大电流切换时容易起弧和粘连
		电子开关	结构小巧,重量轻;需要电子驱动控制元件,电路复杂,消耗一定功耗
	阴极加热电源模块	电流源	在正激、反激、推挽、半桥、全桥等拓扑方式中选择,采用模块化设计,灵活配置
	磁线圈电源模块		
	阴极点火电源模块	正激	开关管数量少,开关管电压应力高
		反激	管子数量少,二极管电压应力高
		双管正激	开关管、二极管数量多,但其电压管应力最小,在高压输出情况下可靠

续　表

单机/组件	类　型		特　　点
推力矢量调节机构	并联驱动	二自由度	成熟度高,应用广泛;两自由度,调节范围小
		六自由度	六自由度,调节范围宽;控制量多,控制算法复杂
	串联驱动		两正交轴精确二维指向,指向范围较大,两方向完全解耦,控制算法简单;机构复杂,多功能任务对关节设计及研制要求更高
	机械臂		多自由度灵活控制,调节角度大,执行任务效率最优,性能最突出;结构复杂,重量重,安装空间大;多自由度运动给电缆、管路设计增加难度

当霍尔电推进系统选择已飞行过的成熟推力器产品,并且该产品的工作能力覆盖新任务剖面、任务需求时,可从型谱中直接选择;当产品未完全包络任务要求时,可增加补充试验验证产品性能和功能满足度;当技术成熟度不高的产品被选用时,需要开展适应性研究、分析、改进和验证,直到产品满足任务需求为止;而当现有产品不能满足飞行任务要求时,则需要新研合适产品,并按型号要求开展工程研制。

（2）推进剂贮供系统。

推进剂贮供系统由推进剂存贮模块和压力调节模块组成。推进剂存贮模块用来存贮推进剂,包括:气瓶、加注阀门、温控和温度传感器等。压力调节模块起到大比降压作用。主要减压方式可分为:机械式减压、Bang-Bang 阀、组合式阀门、比例阀等方案[15]。表 5-3 给出推进剂贮供系统减压方案的比较,可按照任务需求进行合理选择。图 5-6 和图 5-7 分别给出 Bang-Bang 阀和比例阀结构示意图。

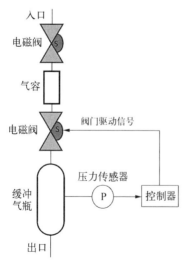

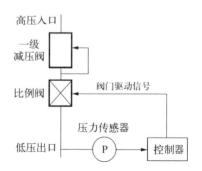

图 5-6　Bang-Bang 阀结构示意图　　　　图 5-7　比例阀结构示意图

（3）流量控制模块。

流量控制模块主要用来将推进剂贮供系统输出的推进剂转换为合适流量,输送给霍尔推力器。流量控制模块主要分为:热阀、比例阀(如表 5-3)。其中,热阀是在节流器外设置加热器,通过反馈信号和设置参量值(压力值、电流值、温度值或流量值)进行比较,当流量大于设定值,通过加热增加推进剂黏度,以增加流阻方式降低流量,达到精确控制流量的效果。比例阀方案则按反馈信号改变微动元件开度,达到同时控制压力、流量的效果,并使推进剂贮供系统的部分元件和流量控制模块一体化,极大节省了系统重量、体积。

（4）功率处理单元方案。

功率处理单元(又称 PPU)由下列模块组成:阳极电源模块、输入保护功能模块、磁线圈电源模块、阴极加热电源模块、阴极点火电源模块[16]。为提高可靠性,采取冗余备份设计,通过切换开关方式进行主备份切换。

① 阳极电源模块。

阳极电源功能模块为 PPU 各电源模块中输出功率最大的模块,其效率直接决定整个 PPU 的效率水平。在方案论证过程中,需从拓扑选择、功率元器件参数设计等方面确保阳极电源的效率最优。采用隔离型的功率拓扑,以实现工作电源模块与母线电压的电气隔离。

图 5-8 给出隔离型 DC-DC 结构。与非隔离型在功率变换思路上不同,其采用 DC-AC-DC 架构。

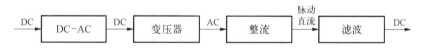

图 5-8　隔离型 DC-DC 结构示意图

常用的隔离型拓扑主要有:全桥、半桥、正激、反激、推挽、谐振拓扑。按照隔离类型,拓扑分为:单端、双端隔离拓扑。正激电路和反激电路属于单端隔离型拓扑,全桥、半桥和推挽属于双端隔离型拓扑。表 5-3 给出各种隔离性拓扑结构比较。

② 输入保护功能模块。

输入保护功能模块主要对各电源模块进行开关保护、切换动作;在各电源模块发生故障及一次母线过、欠压等情况下,将该功能模块与一次母线断开,同时完成对一次功率母线浪涌抑制和输入电压欠压/过压保护等;通过切换开关方式进行冗余切换。输入保护功能模块可以采用继电器或基于半导体的电子开关方案(如表 5-3)。

③ 电流源模块。

阴极加热电源模块、磁线圈电源模块都属于电流源模块,它们可在正激、反激、推挽、半桥、全桥等拓扑方式中选择合理可行方案,采用模块化设计,灵活配置。

④ 阴极点火电源模块。

阴极点火电源模块是在阴极点火过程中采用高电压将电子引出阴极,从而实现霍尔推力器放电点火。可根据任务需要,采用脉冲电压方案或直流电压方案。阴极点火电源自身功率较小,具有高电压、低电流特点。应从开关管、二极管器件选型入手,确定合适的拓扑结构。为实现脉冲输出,点火电源输出端高边串入开关管,通过控制开关管通断实现电源脉冲式输出。

⑤ 推力矢量调节机构。

推力矢量调节机构驱动可分为并联驱动、串联驱动和机械臂。推力矢量调节机构的方案比较详见表 5 - 3。

5) 关键技术识别

在霍尔电推进方案论证阶段应提出关键技术问题,开展关键技术识别。霍尔电推进工程应用伴生一系列关键技术,关键技术解决后,霍尔电推进系统方案成为可行性方案。关键技术识别的准确性,决定了后续方案实现的风险和难度。

所识别的霍尔电推进关键技术项目主要指预先研究成果与型号研制之间的衔接的重要关键技术,另外,对于型号特殊要求,也可以作为关键技术,比如: 霍尔电推进和航天器相互作用,涉及等离子体对光敏、星敏、太阳翼的羽流溅射沉积污染,霍尔电推进电磁干扰对航天器的影响及等离子体环境对航天器通信的影响等。

7. 霍尔电推进方案论证总结

通过霍尔电推进方案论证阶段工作,形成方案论证阶段的系统级技术成果《霍尔电推进方案论证报告》。报告对方案论证阶段全部技术实现情况进行综述,应全面反映并满足应用要求、技术指标和技术条件,内容完整、技术分析正确、层次清楚、文字简练、图表清晰,资料齐全,经费概算与工作内容相吻合,编写规范,签署完整,为下一步工程研制奠定工作基础。

霍尔电推进方案论证阶段结束应提交方案论证报告,并通过研制部门会同总体部和应用部门的评审和审批。经过评估方案合理可行,主要技术指标已经确定,技术和计划流程合理可行,技术和经济风险较小,能够进行初步方案决策。

霍尔电推进方案论证报告主要包括以下内容: ① 任务要求;② 任务分析;③ 霍尔电推进主要技术指标;④ 霍尔电推进系统初步方案;⑤ 继承性分析;⑥ 产品性能、成本、周期、风险分析和说明;⑦ 技术流程;⑧ 计划流程;⑨ 方案经济性及技术风险分析说明;⑩ 确定霍尔电推进总体技术要求。

5.3.2　霍尔电推进系统方案设计

在完成霍尔电推进系统方案论证工作后,应根据总体技术要求,进行更为具体、详细的指标分解与综合,分析并确定设计方案,开展系统工程设计及软、硬件功能分解,明确关键技术攻关项目,确定攻关方案和计划,实施霍尔电推进系统和单机模样设计,提出重要试验项目和初步试验方案。

霍尔电推进系统方案设计是卫星系统总体设计工作的一部分,是后续研制工作开展的基础和保证,满足工程大系统总任务需求。在前一分阶段(方案论证阶段),总体对推进系统的要求还较初步、不完善;进入方案设计阶段,任务需求(功能、性能、可靠性、接口及空间环境要求)更具体和准确,以此作为霍尔电推进系统方案设计的输入。图 5 - 9 给出霍尔电推进方案设计流程。

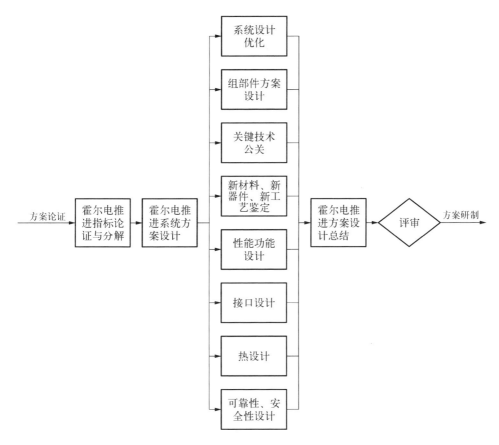

图 5 - 9　霍尔电推进方案设计流程

霍尔电推进方案设计阶段的主要内容:

1. 方案设计输入

霍尔电推进方案设计的输入主要包括用户需求、方案论证报告、总体技术要求等。

2. 霍尔电推进技术指标论证与分解

经过霍尔电推进技术指标论证与分解,将总体技术要求分解为霍尔电推进系统及各单机指标。霍尔电推进系统性能指标分解和综合方法分为：

1）经验法

经验法采用相似性理论，根据以往总体设计经验或国外同类卫星霍尔电推进的相关性能指标，结合本项目的实际要求进行分解或综合。该方法简单可信，是系统工程中常用的一种传统方法。例如国外静止轨道卫星平台，通常采用霍尔推力器完成寿命期内的南北、东西位保任务，单台推力器寿命需要达到 8 000 h 以上要求；国内类似的平台完成同样任务，也可以直接参考该寿命指标作为设计输入。

2）分析法

分析法是研究每个具体性能指标对整个系统的影响，建立相关数学模型，计算相关数据，进行合理分配和综合。例如：针对霍尔电推进系统推进剂加注量，由于温度、压力和密度存在一定的关系，需要综合考虑执行任务的种类、工作时间、温控条件、压力等确定。

3）协调法

协调法是通过系统内各分系统或单机之间互相协商和调整，来确定系统的相关性能指标、接口等。经过指标分解和综合后，霍尔电推进系统指标就得以明确下来。霍尔电推进指标主要包括：功耗、工况模式、推力、比冲、寿命/总冲、推进剂质量、系统干重等。

表 5-4 列出霍尔电推进系统及单机主要技术指标。

表 5-4　霍尔电推进系统及单机主要技术指标

系统/单机	具体指标名称
霍尔电推进系统	推进剂类型、推进剂携带量、系统功率、系统推力、系统寿命、比冲、可靠度、推力器数量、工作模式、系统重量等
霍尔推力器	输入功率、真空推力、真空比冲、寿命/总冲、束流发散角、重量等
推进剂贮存供应系统	气瓶容积、存贮压力、输出流量、重量、漏率等
功率处理单元	母线电压、效率、重量、通信协议等

3. 霍尔电推进系统方案设计

在方案论证阶段提出的系统初步方案的基础上，进一步分析、确定霍尔电推进系统方案，进行霍尔电推进系统设计，制定技术路线，确定初步设计基线应确保所选取的霍尔电推进系统具有高的可靠性、一定的先进性、通用性和经济性。

1）系统设计优化

根据硬件构成、工作模式，进行理论分析设计和计算，参数选择及优化，误差分析及分配，研究并确定系统功能、性能和工作的限制条件，力求轻量化、小型化、低功耗和高可靠,最终确定设计优化方案。

2)霍尔电推进系统组部件方案设计

进行霍尔电推进系统的主要组部件方案设计,软件系统初步设计,初步确定设计技术状态,确定功能基线。进行软、硬件功能分解,软件系统初步设计,给出软件主要功能描述,提出计算机所需的软件计算公式和数据,并给出必要的信息处理流程和逻辑框图。

3)关键技术攻关

(1)关键技术攻关项目及解决途径。

在方案设计阶段,应对关键技术项目进行攻关,提出技术解决途径,形成关键技术攻关方案和工作计划,上级组织对关键技术攻关的实施方案进行评审,审查实施方案的正确合理性及工作计划的可行性。霍尔电推进系统及单机的关键技术攻关项目及技术解决途径在表5-5给出。

表5-5　关键技术攻关项目及解决途径

系统/组件	关键技术攻关项目	技术解决途径
霍尔电推进系统	霍尔电推进系统平台优化	推力器优化布局,使其高效执行任务,又避开羽流影响 小型化、集成化的推进剂贮供系统设计 温控适应空间高低温环境 材料耐高、低温能力,特别是氙气在轨不液化
	霍尔电推进多任务应用策略优化分析	确定每次推力矢量调节机构的工作时间,保证轨道转移、位保等不同任务的实施 考虑光压、干扰力矩影响下的控制策略,在故障模式下霍尔电推进参数策略/调整 航天器长期在轨,需要霍尔电推进长寿命工作 通过电推进变轨策略优化设计,确定最佳变轨推力、变轨时间和推进剂消耗量 开展自主变轨控制策略研究
	霍尔电推进故障检测隔离及恢复	通过软硬件检测,准确判断故障参数、数据 通过系统冗余设计,实现对故障产品的切换、隔离 通过最优主备重组策略,按故障等级制定故障恢复方法
	推进剂加注技术	推进剂高效、高纯度加注技术研究 研究推进剂高密度贮存能力
	霍尔电推进和航天器相互作用	研究霍尔电推进羽流中粒子(包括高速氙离子、低速交换电荷离子)密度及能量特性、运动参数、电子参数(包括电子密度、温度特性)等 研究粒子分布、电势、能量特点,掌握羽流等离子体分布规律及其对航天器影响 评估霍尔推力器工作性能,等离子体对光敏、星敏、太阳翼的羽流溅射及污染、沉积效应 评估霍尔电推进电磁干扰及对航天器的影响 研究霍尔电推进等离子体环境对航天器通信的影响

续　表

系统/组件	关键技术攻关项目	技术解决途径
霍尔电推进系统	系统长寿命技术	多任务模式使霍尔电推进执行任务范围大大拓展,除了传统南北位保、东西位保外,还要执行轨道转移任务(其速度增量占总任务量的70%),需要更长寿命、更可靠设计
霍尔推力器	多任务工作模式能力	多任务模式是在推力器关键尺寸参数不变的情况下,通过改进放电室设计,分离电离、加速等技术途径,调节推力、比冲,适应不同工况情况
	长寿命技术	磁屏蔽技术大幅提高推力器寿命 研究耐溅射能力更强的材料 高电压下推力器寿命提升技术
	空心阴极	适应多任务工况,阴极结构改进 增强发射体抗离子轰击能力,提高可靠性、寿命 提高阴极抗中毒能力 通过工艺优化、试验验证保证阴极长寿命
功率处理单元	适应多工况拓扑	开展具有较宽功率适应能力的电源模块功率变换设计 通过对拓扑结构改进、优化,优选出高效率、高可靠性功率转换电路
	快响应反馈技术	为保证霍尔推力器稳定工作,需对特征供电参数(放电电流)进行闭环控制
	电路防护设计	高压防护设计 电流冲击抑制设计 输入保护设计
流量控制	宽工况流量调节	适应多任务工况的高精度、快响应流量闭环控制
	多物理量反馈	根据工作条件,从温度、压力、流量或电流等,优选最优反馈物理量,达到精确控制流量的目标
推力矢量调节	多自由度、宽范围	研究多任务工况不同使用要求,开展多任务设计,满足多自由度,宽范围调整能力
	高分辨率、高承载	研究空间温变环境带来的结构偏移量对推力矢量指向的影响 确保足够刚度、热稳定性
地面测试验证	系统集成试验	霍尔电推进系统整星试验技术 霍尔电推进系统羽流试验技术 霍尔电推进系统电磁兼容测试技术 霍尔电推进系统集成测试技术
	性能评估	霍尔电推进微小流量测试与标定技术 霍尔电推进地面微小推力测量技术 霍尔推力器等离子体诊断技术
	寿命试验与预测	霍尔电推进全程寿命试验技术 霍尔电推进寿命预测评估技术

（2）关键技术攻关结果评审。

根据批准的关键技术项目，开展关键技术攻关，完成关键技术攻关报告。在关键技术攻关完成后，应对攻关结果进行评审，确定关键技术攻关工作是否满足预期目标。在方案设计阶段应完成全部关键技术攻关工作。

4）新材料、新器件、新工艺鉴定

霍尔电推进系统方案设计应遵循创新和继承的统一，尽可能选用已经飞行验证过的材料、器件及成熟的工艺，新技术比例不应超过 30%。对于新材料、新器件、新工艺，在方案设计阶段应完成研究与鉴定工作，以保证后续工程研制阶段顺利应用。如果部分项目由于确定选用时间晚，技术难度大，在方案设计阶段不能完成鉴定工作，则需对鉴定工作开展评估，给出初步鉴定结论，如评估结果为达不到要求，则需尽快选定替代材料，以不影响后续工程研制工作的开展。

表 5-6 给出霍尔电推进所使用的新材料、新器件和新工艺。

表 5-6　霍尔电推进采用的新材料、新器件和新工艺

类　型	具体材料名称
新材料	BN-SiO$_2$ 陶瓷材料、钼材、钽管、钡钨阴极发射体、六硼化镧阴极发射体、钨铼丝、氧化铝陶瓷、瓷封合金、压电晶体、多孔材料、毛细管
新器件	耐高温电磁导线、耐高压电连接器、大电流继电器、铠装加热器
新工艺	等离子体氧化铝喷涂工艺、微流道制造工艺（机加、刻蚀、激光）、陶瓷金属化封接

5）性能功能设计

性能功能设计是对霍尔电推进系统的主要性能指标（如推力、比冲、寿命/总冲、推进剂携带量等）开展设计，并确保其满足性能功能任务需求。

（1）推力。

推力已在霍尔电推进系统方案论证阶段确定，通过它可以明确霍尔推力器的大小、规格，气路，电路及控制方案。在此阶段进一步确认，作为霍尔推力器模样机的设计输入。

（2）比冲、推进剂质量。

霍尔电推进比冲和推进剂质量成反比例关系，由比冲需求也可确定霍尔电推进的具体形式，比如考虑选用更高比冲的霍尔电推进。但高比冲需要施加更高的放电电压来实现，伴随着高电压，离子能量的提高会加剧对放电室的溅射削蚀，影响推力器寿命，因此，需要综合权衡推力器性能和寿命的关系。

（3）寿命/总冲。

寿命/总冲是性能设计中需重点考虑的指标。对于大速度增量任务，寿命将突破上万小时,考虑是否需要更长寿命设计,如应用磁屏蔽技术等。

（4）多模式工作能力。

霍尔电推进执行任务范围不断扩展,由传统执行位置保持单一任务,扩大到主推进、姿态控制和离轨等任务,但受到能量约束、测控约束和姿控约束等任务约束,应考虑针对不同任务采用不同工作模式,使执行任务的效率最优。

6）接口设计

（1）机械接口。

机械接口设计主要包括霍尔推力器、推进剂贮供系统的管路尺寸,管接头形式和尺寸及安装形式、尺寸等。

（2）电气接口。

电气接口设计需要明确霍尔电推进系统内各组部件的功率、电流、电压参数,进行系统内各组部件供电接口设计。其中,霍尔推力器主要电气接口包括：阳极供电、阴极加热、阴极点火、磁铁供电接口等。

（3）遥控接口。

遥控接口设计需要在霍尔电推进系统的控制单元与卫星控制器之间分配数据控制任务,编制星上自主运行控制程序,向各单机发送控制指令参数,比如：电磁阀开关、霍尔推力器阳极加电/断电、阴极加热开/关、点火电压开/关、磁铁电源开/关等。

（4）遥测接口。

遥测接口设计是对一系列遥测参数接口的设计,遥测参数分为模拟量和数字量,模拟量遥测参数包括：压力、温度、电压、电流等;数字量包括阀门的开关状态、支路切换状态等。

（5）热控接口。

热控接口是对霍尔电推进系统各组件工作时的温度环境进行控制,确保霍尔电推进工作在允许的温度范围以内,例如：气瓶需要根据任务需求安装温控元件、测温电阻,使气瓶温度维持在所要求的温度范围以内并实时监控气瓶温度,确保在轨工作状态氙气不液化,并使气瓶中氙气压力小于气瓶最大工作压力;推进剂贮供系统同样采取必要的温控措施,并确保氙气流入流量控制模块前的温度低于流量控制模块的控制温度,避免流量控制模块失调。

（6）卫星电缆网接口。

与星上电缆网接口设计确保整星一次电源向霍尔电推进系统的二次电源（PPU）供电。

（7）地面设备接口。

地面设备接口设计主要包括：与地面备用电源接口、测试设备接口、推进剂加注设备接口设计等。

7) 热设计

霍尔电推进的热设计主要包括：热设计、热分析和热试验。热设计主要通过导热、隔热、散热设计，使系统/组件工作在合适温度范围；热分析主要通过仿真、试验方法，其中热仿真主要模拟稳态热工况开展分析研究；而热试验包括热真空、热循环、高低温点火试验等，验证热设计效果。

热设计主要针对霍尔电推进系统中发热量大、热环境恶劣的单机，如霍尔推力器、功率处理单元等，还针对需要精确控制温度的组/部件，如流量控制模块、气瓶模块等。

霍尔电推进热设计包含以下方面：① 霍尔电推进系统热设计；② 霍尔推力器热设计；③ 霍尔推力器耐高温材料选择；④ 霍尔推力器传热、热辐射对卫星的热影响模型；⑤ 功率处理单元热设计；⑥ 流量控制模块精确温度控制；⑦ 其他部件的热设计。

霍尔电推进系统及关键组/部件热设计是霍尔电推进设计的一项重要内容，热分析结果成为温控要求的主要依据。热设计流程如下：首先，系统对各组部件提出热分析要求；然后，组部件设计人员开展组部件热分析工作（热仿真、试验），由热分析结果及组部件性能、功能对热设计的要求，提出各组、部件的温控要求；最终，系统再根据各组部件的热分析结果和温控要求，提出系统的温控要求，并向总体提供系统及组部件的热模型，供卫星总体开展热设计所需。

8) 可靠性安全性设计

（1）可靠性设计。

根据任务类型、技术风险、使用要求、费用和进度等约束条件，对霍尔电推进系统、组部件可靠性工作项目进行剪裁，确定必要的工作项目、内容及控制程序。

对于霍尔电推进系统，可靠性指标可优选下列指标：任务可靠度、在轨工作可靠度、在轨工作寿命。具体可根据实际任务确定，实践九号卫星霍尔电推进系统的可靠性指标为：设计寿命 3 年，三年末期可靠性 0.98。空间站核心舱电推进子系统可靠度为 0.96（置信度 0.7）。

可靠性设计主要包括：FMEA 设计、热设计、降额设计、电磁兼容设计、抗辐照设计、抗力学环境设计、静电防护设计、冗余设计、关键件使用与可靠性验证等[17]。

① FMEA 设计。

故障模式及影响分析（failure mode and effects analysis，FMEA）设计是找出霍尔推力器在功能及硬件设计中所有可能的故障模式、原因及影响，并针对薄弱环节，提出设计改进和补偿措施。

霍尔电推进 FMEA 设计涉及系统和各单机 FMEA 设计，在方案阶段多采用功能分析法[16]。

功能分析法的"初始约定层次"为霍尔电推进系统，它是最终影响分析的层次；"约定层次"为霍尔推力器等单机，它为故障模式分析层；"最低约定层次"为霍尔电推进的元器件或零、组、部件。霍尔电推进系统的约定层次划分见图 5-10。

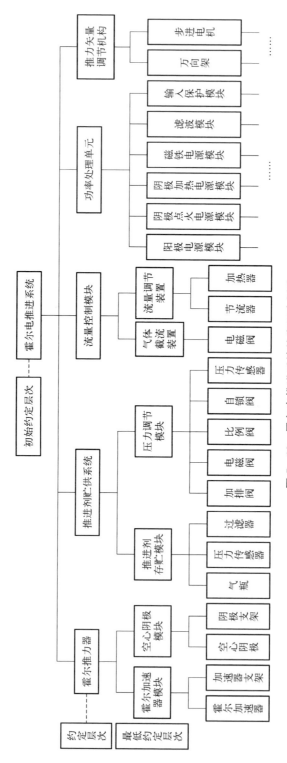

图 5 - 10　霍尔电推进系统约定层次划分

② 降额设计。

霍尔电推进系统及其组件按照国军标 GJB/Z 35 – 93《元器件可靠性降额准则》的 I 级降额标准使用[18]。

③ 电磁兼容设计(EMC)。

霍尔电推进是一种高压强电放电装置,工作时在系统内部线路间存在较强的电压、电流振荡,产生很严苛的电磁环境,可能对卫星平台造成一定的电磁干扰(通过传导发射和辐射发射两种传播方式)。卫星本身载有各种电子设备,不同系统间也会产生电磁影响。此外,卫星在轨工作时还会受到宇宙空间的各种电磁影响。为了确保卫星上所载的多种电子设备不受上述电磁干扰的影响,必须开展电磁兼容性(EMC)设计,采用控制干扰和提高抗干扰能力的技术措施,以确保霍尔电推进实现电磁兼容完成推进任务。

④ 抗辐照设计。

空间辐照主要考虑高能电子、质子对元器件和材料的损伤。地球同步轨道卫星全寿命期间的累积剂量达 $10^7 Gy(Si)$,卫星壳体内部达到 $10^5 Gy(Si)$ 。因此,霍尔电推进需采取抗辐照设计,防止霍尔电推进因空间环境造成在轨故障或失效。

⑤ 抗力学环境设计。

霍尔电推进主要在发射过程中会承受恶劣的力学环境,因此,需要对系统/组件进行抗力学环境设计。主要采用安全裕度设计方法,并结合试验验证设计结果。安全裕度是用来评估结构强度满足要求的度量。

最常用验证方法:分析法、试验法。

首先,用分析法按照各种载荷进行整星或组件的结构力学分析(包括静力学、动力学),得到承受应力、位移等参数,并校核结构强度。

其次,用试验法模拟发射过程中力学环境,通过力学载荷试验(包括鉴定、验收级),验证结构强度。

⑥ 静电防护设计。

在地球同步轨道,卫星表面的迎阳面与背阳面之间的电位差高达-15 kV,会发生放电,电流高达 1 400 A 的静电放电,造成卫星温控表面功能失效、逻辑电路失真、电子元器件损伤、传感器信号噪声增大、卫星姿态发生颤抖、星地通信受到干扰等。因此,需要考虑开展防静电放电设计,降低放电可能产生的损害。

⑦ 冗余设计。

为达到总体要求的寿命可靠性指标,尽量对系统的关键薄弱环节进行冗余设计,避免出现单点失效,比如:霍尔推力器中,由于空心阴极为敏感件,故采用完全冗余的两个阴极以确保可靠性;对于阳极高电压(几百伏 VDC)的电隔离,在阳极与阳极电源地之间通过串联冗余的 2 个电绝缘器实现电绝缘,确保高电压隔离的可靠性。

⑧ 关键项目和关重件。

在方案设计阶段,应根据型号研制和管理要求,按照关键项目识别准则,确定霍尔电推进系统研制的关键项目和关重件,对关键项目和关重件实施质量控制,确定和实施消除或降低风险发生的有效措施,对有关措施实施结果和有效性进行确认,保证项目圆满完成。例如:在实践九号 A 卫星将阳极部件作为关键件,阴极部件作为重要件进行质量控制。

(2) 安全性设计。

霍尔电推进安全性设计主要包括:气路安全性设计、电安全性设计。

① 气路安全性设计。

i. 材料选择

霍尔电推进系统采用 Xe 惰性气体作为推进剂,加注量有时可达几百公斤,气瓶压力也较高(约 6 MPa),相对化学推进系统虽不存在易燃、剧毒问题,仍存在高压易爆危险,系统的安全性设计应为设计研制阶段的首先考虑的问题。

由于是 Xe 惰性气体,与一般材料均有良好的相容性。霍尔电推进系统与推进剂(Xe 气)接触的材料应与 Xe 气 I 级相容。

ii. 组件结构安全系数和安全验证压力

霍尔电推进系统采用稳压方式工作,系统管路及组部件结构强度应达到一定的安全系数,如欧洲阿里安空间公司所推荐的安全系数值:极限强度设计,最小取 1.25;屈服强度设计,最小取 1.1;附属结构、柔性结构设计,最小取 1.5。系统所有组件在交付验收前都要进行严格的安全验证压力试验,以检验组件的耐压特性。

iii. 容错设计

当霍尔电推进系统组部件发生故障时,系统仍能维持正常工作,具备"容错"功能。比如,为了确保采集精度以实现压力反馈闭环控制,SJ-9A 卫星上霍尔电推进系统的推进剂贮供系统下游管路设置 3 个压力传感器,可保证 1 只或 2 只低压传感器发生故障时,Bang-Bang 阀仍能正常工作。

② 电安全性设计。

i. 高电压隔离

对于暴露在等离子体环境中的推力器阳极与推力器阴极之间的高压电隔离,采用电绝缘器串联冗余的电隔离方案,确保高电压隔离的可靠性。

ii. PPU 限流和过流保护

对于霍尔电推进系统阳极回路,设置了限流保护、过流保护两级保护。

一旦阳极回路过载(如流量过大或发生打火、短路等故障)使电流超过限流点,阳极电源自动降低功率和电压使电源电流保持在限流点附近而不进一步上升,使得故障不能维持或发展。

控制单元监测阳极电流大小,一旦超过设定点便迅速发送指令切断阳极电源。

iii. PPU 安全性设计

PPU 安全性设计主要考虑以下因素:一次母线并接元器件的失效引起的一次母线故障,控制母线并接元器件的失效引起控制母线故障,电缆接插件误插导致的设备损坏,输入输出侧的隔离安全性,各功能模块过流过压保护等。

4. 霍尔电推进系统方案设计总结

霍尔电推进方案设计工作重点是确定经过分析、比较和验证的优化方案;做出详细工程设计,确定分配基线和初步设计基线。设计方案应优化、合理、可行。元器件和原材料订货渠道基本落实;生产加工、集成、测试试验、外协渠道等条件基本落实。

方案设计阶段结束时应提交《霍尔电推进系统方案设计报告》,经评审和审批确定方案合理可行,技术和计划流程合理可行,技术和经济风险较小,可以转入方案研制阶段。

霍尔电推进系统方案设计报告主要包括: ① 用户任务要求及技术指标要求; ② 霍尔电推进技术指标论证分解;③ 霍尔电推进系统方案设计;④ 关键技术攻关情况;⑤ 技术流程;⑥ 计划流程;⑦ 技术分别风险、难度及解决措施;⑧ 方案满足总体技术指标情况。

5.3.3　霍尔电推进系统方案研制

在完成霍尔电推进系统方案关键技术攻关及系统方案设计评审后,进入系统方案研制阶段,完成霍尔电推进系统及单机模样件研制,并开展设计方案验证,进行系统间接口的对接试验。图 5-11 为霍尔电推进系统方案研制流程。

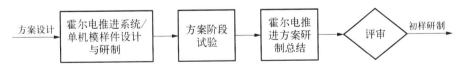

图 5-11　霍尔电推进系统方案研制阶段流程

1. 霍尔电推进系统及单机模样件研制

1) 产品设计

本阶段主要是根据产品规范要求,开展霍尔电推进系统及单机模样件设计和研制。霍尔电推进模样件设计应确保以下几个方面: ① 产品设计与设计方案完全一致;② 通过原理性能测试,性能指标满足产品规范要求;③ 通过功能测试,功能指标满足产品规范要求;④ 对质量、功耗、体积等适当放宽要求;⑤ 机械、电性能等接口满足规范要求。

霍尔电推进系统及单机模样件设计内容包括:① 产品组成、指标分解;② 外观设计;③ 结构设计;④ 尺寸;⑤ 质量;⑥ 功耗;⑦ 机、电、热接口;⑧ 外部接口;⑨ 工艺设计;⑩ 软件设计。

方案研制阶段的产品设计文件主要包括产品设计开发策划文件、产品设计开发输入文件、产品系统设计文件、工艺文件、产品验证和确认文件等(如表 5-7 至表 5-11)。

表5-7　霍尔电推进方案阶段产品设计开发策划文件

序　号	文　件　名　称
1	研制策划报告
2	研制技术流程
3	研制计划流程
4	风险分析与控制评估报告
5	FMEA 分析报告
6	FTA 分析报告
7	可靠性工作策划报告
8	可靠性大纲
9	安全性大纲
10	维修性大纲
11	可靠性安全性维修性设计分析报告
12	可靠性验证及评估报告
13	可靠性指标分配
14	单点故障模式分析报告
15	三类关键特性分析报告
16	特性分析报告
17	测试覆盖性分析报告
18	关键项目及关键件、重要件清单

表 5 - 8　霍尔电推进方案阶段产品设计开发输入文件

序　号	文　件　名　称
1	研制任务书
2	设计和建造规范
3	环境试验技术要求
4	可靠性、安全性、维修性、测试性、保障性、环境适应性、电磁兼容性大纲或工作计划
5	接口数据单
6	通信协议
7	产品保证大纲
8	质量保证大纲
9	工艺保证大纲
10	元器件保证大纲
11	标准化大纲
12	数字化大纲
13	金属材料选用目录
14	非金属材料选用目录
15	元器件选用目录
16	航天型号物资选用论证报告
17	航天型号目录外物资选用审批表

表 5 - 9　霍尔电推进方案阶段产品设计文件

序　号	文　件　名　称
1	设计报告
2	组件任务书
3	环境及环境试验条件
4	组件图纸
5	组件技术条件
6	技术状态基线报告—功能基线

序　号	文　件　名　称
7	试验项目策划报告
8	试验或试车大纲
9	试验或试车任务书
10	试验或试车细则

表 5‑10　霍尔电推进方案阶段产品工艺文件

序　号	文　件　名　称
1	首件鉴定目录
2	首件鉴定工艺

表 5‑11　霍尔电推进方案阶段产品验证和确认文件

序　号	文　件　名　称
1	研制总结报告
2	工艺总结报告

2）产品制造生产

霍尔电推进主要制造生产过程包括：

（1）根据项目策划制定生产计划，进行霍尔电推进系统和直属件投产策划，负责总装物料配套，组织霍尔电推进系统的生产准备检查；

（2）根据生产任务书，编制霍尔电推进系统级和直属件部件级产品过程记录卡；

（3）根据生产任务书制定霍尔电推进单机/组件投产策划，编制生产过程记录卡，组织组件级产品的生产准备检查；

（4）按生产任务书、工艺文件和生产过程记录卡等组织生产和装配，对霍尔电推进制造生产装配过程实施控制；

（5）对制造生产装配过程检验和测试。

3）霍尔电推进方案研制阶段数据包

表 5‑12 给出了霍尔电推进方案研制阶段数据包清单，可根据产品的实际情况对具体项目进行增减、合并。

表 5-12　霍尔电推进方案研制阶段数据包清单

序号	文 件 名 称	主 要 内 容	备 注
一、设计类文件			
1	产品规范	(1) 产品性能、功能、工作原理及组成,机电热接口,抗辐照能力,EMC 试验项目 (2) 可靠性设计(可靠性指标:电子产品,机电产品通用失效率,机械产品可靠性指标安全裕度)、环境适应性条件、验收鉴定条件	
2	产品设计全套图样		
3	产品设计报告	霍尔推力器、功率处理单元、推进剂贮存供应系统设计报告、可靠性报告	视具体情况确定
4	试验大纲		
5	产品试验/测试报告		
6	元器件配套表及原材料清单	元器件、原材料、标准件、外协件	
二、过程类文件			
1	工作程序记录表、跟踪表		
2	各类评审证明书	包括设计、工艺、可靠性等各种类型	
三、工艺类文件			
1	测试细则	详细描述每项测试方法、测试设备、连接图(标明设备型号)、操作步骤、测试结果记录表	
2	工艺文件		视具体情况确定
3	工装设计文件		视具体情况确定
四、管理类、产保类文件			
1	产品技术流程		
2	产品计划流程		
3	验收细则		
4	生产过程质量跟踪卡	含机械加工质量跟踪卡、测试质量跟踪卡、产品出所检验记录表、关键工序控制卡等	
5	评审证明书	含设计、工艺、实验、产品质量、质量问题归零、技术状态更改情况等	

4）元器件、原材料选用控制

在方案研制阶段应对霍尔电推进元器件、原材料进行梳理,列出元器件、原材料清单,落实其供货途径、方法。元器件、霍尔电推进元器件主要包括:高温电磁导线、高电压 DC‑DC 变换器、耐高压电连接器、大电流继电器等;原材料主要有:氙气、氮化硼陶瓷材料、耐高温软磁材料、比例阀用压电晶体材料等。

2. 方案阶段试验

方案阶段试验又叫理论探索性试验,主要验证设计方法的正确性,验证理论模型的正确性,便于及早发现硬件、软件问题,使产品能够顺利从方案设计进入技术设计阶段。

霍尔电推进方案阶段试验主要包括:性能试验、功能测试。霍尔电推进根据设计方案和技术指标要求完成模样机制造后,应对其进行全面考核,需要制定完整的测试、验证方案,测试项目应具有覆盖性,对模样件的原理性能、功能实现等进行指标测量、试验,还可进行系统联试,考核系统总体性能及系统内各组件的匹配性、适应性和协调性,验证电接口和软件接口的正确性,验证原理的可行性和研制的可实现性。

表 5‑13 给出霍尔电推进方案研制主要试验项目。

表 5‑13　霍尔电推进系统方案阶段试验项目

系统/组件	方案阶段试验项目	
霍尔推力器	霍尔推力器性能考核试验	
	霍尔推力器力学环境试验	
	霍尔推力器有限寿命评估试验(500 h)	
空心阴极	空心阴极性能试验	加热器性能测试
		点火性能测试
		发射性能测试
		持续工作能力测试
		多次点火能力测试
流量控制模块	流量控制模块性能试验	最小流量测试
		冷态流量特性测试
		加热节流试验

系统/组件	方案阶段试验项目	
霍尔电推进系统	霍尔电推进专项试验研究	霍尔推力器推力矢量偏心试验
		空心阴极暴大气试验
		霍尔电推进羽流相容性试验研究
	霍尔电推进电磁兼容试验	电源线传导发射特性 CE101
		电源线传导发射特性 CE102
		辐射发射测试 RE102
		电源线尖峰信号（时域）传导发射 CE107
		瞬态电场辐射发射测试
		等离子体羽流对通信的影响
		霍尔电推进与星上敏感器电磁兼容试验
	霍尔推力器和功率处理单元联合试验	
	霍尔推力器和流量控制模块联合试验	

3. 霍尔电推进系统方案研制总结

在方案研制阶段,完成霍尔电推进模样件的研制,通过模样研制,验证方案的正确性,方案研制阶段结束的报告为方案研制报告,也是方案阶段转入初样的最终报告。

霍尔电推进方案研制报告主要包括:① 主要技术指标、功能及使用性能要求;② 详细设计方案;③ 主要单机/组件方案;④ 产品保证要求;⑤ "三化"设计与标准化要求;⑥ 方案阶段试验;⑦ 关键技术和解决途径;⑧ 风险分析。

5.4　方案阶段重点及完成标志

5.4.1　方案阶段重点关注内容

霍尔电推进系统方案阶段应重点关注以下问题。

1. 方案论证充分性和合理可行性

为了实现总体要求,应进行多种方案分析论证,了解各种方案的优势,充分认识选用方案存在的问题、难点,减少后续研制工作的风险因素。

对霍尔电推进技术方案,应详细地规定论证内容,如:可行性、现实性、继承性、先进性、工艺性、经济性、关键技术、研制周期等,完成论证报告,并经过评审,通过后才能正式开展后续阶段。

2. 方案满足技术任务书指标要求的计算、分析及试验验证工作

霍尔电推进系统将总体任务要求、技术指标分配到各单机/组件,这种分配应在系统设计综合权衡,系统优化基础上进行,要求指标既先进合理,又现实可行。

制定相应规范,进行总装、方案详细设计,确保各项性能功能指标达到任务书要求,如外形尺寸、重量、体积、指标精度、可靠性、安全性和使用环境等指标要求。

3. 技术状态基线的确定

在霍尔电推进方案阶段,技术状态基线主要有:功能基线(任务基线)、分配基线(性能基线)。产品基线(制造基线)在后续研制阶段建立和确认[19]。

霍尔电推进功能基线主要指总体分配给霍尔电推进系统的功能特性、物理特性、接口特性及附加的设计约束和试验要求文件。功能基线应与产品的主要使用要求和技术指标协调一致。功能基线一般在方案论证阶段后期建立,方案阶段初期确认。

霍尔电推进分配基线主要指霍尔电推进系统分配给其组件的功能特性、物理特性、接口特性及附加的设计约束和试验要求文件。霍尔电推进系统的分配基线同时也是其组件的功能基线,组件一般不单独建立分配基线。分配基线应与产品的总体技术方案协调一致。分配基线一般在方案阶段后期建立,初样阶段初期确认。

4. 新技术、新材料和新工艺的应用

针对霍尔电推进的新技术、新材料、新工艺,应在方案设计阶段开展研究与鉴定工作,并尽量在方案阶段完成鉴定工作,以保证后续工作不发生颠覆性问题。霍尔电推进新材料、新技术、新工艺需在方案阶段报总体审批,其鉴定程序、鉴定结果需报总体审定。

5. 关键技术及攻关项目的论证情况及其解决途径合理性

霍尔电推进关键技术是在霍尔电推进系统方案设计时明确提出,在设想方案中必须采用,而承制方未掌握或突破的技术,是在方案设计前需要突破,并经论证适宜应用的技术。在开展总体方案设想技术工作时,应对霍尔电推进系统和组件的技术(产品、元器件、原材料、工艺等软硬件)进行分析。

关键技术应尽早识别,并可提前至方案论证阶段开展攻关工作,在立项前,技术成熟度、技术风险应达到可接受的程度。在方案设计阶段末期,必须完成所有关键技术攻关。在方案研制阶段,完成模样甚至工程样机的试验验证。关键技术攻关成果,应针对具有独立完整功能、完整结构并明确机、电、热接口的产品,如霍尔电推进系统中的完整组件,这些产品应满足总体提出的对各组件的功能性能指标、使用要求、接口要求、可靠性指标等要求。只有满足了这些要求,攻关成果才能在

项目研制中真正得到应用。

6. 试验方案的合理可行性

方案研制阶段的试验方案是在方案设计基础上确定的。方案设计阶段的技术方案确定了后续研制、试验的需求和状态。根据霍尔电推进方案设计结果,确定了研制、生产和试验工作量,确定了系统、单机的研制、投产和试验要求,结合技术成熟度、验证要求,明确后续研制和试验项目、计划等。

方案研制阶段的试验验证方案除了确定工程研制所需的各类单机、系统级考核试验外,还需重点确定新材料、新器件、新工艺等相关的各类试验。在方案研制阶段初期,承制方应根据项目研制程序要求完成试验工作策划,试验方案应能充分验证霍尔电推进产品在功能性能、设计能力、环境适应性、可靠性等方面满足产品设计要求。

7. 风险识别和预防控制

霍尔电推进系统在方案阶段应开展风险分析与控制,对全系统、全过程、全要素进行风险识别、控制。风险识别分析是一个反复迭代、不断完善的过程,一般按照风险规划→风险识别→风险分析→风险评价→风险应对→风险监控→阶段总结→阶段评审的流程开展风险识别、分析和控制工作[20]。

5.4.2　方案阶段完成标志

霍尔电推进系统方案阶段完成标志是:关键技术已经过验证或验证途径清晰,系统方案经相关分析、试验验证可行,系统和组件性能指标已确定,完成系统和组件技术条件和工作说明,确定重大、关键工艺方案,完成霍尔电推进系统方案研制报告,进行方案阶段转初样评审,只有通过了评审,才标志着方案阶段结束。具体标志点如下:

(1) 完成方案各阶段工作,完成方案各阶段总结报告并通过评审;

(2) 完成关键技术攻关,关键技术问题基本解决;

(3) 完成 FMEA 故障模式分析,编写安全性可靠性保障大纲并通过评审;

(4) 完成系统各组件间接口关系的首轮确认;

(5) 确定原材料、元器件和特殊材料清单,经过评审或审批,所有原材料、元器件应属于合格供方,供货渠道落实;新品需按照程序进行报批;

(6) 方案阶段研制的产品能达到 1 级成熟度要求;

(7) 完成可靠性设计要求,分配可靠性指标,确定可靠性评估方法;

(8) 下达初样技术任务书。

参考文献

[1] 袁家军.航天器产品工程.北京:中国宇航出版社,2011.

［2］康小录,张岩,刘佳,等.大功率霍尔电推进研究现状与关键技术.推进技术,2019,40(1): 1-11.

［3］温正,王珏,魏鑫,等.电推进应用发展现状及需求分析.南京:中国第十五届电推进技术学术研讨会,2019.

［4］吴林林,唐伯昶,邱楠.航天器研制技术流程编写规则:GB/T 29072-2012.北京:中国国家标准化管理委员会,2013.

［5］王敏,仲小青,王珏,等.电推进航天器总体设计.北京:科学出版社,2013.

［6］Gulczinki III F. Examination of the Structure and Evolution of Ion Energy Properties of a 5 kW Class Laboratory Hall Effect Thruster at Various Operational Conditions. Michigan: University of Michigan,1999.

［7］徐福祥.卫星工程.北京:中国宇航出版社,2002.

［8］Duchemin O, Leroi V, Oberg M, et al. Electric Propulsion Thruster Assembly for Small GEO-Status Update. Wiesbaden: The 32nd International Electric Propulsion Conference, 2011.

［9］Kang X L, Zhao Z, et al. Hall Electric Propulsion System on Technologic Test Satellite Program. Ann Arbor: The 31st International Electric Propulsion Conference, 2009.

［10］赵震,康小录,杭观荣,等.80 mN 高性能长寿命霍尔推力器的设计与试验.北京:中国第十一届电推进技术学术研讨会,2015.

［11］陈杰,康小录,赵震.基于壁面电势诊断霍尔推力器的振荡特性.宇航学报,2021,42(11): 1453-1461.

［12］Bugrova A, Lipatov A, Baranov S, et al. ATON-Type SPT Operation at High Voltages. Princeton: The 29th International Electric Propulsion Conference, 2005.

［13］赵震,王亚楠,康小录.小功率磁阳极霍尔推力器设计及特性研究.真空电子技术,2021,4: 34-43.

［14］田雷超,刘佳,张岩,等.大功率阳极层霍尔推力器研制进展.南京:中国第十五届电推进技术研讨会,2019.

［15］李林,杭观荣,程佳兵,等.基于轻质化贮供的大功率霍尔电推进系统试验研究.南京:中国第十五届电推进技术研讨会,2019.

［16］张敏,席竹君,祝霄宇,等.电推进功率处理单元性能评估研究.哈尔滨:中国第十四届电推进技术研讨会,2018.

［17］李祚东,徐雷,肖名鑫,等.卫星可靠性设计指南:QJ 2172A-2005.北京:国防科学技术工业委员会,2005.

［18］徐雷,廖炯生,余振醒,等.元器件降额准则:GJB/Z 35-93.北京:国防科学技术工业委员会,1994.

［19］曾相戈,郭杰,张宇,等.技术状态管理:GJB 3206A-2010.北京:中国人民解放军总装备部,2010.

［20］遇令,蔡伟,温岚,等.航天器技术风险管理要求:Q/QJA 670-2018.北京:中国航天科技集团有限公司,2018.

第6章
霍尔电推进系统初样研制

霍尔电推进系统初样研制阶段是在方案阶段的基础上,重点解决系统各层级产品的工程化问题。在初样研制阶段,霍尔电推进系统按飞行任务条件进行产品投产和地面试验考核,确认系统的性能和功能满足飞行应用任务要求。初样研制阶段作为霍尔电推进系统研发的关键阶段,是产品真正的工程实现阶段[1]。在本阶段,霍尔电推进系统完成霍尔推力器、功率处理单元、控制单元和贮供单元等关键单机全尺寸产品研制,对产品初样设计、工艺方案、可靠性和系统接口匹配性进行验证,进一步完善方案,为正样产品(飞行样机)研制提供全面而准确的依据。

霍尔电推进系统初样研制阶段往往具有以下特点:

(1) 产品具有明确的研发目标和设计约束条件,需要验证总体下发的任务书规定的性能和功能指标要求;

(2) 产品技术研究与实物生产并存,技术和进度风险并存,需要进行设计与验证的反复迭代;

(3) 产品研制周期长,生产与试验资源占用巨大。

本章主要从工程研制流程和方法的角度,介绍霍尔电推进初样研制阶段的目标与要求、工作基础、工作内容、工作重点及完成标志等。

6.1 初样研制阶段的目标与要求

霍尔电推进系统初样研制阶段的目标是基于初样研制任务书,开展各层级产品初样设计和工艺设计,完成系统、单机和重要组件初样产品研制,使霍尔电推进系统各层级产品性能与功能趋于稳定并达到任务书要求,固化各层级产品技术状态,并最终通过初样阶段研制总结评审。

霍尔电推进系统初样研制阶段具体工作要求如下:

(1) 需对任务书规定的霍尔电推进系统性能、功能和技术(约束)条件进行全面验证;

(2) 需通过鉴定级环境模拟试验验证霍尔电推进系统对空间环境(包括力学、

热真空、电磁兼容性 EMC 等)的适应性和满足度;

(3)对于开展在轨技术验证型的飞行任务,需确定霍尔电推进系统验证任务目标,验证方案和工作参数范围;

(4)需明确霍尔电推进系统内外接口,系统与整星(器)大系统和其他设备需能够匹配协调工作;

(5)需明确霍尔电推进系统各层级产品生产工艺,生产设备和工艺装备齐备,并满足产品生产需求;

(6)需对初样研制阶段全过程实施技术状态控制,初样研制完成后能够确定正样技术状态。

此外,霍尔电推进系统初样研制阶段工作还需考虑系统各层级产品的性能、功能、质量、加工、装配、检验、测试和维修等全部因素,不断优化产品设计方案和研制流程,保证产品性能、功能和质量的同时,最大限度地缩短研制周期,确保顺利产品的研制完成。

通过初样产品研制工作,完成初样产品设计与生产制造,并开展初样产品地面模拟试验,并在初样研制过程中形成一套证明产品可以研制、生产、试验、使用和维护的数据资料(初样产品数据包)。此外,霍尔电推进系统初样产品还需完成与整星(器)及其他系统间的接口对接试验及发射场合练等工作。

6.2 初样研制阶段工作基础

霍尔电推进系统初样研制的基础,首先是方案研制阶段的技术成果:经过方案研制阶段,完成了推进系统各单机功能可实现性验证(关键技术攻关)工作,其次是明确初样研制技术要求,以及其他设计开发输出条件。

6.2.1 方案研制阶段的技术成果

在霍尔电推进系统方案阶段,霍尔电推进系统应完成了主要单机(特别是霍尔推力器、功率处理单元)前期的关键技术攻关工作,关键技术问题已基本解决,工程应用难点取得突破,产品的工程可实现性得到了验证,配套产品能达到1级成熟度要求[2,3]。

在方案阶段,霍尔电推进系统应完成了一定程度的系统/半系统层级的技术验证工作,如功率处理单元的阳极模块与霍尔推力器模样的验证试验,微流量控制器与霍尔推力器的匹配性联试等,能够支撑全系统初样技术方案。

在方案阶段,霍尔电推进系统按要求完成了方案阶段的各项工作,完成了方案阶段研制总结报告并通过评审。

6.2.2　初样研制技术要求

霍尔电推进系统初样研制之前,应与总体充分沟通,识别总体和相关方及他们的需求和期望,通过对需求和期望及霍尔电推进协调全寿命的任务剖面分析,将这些需求和期望转换为具体的性能与功能指标要求(包括可靠性、维修性、安全性、保障性、测试性、环境适应性等方面的要求),同时应单独或与总体共同形成并下发的产品设计任务书或产品研制技术要求、接口数据单(interface data sheet, IDS)等,具体包括以下要求。

(1) 霍尔电推进系统所执行的任务类型及功能,如轨道转移任务、轨道保持任务、位置保持任务和深空探测主推进任务等;

(2) 霍尔电推进工作的轨道类型:如近地轨道,地球同步轨道和深空飞行轨道等;

(3) 霍尔电推进系统供配电体制、信息交互体制和 EMC 设计要求,霍尔电推进系统常见的供配电体制包括蓄电池直接供电、电源变换器供电方式,信息交互体制主要指的是控制单元、功率处理单元等电子单机与数管计算机之间的通信方式;

(4) 霍尔电推进系统基本组成配置及工作模式:基本组成配置应包括主要单机的数量,甚至还包括单机内部重要模块或组件的配置数量,霍尔电推进一般的工作模式主要是稳态长程(分钟级以上)工作模式,但在某些任务场合,霍尔电推进系统以脉冲短程(秒级)工作模式;

(5) 霍尔电推进系统主要性能指标:如系统干重、推进剂加注量、系统输入功率、系统推力、系统比冲、系统设计寿命可靠性指标;

(6) 霍尔电推进系统与总体的接口形式,其中主要包括机械接口、电接口(含供配电接口和信息接口)和热接口,其中信息接口典型形式有 1553B、RS422 及 CAN 接口等。

在总体任务书或研制技术要求下发后,霍尔电推进系统应根据霍尔电推进系统性能与功能要求,分解系统配置的各单机及重要组件(如气瓶、阀门和空心阴极等)应承担功能与性能指标,形成各单机及重要组件的初样研制任务书。

6.2.3　其他设计开发输入条件

霍尔电推进系统初样研制的工作基础,还包括其他设计开发输入条件:

(1) 霍尔电推进系统产品初样研制的相关法律、规定要求、标准、规范和准则等;

(2) 前期预先研究或型号研制研发积累技术成果,可供霍尔电推进系统、单机和重要组件设计继承、借用的产品或方案(如功率处理单元的高压供电与抗冲击电路方案,霍尔推力器磁路方案,贮供单元的压力控制方案等),其他有一定借鉴作用的资料和信息;

(3) 霍尔电推进系统初样研制需考虑产品的可制造性、加工性、经济性;需考虑是否有特殊工艺(如小尺寸薄壁管路焊接工艺、导磁材料热处理工艺、电子单机电装工艺等)及特殊工艺的控制与检验措施,是否包含航天禁(限)用工艺;还需考虑多余物和防静电控制要求,生产、装配、试验和存贮环境控制要求等;

(4) 霍尔电推进系统初样研制设计和开发所必需的其他要求(例如运输环境要求,产品防护要求等无需明示的)。

霍尔电推进系统初样研制阶段,应明确与产品要求有关的输入,确保霍尔电推进系统设计和开发输入的准确性、全面性。记录并保存各项输入所依据的文件及来源(或出处),以便于使用和追溯。设计和开发输入应形成文件,以确定产品要达到的目标。

霍尔电推进系统设计开发输入形成的文件(或文件清单)如研制任务书,研制技术要求等应进行评审,以确保输入的依据是充分的,所确定的与产品有关的要求是适宜、完整、协调的。评审中发现不完整的、含糊的或矛盾的要求时,应会同要求提出方一起协调解决。

当影响霍尔电推进系统设计和开发输入的信息发生变化时(如用户要求、法律、法规、标准变化,研制阶段转换等),应及时修改设计输入的相应内容,必要时应及时向下级单机或组件产品传递。设计和开发输入随设计依据的变更或转阶段要求及时进行补充与更改。

6.3　初样研制阶段工作内容

霍尔电推进产品初样研制阶段工作主要围绕初样研制技术流程(图6-1),包括初样产品设计、初样产品生产、初样试验和初样研制总结,通过开展产品设计、生产,形成全尺寸产品,进一步通过地面测试、环境试验、对接试验,充分暴露设计和研制中的方案性、系统性问题并实施改进,确定产品初样技术状态,为最终形成正样技术状态提供支持。

霍尔电推进系统初样研制阶段的主要工作包括[4]:

(1) 编制霍尔电推进系统各层级产品工程研制阶段设计准则;

(2) 确定霍尔电推进系统各层级产品的主要功能要求和性能参数,逐级提出(会签)初样研制任务书;

(3) 开展霍尔电推进系统各层级产品的初样设计,编制霍尔电推进系统各层级产品初样研制流程,编制研制计划和实物配套表;

(4) 明确霍尔电推进系统各层级产品测试计量条件要求,确定初样产品地面试验项目和大型试验项目(如霍尔电推进系统热试车、霍尔推力器寿命试验)的实施方案,拟定鉴定性试验项目及方案,提出霍尔电推进系统飞行试验方案;

(5) 完成霍尔电推进系统各层级产品试制工艺验证和工装准备,组织各层级

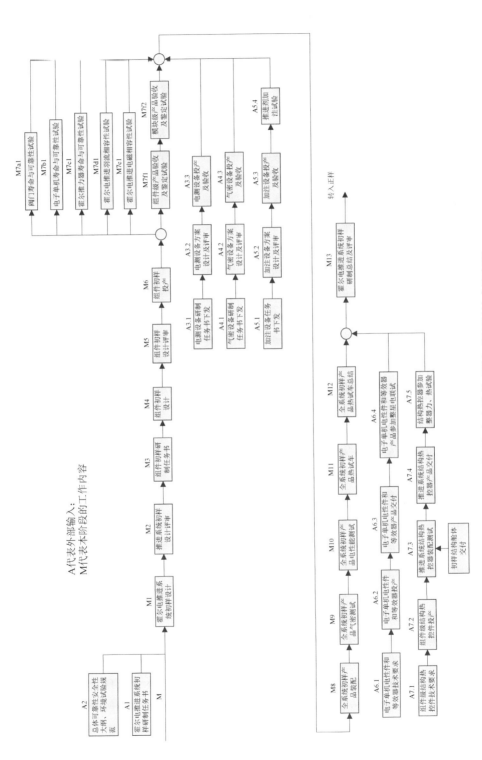

图 6 - 1 典型霍尔电推进系统初样研制技术流程图

初样产品零件生产,并逐级完成产品总装;

(6)开展霍尔电推进系统各层级产品试验测试,并根据试验结果和实测数据统计,评估各层级产品可靠性指标;

(7)编写霍尔电推进系统各层级产品初样研制总结报告,逐级完成霍尔电推进系统初样研制总结评审;

(8)完成霍尔电推进系统各层级产品初样技术文件归档;

(9)编制霍尔电推进系统各层级产品型号初样研制规范,提出产品初样研制标准化与质量控制要求。

6.3.1　霍尔电推进系统初样产品设计

1. 设计原则

在初样研制阶段,霍尔电推进系统应根据顾客和相关方的需求确定设计原则,单机和重要组件产品的设计根据系统任务需求确定设计原则,而后再根据设计原则开展各层级产品的具体设计工作。为使设计结果易于制造,产品在设计过程中,要吸收制造和试验检验等相关专业人员参与,包括参与对设计图纸的工艺性、测试性审查和对可靠性、维修性、保障性大纲的审查,提高产品设计的可生产性和产品的可靠性,加快产品设计开发的进度。此外,还应把产品使用中应对出现问题的改进措施及顾客的要求,及时反馈到设计中。霍尔电推进系统各层级产品设计原则,可以考虑如下方面:

(1)霍尔电推进系统各层级产品初样设计应贯彻成熟、可靠的原则,尽量采用成熟技术和选用成熟产品,按"通用化、系列化、组合化"要求进行设计,应优先选用成熟度等级高的型谱(货架)产品[5];

(2)霍尔电推进系统各层级产品初样设计应贯彻低成本原则,综合考虑研制周期,尽量降低研制成本,加快产品设计和开发进度,兼顾产品的继承性和成熟度;

(3)霍尔电推进系统各层级产品初样设计应充分考虑产品设计的合理性、技术指标的符合性、设计接口的正确性、检测项目的完整性和可实现性(测试可覆盖性)及试验的充分性,确保设计输出满足设计输入的要求;

(4)霍尔电推进系统各层级产品初样设计方案应预先考虑产品工艺实现性要求,尽量选用常用材料和通用工艺,降低产品实现所需的材料和工艺条件;

(5)霍尔电推进系统各层级产品初样设计应充分利用系统仿真、质量功能展开(quality function deployment, QFD)等工具细化任务需求分析、功能分析,制定设计准则,科学合理地分解指标,提高产品精准设计水平。结合产品特点应用三次设计、防差错设计等方法,提出(电、气路)极性测试方法,加强产品健壮性设计,提高容错能力;

(6)霍尔电推进系统各层级产品初样设计应以成熟技术为基础,遵循循序渐进的原则,适当考虑技术创新、流程创新、管理创新,以保持产品的竞争力。

2. 设计内容

在初样研制阶段,霍尔电推进系统主要基于飞行任务需求分析,进行逻辑分解或任务分解,形成单机和重要组件产品的功能要求与性能指标。霍尔电推进系统、单机和重要组件通过开展初样设计给出产品的设计内容(具体以各类图纸、技术文件体现),产品相关设计内容应满足以下要求:

(1)应确保各类文件中反映并满足设计开发输入的全部要求,并适合于对照设计开发的输入进行验证;

(2)应通过相关方会签,并经不同级别的人员审核、审批后方可使用;

(3)应明确产品采购、生产和服务提供所需的信息(明确产品生产所需原材料和外购件的数量采购规范、产品规范、检验和测试要求等);

(4)应明确产品验收测试项目,制定或引用产品验收准则(大纲或细则)。

在霍尔电推进系统初样研制阶段,各层级产品设计工作主要包括以下几个方面:

(1)结合霍尔电推进的飞行任务需求,依据霍尔电推进系统初样任务书与研制技术要求,基于霍尔电推进系统在方案阶段设计和关键技术的攻关与验证成果,开展霍尔电推进系统方案设计,明确系统内各单机组成配置、功能划分,图6-2给出了一种典型的霍尔电推进系统方案基本组成。霍尔电推进系统各单机及重要组件依据上级产品下发的初样研制任务书与研制技术要求,开展初样设计工作,各层级产品依次形成初样设计报告,并组织初样设计评审;

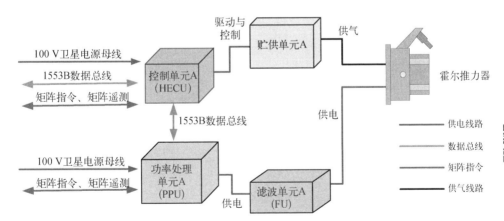

图6-2　典型霍尔电推进系统方案基本组成原理图

(2)依据霍尔电推进系统任务书和初样设计方案,编制霍尔电推进系统初样产品配套表,产品矩阵,地面设备(如贮供单元和霍尔推力器的检漏设备、电子单机电测设备、霍尔推力器等效器等)配套表,技术文件配套表和修订研制技术流程;

（3）明确霍尔电推进系统各层级产品的初样技术条件，以及整星（器）和霍尔电推进系统、霍尔电推进系统与单机、系统内部单机与单机之间的初样接口协调工作，霍尔电推进系统内部各单机及与整星（器）典型接口关系如表 6-1 所示；

表 6-1　霍尔电推进系统各单机及与整星（器）典型接口关系

	霍尔推力器	贮供单元	控制单元	功率处理单元	滤波单元	整星（器）
霍尔推力器	/	机械接口（气路）	/	/	电接口（供电）	机械接口（安装）、热接口
贮供单元	机械接口（气路）	/	电接口（供电、采集）	/	/	机械接口（安装）、热接口
控制单元	/	电接口（供电、采集）	/	电接口（信息）	/	机械接口（安装）、电接口（供电、信息）、热接口
功率处理单元	/	/	电接口（信息）	/	电接口（供电）	机械接口（安装）、电接口（供电、信息）、热接口
滤波单元	电接口（供电）	/	/	电接口（供电）	/	机械接口（安装）、热接口
整星（器）	机械接口（安装）、热接口	机械接口（安装）、热接口	机械接口（安装）、电接口（供电、信息）、热接口	机械接口（安装）、电接口（供电、信息）、热接口	机械接口（安装）、热接口	/

（4）依据霍尔电推进系统任务书和初样设计方案，按照软件工程化研制要求，确定霍尔电推进系统软件配置项，进行软件需求分析、设计、编程和配置项测试；

（5）依据任务书规定的霍尔电推进飞行任务，基于霍尔电推进系统方案，开展

霍尔电推进系统关重特性分析,提出并确定系统关键件和重要件(如氙气瓶和功率处理单元等),并按要求进行管理;

(6)依据任务书规定的霍尔电推进系统可靠性指标,根据霍尔电推进系统组成和各单机配置方案、各单机功能与内部组成特点,各层级产品逐级建立可靠性模型,开展霍尔电推进系统初样安全性和可靠性设计,典型的霍尔电推进系统可靠性模型如图 6-3 所示;

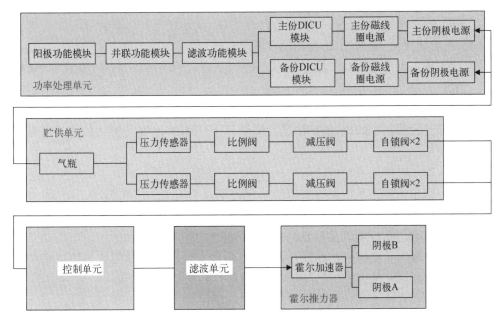

图 6-3　霍尔电推进系统典型可靠性模型

(7)依据任务书规定和相关标准规范规定的电磁兼容性设计要求,进行初样电子单机产品电磁兼容性设计,开展电子单机和霍尔推力器(必要时)电磁兼容性试验策划;

(8)依据霍尔电推进系统各层级产品初样设计方案,明确系统、单机和重要组件的试验测试项目,进行霍尔电推进系统、单机和重要组件检测设备具体设计;

(9)霍尔电推进系统初样研制过程是模块化、组合化的研制过程,在初样研制阶段的工作重点是进行模块化(组合化)设计、全面可靠性设计与验证。

3. 设计评审

在初样研制阶段,霍尔电推进系统及各层级产品的设计工作应通过评审,以确定设计达到规定目标的适宜性、充分性和有效性。相关的评审要求按技术评审管理程序或标准执行,霍尔电推进系统设计评审应按照系统—单机—组件的顺序逐级开展。

霍尔电推进系统初样设计主要评审内容如下：

（1）霍尔电推进系统产品设计的性能、功能特性满足研制任务书和（或）合同要求的程度，系统产品性能、功能分析、计算依据的合理性和结果的准确性；

（2）霍尔电推进系统与整星（器）之间、系统与各单机之间的接口匹配性；

（3）霍尔电推进系统产品可靠性、维修性、安全性、保障性大纲和质量保证及标准化大纲的执行情况，系统安全性分析确定的残余危险情况，系统环境适应性分析的依据及结果；

（4）霍尔电推进系统产品采用的设计准则、设计规范和标准的合理性和执行情况，系统通用化、系列化、组合化设计情况；

（5）霍尔电推进系统产品FME（C）A分析、确定的关键件（特性）和重要件（特性）情况；

（6）霍尔电推进系统与总装设计的可实现性，工艺合理性、稳定性，总装直属件和电缆的元器件、原材料控制情况及结果，系统总装多余物的预防和控制措施及执行情况；

（7）霍尔电推进系统设计所需开展的验证情况及结果；

（8）霍尔电推进系统在方案研制阶段评审遗留问题的解决情况，其他需要评审的项目。

霍尔电推进系统单机及重要组件设计评审内容如下：

（1）单机及重要组件产品设计的性能、功能特性满足研制任务书和技术要求的程度，产品性能、功能分析、计算依据的合理性和结果的准确性；

（2）单机及重要组件与系统、各单机之间的接口设计合理性与匹配性；

（3）单机及重要组件产品可靠性、维修性、安全性、保障性大纲和质量保证及标准化大纲的执行情况，产品安全性分析确定的残余危险情况，产品环境适应性设计与分析的依据及结果；

（4）单机及重要组件产品采用的设计准则、设计规范和标准的合理性和执行情况，产品通用化、系列化、组合化设计情况；

（5）单机及重要组件产品根据相关标准要求开展故障模式、影响及危害性分析FME（C）A分析、确定的关键件（特性）和重要件（特性）情况；

（6）电子单机（控制单元、功率处理单元和滤波单元）与霍尔推力器的电磁兼容性（EMC）设计与验证情况；

（7）单机及重要组件产品设计的可实现性，工艺合理性、稳定性，产品元器件、原材料和选用工艺控制情况，产品多余物的预防和控制措施及执行情况；

（8）单机及重要组件产品初样设计所需开展的验证情况及结果；

（9）单机及重要组件产品在方案研制阶段评审遗留问题的解决情况，其他需要评审的项目。

6.3.2　霍尔电推进系统初样产品实现与集成

1. 产品工艺工作

1）工艺设计原则

霍尔电推进系统各层级产品的工艺设计应根据产品方案设计的输出内容,明确工艺设计原则,而后再根据工艺设计原则开展产品的工艺设计工作。工艺设计原则应考虑如下方面:

（1）工艺设计作为产品生产准备工作和生产组织管理工作的主要依据,必须做到完整、正确、统一、协调和清晰;

（2）工艺设计应贯彻简单、可靠的原则,尽量采用成熟工艺和通用工艺,减少人为因素的影响;

（3）工艺设计应贯彻低成本原则,减少材料消耗及特殊材料的选用,尽量采用成本较低的工艺技术路线;

（4）工艺设计应以成熟工艺技术为基础,遵循循序渐进的原则,采用新工艺应适度;

（5）不得采用禁用工艺,尽量避免采用限用工艺。若需采用,则必须采取量化控制措施并进行相关评审。

2）工艺设计输入

霍尔电推进系统各层级产品工艺设计输入是明确工艺方案,工艺可行性的重要保证,其主要包含以下几项:

（1）产品设计给出的各类文件(如霍尔推力器产品设计图样和技术条件等);

（2）与产品有关的其他过程输出(设计通知单、设计偏离单、质疑单、不合格品审理单、返工/返修单等);

（3）与产品有关的各种法令性文件,以及包括保障产品和人员安全在内的各类国家有关的技术政策、法规等;

（4）现有的生产条件、工艺手段和国内外工艺发展状况;

（5）与产品有关的各级工艺标准、规范、保证大纲和特殊要求;

（6）内部的通用工艺(如电装工艺、焊接工艺和热处理工艺),典型工艺。

3）工艺设计内容

霍尔电推进系统各层级产品工艺设计内容主要包括工艺总方案,管理用工艺文件,工艺规程和专用工艺装备、非标准仪器、仪表、工艺设备的设计文件。

霍尔电推进系统各层级产品工艺总方案编制,应按照相关工艺总方案编制规则的规定,并根据产品的技术要求、生产类型和生产条件,对产品研制的工艺准备和生产组织提出任务和措施;初样研制阶段的工艺总方案侧重于重大工艺技术攻关,产品主要技术指标的实现,突出工艺总方案可行性、可靠性、协调性和可实现性[6]。

霍尔电推进系统各层级产品管理用工艺文件编制,应按照相关管理用工艺文件编制规则的规定,给出工艺文件目录、工艺路线表、关键工序(如空心阴极组件关键部位的焊接工序)明细表等;

霍尔电推进系统各层级产品工艺规程(作业指导书)编制,应明确工序操作内容,环境要求(对霍尔电推进系统产品的洁净度要求、生产过程与存储的温湿度要求、真空试验条件要求等),工艺装备要求,检验内容。检验内容中应明确检验项目、判定准则、检验方法等要求,保证生产过程质量受控并具有可实施性。需要特别注意除了落实给出产品设计输出中规定的强制检验点要求以外,还应落实产品多媒体记录要求、产品数据包要求等相关内容。对特殊过程应当制定专用的工艺文件和质量控制程序;对关重件和关键过程应当编制专用质量控制程序,实施重点控制。

霍尔电推进系统各层级产品专用工艺装备和非标准仪器、仪表、工艺设备的设计文件编制完成后应开展相关验证工作。霍尔电推进产品专用工装(如针对霍尔推力器检漏工装、贮供单元弯管工装及系统热试车工装等),应针对产品实施与集成过程特点开展设计。

4)工艺设计审查

霍尔电推进系统工艺设计审查要求具体如下:

(1)霍尔电推进系统产品工艺设计内容,如各层级产品工艺总方案、关键工艺(如霍尔推力器阳极部件薄壁零件的加工与焊接等)、新工艺、研制转阶段工艺总结等,应通过评审;

(2)应按照霍尔电推进系统各层级产品生产任务要求,开展初样产品的工艺设计和验证工作,编制单机甚至组件级工艺总方案并组织评审;

(3)应按照航天产品工艺管理要求,开展初样产品设计的工艺性审查,完成后续产品生产的工艺设计工作;

(4)应依据霍尔电推进系统产品结构设计和工艺方案,开展专用加工、装配和测试工装的设计、制造和验证工作。

5)工艺与设计要求的符合程度评价

在霍尔电推进系统初样产品生产阶段,应尽可能选用成熟可靠的工艺,针对所选用的新工艺,开展工艺鉴定试验验证工作,确保新工艺能够实现设计要求。

2. 产品制造工作

为了证实霍尔电推进系统产品的方案设计、工艺设计是正确的、易于实现的并满足顾客要求的,需要开展产品制造集成(生产、装配、测试)工作,即产品从设计方案到实物的生产工作。产品制造工作过程要求如下:

(1)在霍尔电推进系统产品设计开发策划过程中,需综合分析相关产品制造方的技术能力、生产能力和效费比(效益)等方面的优势及风险,在确保产品功能、

质量和交付时间的情况下,确定产品外协、外包和外购需求;

（2）霍尔电推进系统新研产品在初样研制阶段或定型前,应按相关新产品试制控制程序开展新产品试制工作。

霍尔电推进系统产品制造需开展的工作主要包括以下几个方面:

（1）依据霍尔电推进系统各层级产品设计方案,提出初样产品元器件、材料配套表,明确元器件用量、等级和筛选标准,明确材料牌号、标准和用量,并提前开始元器件和原材料订购;

（2）依据霍尔电推进系统和各单机、重要组件工艺总方案,开展霍尔电推进系统产品制造条件能力分析,明确自制件与外协件,开展外协单位甄选工作,对外协设备（部件）提出详细要求并落实外协生产。一般地,霍尔电推进系统产品外包可分为以下四类,如表 6-2 所示;

表 6-2　霍尔电推进系统产品外包分类

外包名称	外包类型与承担任务	典 型 外 包
设计开发外包	由供方根据型号研制任务要求进行设计开发的产品	电子单机、压力传感器等
生产加工外包	由供方根据的设计文件、工艺文件行装进行生产加工的产品	阀门、总装主承力结构、机械零件加工、热表处理、空心阴极等
验证分析外包	根据型号研制任务要求,由供方完成仿真分析、验证分析	检验、环境适应性试验、计量鉴定等
服务外包	根据型号研制任务要求,由供方提供的服务	培训、产品运输等

（3）霍尔电推进系统外包产品由具备资质的参研承制单位完成研制,外包产品承制单位应根据系统或各单机提出的研制技术要求文件（包括但不限于: 设计任务书、技术协议、设计图样、技术要求等）和质量管理体系要求,结合自身产品设计与工艺条件,完成外包产品或试验任务,并提供外包产品研制与试验过程数据包;

（4）根据霍尔电推进系统及单机产品工艺特点,进行必要的零件加工、部组件装配与试验测试工装投产,并根据实际生产情况,不断完善产品工艺甚至设计方案。

6.3.3　霍尔电推进系统初样产品验证

1. 产品试验验证基本要求

霍尔电推进系统初样产品性能与功能检验及验证的最主要方式是开展地面环

境模拟试验,在地面对产品型号应用所经历的各种空间环境进行模拟,使产品在模拟的空间环境中工作,对其性能、功能进行测试,以判断该产品对空间环境的适应性和性能、功能的满足性。霍尔电推进系统地面试验环境条件要求主要可分为常规大气环境和真空环境。

霍尔电推进系统力学环境适应性试验、剩磁试验(如图6-4所示)和电性件联试等,在满足环境受控的一般洁净厂房、常规大气环境条件下即可开展。

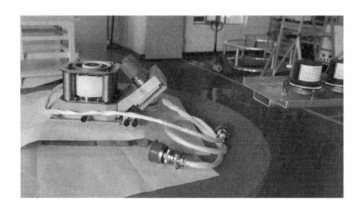

图6-4　霍尔推力器剩磁试验(常规大气环境条件)

霍尔电推进系统及各单机产品开展的真空放电试验、热真空试验、热循环试验、微放电试验、空间环境辐照试验等涉及放电、高温条件,需要在满足环境受控的真空容器、高真空环境条件下开展,如图6-5所示的霍尔电推进系统热试车时霍尔推力器簇同时点火试验。由于霍尔推力器只能在真空环境中工作,使得霍尔电推进系统任何用于考核实际产品工作性能的试验必须在高真空环境下进行,一般

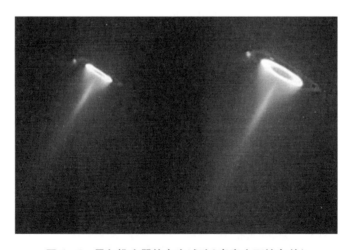

图6-5　霍尔推力器簇点火试验(高真空环境条件)

而言,霍尔电推进系统、霍尔推力器及阴极组件点火试验需保证工作过程中真空度优于 $5×10^{-3}$ Pa。

霍尔电推进系统初样产品的试验矩阵一般根据各个单机或组件产品特性的不同,选取对其性能与功能会产生影响的试验内容进行,试验的量级也须根据产品的研制状态和检验类别进行选定。一般在产品研制初期可以根据当前产品技术状态和任务指标的差距,适当开展环境适应性摸底、工况摸底试验和寿命摸底试验,以能在更早期暴露产品设计的薄弱点,形成产品早期的性能包络和工作能力边界,便于产品的迭代改进。初样产品必须完成鉴定级试验后才能进入正样研制阶段,鉴定试验的充分性、项目和工况覆盖性、工况拉偏(裕度)是关注的重点。此外,根据产品研制需求,必要时开展寿命与可靠性验证。

2. 霍尔电推进系统单机及组件试验

在霍尔电推进系统初样研制过程中,霍尔电推进系统组件及单机需开展验收试验(A 组)、批次试验(C 组)、鉴定试验(D 组)和寿命与可靠性试验等,以确定产品最终设计状态。其中,各单机完成鉴定级试验是产品进入工程应用的前提,鉴定试验的充分性,试验项目、工况覆盖性、工况拉偏等十分重要。

1) 验收试验

霍尔电推进系统验收试验目的是检验交付的初样产品是否满足任务要求,并通过环境应力筛选等手段检测出产品质量缺陷。

2) 抽检试验

霍尔电推进系统批抽试验目的是评定该批产品质量是否合格,参加抽检试验的产品在验收试验合格的产品中抽取。

3) 鉴定试验

霍尔电推进系统鉴定试验一般在初样研制阶段完成,鉴定试验是验证产品在鉴定级应力条件下性能指标是否满足设计要求,并且具有规定的设计余量的试验。鉴定试验应该用能代表正样(或试样)产品状态的产品进行。

鉴定试验主要包括:环境适应性试验(加速度试验、振动/冲击试验、真空放电试验、微放电试验、热真空/热平衡/热循环试验)、压力试验、检漏试验、电磁兼容性试验、磁试验、空间辐照试验等。

在初样研制阶段,霍尔电推进组件级产品试验矩阵可参考相应组件产品规范以及相关标准(如 Q/QJA 336 - 2015《空间推进系统试验项目和要求》等)执行。在实际研制过程中,各个组件的试验项目可根据具体型号研制任务要求进行增减[7]。

霍尔电推进系统各单机试验项目要求典型如表 6 - 3 所示,在实际研制过程中,试验项目可根据具体型号研制任务要求进行增减。

表 6-3 霍尔电推进系统单机试验项目(初样研制阶段)

模块名称		控制单元	功率处理单元	滤波单元	贮供单元	霍尔推力器
贮存温度		★	★	★	★	/
运输试验		/	/	/	/	/
压力试验		/	/	/	/	/
加速度		★	★	★	★	★
正弦振动		☆★	☆★	☆★	☆★	☆★
随机振动		☆★	☆★	☆★	☆★	☆★
噪声试验		/	/	/	/	/
冲击试验		☆★	☆★	☆★	☆★	★
热循环		☆★	☆★	☆★	☆★	
热真空		☆★	☆★	☆★	☆★	★
微放电		/	/	/	/	/
真空放电		☆★	☆★	☆★	/	/
工作性能		☆★	☆★	☆★	☆★	☆★
湿度试验	恒变湿热	/	/	/		
	交变湿热	★	★	★		
老练试验	电子电工组件	★	★	★		
	活动部件	/	/	/		
空间环境试验	真空干摩擦冷焊	★	★	★		
	紫外辐照	/	/	/		
	原子氧辐照	/	/	/		
	总剂量辐照	★	★	★		
	单粒子事件效应	★	★	★		
电磁兼容试验		★	★	★	/	/
盐雾试验		依据总体要求				

注:★鉴定试验项目;☆验收试验项目。

4) 可靠性试验

霍尔电推进系统可靠性试验是为了测定、验证或提供产品可靠性而开展的试验,旨在有限的产品样本、时间和经费条件下,找到产品的薄弱环节,实现产品可靠性提升,是霍尔电推进系统产品可靠性工作的重要环节。霍尔电推进系统可靠性试验一般在单机及以下产品层面开展,典型的可靠性试验包括霍尔推力器 1∶1 寿命试验(其中包括累计工作时长试验和累计点火次数试验,累计工作时长试验通常在霍尔推力器单机状态下开展,累计点火次数试验通常在阴极组件状态下单独开展),阀门组件工作次数试验和电子单机的寿命试验等,霍尔电推进系统的可靠性试验典型项目如表 6-4 所示,在实际研制过程中,试验项目可根据具体型号研制任务要求进行增减。

表 6-4 霍尔电推进系统可靠性试验典型项目(初样研制阶段)

序　号	试　验　项　目	试　验　目　的
1	霍尔推力器累计工作时长试验	验证推力器的工作寿命指标
2	霍尔推力器累计点火次数试验	验证推力器的点火次数指标
3	阀门组件工作次数试验	验证电磁阀寿命指标
4	功率处理单元可靠性试验	电子单机可靠性试验
5	霍尔电推进系统控制单元可靠性试验	电子单机可靠性试验

3. 霍尔电推进系统级试验

在初样研制阶段,霍尔电推进系统级性能与功能设计验证试验项目包括系统级电性件联试、全系统初样热试验及整星试验。

1) 霍尔电推进系统电性件联试

霍尔电推进系统电性件联试参试设备主要包括各单机(如控制单元、功率处理单元和滤波单元)的电性件、等效器(如阀门、压力传感器、温度传感器、加热器和推力器等效器等)、电缆网、软件配置项和系统地面综合测试。

霍尔电推进系统电性件联试的试验目的是:

(1) 验证霍尔电推进系统电接口匹配性;

(2) 验证霍尔电推进系统性能与功能的正确性,以及系统联合工作的匹配性;

(3) 验证霍尔电推进系统软件设计的正确性。

霍尔电推进系统电性件联试的参试设备和地面设备需求情况见表 6-5 和表 6-6 所示。

表 6-5　霍尔电推进系统电性件联试参试设备和地面设备需求

序　号	产　品　名　称	状　态	数　量
1	霍尔电推进系统控制单元	初样电性件	按系统配置
2	功率处理单元	初样电性件	按系统配置
3	滤波单元	初样电性件	按系统配置

表 6-6　霍尔电推进系统电性件联试地面设备需求

序号	设　备　名　称	功　　能	数　量
1	地面供电电源	提供母线供电、阀门、加热器供电	按需求配置
2	霍尔电推进系统阀门等效负载模拟器	用于模拟霍尔电推进系统阀门等效负载	按系统配置
3	霍尔电推进系统控制单元压力传感器模拟器	用于模拟控制单元采集的压力信号	按系统配置
4	霍尔电推进系统控制单元温度传感器模拟器	用于模拟霍尔电推进系统中温度变化情况	按系统配置
5	霍尔电推进系统控制单元加热器模拟器	用于模拟霍尔电推进系统加热器等效负载	按系统配置
6	霍尔推力器等效器	用于模拟霍尔推力器等效负载	按系统配置

霍尔电推进系统级电性件联试参试产品软件状态如表 6-7 所示。

表 6-7　电性件联试 CPU/FPGA 软件产品配套表

序　号	设　　备	软　件　名　称
1	霍尔电推进系统控制单元	霍尔电推进系统控制单元软件
		霍尔电推进系统控制单元引导软件
2	功率处理单元	功率处理单元软件
3	霍尔电推进系统控制单元	霍尔电推进系统控制单元 CPU 模块信号处理 FPGA 软件

2）霍尔电推进系统初样热试验

霍尔电推进系统初样热试验的试验主要目的是：

（1）验证霍尔电推进系统设计方案和总装设计方案的合理性、可行性；

（2）验证霍尔电推进全系统初样产品的热接口匹配性；

（3）验证霍尔电推进系统初样产品性能与功能的正确性，以及系统联合点火工作的匹配性；

（4）验证霍尔电推进系统软件设计的正确性。

霍尔电推进系统试验初样热试验要求主要包括以下 3 个方面：

（1）参试主要单机应至少为初样技术状态产品；

（2）热试验程序设置时应覆盖系统在轨飞行过程中可能出现的各种典型工况；

（3）热试验过程应符合有关安全规范。

霍尔电推进系统初样热试验典型试验项目及流程如图 6－6 所示：

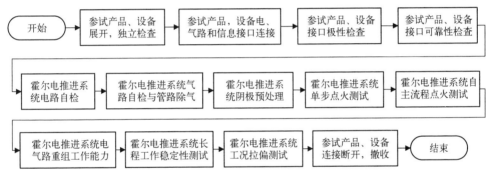

图 6－6　霍尔电推进系统初样系统热试验典型试验项目及流程

3）整星（器）试验

霍尔电推进系统参加整星（器）联试项目主要包括电性能试验和环境适应性试验，整星（器）级联试试验项目和要求具体如表 6－8 所示。在环境适应性试验中，根据不同的试验类型和项目，霍尔电推进系统以不同状态参与整星试验。

表 6－8　霍尔电推进系统参加整星（器）联试项目

序号	试验类型	试 验 项 目	试验目标及要求
1	电性能试验	系统间匹配测试	检查霍尔电推进系统与其他系统的匹配性
2		整星（器）模飞测试	检查霍尔电推进系统在整星（器）模飞中的性能。全面检查整星（器）动态工作性能，检查整星（器）各系统设备软、硬件和地面设备软、硬件的工作协调性及程序编排的正确性，验证正常飞行程序、应急飞行程序正确性

续 表

序号	试验类型	试 验 项 目	试验目标及要求
3	环境适应性试验	结构星（器）力学环境试验	检查霍尔电推进系统对整星（器）力学环境条件的适应性
4		热控星（器）真空热试验	检查霍尔电推进系统对整星（器）热环境条件的适应性
5		整星（器）分离冲击试验	检查霍尔电推进系统对整星（器）分离冲击条件的适应性

6.3.4 霍尔电推进系统软件工程化

在初样研制阶段,根据型号总体的技术要求,进行霍尔电推进系统软件任务全包络分析和系统策划,根据霍尔电推进系统的电子单机组成架构建立整体信息流（主要包括数据流、指令流和接口关系）,规定软件产品代号和安全关键等级,确定软件基线状态和软件研制类型,完成软件产品配套表[8]。霍尔电推进系统型号软件研制基本流程如图 6-7 所示。

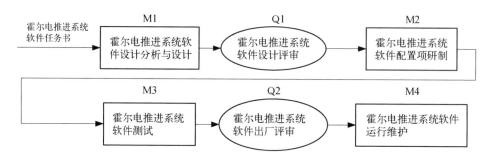

图 6-7 霍尔电推进系统型号软件研制基本流程
M 为软件生存周期阶段的工作;Q 为主要质量控制节点

在初样研制阶段,霍尔电推进系统软件工程化工作主要包括以下内容:

（1）根据霍尔电推进系统任务和工作策略,开展系统级的软件策划和设计工作,并制定霍尔电推进系统软件产品保证大纲和产品保证要求;

（2）开展霍尔电推进系统软件的可靠性、安全性设计与验证;

（3）开展霍尔电推进系统软件开发方的单元测试、组装测试、配置项测试,霍尔电推进系统测试和第三方测评工作;

（4）开展初样研制阶段的霍尔电推进系统软件质量问题的归零和举一反三工作。

6.3.5 霍尔电推进系统初样研制总结

霍尔电推进系统及各单机在完成初样研制工作后,应进行初样研制总结。研制总结应紧密结合霍尔电推进系统产品特点,全面梳理、归纳和总结霍尔电推进系统产品设计、制造、试验、管理、质量控制等方面的工作情况,研制总结涉及的相关工作情况、相关数据和结论应准确无误,并具有可追溯性。霍尔电推进系统各层级产品初样研制总结主要内容包括[9]:① 产品初样研制任务来源;② 产品概述;③ 产品初样研制过程;④ 产品设计定型试验情况;⑤ 初样研制阶段出现的技术问题及解决情况;⑥ 主要配套产品的定型(鉴定)情况及质量、供货保障情况;⑦ 贯彻产品标准化情况;⑧ 产品质量、工艺性、经济性评价;⑨ 产品尚存问题及解决措施;⑩ 对产品设计定型的意见和结论。

6.3.6　霍尔电推进系统初样数据包策划

霍尔电推进产品系统各层级产品数据包一般要求如表 6-9 所示,在霍尔电推进系统产品研制过程中,可根据各层级产品的自身特点对表格中具体项目进行增减、合并。

表 6-9　霍尔电推进初样产品数据包要求

序号	文件名称及类型	主　要　内　容	备　注
一、设计类文件			
1	产品规范	(1) 产品性能、功能、工作原理及组成,机电热接口,抗辐照能力,EMC 试验项目 (2) 可靠性设计(可靠性指标:电子产品,机电产品通用失效率,机械产品可靠性指标安全裕度)、环境适应性条件、验收鉴定条件	
2	产品设计全套图样	功率处理单元、控制单元等电子单机类产品:结构设计图样,电装图,电路板(含元器件布局)图,电原理总图和 IDS 表 推力器、贮供单元等机械类产品:零件图、部件图、装配总图、数字样机	
3	产品设计报告	功率处理单元、控制单元等电子单机类产品:详细设计、故障模式与影响性分析,元器件降额设计、分析计算,抗力学环境设计分析,热设计分析,静电防护设计,电磁兼容设计,可靠性指标预估 推力器、贮供单元等机械类产品:详细设计、故障模式与影响性分析,元器件降额设计、分析计算,抗力学环境设计分析,热设计分析,电磁兼容设计,可靠性指标预估	
4	测试覆盖性分析	明确产品可测项目、测试方法和测试时机,说明整机不可测项目原因、类别和可分析控制方法	
5	特性分析报告	依据实际产品而定	

序号	文件名称及类型	主　要　内　容	备　注
6	关键件、重要件清单	依据实际产品而定	
7	试验大纲、试验总结报告		
8	产品使用说明书	概述(用途、使用要求)、主要技术参数,工作原理、结构特性,使用步骤,存贮、维护和维修注意事项,备附件	
9	元器件配套表及原材料清单	元器件、原材料、标准件、外协件	
10	目录外元器件清单	依据实际产品而定	
11	其他需要的设计类文件	依据实际产品而定	
二、过程类文件			
12	各类评审证明书	包括设计、工艺、可靠性等各种类型	
13	其他需要的过程类文件		
三、工艺类文件			
14	工艺总方案		
15	工艺流程图		
16	工艺文件目录		
17	测试细则	详细描述每项测试方法、测试设备、连接图(表明设备型号)、操作步骤、测试结果记录表	
18	工艺文件	含零件加工工艺、部组件组装工艺、试验工艺、整机装测工艺、关键工序目录/工艺规程/过程控制卡等	
19	工装设计文件	工装设计图纸	
20	工艺装备明细表	含检验、检测设备配套文件	
21	材料工艺定额明细表		
22	外协件明细表		
23	元器件及材料汇总表		
24	工艺清单		
25	其他需要的工艺类文件	依据实际产品而定	
四、管理类、产保类文件			
26	产品技术流程		

续　表

序号	文件名称及类型	主　要　内　容	备　注
27	产品计划流程		
28	产品保证大纲		
29	产品外包保证要求		
30	外购件质量证明		
31	元器件、原材料采购规范		
32	外协、外购件合格供方清单		
33	产品验收细则		
34	生产过程质量跟踪卡		
35	评审证明书		
36	其他需要的管理、产保类文件		

6.4　霍尔电推进系统初样研制工作重点与完成标志

6.4.1　研制工作重点

在初样研制阶段,霍尔电推进系统需要重点关注的问题主要包括以下几个方面。

(1) 霍尔电推进系统各层级产品的组成合理,原理正确;设计中充分考虑了以往型谱中同类型产品暴露的技术问题,并采取了有效的纠正和预防措施;

(2) 霍尔电推进系统各层级产品采用的设计准则、规范和标准正确、完整;

(3) 霍尔电推进系统各层级产品的性能与功能指标满足产品规范要求;分析、计算依据的输入完整有效,建立的模型合理;计算方法和计算结果正确,分析全面;

(4) 霍尔电推进系统各层级产品的技术接口关系,产品内各模块之间的接口关系明确、协调;

(5) 进行了霍尔电推进系统产品可靠性、维修性、安全性设计与分析;可靠性模型和可靠性预计正确,预计结果满足任务书要求;可靠性设计验证充分,仿真及设计的试验矩阵合理;

(6) 霍尔电推进系统各层级产品单点失效和关键件识别充分,控制措施合理、可行;

(7) 霍尔电推进系统各层级产品确定的测试项目全面,测试时机和条件合理、可行；不可测试项目分类正确，过程控制措施明确、合理可行；

（8）霍尔电推进系统各层级产品选用的工艺合理可行，新工艺（若有）制定了详细的工艺鉴定计划；

（9）霍尔电推进系统各层级产品选用的元器件、原材料的品种和供货方压缩情况，质量和可靠性情况，采购风险满足项目要求；所选目录外元器件、原材料履行了审批手续。

6.4.2　研制工作完成标志

霍尔电推进系统初样研制阶段完成标志是通过系统、单机和重要组件初样产品的设计、生产和试验，对系统总体及应用项目的设计方案、生产工艺、试验方法、地面设备和在轨试验方案等进行全面验证，特别是对产品的安全性、可靠性和质量进行了验证，完善产品设计和工艺，确定正样技术状态，并形成了相应技术规范性文件，为正样生产提供全面、准确的依据。评价霍尔电推进系统初样研制工作完成的标准主要包括产品实物标准和产品工程化标准。

1. 产品实物标准

初样研制阶段，霍尔电推进系统应达到的实物产品标准：通过鉴定试验验证，证明产品设计符合飞行任务要求的工程样机产品。

（1）通过验证，霍尔电推进系统各层级产品全面达到任务书规定的性能、功能和技术条件的要求；

（2）霍尔电推进系统各层级产品通过鉴定级环境模拟试验，确认产品满足空间环境的要求，能够满足 EMC 和可靠性等要求；

（3）霍尔电推进系统配合完善了整星（器）设计方案，在轨应用试验方案和其他技术方案，通过本系统试验和整星（器）大系统相关试验验证；

（4）完成了霍尔电推进系统各层级产品的初样研制报告，并通过评审，提出霍尔电推进系统、单机和重要组件的正样研制任务书；

（5）完成了霍尔电推进单机、重要组件生产与系统集成工艺确定并满足要求，支撑全系统正样产品技术状态的确定。

2. 产品化工作标准

初样研制阶段，霍尔电推进系统应达到的产品工作标准主要包括：

（1）确定了各层级产品研制技术要求和技术状态；

（2）编制完成了各层级产品规范。

参考文献

［1］袁家军.航天产品工程.北京：中国宇航出版社,2011.

［2］毛健人,徐嫣.浅析航天型号研制阶段的划分.航天工业管理,2009(9)：28-32.

［ 3 ］袁家军. 航天产品成熟度研究. 航天器工程,2011,20(1)：1 - 7.

［ 4 ］于凤亭,陈寿根,吴开林,等. 航天产品项目阶段划分和策划：QJ 3133 - 2001. 北京：中国航天标准化研究所,2001.

［ 5 ］康锐,石荣德,王江山. 故障模式、影响及危害性分析指南：GJB/Z 1391 - 2006. 北京：总装备部军标出版发行部,2006.

［ 6 ］朱平,高伟,朱平国,等. 工艺总方案的编制和管理要求：Q/QJA 38 - 2007. 北京：中国航天标准化研究所,2007.

［ 7 ］韩泉东,任建军,沈俊,等. 空间推进系统试验项目和要求：Q/QJA 336 - 2015. 北京：中国航天标准化与产品保证研究院,2015.

［ 8 ］汪玲,马志伟,乔永强,等. 航天型号软件工程化要求：Q/QJA 30A - 2013. 北京：中国航天标准化与产品保证研究院,2013.

［ 9 ］刘勤,邢晓岚,王春云,等. 军工产品设计定型文件编制指南第四部分：研制总结：GJB/Z 170. 4 - 2013. 北京：总装备部军标出版发行部,2013.

第 7 章

霍尔电推进正样研制与在轨飞行

霍尔电推进系统正样研制阶段,是在完成初样研制阶段的基础上,研制并提供可供飞行试验与应用的正样产品,最终全面检验霍尔电推进系统产品性能。

霍尔电推进产品正样研制阶段工作主要围绕正样研制技术流程,开展正样产品设计、生产,形成全尺寸正样产品,进一步通过地面测试、环境试验、对接试验,证明产品可以经受运输、贮存、发射和在轨运行过程的空间环境,确认产品满足任务需求。

本章主要从工程研制流程和方法的角度,介绍霍尔电推进正样研制、测发和在轨飞行阶段的工作目标与要求、工作基础、工作内容、工作重点及完成标志等。

7.1 正样研制阶段的目标和要求

霍尔电推进系统正样研制阶段的目标是基于初样产品研制成果和正样任务书,固化正样设计技术状态和工艺文件,并按固化的技术状态完成所有单机正样产品研制和系统集成,完成系统的测试和地面试验验证,最终为用户交付具备飞行条件的霍尔电推进系统产品[1]。

霍尔电推进系统正样研制阶段的具体研制要求包括以下几个方面:

(1)霍尔电推进系统基于初样研制成果,完成正样产品的研制,产品正样研制过程中严格执行技术状态控制,产品生产工艺和质量稳定性控制;

(2)霍尔电推进系统正样产品通过研制和试验,确认全面达到正样任务书和技术条件规定的性能、功能要求,产品可靠性达到要求;

(3)霍尔电推进系统完成验收级环境模拟试验,验证正样产品满足地面运输、贮存、发射和在轨运行过程的空间环境要求;

(4)霍尔电推进系统配合正样星(器)全面完成测发、飞控、天地配合等准备工作。

7.2　正样研制阶段的工作基础

霍尔电推进系统正样研制的基础,首先是经过初样研制阶段,完成了霍尔电推进系统各单机和重要组件研制、系统集成与测试工作,实现了所有产品的设计和工艺技术状态固化,在此基础上,经过与总体的新一轮迭代,最终明确霍尔电推进系统正样产品的研制目标和要求。

7.2.1　初样研制阶段的研制成果

在霍尔电推进系统正样研制阶段,霍尔电推进系统应已完成了系统及各单机的初样研制工作,使霍尔电推进系统各单机产品性能与功能趋于稳定,组件及单机产品技术状态固定,并已验证了霍尔电推进系统的功能可实现性。

(1)霍尔电推进系统完成了各层级产品初样各阶段研制工作,编制了正样各层级产品研制总结报告并通过评审,确定了正样技术状态,达到2级产品成熟度[2];

(2)霍尔电推进系统性能、功能和技术(约束)条件完成了全面验证;

(3)霍尔电推进系统通过了鉴定级环境模拟试验,验证了产品对整星(器)的空间环境要求、EMC和可靠性等要求的适应性;

(4)霍尔电推进系统面向开展在轨技术验证性飞行任务需求,确定了飞行任务目标,飞行方案和工作参数范围;

(5)霍尔电推进系统内外接口明确,与整器大系统和其他设备能够匹配协调地工作;

(6)霍尔电推进系统、各单机及各组件生产工艺明确,生产设备和工艺装备齐备,并满足正样产品生产需求。

7.2.2　正样研制技术要求

在初样研制阶段完成后,霍尔电推进系统与总体进行新一轮迭代,为霍尔电推进系统正样研制明确目标和约束。

在正样研制阶段,用于设计输入的正样设计任务书、正样研制技术要求、IDS表所明确的相关内容与初样研制阶段相一致,此处不再详述,见初样阶段相关内容。

7.3　正样研制阶段工作内容

霍尔电推进系统正样研制阶段主要围绕正样研制技术流程(典型如图7-1所示),开展正样设计、正样生产和正样试验工作,全面鉴定产品的设计和工艺[3]。

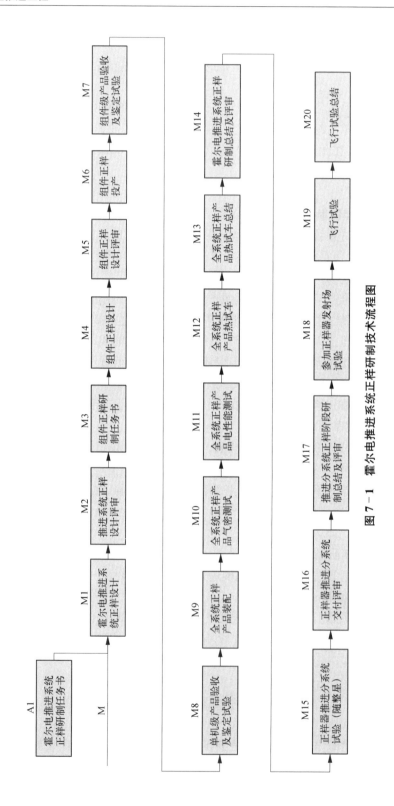

图 7 - 1 霍尔电推进系统正样研制技术流程图

霍尔电推进系统正样研制阶段的设计任务是完成系统、单机和重要组件技术设计和接口设计,编制正样研制阶段的技术文件和图样。霍尔电推进系统正样研制阶段的生产任务是编制正样工艺方案,完成正样工艺设计,必要时对装配测试工装进行改进和生产,完成正样产品元器件和原材料的备料,系统产品的生产,地面电气和机械设备的修改、生产、正检星总装和发射星总装。霍尔电推进系统正样研制阶段的试验任务是拟定地面试验方案,编制试验大纲和进行正样试验。试验种类有产品级的验收试验、系统级的联试、整星的电性能测试、质量特性测试、地面环境试验、发射场发射实施准备和飞行试验。

7.3.1　霍尔电推进系统正样产品设计

霍尔电推进系统正样产品研制阶段,应在初样产品技术状态的基础上,根据实际飞行应用条件,调整、补充和完善产品研制要求,完善产品规范,细化性能与功能技术指标、接口要求、可靠性、安全性、电磁兼容性要求,产品功能特性验证的全部测试和试验(或分析)要求等,确定正样产品研制基线,固化的正样产品技术状态,要在后续生产、测试和试验过程中严格控制,同时根据实际应用、测试和试验验证要求,完善产品工艺设计,形成全面配套、满足设计要求的工艺文件,为后续的加工生产与控制优化提供依据。

霍尔电推进系统正样产品设计的基本要求如下:

(1)正样产品的研制应以研制基线为基准,技术状态控制要保证产品的加工生产按照设计和产品规范进行,产品生产全过程的技术状态要基本保持不变,并保证在生产、装配、集成与测试的各阶段,其技术状态得到连续的文件控制;

(2)在霍尔电推进系统正样产品研制阶段,必要的技术状态更改,要遵循"论证充分、各方认可、试验验证、审批完备、落实到位"的控制原则,所有更改都要经过充分论证和评审,都要按照技术状态更改控制的规定进行申请和批准的管理、控制;

(3)在正样研制阶段,霍尔电推进系统及各层级产品的设计工作完成后,应通过评审,以确定设计达到规定目标的适宜性、充分性和有效性相关的评审要求,按技术评审相关管理程序或标准执行。

霍尔电推进系统产品正样设计关注的重点内容主要包含如下项目:

(1)霍尔电推进系统的任务分工,各层级产品的任务剖面分析;

(2)霍尔电推进系统各层级产品的设计准则;

(3)基于总体下发或霍尔电推进系统分解的各层级产品性能与功能指标要求,开展的系统、单机和重要组件设计,如系统设计按专业可划分为系统、总装、电气、热控等,按产品重点项目可划分为产品极性、密封性设计、多余物控制、定力矩安装、设计裕度等;

（4）霍尔电推进系统各层级产品可靠性、安全性、维修性等产品通用质量特性设计；

（5）霍尔电推进系统各层级产品配套及继承性分析、技术成熟度分析、测试性分析和测试覆盖性分析；

（6）霍尔电推进系统各层级产品元器件、原材料、紧固件选用与控制情况；

（7）以初样鉴定产品为基准，霍尔电推进系统各层级产品技术状态更改及控制情况，初样研制阶段遗留问题及解决情况；

（8）霍尔电推进系统各层级产品技术指标符合性分析及产品设计满足建造规范情况分析、复核复算情况；

（9）霍尔电推进系统各层级产品研制策划（技术流程、计划流程）等。

7.3.2　霍尔电推进系统正样产品实现与集成

霍尔电推进系统正样产品的研制是基于初样产品研制过程、测试与试验结果，开展改进与完善而进行的。正样产品的生产制造全过程要按照产品规范和工艺要求进行，技术状态和质量要受控，以保证最终产品满足应用的文件与规范要求。在霍尔电推进系统正样产品的研制阶段，重点需加强产品技术状态控制、生产过程控制及系统测试的覆盖性。

霍尔电推进系统正样产品研制阶段，所有产品的生产过程严格按照正样工艺流程开展，确保工作状态受控，技术文件受控，生产过程记录真实反映产品生产状态，确保产品质量。正样研制阶段生产过程主要控制内容包括以下两个方面：

（1）工艺选用控制，新工艺、关键工艺控制；

（2）关键项目、不可测项目、关键件、重要件、关键工序工艺评审及实施过程控制。

7.3.3　霍尔电推进系统正样产品验证

1. 产品试验验证基本要求

在产品正样研制阶段，霍尔电推进系统性测试是检验产品与规范、技术要求的符合度，找出缺陷、指导改进的基本手段。产品测试覆盖性要求正样产品的测试系统全面、准确，要确保所有可测试项目均进行了充分有效的测试，也要确保不可测试项目在研制过程中质量控制措施落实到位。

对于正样产品性能、功能检验与验证的最主要方式是进行产品地面环境模拟试验。典型空间环境模拟试验包括力学试验，热试验、电磁兼容试验、抗辐照试验等。正样产品的试验矩阵一般根据产品特性的独立选取，交付飞行的正样产品一般按照验收级试验项目和量级进行试验验证。

霍尔电推进系统正样试验主要包括组件及单机级验收试验和批次试验、霍尔电推进系统正样全系统联试。在正样技术状态与初样技术状态有较大改变时,则应再安排相应的验证试验。霍尔电推进系统正样试验时应拟制试验方案、编制试验大纲,必要时应根据初样中暴露的问题对试验设备进行修改。

在正样产品研制阶段,霍尔电推进系统各层级产品的地面试验环境条件应与初样研制阶段验证的条件尽可能保持一致。

2. 霍尔电推进重要组件及单机试验

霍尔电推进系统正样产品在交付使用前,应进行产品的验收,参与飞行试验的产品验收应按照产品规范和相关设计技术文件等进行。在正样研制阶段,霍尔电推进组件及单机产品验收检查工作内容如下。

(1)产品状态及接口检查:包括对产品的标识、外观、机械接口、热接口、电接口、质量等项目进行检查;

(2)产品性能指标检查:依据产品研制规范和测试大纲等要求,对产品功能指标、性能指标、电磁兼容性、机械性能、气密性、电性能及其他应检项目的符合性进行检查;

(3)产品数据包及符合性检查:对验收产品的完整性、有效性和提交文件的完整性、协调性、正确性,产品质量与可靠性过程管理的充分性等进行检查;

(4)其他项目:产品工艺件、保护件、多余物控制、测试覆盖性,验收试验的正确性和测试结果的符合性等。

在正样研制阶段,霍尔电推进组件级产品试验矩阵主要参考相应组件产品设计规范以及相关标准(如 Q/QJA 336 - 2015《空间推进系统试验项目和要求》)执行。验收合格的产品方能参与后续的霍尔电推进系统装配集成和飞行试验。霍尔电推进系统可以通过系统正样热试验,对单机产品无法测试或考核的项目综合分析和考核确认[4]。

在正样研制阶段,霍尔电推进系统各单机级(控制单元、功率处理单元、滤波模块、贮供模块和霍尔推力器模块)试验项目如表 7 - 1 所示。

表 7 - 1　正样研制阶段霍尔电推进系统单机试验项目

模块名称	控制单元	功率处理单元	滤波单元	贮供单元	霍尔推力器
湿度试验	★	★	★	/	/
加速度	★	★	★	★	★
正弦振动	☆ ★	☆ ★	☆ ★	☆ ★	☆ ★
随机振动	☆ ★	☆ ★	☆ ★	☆ ★	☆ ★
冲击试验	☆ ★	☆ ★	☆ ★	☆ ★	★

续　表

模块名称	控制单元	功率处理单元	滤波单元	贮供单元	霍尔推力器
热循环	☆★	☆★	☆★	/	/
热真空	☆★	☆★	☆★	/	★
真空放电	☆★	/	/	/	/
工作性能					
电磁兼容试验	★	★	★	/	/
老练试验	★	★	★	/	/

注：★批抽试验项目；☆验收试验项目。

3. 霍尔电推进系统试验

在正样研制阶段,应根据霍尔电推进系统研制特点,确定系统级和整星(器)试验验证项目及工作计划。霍尔电推进系统正样研制阶段试验项目主要包括系统级正样试验和正样飞行星(器)试验。系统级正样试验主要包括交付产品电性能测试、检漏和地面点火试验,正样飞行星(器)试验主要包括电性能测试、质量特性测试、精度检测、磁试验、力学试验、真空热试验,如表7-2所示。

表 7-2　霍尔电推进系统正样研制阶段试验项目

序号	试验项目名称	试 验 目 的
霍尔电推进系统级试验		
1	交付产品电性能测试	检查霍尔电推进系统交付产品电性能参数
2	交付产品检漏	检查模块及系统状态下交付产品的漏率满足情况
3	交付产品地面点火试验	检查霍尔电推进系统交付产品性能与功能
整星(器)级		
4	参加整星(器)力学试验	考核霍尔电推进系统产品在整星(器)力学环境试验条件下性能
5	参加整星(器)电性能测试	考核霍尔电推进系统与整星(器)其他系统的电接口匹配性及电性能满足情况
6	参加整星(器)热真空试验	考核霍尔电推进系统产品在整星(器)热真空环境试验条件下性能
7	参加整星(器)靶场测试	考核霍尔电推进系统与发射基地等相关接口
8	参加飞行试验	验证霍尔电推进系统性能和功能,验证推进剂补加能力

霍尔电推进系统正样热试车试验目的包括：

（1）考核霍尔电推进系统正样产品性能、功能和工作稳定性；

（2）验证霍尔电推进系统正样产品参数的匹配性和各组件工作的协调性；

（3）考核在不同工况下霍尔电推进系统正样产品工作的性能；

（4）考核主要单机在霍尔电推进系统上的工作性能，获取系统可靠性子样。

霍尔电推进系统正样热试车试验要求如下：

（1）参试主要单机应为正样状态产品；

（2）试验程序设置时应覆盖使用过程中可能出现的各种典型工况；

（3）试验过程应符合有关安全规范。

霍尔电推进系统正样热试验主要试验项目及流程如图 7-2 所示：

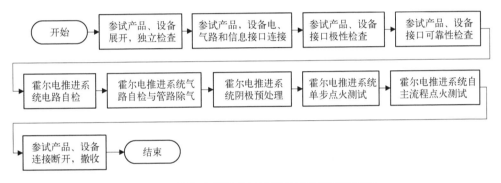

图 7-2 霍尔电推进系统正样热试验项目及流程

7.3.4 霍尔电推进系统正样产品的数据包策划

在正样研制阶段，霍尔电推进系统产品形成的产品数据包策划如表 7-3 所示。

表 7-3 正样产品数据包要求

序号	文件名称及类型	主 要 内 容	备注
一、设计类文件			
1	产品规范	（1）产品性能、功能、工作原理及组成、机电热接口、抗辐照能力、EMC 试验项目 （2）可靠性设计（可靠性指标：电子产品、机电产品通用失效率、机械产品可靠性指标安全裕度）、环境适应性条件、验收鉴定条件	
2	产品设计全套图样	（1）功率处理单元、控制单元等电子单机类产品：结构设计图样、电装图、电路板（含元器件布局）图、电原理总图和 IDS 表 （2）推力器、贮供单元等机械类产品：零件图、部件图和装配总图、数字样机	

序号	文件名称及类型	主 要 内 容	备注
3	产品设计报告	（1）功率处理单元、控制单元等电子单机类产品：详细设计、故障模式与影响性分析、元器件降额设计、分析计算、抗力学环境设计分析、热设计分析、静电防护设计、电磁兼容设计、可靠性指标预估 （2）推力器、贮供单元等机械类产品：详细设计、故障模式与影响性分析、元器件降额设计、分析计算、抗力学环境设计分析、热设计分析、电磁兼容设计，可靠性指标预估	
4	测试覆盖性分析	明确产品可测项目、测试方法和测试时机，说明整机不可测项目原因、类别和可分析控制方法	
5	特性分析报告	依据实际产品而定	
6	关键件、重要件清单		
7	试验大纲、试验总结报告		
8	产品使用说明书	概述（用途、使用要求），主要技术参数，工作原理、结构特性，使用步骤，存贮、维护和维修注意事项，备附件	
9	元器件配套表及原材料清单	元器件、原材料、标准件、外协件	
10	目录外元器件清单		
11	其他需要的设计类文件		
二、过程类文件			
12	产品复核复审过程记录	复查的内容，发现的问题	
13	工作过程记录表，跟踪卡		
14	各类评审证明书	包括设计、工艺、可靠性等各种类型	
15	其他需要的过程类文件		
三、工艺类文件			
16	工艺总方案		
17	工艺流程图		
18	工艺文件目录		
19	测试细则	详细描述每项测试方法、测试设备、连接图（表明设备型号）、操作步骤、测试结果记录表	
20	工艺文件	含零件加工工艺、部组件组装工艺、试验工艺、整机装测工艺、关键工序目录/工艺规程/过程控制卡等	

续　表

序号	文件名称及类型	主　要　内　容	备注
21	工装设计文件		
22	工艺装备明细表	含检验、检测设备配套文件	
23	材料工艺定额明细表		
24	外协件明细表		
25	元器件及材料汇总表		
26	工艺清单		
27	其他需要的工艺类文件		

四、管理类、产保类文件

序号	文件名称及类型	主　要　内　容	备注
28	产品技术流程		
29	产品计划流程		
30	产品保证大纲		
31	产品外包保证要求		
32	外购件质量证明		
33	元器件、原材料采购规范		
34	外协、外购件合格供方清单		
35	验收细则		
36	生产过程质量跟踪卡		
37	评审证明书		
38	其他需要的管理、产保类文件		

7.3.5　霍尔电推进系统正样研制阶段工作重点与完成标志

1. 研制工作重点

在正样研制阶段,霍尔电推进系统产品研制的工作重点内容正样包括:

(1) 对霍尔电推进系统单机和重要组件在初样研制阶段的超差项进行分析,需要在正样件设计中进行调整或优化的指标已得到了确认,产品性能与功能满足产品规范要求;

（2）霍尔电推进系统各层级产品技术接口关系，产品内各模块之间的接口明确、协调，并已得到充分验证；

（3）霍尔电推进系统各层级产品在初样研制阶段评审待办事项落实情况及评审后的重大设计更改情况；

（4）霍尔电推进系统各层级产品正样研制阶段所规定的各项试验项目验证情况；

（5）霍尔电推进系统技术状态基线控制情况，根据初样研制阶段暴露的质量问题的归零情况、技术问题处理情况和技术状态更改情况，将有效的解决措施落实到正样产品相关的文件和图样上，更改验证充分有效，已经批准的更改落实到位；

（6）对于初样研制阶段过程中，所有电子单机（如功率处理单元、控制单元）或本单机同类型电路模块暴露的技术问题进行了举一反三；

（7）对霍尔电推进系统各层级产品进行了可靠性、维修性、安全性设计与分析，单点失效点和关键件识别充分，控制措施合理、可行；

（8）霍尔电推进系统各层级产品技术文件明确的测试项目全面、合理，测试时机和测试条件合理、可行，不可测试项目分类明确，过程控制措施明确、合理、可行；

（9）霍尔电推进系统正样产品选用目录外元器件/原材料审批情况，与初样研制阶段相比是否存在元器件/原材料变更情况，对待用和新补充的元器件履行了相关审批手续；

（10）对由于霍尔电推进系统正样产品元器件使用状态引起产品在降额、抗力热、抗辐照、防静电环节方面的相应变化进行仔细的分析和验证。

2. 研制完成标志

霍尔电推进系统正样产品研制评价要素与完成标志包括以下几个方面。

（1）产品设计内容齐全，最终实际组成与设计方案完全一致，一致性内容包括：产品组成和指标分解、尺寸、质量、功耗、外观、结构和机械接口、电气路及其接口、热控及其接口、系统及模块外部接口、工艺方案、软件设计；

（2）霍尔电推进系统各层级产品完成性能与功能测试，实测性能指标和功能满足产品规范要求；实测质量，功耗，尺寸包络，机、电、热和信息等接口等满足产品规范要求；

（3）霍尔电推进系统各层级产品根据需要，通过了规定的力学、热真空、电性能测试等地面环境模拟的验收级试验，通过了可靠性、寿命分析与试验考核验收，满足产品规范要求；

（4）霍尔电推进系统各层级正样产品的原材料、元器件设计与选用：一般应选用目录内的原材料和元器件，所选产品应技术先进、工艺成熟、质量可靠、产品定型、批量生产、供货稳定，在必要时选用目录外产品必须经过了充分论证。选用的目录外元器件、原材料通过了相应的环境试验考核；

（5）霍尔电推进系统各层级产品研制过程中所有问题归零已完成并通过评审，霍尔电推进系统各层级产品完成了正样研制总结，完成了出厂所需文件并通过评审；

（6）霍尔电推进系统各层级产品完成了必要的外场试验，试验结果满足要求，霍尔电推进系统完成在轨飞行控制策略、在轨故障及处理预案等飞行控制文件。

7.4 霍尔电推进测发和在轨应用

霍尔电推进系统产品在集成到卫星（飞行器）后，配合整星（器）完成环境试验和电测，通过了出厂评审，即进入测发阶段。霍尔电推进系统随整星（器）入轨后，需先经历在轨初期准备阶段，确认霍尔电推进系统产品状态后，进入正式在轨飞行应用。

霍尔电推进系统在轨初期准备阶段，是指霍尔电推进系统随整星（器）入轨初期的一个阶段，在该阶段，霍尔电推进系统完成系统在轨初始化，接着对霍尔电推进系统产品进行性能、功能进行全面检测。

7.4.1 在轨飞行应用任务类型

霍尔电推进系统典型的飞行任务包括技术验证型任务与工程应用型任务。

1. 技术验证型任务

在技术验证型任务中，霍尔电推进系统通常作为卫星（飞行器）搭载载荷开展飞行试验验证工作，对新研单机产品及整个系统在轨工作的性能和可靠性进行验证，实现从实验研究到工程应用的跨越，项目研制任务具有以下特点。

1）验证新技术

霍尔电推进技术验证型任务，一方面开展霍尔电推进系统空间演示验证，完成系统在轨主要性能和参数的测定；另一方面，开展霍尔电推进系统在轨工作时长和点火次数的初步验证，最终完成霍尔电推进系统新技术试验验证，兼具为后续电推进卫星平台和其他飞行器上的应用奠定坚实基础的目的。霍尔电推进技术验证型任务鼓励采用部分新技术设计，并开展空间飞行试验验证工作。

2）验证系统供电可靠性和安全性

对于霍尔电推进技术验证型任务，霍尔电推进系统只是卫星多个搭载项目之一，配套的霍尔推力器、功率处理单元和控制单元等可能均为首次在轨工作，工作时存在一定技术风险。因此需要对全系统的可靠性和安全性重点关注，尤其是供配电的可靠性、安全性设计，确保系统工作和故障模式不得影响整星安全运行。

3）验证系统功能与短期性能

在技术验证型任务中，根据总体明确的工作模式，霍尔电推进系统通常作为卫星姿轨控任务的备份,单次工作时间短,携带推进剂总量少,不足以对霍尔电推进系统性能和长期工作可靠性进行充分的考核和验证,更多的是对霍尔电推进系统的功能和短期性能进行在轨验证。

4)验证系统具备在轨自主运行能力

霍尔电推进系统包括多个电子单机、贮供单元和推力器,启动流程涵盖一系列复杂的电气路动作。霍尔电推进系统工作时,要求系统飞行控制策略朝向"一键启动"的目标设计,尽量减少工作过程中整星指令和遥测资源的需求,提高全系统在轨自主工作能力。在技术验证型任务中,验证霍尔电推进系统具备在轨自主运行能力是其中的重要目标。

2. 工程应用型任务

执行工程应用型任务的霍尔电推进系统,主要功能是为航天器轨道控制提供所需要的推力,为航天器姿态控制(或动量轮卸载)提供所需要的力矩[5]。用于航天器的霍尔电推进系统任务是多种多样的,采用何种霍尔电推进系统取决于航天器本身的任务特点和约束条件具体要求。一般地,用于型号飞行试验的霍尔电推进系统,作为卫星(航天器)平台配置的一部分,要为卫星(航天器)完成以下任务提供动力。

1)变轨控制和轨道修正任务

在该任务类型中,霍尔电推进系统为卫星(航天器)变轨、轨道修正任务提供推力。变轨控制是将卫星(航天器)从一个轨道变到另一轨道,变轨前后2个轨道可以在同一个轨道平面内或不在同一个轨道平面内,如把卫星(航天器)从低轨道转移到高轨道或月球轨道和行星轨道。由于各种摄动因素存在,卫星(航天器)会逐渐偏离标称轨道,需要霍尔电推进系统提供推力进行修正,以保证卫星(航天器)在预定的轨道上稳定运行。如低轨道卫星(航天器),长期在轨运行时会受到大气阻力的影响,轨道会慢慢衰减,要经常进行轨道修正、提升,需要霍尔电推进系统提供推力[6]。

2)轨道保持和位置保持任务

在该任务类型中,霍尔电推进系统为卫星(航天器)轨道保持任务提供推力。轨道保持是调整卫星(航天器)的轨道速度。修正轨道参数,使卫星(航天器)运行轨道与理论轨道的偏差控制在允许范围内。如目前霍尔电推进应用最为广泛的地球同步卫星的轨道保持即为位置保持。地球静止轨道卫星在轨道运行期间,由于月球和太阳引力,会引起轨道倾角变化。需要霍尔电推进系统为卫星南北位置保持提供控制推力;由于地球形状的摄动和太阳光压,造成卫星经度偏移和偏心率摄动,需要霍尔电推进系统为卫星东西位置保持提供控制推力[7]。

3)入轨、离轨任务

在该任务类型中,霍尔电推进系统为卫星(航天器)进入预定轨道,以及在完成任务后脱离运行轨道或再入地球大气层提供动力。如某些全电推进卫星任务，在星箭分离后，需要霍尔电推进系统启动，完成卫星的轨道注入。在卫星（航天器）寿命终结后，将成为名副其实的太空垃圾，太空垃圾不仅会占用日益宝贵的轨道资源，并对在同轨道的正常运行的人造卫星构成威胁，甚至于它们还可能跨轨道绕行，影响其他轨道卫星的安全，因此需要尽可能对报废卫星（航天器）进行离轨处理。报废卫星通常有两种离轨处理方式：对于靠近地球的卫星（典型如互联网卫星），利用霍尔电推进系统，通过反向推进，让它们进入一个更低高度的轨道，并在一定时间后再入地球过程中在大气中燃尽。对于远离地球的卫星（典型如地球同步卫星），通过正向推进，将它们推入更高的轨道（墓地轨道），这样就可以释放轨道资源，并远离其它正常卫星[8]。

4）动量轮卸载任务

在该任务类型中，卫星（航天器）主要采用通过改变飞轮的动量矩来吸收星体的多余动量矩，从而通过控制星体的动量矩来控制星体的姿态。当卫星（航天器）的飞轮转速达到某一极限状态时就不再吸收星体多余的动量矩，从而使系统失控，这种状态称为动量轮饱和。动量轮饱和是卫星（航天器）飞轮系统自身无法克服的缺点，为了克服这一缺点，必须另外考虑去动量轮饱和，通过卫星上的霍尔推力器工作，利用推进产生反向力矩的方式进行角动量卸载[9]。

7.4.2　测发和在轨应用工作内容

霍尔电推进系统在测发和在轨应用阶段工作重点包括以下内容：

（1）完成霍尔电推进系统的发射场测试流程；

（2）参加整星（器）大系统发射场电测及发射、入轨及在轨的控制；

（3）编制霍尔电推进系统在轨测试大纲、在轨使用方案和飞控计划，落实与相关系统的协调；

（4）完成霍尔电推进系统天地比对实验方案和准备，完成地面配合方案和准备，完成评价准则，完成数据处理方法、样品研究方案等和工作准备；

（5）开展霍尔电推进系统在轨飞行测试，在轨试验阶段，通过飞行控制指令使霍尔电推进系统按飞行程序完成试验流程。通过地面接收的数据判断霍尔电推进系统在轨产品状态，初步处理数据，交用户进行分析和研究；

（6）在轨测试完成后，编写霍尔电推进系统在轨测试总结报告，完成霍尔电推进系统在轨飞行测试评审。

霍尔电推进系统在发射场阶段的主线工作如下：

（1）霍尔电推进系统电性能测试；

（2）霍尔电推进系统密封性检查；

（3）霍尔电推进系统参加整星（器）供电检查及模飞测试；

（4）霍尔电推进系统保护件拆除及热控多层修复（若有）；

（5）霍尔推力器导通绝缘测试及霍尔推力器安装（如霍尔推力器在发射场阶段装配的情况）；

（6）发射区电性能测试。

此外，为保证霍尔电推进系统在发射场阶段工作顺利进行，一般还需开展以下辅线工作，为主线任务提供保障：

（1）霍尔电推进系统地面设备恢复、状态确认和调试；

（2）地面设备与发射场厂房接口检查。

7.4.3　霍尔电推进系统在轨飞行控制策略

1. 飞控程序设计原则

（1）霍尔电推进系统在轨飞行时序的制定应在整星可用资源包络的约束条件下，最大限度地选取有利于霍尔电推进系统运行和长寿命的在轨工作方式；

（2）霍尔电推进系统在轨飞行所执行的任何动作与流程都必须是经过地面试验严格验证的；

（3）霍尔电推进系统通过自主程序所完成的任务应尽可能被单步指令条件所覆盖；

（4）霍尔电推进系统的飞行故障检测与处理的首要目标是确保系统电回路不受损害，应选取能够直接或间接反映系统电路可能出现过流的参数，霍尔电推进系统故障处理步骤必须遵循先关机后处理、先电路后气路的准则；

（5）霍尔电推进系统在轨飞行时序应在满足（1）的条件下，兼顾系统工作流程简化，系统效能提高与系统资源损耗降低。

2. 飞控程序流程

霍尔电推进系统在轨飞行流程通常包括任务主程序和独立子程序，典型的任务飞行程序流程关联图如图7-3所示。其中，霍尔电推进系统控制单元在数管系统指令的控制下，根据霍尔电推进系统在不同时期的控制策略需求，运行任务主程序，按照既定的飞行时序自主完成系统的自检、预处理和自主飞行控制任务，实现在运行过程中的遥测参数采集及与数管系统间的数据交换功能。

霍尔电推进系统在轨主要执行以下任务主程序：① 霍尔电推进系统电路状态自检程序；② 霍尔电推进系统气路除气程序；③ 霍尔电推进系统气路状态自检程序；④ 阴极预处理程序（该程序可采用单步指令程序完成）；⑤ 霍尔电推进系统自主飞行程序；⑥ 霍尔电推进系统关机程序；⑦ 功率处理单元关机程序。

霍尔电推进系统在执行主程序时，根据流程任务需求执行以下独立子程序，实现主程序执行过程霍尔电推进系统状态检测、状态控制和故障自主化处理：① 气

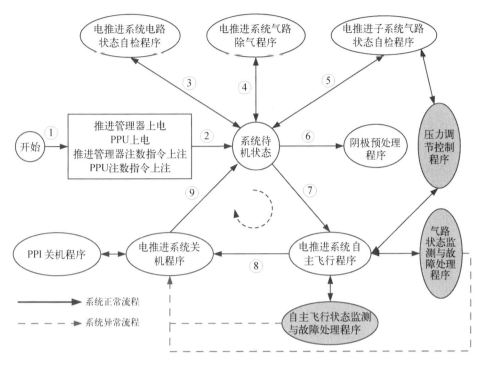

图 7-3　电推进系统飞行程序流程示意图

路状态监测与故障处理程序;② 压力调节控制程序;③ 自主飞行状态阳极监测与故障处理程序;

霍尔电推进系统随整星(器)发射入轨后,在控制单元、功率处理单元上电后,系统自主进入待机状态,此时系统能接收并执行整星发送的指令,采集并上传遥测。

在整星指令控制下,霍尔电推进系统将依次执行霍尔电推进系统电路状态自检程序、霍尔电推进系统气路除气程序、霍尔电推进系统气路状态自检程序、阴极预处理程序。通过以上 4 个程序,霍尔电推进系统完成了整个系统的在轨初始化,确认了系统各单机的基本状态,如无异常情况,系统即准备就绪,具备开展在轨点火工作条件。在执行以上程序过程中,如果出现异常情况,将中断正在运行的程序,并执行霍尔电推进系统关机程序。以上三个程序属于霍尔电推进系统在轨初始化流程,通常只需在霍尔电推进系统首次点火前执行 1 次。

霍尔电推进系统完成在轨初始化程序后,在适当的时机,系统将执行自主飞行程序,完成霍尔电推进系统在轨自主点火工作,霍尔电推进系统每次点火成功后,将根据需求同时执行相关故障检测程序,每当霍尔电推进系统在接到整星指令要求或者出现异常情况后,系统将自动终止执行自主飞行程序,并执行霍尔电推进系统关机程序。

1）霍尔电推进系统电路状态自检程序

霍尔电推进系统电路状态自检程序，通过控制各个电源模块开关和输出，根据信号采集结果，检测霍尔电推进系统电路是否满足霍尔电推进系统任务需求。霍尔电推进系统电路状态自检程序，在霍尔电推进系统入轨后执行一次以确认系统电路状态，在电推进进入在轨运行后一般不再执行。

2）霍尔电推进系统气路除气程序

霍尔电推进系统气路在正式开始全模块全功能运行前，需要进行气路除气程序，通过排空管路中的残余气体，保证输送推进剂的纯度。

3）霍尔电推进系统气路状态自检程序

霍尔电推进系统气路在正式开始全模块、全功能运行前，需要进行气路状态自检程序，检测贮供单元状态，确认气路控制与贮供模块的性能与功能满足霍尔电推进系统任务需求。

4）阴极预处理程序

霍尔电推进系统阴极预处理流程包含了多个对阴极的加热—冷却循环流程，阴极预处理程序通常在轨只执行 1 次，因此可采用自主程序或单步流程执行。

5）霍尔电推进系统自主飞行程序

霍尔电推进系统在完成一系列系统初始化过程后，具备在轨点火工作条件。霍尔电推进系统在指令驱动下，运行自主飞行程序，自主化完成系统的电路、气路配置，并按既定的时序启动电路和气路，实现霍尔电推进系统的工作。

6）霍尔电推进系统关机程序

霍尔电推进系统关机程序用于正常或异常情况下的系统关机，主要流程是先启动 PPU 关机程序，实现霍尔推力器供电电路关闭，使推力器停止工作，然后再依次关闭贮供单元的相关阀门，实现霍尔推力器供气路关闭，并终止其他子程序，最终实现霍尔电推进系统关机。

7）功率处理单元关机程序

功率处理单元关机程序用于 PPU 内部各电源模块关机，功率处理单元关机程序属于 PPU 内部程序，当 PPU 接收到 PPU 关机程序指令后，将依照既定顺序依次关闭各电源模块，最后关闭功率母线。

8）气路状态监测与故障处理程序

气路状态监测与故障处理程序主要通过监测气路的压力，判定气路的工作状态，并在气路模块超压时执行放气程序，防止气路超压。气路状态监测与故障处理程序是一个循环执行程序，可在霍尔电推进系统待机状态及自主飞行程序执行过程中独立执行。

9）压力调节控制程序

压力调节控制程序主要用于精确控制霍尔推力器节流器的输入压力，对于目前常见的 Bang-Bang 阀压力控制技术,压力调节控制程序用于实现缓冲气罐的压力精确控制。通讨采集气罐下游的压力值,判断实际压力值与给定上下限的大小关系,按照既定的策略控制上游的电磁阀开启与关闭,使气罐压力始终稳定在给定值范围内。压力调节控制程序是一个循环执行程序。

压力调节控制程序控制和异步控制是压力调节控制程序控制的两种方式,一般默认采用同步控制方式,只有在气路异常情况下才会采用异步控制方式。

10)自主飞行状态监测与故障处理程序

自主飞行状态监测与故障处理程序主要用于自主监测霍尔电推进系统在自主飞行程序过程中,通过采集 PPU 的电压电流参数,依据既定的容许范围判断霍尔推力器工作是否正常,并针对异常情况进行故障自主处理。

自主飞行状态监测与故障处理程序是一个循环执行程序,只在霍尔电推进系统自主飞行程序执行过程中按需求启动。

3. 飞控软件遥测遥控要求

1)遥控指令接收处理

霍尔电推进系统软件对整星发送的总线指令进行接收,判别,送出应答。控制单元的 CPU 软件根据缓存的指令内容,实现霍尔电推进系统流量的稳定控制、电能的精确输出、系统故障检测功能的使能或者禁止,以及遥测数据的发送等功能。霍尔电推进系统软件完成的功能如下:

(1)读取缓存的指令内容数据,根据指令内容完成对应的任务;

(2)将合法指令内容进行译码、存储,并置对应的计算机状态标志;

霍尔电推进系统的总线遥控指令主要实现贮供单元阀门控制、供电电源模块控制、霍尔电推进系统可变参数配置、霍尔电推进系统飞行流程控制、霍尔电推进系统运行控制功能,具体如表 7-4 所示。

表 7-4　霍尔电推进总线遥控指令类型表

序　号	指　令　功　能	指　令　描　述
1	贮供单元阀门控制	阀门开指令
2		阀门关指令
3	供电电源模块控制	电源子模块开指令
4		电源自模块关指令
5	霍尔电推进系统可变参数配置	电气路配置指令
6		工作参数注入指令

序　号	指　令　功　能	指　令　描　述
7	霍尔电推进系统飞行流程控制	飞行主程序运行指令
8		飞行主程序终止指令
9		飞行子程序使能指令
10		飞行子程序禁止指令
11	霍尔电推进系统运行控制	阳极电源过流保护恢复
12		紧急关机指令恢复
13		霍尔电推进系统关机程序
14		功率处理单元关机程序

此外,霍尔电推进系统直接指令通常还包括部分直接指令,实现整星(器)对霍尔电推进系统主要电子单机控制单元、功率处理单元通断电的直接控制。常见直接指令内容如表 7-5 所示。

表 7-5　霍尔电推进系统直接指令类型表

序　号	指　令　功　能	指　令　描　述
1	霍尔电推进系统控制单元、功率处理单元通断直接控制	控制单元主机加电指令
2		控制单元备机加电指令
3		控制单元主备机断电指令
4		DICU 开机
5		DICU 关机
6		功率处理单元紧急关机

2）遥测数据采集与发送

霍尔电推进系统工作时,软件采集压力传感器遥测数据,采集温度传感器数据并缓存、读取阀门功率驱动开关状态和各供电子模块开关状态,然后将遥测数据、运行状态、异常状态等遥测信息按照遥测格式进行组帧,最后将遥测数据通过总线发送至整星(器)数管。霍尔电推进系统常规总线遥测类型如表 7-6 所示。

表 7－6　霍尔电推进系统总线遥测类型表

序　号	遥　测　类　型	指　令　描　述
1	霍尔电推进系统组件及模块工作状态	阀门开关状态
2		母线开关状态
3		供电电源子模块开关状态
4		霍尔推力器工作状态
5	霍尔电推进系统传感器参数	压力传感器遥测
6		温度传感器遥测
7	霍尔电推进系统电路工作参数	供电电源子模块工作模式配置
8		供电电源子模块电压输出控制
9		供电电源子模块电流输出控制
10		供电电源子模块输出电压
11		供电电源子模块输出电流
12	霍尔电推进系统飞行流程执行	飞行主程序运行状态
13		飞行子程序运行状态

霍尔电推进系统除常规总线遥测外,通常还包括由数管完成的控制单元、功率处理单元的直接遥测,如表 7－7 所示。

表 7－7　霍尔电推进系统直接遥测类型表

序　号	遥　测　类　型	遥　测　名　称
1	霍尔电推进系统控制单元、功率处理单元直接通断控制状态	控制单元主份加断电状态
2		控制单元备份加断电状态
3		功率处理单元 DICU 开关机状态
4		功率处理单元功率母线开关机状态

7.4.4　测发和在轨应用工作重点与完成标志

1. 工作重点

霍尔电推进系统在测发阶段的工作重点是按发射场技术流程完成全部测试和

发射准备工作,在轨应用阶段的工作重点是按既定的飞行任务流程,完成全系统状态确认和初始化,保障霍尔电推进系统在轨顺利完成工作任务。

霍尔电推进系统产品测发阶段的管理重点是在运输、发射场电性能测试及发射中杜绝失误,确保霍尔电推进系统的良好技术状态和状态设置,使设备正常入轨并在入轨后正常开展空间试验。

2. 完成标志

霍尔电推进系统在测发与飞行试验阶段完成标志主要包括以下内容:

(1)霍尔电推进系统在轨飞行试验(留轨长期管理除外)圆满结束,霍尔电推进系统工作正常,产品性能、功能满足任务指标要求;

(2)霍尔电推进系统地面比对试验、地面同步试验完成,试验对比结果天地一致性良好;

(3)霍尔电推进系统完成相关的应用研究任务,达到了总体任务书规定的目标。

参考文献

[1] 袁家军.航天产品工程.北京:中国宇航出版社,2011.

[2] 袁家军.航天产品成熟度研究.航天器工程,2011,20(1):1 - 7.

[3] 于凤亭,陈寿根,吴开林,等.航天产品项目阶段划分和策划:QJ 3133 - 2001.北京:中国航天标准化研究所,2001.

[4] 韩泉东,任建军,沈俊,等.空间推进系统试验项目和要求:Q/QJA 336 - 2015.北京:中国航天标准化与产品保证研究院,2015.

[5] 王敏,仲小清,王珏,等.电推进航天器总体设计.北京:科学出版社,2019.

[6] 金广明,康亮杰."天和"核心舱霍尔电推进子系统设计.中国航天,2021(8):22 - 27.

[7] 徐福祥,林华宝,侯深渊,等.卫星工程概论:上册.北京:宇航出版社,2003.

[8] 罗刚桥.地球静止轨道卫星寿命末期离轨方案研究.航天器环境工程,2005,22(2):73 - 76.

[9] 马雪,韩冬,汤亮.电推进卫星角动量卸载研究.中国空间科学技术,2016,36(1):70 - 76.

实践篇

第8章

霍尔推力器工程研制

霍尔推力器是霍尔电推进系统中具有独立功能的关键组件,是系统实现基本功能的核心。在霍尔电推进的工程研制过程中,霍尔推力器必须按照电推进的工作条件和任务要求,实现稳定的推力输出,并需要和电推进系统其他单机进行匹配优化,通过不断的改进、迭代,提升单机及电推进系统产品的成熟度和工程化水平。

通常意义上的霍尔推力器包括霍尔加速器和空心阴极两部分,本章的霍尔推力器仅涉及霍尔加速器部分(空心阴极工程研制另章介绍),主要介绍其工程研制过程中不同阶段的流程设置、方案选择、关键技术攻关、可靠性验证和阶段完成标志,并给出霍尔推力器工程研制中的一些典型案例。

8.1 霍尔推力器研制特点及基本要求

8.1.1 研制特点

霍尔推力器设计是一个多学科融合的集成设计过程,涉及等离子物理、电磁学、传热学、流体力学及结构力学等学科。因此,霍尔推力器工程研制过程中有着与其他航天产品不同的显著特点。

1. 多学科集成设计

霍尔推力器设计的主要目标,是获得霍尔推力器稳定放电所需的特定磁场位型,保证该磁场位型在不同功率、电压、推进剂流量下均能稳定工作,并且具有较优的性能和寿命指标。同时,作为一个航天产品,还需要同时满足空间应用过程中力、热、电磁、空间辐射、原子氧等多种环境适应性的要求。因此,在霍尔推力器工程设计过程中,对材料的选择和电场、磁场、力、热的融合设计提出了很高要求。

2. 寿命验证投入大、周期长

霍尔推力器使用寿命一般数千小时至数万小时,仅 1∶1 寿命试验验证一项,所花费的时间就要以年计,以全电推进卫星平台用 HET - 300 多模式霍尔推力器为例,其设计寿命一般大于 30 000 h,扣除设备保养维护时间,仅持续点火时间就接近两年,同时要投入巨大的人力物力成本,已经远远超出实际可承受的资金投入和研发周期。

3. 满足航天产品特定要求

霍尔推力器应用场景主要是航天器的推进系统,受研制成本限制,每一批产品的数量一般都很少,因此霍尔推力器必须具有航天产品的小子样、体积小、重量轻、长寿命、免维修、高可靠等特点。同时,霍尔推力器还要满足不同航天器的不同空间适应性的苛刻要求。

8.1.2 霍尔推力器产品基本要求

1. 功能要求

霍尔推力器的最基本的功能就是在霍尔电推进系统其他单机提供的额定供电和供气条件下输出额定的推力,推力性能是霍尔推力器最重要的性能指标,包括推力大小、推力调制范围、推力分辨及准确度、推力噪声等。

为了保证航天器地面测试、发射前准备、在轨飞行等过程的顺利进行,霍尔推力器还需要适应这些应用场景。例如,为实现与航天器间的相互兼容,需要具备可靠的机械接口和电接口;为保证航天器的用电安全,需具备与供气管路之间实现气路绝缘的功能等。

2. 工作条件要求

霍尔推力器要正常工作需要由系统内的其他单机为其提供供电、供气等基本的工作条件。

1)供电条件

阴极作为霍尔推力器的重要组件,在霍尔推力器点火前要首先完成阴极点火,因此需要对其提供供电,主要包括阴极加热电源、阴极点火电源、阴极触持电源。霍尔推力器阴极完成点火后,需开启霍尔推力器内/外励磁电源、阳极电源以完成推力器点火。其中,阴极点火电源为电压脉冲电源,励磁电源、阴极加热电源、阴极触持电源为恒流输出电源,阳极电源为恒压输出电源。

2)供气条件

霍尔推力器的主流工作介质是以氙气、氪气为代表的惰性气体,供气条件主要是对上述气体推进剂压力、流率和纯度的控制,以保证推力器在特定工况下稳定工作。

3. 性能指标要求

霍尔推力器的主要性能参数有推力 F、比冲 I_{sp}、效率 η、功率 P、功率推力比、最小冲量和总冲等。

除这些主要参数外,霍尔推力器性能指标还包括点火启动时间、单次工作时间、束流发散角和推力偏角等指标。

4. 寿命、可靠性和安全性要求

1）寿命

霍尔推力器的寿命主要包含以下几个方面的内容。

（1）累计工作时间是指霍尔推力器在所有工况下工作的累计工作时间总和。该指标与航天器在轨任务及地面测试周期相关。根据航天器在轨的总冲量要求，结合霍尔推力器的工作模式和输出推力大小，可以推算出霍尔推力器在轨的工作时长。在此基础上，考虑一定的设计裕度及地面测试时间，给出最终产品的累计工作时间。

（2）开关机次数：霍尔推力器从空心阴极开始加热、点火到推力器点火成功，工作特定时间关闭推力器，为一次开关机周期。该指标与累计工作时间类似，与在轨任务相关。例如，同步轨道卫星在轨道转移阶段单次工作时间很长，在南北位保时工作时间较短，因此对应的开关机次数恰好相反。在考虑在轨使用裕度的同时要考虑地面测试项目对开关机次数的要求，给出综合的开关机次数需求。

（3）贮存时间是指霍尔推力器单机产品完成研制后，在地面一定条件下容许的最长贮存周期。一般要求单机至少具备存储 3 年的能力。

2）可靠性

霍尔推力器可靠性是指在霍尔推力器工作所需条件均满足的情况下，其能够稳定输出所需推力的概率。不同的工程应用阶段对可靠度的要求不同，在地面测试、发射场测试及入轨后的前期使用阶段，对其可靠度要求较高，基本要求在 0.999 以上；在轨寿命末期，可靠度要求相对较低，一般不小于 0.9。对于重大型号或复杂的空间任务，可以在不同的应用阶段提出不同的可靠度要求。

3）安全性

（1）气路安全性。

霍尔推力器大多采用氙气、氪气等惰性气体作为推进剂，推进剂与一般材料均有良好的相容性，且不存在易燃、剧毒等问题。因此，霍尔推力器气路安全性的工作重点主要是防泄漏、防堵塞等，具体工作涉及管路接头连接形式、阳极部件洁净程度、焊缝焊接质量控制、管路气密性、通气性及多余物控制等。

（2）电路安全性。

霍尔推力器为高压强电放电装置，推力器阳极最大工作电压可上千伏，当阳极绝缘器件破裂或有金属多余物或电绝缘器隔离失效时，将造成阳极短路和电极间击穿打火，影响霍尔电推进系统本身及航天器的安全，因此在电安全性方面有较强的要求。

5. 接口要求

1）机械接口

机械接口是指霍尔推力器与系统其他单机（或航天器）连接的机械特征。主要包括如下几个方面。

（1）包络尺寸指霍尔推力器的最大轮廓尺寸。该尺寸一般用于确定推力器在航天器上的安装位置，避免超出最大包络尺寸或与航天器产生干涉。

（2）质量：霍尔推力器的实际质量包含本体质量及配套电缆和管路质量，由于不同航天器对霍尔推力器甩线长度要求差异，同款霍尔推力器的整体质量会相应变化。在霍尔推力器设计时，还需要提供推力器的质心分布特征，以便于整星开展质量特性分析。一般以推力器喷口面为 XY 平面，推力输出方向为正 Z 轴建立推力器的三维坐标系，并在此坐标系内明确质心位置。

（3）安装接口：霍尔推力器一般需要安装于矢量调节机构上，其安装接口要求包括推力器与矢量调节机构（或航天器）的安装形式，如螺纹接口数量、螺钉规格等；推力器安装面的要求，如安装面尺寸、平面度、粗糙度、安装面积及表面状态等。

2）热接口

热接口要求中需要对霍尔推力器的对外热特性作出确定，以保证推力器自身可稳定工作，同时不影响其他单机的稳定可靠工作。相关具体要求包括以下内容。

（1）表面特定及发热量：需对霍尔推力器的表面热控特性提出明确要求，如是否有热控材料包覆、是否有特殊处理等，通常霍尔推力器外表面采用喷涂陶瓷等措施提高其辐射散热性能。一般而言，上述要求是基于航天器、霍尔电推进系统及霍尔推力器单机的热分析结果而综合确定的。霍尔推力器发热量一般根据其实际工况和效率等进行理论计算获得。

（2）工作温度范围：主要包括启动温度和热试验温度。启动温度是指推力器点火工作前的温度范围。一般指在轨时的点火前温度，也是航天器热控系统对霍尔推力器的控温范围。在霍尔推力器产品研制过程中的热真空试验时，试验温度需在启动温度上下限进行拉偏。一般验收级热真空试验的试验温度上下各拉偏10℃；鉴定级热真空试验的试验温度上下各拉偏20℃。

（3）测温点：在热接口要求中，还需对霍尔推力器的温度监测点数量、位置、测温元器件规格及安装方式作出规定。由于霍尔推力器工作区域分布有等离子体及高温环境，温度监测点都布置于推力器的外壳而非内部。在其中要选取一个作为温度控制点（一般用安装面的温度监测点）以确定工作启动温度。

3）电接口

霍尔推力器电接口至少要规定两方面的要求：一是霍尔推力器与航天器的接地方式和接地电阻要求；二是霍尔推力器与系统供电线缆的接口形式、接点定义和绝缘要求。若选取电连接器和导线则需对高温、高压及抗辐照性能进行明确规定，也可在霍尔推力器设计完成后，在原材料采购规范中明确。

6. 环境适应性要求

1）基本要求

霍尔推力器在地面存储、运输和发射时要能够耐受住各种力学、温湿度环境等的影响,并需要在空间辐射和真空环境下工作。

环境适用性需要通过地面试验进行测试验证。试验的标准和等级依据航天器使用的霍尔推力器产品的技术成熟度和产品成熟度不同而分为四类[1]。

A 类:完全继承已经通过鉴定的产品,在设计、制造、元器件、工艺、材料、承制方等方面没有更改,其设计规范和技术要求(包括性能、可靠性、设计寿命、环境条件等)均不高于被继承产品,不需要进行鉴定试验,只需进行验收试验。

B 类:继承已经通过鉴定的产品,在设计、制造、元器件、工艺、材料、承制方等方面均没有较大的更改,当继承产品的使用环境或性能要求不高于被继承产品时,需要进行验收试验或准鉴定试验,当继承产品使用环境或性能要求高于被继承产品时,需要进行准鉴定试验或补充鉴定试验。

C 类:继承已经通过鉴定的产品,但在设计、制造、元器件、工艺、材料、承制方等方面有较大更改的产品,需要进行相应的补充鉴定或全面的鉴定试验。

D 类:新研制的产品,需要进行全面鉴定试验。

2) 环境试验顺序

一般鉴定试验的典型流程如图 8-1 所示。工程件、结构模拟件和配重件的试验流程根据具体型号的试验矩阵规定的试验项目,可参照此流程进行调整和增减。

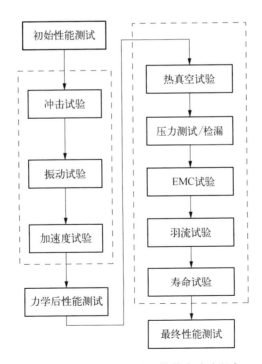

图 8-1 霍尔推力器产品的鉴定试验顺序

7. 专项试验要求

1）EMC 试验

霍尔推力器一般安装于航天器的外表面且远离发射天线等载荷。开展霍尔推力器电磁兼容性和电磁特性测试的主要目的是测量霍尔推力器在不同工作模式下的电磁辐射特性,考察推力器在扩展频段的电磁发射特性,便于以此为依据分析电推进系统与航天器间电磁兼容性。

2）羽流试验

霍尔推力器羽流专项验证试验主要针对航天器型号总体最关注的两个羽流效应——污染及表面充放电问题进行电推进羽流特性参数测试、污染效应和充放电效应的地面实际验证试验。

试验内容大概包含: ① 推力器羽流特性参数测量;② 返流区等离子体特性参数测量;③ 羽流充放电效应验证试验;④ 羽流污染效应验证试验;⑤ 其他附加测试项目。

3）寿命试验

霍尔推力器寿命试验是霍尔推力器工程研制中鉴定阶段的一项重要考核验证项目,其目的是考核霍尔推力器持续累积工作能力、开关机点火能力,验证其工作寿命是否满足型号使用要求。同时,获取寿命关键特征参数,为寿命预测模型提供基础数据,并开展小子样数的可靠性评估方法研究,完成霍尔推力器寿命期间的工作可靠性评估。此外,从寿命试验中获取的寿命期间推力器的性能衰减特性及电气参数补偿数据,可为在轨应用提供数据支持。

根据霍尔推力器在轨应用的方式,地面寿命试验包含两种试验验证模式:① 开关机循环点火工作模式,此种试验模式主要针对如南北位保任务中霍尔推力器需要重复开关机的使用工况;② 持续累计工作模式,此种工作模式主要针对轨道转移及深空探测主推进霍尔推力器单次工作时间较长的应用模式,主要验证持续累计工作能力及寿命。

8.2　霍尔推力器原理样机研制

8.2.1　原理样机研制目标

霍尔推力器原理样机研制阶段,主要目标是实现推力器产品的功能和主要性能,解决从理论研究到实物研制的呈现过程。研制原理样机产品,经过规范的测试和试验验证,确认其功能和主要性能指标已经达到产品要求。完成该阶段研制后,霍尔推力器产品的技术成熟度达到 4 级、产品成熟度达到 1 级。

8.2.2　技术指标确定

霍尔推力器的技术指标需要结合航天器的实际需求及国内外应用情况综合考

虑来确定,包括在轨任务、工作策略、指令要求、母线要求、系统干重、输入功率、输出推力、比冲、推进剂携带量、工作寿命、开关机次数等。

其中,在轨任务需与航天器整体需求做多轮迭代以明确推力器配置数量、工作模式及需要提供的总速度增量,从而进一步确定所需的推进剂携带量和推力器累计工作时间等参数。在上述指标确定的基础上,确定推力器最终的设计指标,以满足航天器实际工程应用需求。

目前,霍尔推力器研发一般先于具体型号工程应用,因此实际指标的制定更多是从产品自身的先进性与实用性出发,尽可能提高产品的性能指标,拓展单一产品的实际应用范围,如多模式工作、大范围功率可调、通用化、模块化、低成本设计,以满足不同航天器不同应用场景的实际需求。

8.2.3　性能影响因素

霍尔推力器主要由磁路系统、放电室、阳极气体分配器、气体绝缘器、空心阴极等部件组成,如图 8-2 所示。在霍尔推力器设计过程中,要综合考虑各种影响推力器性能的因素,主要包括以下几点。

（1）推力器的结构。如加速腔的几何结构,尺寸,材料物性和阳极的类型；

（2）磁场在加速腔内外的大小和分布；

（3）推力器的工作点。如放电电压、阳极和阴极工质的质量流率、磁路线圈的电流大小和匹配关系；

（4）推力器的供电。如推力器和 PPU 之间的电路和参数,滤波器的类型和参数选择；

（5）阴极类型及其工作模式和发射特性；

（6）阴极与本体的相对安装位置与角度；

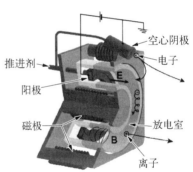

图 8-2　霍尔推力器构成图

（7）推力器的工作历史。如放电通道表面微观结构及宏观几何形状随工作时间的改变,加速器部件的污染程度等。

8.2.4　霍尔加速器设计

霍尔加速器原理样机阶段的方案设计分为产品初次研制、产品重复生产和使用、产品升级改进等三种情况。

对于产品初次研制的情况,工作重点是根据技术指标要求,开展国内外同类产品调研,考虑有无成熟的部件或成熟的技术可以借鉴,仔细分析利用成熟的部件是否能全面满足特定任务要求。通过设计仿真分析,确定技术方案,主要包括磁路方案、放电室结构、核心尺寸、阳极气体分配器等设计。

　　对于产品重复生产和使用的情况,工作重点是保证产品功能性能和生产质量稳定性,识别出已有产品可以继承的、需要改进的、重新设计的技术,确定关键技术、攻关项目和技术流程,完善和细化已有产品的基线和关键特性。

　　对于产品升级改进的情况,工作重点是提升货架式产品的成熟度。应通过成功数据包络分析不断完善、优化三类关键特性数据和产品基线,提升产品数据包的精细化程度,减小产品各项指标的离散程度,提高产品的一致性水平。

　　不论是上述哪一种情况,原理样机阶段的工作最大包络包括:关键技术攻关,产品功能、性能的设计和实现。具体工程研制时,可以根据已有基础进行裁剪。霍尔推力器原理样机研制流程如图 8-3 所示。

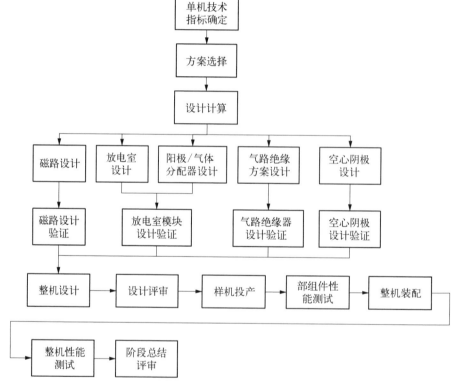

图 8-3　霍尔推力器原理样机研制流程图

1. 霍尔加速器方案选择

　　对霍尔推力器来说,提高性能最直接的途径是提高推力器的工作电压,前期研究发现:霍尔推力器比冲与放电电压的平方根成正比。霍尔推力器离子高压加速技术方案主要分为高电压的阳极层双级加速方案、串联多级磁场加速方案及磁层等离子体推力器静电加速方案三种技术方案。

1）阳极层双级加速方案[2-10]

阳极层双级加速技术是霍尔推力器的一种新型技术,具有高比冲、高效率等优点。阳极层霍尔推力器是将放电区域限制在阳极附近(阳极层),放电室通常采用导电材料,放电通道较短,稳态等离子体推力器和阳极层霍尔推力器结构示意图见图 8-4。阳极层霍尔推力器的阳极结构主要分为两种,见图 8-5,一种是单极阳极,一种是双级阳极。单极阳极层霍尔推力器利用单个阳极完成工质的电离和离子的加速;双级阳极层推力器阳极分两级,第一级用于工质电离,第二级用于离子加速。相对单极,双级阳极层霍尔推力器具有:① 电子能量损失少,更多的功率用于产生推力;② 高能电子回流到阳极数量少,避免阳极过热,同时提高了推力器效率;③ 推进剂的电离和加速分开,可以获得更高的比冲等优点。

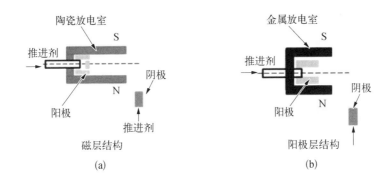

图 8-4　磁层推力器和阳极层推力器结构示意图

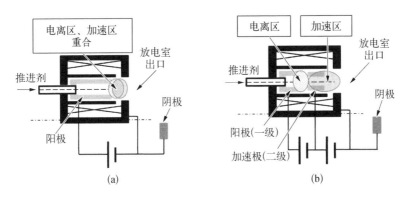

图 8-5　单极阳极层推力器和双级阳极层推力器

研究表明,单极阳极层霍尔推力器比冲在 1 000~3 000 s,比冲超过 3 000 s 放电不稳定且存在过热现象。而双级阳极层霍尔推力器比冲可以达到 3 000 s 以上。由于到达阳极电子数减少,提高了推力器的效率,可达 60% 以上。图 8-6 为典型的阳极层推力器磁场构型。

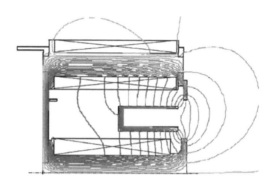

图 8-6　典型的阳极层推力器磁场构型

2）串联多级磁场技术

串联多级磁场技术是霍尔推力器另一新型技术,该技术由 Thales 公司提出,并以该技术为基础研制出高效率多级等离子体推力器(high efficient multistage plasma, HEMP)[11-15]。HEMP 工作原理见图 8-7,在常规霍尔推力器基础上,采用串联多级磁场技术,将放电过程分散到几个磁单元中,并约束在轴线附近,在出口处实现羽流的约束。由于平行于放电室壁面的磁场的存在,等离子体与放电室壁几乎没有碰撞,大大减小了等离子体壁的削蚀,从而减少热量生成,提高效率,延长放电室寿命,提高推力器性能。

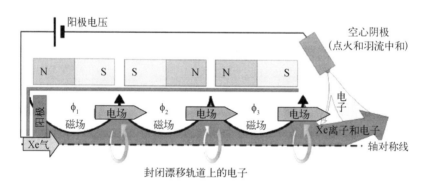

图 8-7　HEMP 推力器工作原理

研究表明,采用串联多级磁场技术的 HEMP 推力器寿命在 20 000 h 以上,比冲可达 3 000 s 以上,且具有强大的推力、功率调节能力,在深空探测、GEO 卫星及空间站等领域具有广阔的应用前景。

采用串联多级磁场技术提高推力器的比冲和寿命,该技术的关键在于多级磁场拓扑结构的建立,主要方案是采用多级永磁铁包围放电通道,相邻永磁铁极性相反,通过仿真计算与试验确定最佳拓扑结构。

3）磁层等离子体静电加速技术

磁层霍尔推力器在磁场的作用下产生沿轴向的电势不均匀分布,如图 8-8 所示,在放电出口附近产生较大的电势降,推力器中的离子在此静电势降的作用下加速喷出。因此,电势降的大小直接决定着喷出离子的速度和推力器的比冲。这种设计方案简单可靠,已经经过空间应用验证,目前空间应用的霍尔推力器都采用这种结构设计;此外,磁场的设计灵活度大,结合磁屏蔽磁场构型可以达到满意的设计效果。

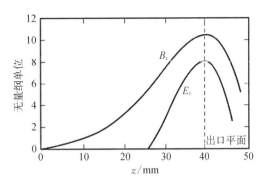

图 8-8　磁层霍尔推力器轴向电磁场分布

4）三种技术方案对比

上述的三种设计方案优缺点如表 8-1 所示。

表 8-1　三种技术方案优缺点对比

设计方案	优　　点	缺　　点
磁层静电加速	结构简单,设计灵活度高,可靠性高,成熟度高	比冲偏低
双级阳极层加速	比冲高,效率高	结构较为复杂,寿命短,可靠性低,成熟度低
串联多级磁场加速	比冲高,寿命高	结构复杂,成熟度低

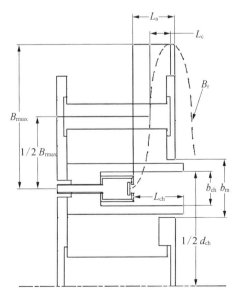

图 8-9　霍尔推力器关键尺寸参数示意图

从上表中可以看出：磁层静电加速设计,比冲偏低,但可靠性及成熟度更高;而另外两种设计,比冲虽高,但成熟度较低,增加了研发难度。综合考虑三种方案的技术成熟度及研制难度,磁层静电加速方案是目前霍尔推力器最为广泛采用的技术方案,下面的内容都是基于该方案进行论述。

2. 霍尔加速器总体结构设计与计算

霍尔推力器内部工作过程复杂,使其设计主要以经验公式为指导,同时结合大量的试验来优化其性能,霍尔加速器的关键尺寸示意图如图 8-9 所示。

图中,b_{ch} 为放电通道宽度;b_m 为内外磁极间距;B_r 为沿放电通道轴向的径向磁感应强度;B_{rmax} 为沿放电通道轴向的径向磁感应强度最大值;$1/2B_{rmax}$ 为沿放电通道轴向的径向磁感应强度最大值的 $1/2$;d_{ch} 为放电通道外直径;L_a 为前面板与阳极之间的距离;L_{ch} 为放电通道长度;L_c 为 B_{rmax} 位置点与 $1/2B_{rmax}$ 位置点之间的距离。

1）霍尔推力器工作约束条件

霍尔推力器稳定、高效地工作需满足下列条件。

（1）准中性条件：

$$n_e \cong n_i \tag{8-1}$$

其中,n_e 为电子密度;n_i 为离子密度。

（2）腔长、宽条件[16]：

$$\frac{L_{ch}}{b_{ch}} > 1 \quad \frac{L_{ch}}{L_b} \geqslant 1 \quad \frac{b_0}{b_{ch}} = 1 \quad \frac{b_{ch} - b_0}{b_0} = 0 \tag{8-2}$$

其中,L_b 为电离区、加速区总长度;b_0 为离子束宽。

（3）腔长约束条件：

$$r_{ce} \ll L_{ch} \ll r_{ci} \tag{8-3}$$

其中,r_{ce} 为电子回旋半径;r_{ci} 为离子回旋半径。

（4）霍尔约束条件：

$$\Omega_i = \omega_i \tau_i \ll 1 \ll \Omega_e = \omega_e \tau_e \tag{8-4}$$

其中, ω_e, ω_i 为电子、离子回旋频率;τ_e, τ_i 为电子、离子回旋周期;Ω_e, Ω_i 为电子、离子霍尔系数。

（5）磁约束条件：

$$\nabla_z B_z > 0 \tag{8-5}$$

霍尔推力器径向磁场沿放电室腔道方向的梯度大于0。

2）关键尺寸计算

参考国内外霍尔加速器设计经验,其具体结构参数通常有如下的设计准则：

$$b_m = 0.3d_{ch} \tag{8-6}$$

$$b_{ch} = 6 + 0.375b_m \tag{8-7}$$

$$L_c = 0.32b_m \tag{8-8}$$

$$L_a = 2L_c \tag{8-9}$$

$$L_{ch} \geqslant 1.1L_a \tag{8-10}$$

设计时,首先通过推力器缩比经验曲线,由推力器的功耗推出放电室的基本尺寸(通道外径 d_{ch})。 然后通过上述公式确定推力器的各主要结构尺寸。以 HET - 300 霍尔推力器为例,推力器推力 300 mN 为设计输入参数,按照国外经验,该推力量级对应的放电室直径为 d_{ch} = 140 mm,采用目前一套较实际可行的经验公式进行简单估算,得到下列霍尔推力器一些主要设计参数。

(1) 磁极间距:

$$b_m = 0.3 \cdot d_{ch} = 42 \text{ mm}$$

在实际推力器设计时,为保证高比冲模式下的寿命,可适当增加出口陶瓷环的厚度,将磁极间距稍做增加,同时能提高磁场梯度,保证推力器性能。

(2) 放电室腔宽:

$$b_{ch} = 6 + 0.375 \cdot b_m = 21.75 \text{ mm}$$

HET - 300 霍尔推力器具备高比冲多模式工作能力,由于高比冲模式下的推进剂流量较小,为保证通道内的粒子密度,在兼顾大推力模式与推进剂大流量的同时,可将放电室腔宽适当减小。

(3) 放电室腔长:

$$L_{ch} \geqslant 1.1 \cdot 2 \cdot 0.32 \cdot b_m = 29.568 \text{ mm}$$

(4) 最大径向磁感应强度:

HET - 300 高比冲多模式霍尔推力器要求工作电压为 300~500 V。根据磁场强度 B 与通道长度 L_{ch} 的要求,电子回旋半径远小于磁场强度,离子回旋半径远大于磁场强度,公式表述为

$$\frac{\sqrt{2m_e/e}}{B}\sqrt{V_d} \ll L_{ch} \ll \frac{\sqrt{2m_i/q_i e}}{B}\sqrt{V_d} \tag{8-11}$$

可见当通道尺寸确定后,通道内的磁场强度应该与放电电压满足一定关系:

$$B \propto \sqrt{V_d} \tag{8-12}$$

对于常规工作电压为 300 V 量级的霍尔推力器,磁场强度约为 140~220 Gs,对于中大功率霍尔推力器(功率 ≥ 5 kW),因为其工作电压范围更广(300~1 000 V 以上),因此中大功率霍尔推力器的磁场强度应满足 140~500 Gs 甚至更大范围的调节能力。

霍尔推力器的总体参数是决定其产品性能的关键因素,在此基础上对推力器内部详细结构进行设计,以使其满足可靠性、安全性等要求。

3. 放电室设计

放电室是决定霍尔推力器最终寿命的重要部件,在离子的高速轰击下,放电室喷口逐渐磨损,磁极附近的壁面被磨损完毕后,离子开始溅射磁极,从而改变磁场结构,使霍尔推力器寿命终结。一般认为,离子溅射造成的放电室材料削蚀是制约霍尔加速器寿命的关键因素。针对工程应用要求,在放电室设计时,必须重点关注以下几个方面的要求:① 材料的二次电子发射性能;② 材料的耐离子溅射能力;③ 结构的力学性能;④ 材料的耐高温能力;⑤ 绝缘性能。

因此,霍尔推力器放电室设计主要从材料选择、结构设计、热设计等方面着手。

1)材料选择

国外[17,18]曾经研究纯 BN 陶瓷、BN/SiO₂、Al₂O₃ 和不锈钢作为放电室材料对霍尔推力器性能的影响。研究表明:虽然 Al₂O₃ 比 BN 更耐溅射,但 Al₂O₃ 放电室的二次电子发射系数高,高能电子碰撞室壁后引起室壁发射能量较低的二次电子(属冷电子),二次电子越多,电子温度越低,二次电子引起轴向电子输运增加,增加电子的近壁传导,从而降低了推力器效率,另外,Al₂O₃ 材料的高温下的离子溅射腐蚀严重,降低了推力器的寿命。因此 Al₂O₃ 不宜做放电室。

金属的二次电子发射系数很低,达不到降低放电室平均电子温度的作用。放电室内过高的电子温度,一方面会导致推进剂气体电离效率下降;另一方面高温电子与离子复合几率增加,减小了离子电流;这两方面因素的同时作用,导致推力器的效率极低。因此,金属不适宜作为霍尔推力器放电室材料。

BN 和 BN/SiO₂ 具有适度二次电子发射能力,大量研究表明[19-23]其作为放电室材料可以保证霍尔推力器具有较高的效率。

图 8-10、图 8-11 分别为不同放电室材料的二次电子发射系数以及溅射产额。通过对比可以看出:① BN/SiO₂ 的二次电子发射系数与纯 BN 接近,既可以维

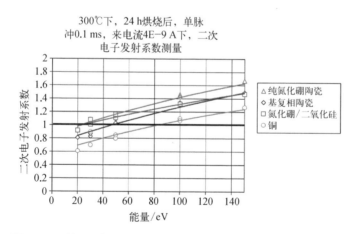

图 8-10 纯 BN 与 BN-SiO₂ 复相材料有接近的二次电子发射系数

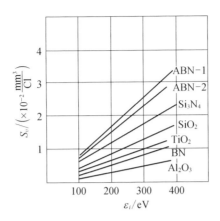

图 8-11　不同材料在不同离子能量下的溅射产额

持稳定的壁面电流,又不会因电流过大降低阳极效率;② BN/SiO₂ 材料耐受等离子体轰击能力较强,更适应长寿命的要求;③ 相对于其他材料,BN/SiO₂ 具有一定的机械加工性能和适用的机械强度。所以,BN/SiO₂ 同时满足上述各项条件,是当前加工放电室的最佳材料。表 8-2 给出了几种不同放电室材料的性能比较。

表 8-2　几种放电室材料比较

材料类型	耐离子溅射能力	致密度	机械强度	二次电子发射系数	加工性	硬度	脆性
BN	中	低	低	适度	中	较硬	较脆
BN/SiO₂	较强	高	较高	适度	好	较硬	稍脆
Al₂O₃	最强	高	较高	高	差	硬	极脆
不锈钢	强	—	高	低	好	硬	—

2）结构设计

在前文霍尔加速器结构设计中,已基本确定放电室的主要结构参数,也就是基本确定了放电室内部形貌,而外轮廓设计需要考虑到长寿命要求。由于溅射削蚀主要发生在放电室出口处,在考虑磁路系统尺寸限制的情况下,可在霍尔推力器放电室出口处内外壁增加翻边结构(图 8-12),从而延长放电室耐削蚀时间,增加霍尔推力器寿命。

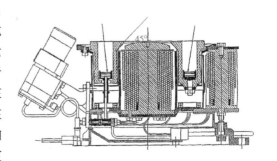

图 8-12　PPS1350 霍尔推力器剖视草图

图 8-13、图 8-14 为 HET-300 霍尔推力器放电室结构模型及放电室组件的三维设计图。

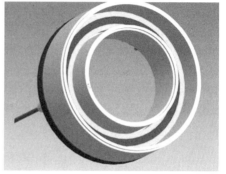

图 8-13　HET-300 霍尔推力器放电室结构

图 8-14　HET-300 放电室组件三维设计图

3）热设计

霍尔推力器放电室的热设计主要采取以下手段：

（1）放电室材料耐高温性能强，而导磁材料温度不能太高，因此设计时，尽可能减少放电室与导磁底板的接触面积，降低热传导；

（2）对于放电室与金属接触位置，需考虑高温下零件的热胀特性，预留足够的热胀空间，以防止放电室因热应力而破裂。

4. 磁路系统设计

1）磁路设计原则

磁场设计是霍尔推力器设计的核心，也是推力器设计难度最大和最关键的部分。磁场设计的好坏，直接决定着霍尔推力器能否达到要求的目标性能，包括比冲、推力等基本性能，以及推力器的工作寿命。

由于霍尔推力器内部电磁过程的复杂性，目前还没有一套完整设计准则来指导磁场设计。磁场设计主要靠经验和试验。针对国内霍尔推力器的磁场设计需求，对国外多个推力器的磁场设计、优化历程及研究经验进行了调研，包括美国的 P5、NASA-173Mv1、NASA-173Mv2、BPT-4000、PPPL 6 kW，俄罗斯的 SPT-140、SPT-100M、ATON 推力器，日本的 THT-VI 等推力器，经过归纳形成以下几点主要设计经验。

（1）透镜状磁场，且两侧沿放电室中线对称。透镜状磁场是霍尔推力器的一贯要求，通过透镜磁场的"磁反射"效应对等离子体进行聚焦，从而减小离子的束发散角和电子的壁面损失，并提高效率；其次是磁透镜轴线与推力器轴线方向平行，NASA 在 NASA-173Mv1 推力器上开展了研究，如图 8-15 所示。图中试验研究了 4 种不同磁透镜轴线指向时,推力器的束发散角情况。结果表明,当磁透镜轴线与推力器轴线平行时(即图中的 CASE1),束发散角最小。图 8-16 为四种不同磁透镜轴线指向时的束发散角试验结果。

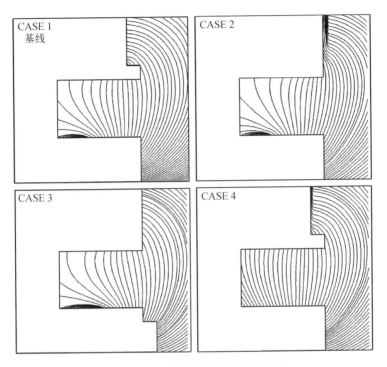

图 8-15 四种不同磁透镜轴线指向

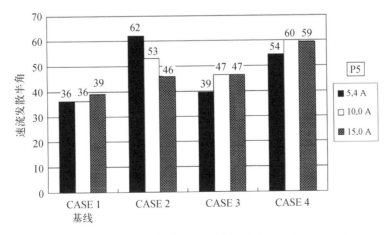

图 8-16 四种不同磁透镜轴线指向时的束发散角试验结果

（2） $\nabla_z B_r > 0$（沿放电室腔道轴向的径向磁场梯度大于0）。

表8-3给出三种不同径向磁场梯度 $\nabla_z B_r$ 对推力器性能的影响。$\nabla_z B_r > 0$ 时，径向磁场从阳极到出口逐渐增加,出口附近磁场最大,在磁场较大区域电子受较强磁场约束,导致轴向电子输运减小,电子容留腔道内时间延长,一方面增加和中性原子碰撞电离,另一方面形成离子加速所需的虚拟电场,这时霍尔推力器工作稳定,振荡小,效率最高。$\nabla_z B_r < 0$ 和 $\nabla_z B_r \approx 0$ 时,电子电流明显上升,会引起推力器不稳定工作,振荡加剧。

表8-3   三种不同径向磁场梯度 $\nabla_z B_r$ 对推力器性能影响

径向磁场梯度	电子和放电电流之比 $\left(\dfrac{I_e}{I_d}\right)$	对推力器性能影响
$\nabla_z B_r < 0$	0.85	不稳定工作,振荡加剧
$\nabla_z B_r \approx 0$	0.5	不稳定工作,振荡加剧
$\nabla_z B_r > 0$	0.35	稳定工作,振荡小,效率高

（3）通道内部尽量大的正磁场梯度。通道内部磁场尽量集中在通道出口处,通道内部(接近阳极)磁场越小越好,磁场弯曲厉害,磁透镜的厚度较薄。此时推力器的电离加速区更集中,通道损失减小,比冲、效率提高。如俄罗斯SPT-100M推力器(SPT-100的升级产品),相对于SPT-100推力器的改进主要就在于此,改进示意图见图8-17。

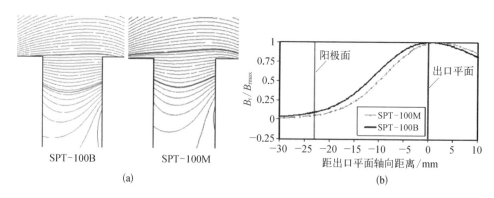

图8-17   SPT-100M相对于第一代SPT-100推力器的磁场改进

2）磁路系统仿真优化设计

根据上述磁路设计原则,开展霍尔推力器磁场构型的仿真设计和优化工作。霍尔推力器磁路系统的设计是一个多目标、多参数、多约束的优化过程:

首先,磁路系统(磁场构型)设计的目标是:确保获得前述 3 条分析的最优磁场构型,同时推力器通道内部的磁场强度大小满足设计输入要求,且磁路系统各导磁部件的导磁能力得到合理充分的利用(不饱和,不无端增重);

其次,磁路系统设计优化的目标参数众多,且部分参数间相互影响,需要反复进行优化。霍尔推力器的磁场构型是其多个结构参数共同作用下的结果,它们主要有:内/外磁极的高度、厚度或直径及空间位置,前/后及内外磁极板的形状与厚度及相对高度,内/外磁屏的高度、厚度与空间位置,内/外磁线圈的形式、位置及安匝数、内/外磁调整线圈的形式、位置及安匝数等。这些都是霍尔推力器磁路系统设计时需要进行设计和优化的目标参数。

HET‑300 霍尔推力器设计过程中,开展了 70 种不同结构、数百种工况下的磁场仿真分析,最终获得较为理想的磁路系统结构设计。图 8‑18 为不同磁路方案下,仿真得到的放电通道中线处径向磁感应强度沿推力器轴线的分布曲线。

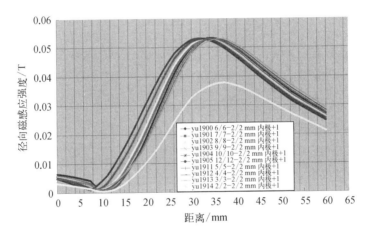

**图 8‑18　不同磁路方案下放电通道中线处径向磁感应
强度沿推力器轴线分布曲线**

图 8‑19 至图 8‑21 分别为 HET‑300 霍尔推力器优化设计后的推力器磁力线分布图、放电通道中线处径向磁感应强度沿推力器轴线分布曲线、仿真优化后的推力器磁路系统图及磁场分布云图。

5. 阳极气体分配器设计

目前,通过对国内外现有各型推力器使用的阳极/气体分配器调研,一般采用阳极与气体分配器二合一的设计方案,既充当阳极又充当气体分配器。

1) 阳极设计

阳极是霍尔推力器放电室内部携带高电压的金属部件,用于在放电室内部构建加速电场(与阴极共同作用),并对等离子体予以加速。

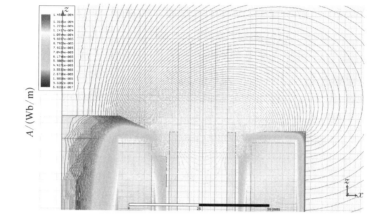

图 8 - 19　仿真优化后的推力器磁力线分布

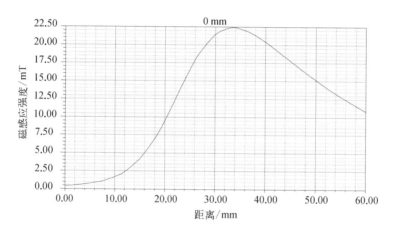

图 8 - 20　放电通道中线处径向磁感应强度沿推力器轴线分布曲线

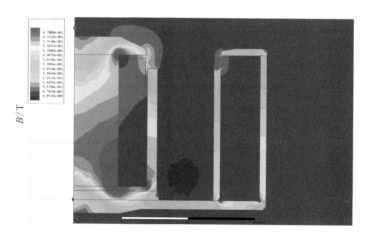

图 8 - 21　仿真优化后的推力器磁路系统图

设计时首先需要保证阳极部件与霍尔推力器其他金属结构间的可靠电绝缘隔离。采用耐高温陶瓷材料实现阳极与霍尔推力器机体结构间的绝缘和隔离，并采用特殊的防等离子体高压击穿的结构设计，保证高压电隔离的可靠性、安全性。

此外，推力器放电时，阳极受到高能电子的持续轰击，温度急剧攀升。阳极设计时还重点考虑了以下方面：① 材料选择。选用了耐高温、抗电子轰击的阳极材料；② 热设计。首先是阳极位置的选取，结合磁场设计，尽量降低轰击阳极的电子能量；其次是尽量避免阳极高温向周围磁极材料的热扩散，从而影响磁路系统的正常工作。

2）气体分配器设计

气体分配器作为推进剂气体的分配机构，设计的目标是将推进剂气体均匀地喷入放电室通道，并尽量减缓推进剂气体在通道内的喷射速度，延长推进剂中性气体在放电通道内部的滞留时间。

有关研究表明，从气体分配器喷出的气体在放电通道内分布越均匀，气体的电离率和利用率越高，推力器工作越稳定，工作效率越高。原子碰撞前的自由程 λ_i 和气体速度 V_{az} 有下列关系：

$$\lambda_i = \frac{V_{az}}{n_e \langle \sigma_i V_e \rangle} \tag{8-13}$$

其中，n_e 是电子密度，$\langle \sigma_i V_e \rangle$ 是电离系数。对于给定气体，电离系数 $\langle \sigma_i V_e \rangle$ 是恒定的，而气体速度 V_{az} 越小，则原子碰撞前的自由程 λ_i 越短，气体就越易电离。

因此，为尽量提高气体均匀性及在放电通道内部的滞留时间，通常采用两级缓冲散射式气体分配器设计方案。工质经气管进入阳极，在第一层缓冲腔内进行初步混合，经过一级分配器上的气孔节流减速后，进入第二层缓冲腔，再次混合均匀后，经二级分配器上内外两侧的节流孔减速，此时喷出的气流为轴向，在内、外挡板的阻碍下，损失轴向动能，再自由扩散到轴向喷出，从而达到延长在放电通道内的停留时间的目的。图8-22为典型的两级缓冲散射式阳极/气体分配器结构图。

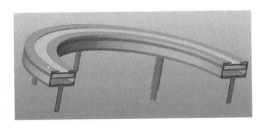

图 8-22　两级缓冲散射式阳极/气体分配器结构

同时，结合流体动力学仿真技术，对气体分配器的设计参数进行流体动力学仿真和优化。优化参数主要包括出气槽宽度、一级分配器喷注孔数量、二级分配器喷注孔数量、喷注孔孔径等。图8-23为HET-300气体分配器仿真图。

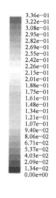
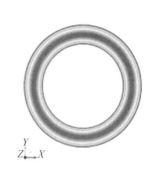

(a) Z=−15 mm截面处速度分布　　　　　(b) Z=−25 mm截面处速度分布

图 8‑23　HET‑300 气体分配器仿真

6. 绝缘设计

在霍尔加速器中,绝缘设计主要体现在气路与壳体绝缘、电路与壳体绝缘、电路之间绝缘等方面。其中,电路与壳体的绝缘、电路之间的绝缘是通过导线的绝缘层保证,在壳体上需要作相应的圆角处理,通常采用灌胶的方式防止导线绝缘层的磨损。

1) 气路与壳体绝缘

气路与壳体的绝缘是通过绝缘器实现的,绝缘器是隔离推力器高压部件与低压区域的核心部件,主要用于隔离高电压的阳极部件及其附属气管。气体绝缘器设计时需要考虑如下几个方面因素:

(1) 采用致密性、机械强度、耐温能力较强绝缘材料,保证具备较好绝缘需求的同时,能够满足力、热及气密性要求;

(2) 金属材料要与绝缘材料之间要具有可焊接性,同时具有相近的热力学特性(如膨胀率等);

(3) 绝缘器内部结构应根据气体绝缘特点进行设计,如采用绝缘陶瓷串联、增加沟槽等方法增加绝缘距离,采用增加绝缘路径和阵列式降压等措施优化绝缘器结构,如典型的阶梯型方案和迷宫式方案;

(4) 为防止推力器点火过程中等离子体区可能的溅射蒸发物质在陶瓷上的沉积,通常在陶瓷外部增加防沉积罩,以有效避免污染沉积,减缓绝缘性能衰减。

(5) 尽量采用多级串联的设计思路,提高绝缘器的耐压能力和绝缘可靠性,避免单级绝缘结构因尖端放电击穿导致绝缘失效。

气体绝缘器一般主要由核心绝缘筒体、金属接头和防沉积罩构成,绝缘材料一般选用陶瓷材料,金属采用与陶瓷焊接性能较好的合金材料,金属与陶瓷采用焊接方式进行连接,如图 8 - 24 为一款常规气体绝缘器结构示意图。

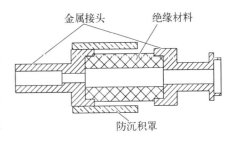

图 8 - 24　常规气体绝缘器结构示意图

气体绝缘器作为推进剂气体的输送部件,设计的目标是将推进剂气体输送到阳极部件并与阳极部件进行高压绝缘,避免推进剂气体在绝缘器内部产生放电击穿,保持推进剂中性气体的特性。

对于高压大功率霍尔推力器,由于推进剂气体流量范围较广,致使绝缘器内部的推进剂气体气压变化较大,因此对绝缘器的设计提出了更高的要求,包括要求更好的压力分布均匀性、更高的耐击穿特性等。

2）阳极与壳体绝缘

霍尔推力器阳极部件在稳定工作时,是整个推力器电压最高的部位,通常电压范围为 300~1 000 V,一旦阳极与壳体的绝缘失效,将导致放电通道内的电场分布严重错乱,产生"打火",推力器无法正常工作,推力器失效。因此,在霍尔推力器设计时需要保证阳极部件与霍尔推力器其他金属结构间的可靠电绝缘隔离,根据 Q/QJA 509 - 2018《航天器电推进高电压防护设计规范》:对于舱外产品,工作环境为高真空环境,安全间隙可以按照 1 000 V/mm 进行设计,因此阳极及放电室与壳体的物理绝缘设计可以保证产品在特定电压下稳定可靠工作。

7. 材料选择

1）选择原则

霍尔推力器材料选择应根据材料的功能、特殊使用环境和产品可靠性要求进行综合考虑。重点考虑材料的导磁能力、居里点、耐高温、耐等离子体溅射、低热传导率、密封性、可加工性等。零件的材料选择须满足下列要求:① 导磁材料应具有较高的饱和磁感应强度、磁导率和居里点;② 材料与工作介质相容;③ 满足机械性能和物理性能(硬度、强度、韧性、膨胀系数等)要求;④ 非金属材料满足高温性能和绝缘性能要求;⑤ 满足使用环境条件要求(尤其是放电室材料);⑥ 满足工艺性要求,尤其是非金属材料与金属材料焊接性能要求;⑦ 满足寿命要求;⑧ 满足贮存要求;⑨ 满足经济性要求。

2）常用材料

霍尔推力器正常工作时需要产生稳定的电磁场,因此导磁材料的选择对霍尔推力器至关重要,常用导磁材料必须选择导磁能力强、居里点高、高磁导率和加工性能优的材料,避免导磁材料在高温下导磁能力下降的问题,从而提高霍尔推力器长时间工作的耐高温能力。表 8 - 4 为霍尔推力器常用材料的热传导率,图 8 - 25、图 8 - 26 为两种导磁材料的磁化曲线。

表 8 - 4　霍尔推力器常用材料热特性[24]

序号	材料名称	常温热传导率/ （W/m·K）	高温热传导率/ （W/m·K）	适用部位
1	电磁纯铁 DT4	41.87~62.8		磁极、磁屏
2	钨	200	113(1 300 K)	
3	钼(Mo - 1)	146.5	93.7(1 300 K)	阳极、绝缘器、 陶瓷焊接过渡金属
4	磁封合金 4J33、4J34	17.6		
5	磁封合金 4J29	20.6(100℃)	25.4(500℃)	
6	钛	15.2	23(1 300 K)	支架
7	石墨	129	298(1 500 K)	防溅射板
8	不锈钢 1Cr18Ni9Ti	16.3(100℃)	28.5(900℃)	线圈骨架、进气管、 电极
9	不锈钢 0Cr18Ni9	16.7(20℃)	25.1(700℃)	
10	95 氧化铝陶瓷	20	6(1 000℃)	放电室、陶瓷 绝缘零件
11	氧化铍陶瓷	200	18(1 000℃)	
12	氮化硼陶瓷	65	15(1 000℃)	

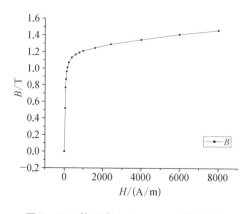

图 8 - 25　软磁合金 Cr17NiTi 磁化曲线

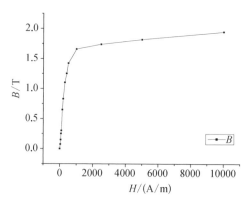

图 8 - 26　电磁纯铁 DT4 磁化曲线

8.2.5 关键技术

1. 磁场技术

霍尔推力器是以电磁联合工作为基础的,合适的电场与磁场结构是推力器正常工作的前提,直接决定着推力器的内部过程和工作性能。推力器的电极形状对电场的影响很小,电场的构造也主要由磁场分布决定(通过磁场对电子进行约束,从而在通道内形成合适的电导、电势分布)。磁场设计是关键,是整个霍尔推力器设计的核心。

在霍尔推力器放电通道内部,电子被径向磁场所约束,在绕磁力线作回转运动的同时沿放电通道周向作电漂移运动。若不考虑碰撞等其他因素,电子只能在通道横截面内运动,形成了一种电子约束机制。由于与壁面及其他粒子相互碰撞才得以从约束面上一步步地逃逸,并最终到达阳极。由于电子跨越磁力线运动比较困难,轴向电阻很大,由欧姆定律,轴向电势梯度也很大;与此相反,电子在约束面内则可以自由运动,电阻很小,同一约束面内的任何电势差涨落将很快被电子的运动所抹平。故同一约束面内的电势梯度几乎为零,等电势面基本与电子约束面重合。这样,放电通道内部等离子体浮动电场、电势的空间分布就主要由磁场决定。而通道内电场、电势的分布又决定着电子能量的分布,进而决定霍尔推力器电离区与加速区的空间位置,及由此而来的等离子体的密度、速度及中性粒子的密度、速度等霍尔推力器其他内部工作参数的空间分布。

关于什么样的磁场下推力器的性能最优,经过了多年的研究,至今也没有确切的定论,均匀磁场只是理想的情况(采用此磁场时电离区深入加速通道内部,致使离子壁面损失严重,推力器性能低下),工程实践中常采用的是图 8 - 27 所示的磁场构型。即大部分磁通集中在推力器通道出口附近,阳极底板附近的磁通密度几乎为零,在推力器的内磁极与外磁极间形成了一个环形透镜状磁场。实践表明,采用这种磁场可以最大限度地提高离子的逃出率,减少离子的碰壁损失,从而提高推力器性能和寿命。

图 8 - 27 所示磁场利用了磁透镜的等离子体约束效应。在霍尔推力器放电通道内部,由于带电粒子平行于磁场方向的速度分量不受磁场约束,粒子很容易沿着磁场(径向)方向运动并与通道壁面碰撞。存在磁透镜时便不一样,如图 8 - 27,设通道中央的某带电粒子有一平行磁场的速度分量,粒子沿磁力线向壁面运动。由磁矩 $\mu = W_{\perp}/B$ 的守恒性知,当粒子从通道中央弱磁场区向近壁强磁场区运动时,由于 B 不断增加,$W_{\perp}$(垂直磁场方向的运动动能)也不断增加;又在

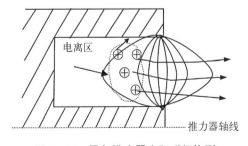

图 8 - 27 霍尔推力器实际磁场构型

磁场中粒子的运动动能保持不变,横向动能的增加要以纵向动能的减少为代价,即 $V_\perp$ 增加时 $V_{//}$(平行磁场方向的运动动能)就减小。当 $W_\perp = \mu B$ 增加到与离子运动总动能相等时,$W_{//}$ 变为零,粒子就不能再朝磁场增加方向前进了。但是粒子继续处在力 $F = -\mu \nabla_{//} B$ 的作用下,它将往回运动,即被"反射"回通道中央磁场较弱区域[25]。

由于磁透镜效应,阻碍了通道内电子沿磁力线径向运动与壁碰撞,再加上径向磁场的存在阻止了电子直接穿过磁力线到达阳极,从而在通道内约束了足够数量的高能电子,确保推进剂的高效电离;离子回旋半径大,磁透镜虽然不能像捕获电子那样捕获离子,但它仍对离子的运动产生影响。在磁镜效应的作用下,离子向通道中心线聚焦,从而在通道内减少离子的壁面损失,提高推力器寿命;在通道外减少离子的束发散角和非轴向动能损失,提高推力器性能。

图 8－28 为对应图 8－27 所示磁场时霍尔推力器内部参数的轴向分布曲线[26,27]。其中 n_a、ϕ 分别为中性原子密度和等离子体浮动电势的实测结果,B 为放电通道中心线上磁场实测结果。显然,此时在通道前半部分浮动电势保持不变,电势降主要发生在磁透镜磁场集中处,而推进剂的电离与加速也主要集中在此部分完成。短的电离加速区域减小了等离子体的复合损失,大部分离子来不及与电子复合就被加速排出通道。此外,电离加速区域靠近通道出口,减少了散射到通道壁面上的离子损失,提高了逃逸离子份额并延长推力器的寿命。虽然离子喷射的发散角较大,但离子总轴向动能和推力器综合性能仍有提高[28,29]。

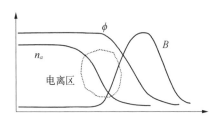

图 8－28　霍尔推力器内部工作参数的轴向分布曲线

图 8－27 中给出的只是霍尔推力器磁场的基本形状,在实际霍尔推力器的磁场设计时还应考虑多种因素的影响。如磁透镜中心位置,工程实践中为了减小离子对通道壁面的轰击,常通过移动磁透镜中心位置使得电离加速区域进一步外移(如 SPT－100),以牺牲推力器的部分性能(束发散角扩大等)来获取长的寿命。

磁场梯度也是磁场设计时要考虑的因素。在霍尔推力器放电通道中从阳极到出口磁场强度不断增加,在通道前半部分保留较大磁场。通道中的磁场最大值(出口处)一定,磁场梯度的大小决定了通道内各处的磁场分布,影响着等离子体参数在通道中的分布。磁场梯度越小,通道内磁场越分散。磁场梯度太小时将引起电离加速区域过长且深入通道内部。磁场梯度的正负方向也是考虑因素之一,在梯度磁场中带电离子还存在另一种漂移—梯度漂移,在通道内同时存在正负两向梯度磁场时可能造成高频等离子体紊乱和振荡。研究表明,霍尔推力器稳定放电(减小振荡)的前提是磁场梯度方向沿通道保持一致(从阳极到通道出口为正)。

磁力线的曲率影响通道内加速电场的形状。改变磁力线的曲率可以获得图 8-29 中所示的两种不同形式的加速电场:一种发散,一种在通道内向中心会聚。图中虚线表示磁力线的分布,实线表示等电势面,箭头表示电力线分布,也即离子的运动方向。显然,后一种电场使得加速通道中的离子向通道中心会聚,结果是减少离子的壁面碰撞,增加离子的逃逸率,从而提高推力器寿命,降低束发散角。

磁透镜的聚焦方向影响着推力器的束流喷射方向和束发散角大小。早期磁透镜聚焦方向的设置一般是使离子束流向推力

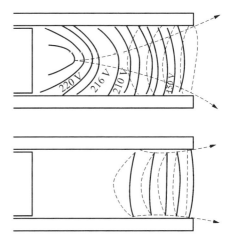

图 8-29 磁场对电场分布的影响

器的轴线聚焦,后来的磁透镜方向设置使得离子束流聚焦在放电室中径上,此时推力器的束发散角明显减小,测量的离子流呈双峰状分布(如图 8-30)。

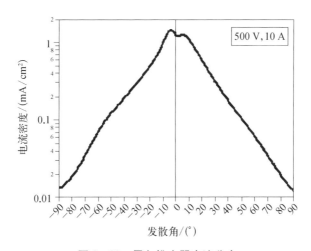

图 8-30 霍尔推力器束流分布

在实际霍尔推力器放电通道内部的磁场是非常复杂的,每一处磁场的大小和方向均不一致,尤其是通道出口内外壁两侧及通道前半部分,具有很强的轴向磁场分量同时磁力线走向变化剧烈。这些局部磁场带来的不利影响在设计时应得到考虑。此外,推力器磁路系统设计不够合理或内外磁铁各线圈匹配性不好,都将造成磁场的扭曲。

2. 推力器高效率技术

霍尔推力器要求在多个工作模式之间进行切换,放电电压、放电电流、内磁电

流、外磁电流、调整线圈电流、阳极推进剂流量、阴极推进剂流量等需要大范围可调,当各参数匹配性不好时易造成推力器效率降低,需要进行优化和验证。

与传统霍尔推力器不同,多模式霍尔推力器增加了高比冲模式(用于位置保持),该模式特点高电压、小功率。高电压、小功率共同决定了小的放电电流和小的推进剂流量,最小仅为大推力模式下的 27%。高电压、小流量带来了系列问题。

(1)高电压。随着电压的升高,放电通道内的电子能量和温度同步上升,引起通道内电子的"热能化",当电压从常规的 300 V 增加至高比冲模式下的 650 V 以上时,电子"热能化"严重,极易引起放电通道前端的推进剂电离,又称放电区前移或内缩,造成推力器效率降低;

(2)小流量。高电压、小功率共同决定了小推进剂流量,仅为常规模式下的 27%。小流量直接带来的问题是:放电通道内的推进剂气体密度降低,气体的电离和放电较难维持,尤其是与外界真空环境相邻的推力器喷口处,该处也是推力器电离放电的核心区,推进剂气体密度的过度降低,易造成电离放电的不稳定。

3. 离子高压加速技术

对于 3 000 s 以上的高比冲霍尔推力器,要获得如此高的比冲,须得提高推力器的放电电压,由常规霍尔推力器的 300~500 VDC 提高至约 1 200~1 500 VDC。其中,V 代表伏特,DC 代表直流电源。

然而,随着电压的升高,推力器放电通道内的电子温度和能量将得到同步升高,引起通道内电子的"热能化"。对于常规霍尔推力器,推进剂的电离和加速主要集中在推力器喷口处的很短一段空间距离上,保证了高的离子喷出率和低的等离子体复合能量损失。对于高电压霍尔推力器,由于放电通道内部深处的电子温度和能量的升高,将使得推进剂在放电通道内部深处提前电离,此现象又叫"放电区内缩",使得放电通道内部的等离子体复合能量损失增大、离子碰撞放电室壁面的损失加剧,最终引起推力器效率低下、放电室过热、工作不稳定。

研究表明,适当增加磁场强度,有利于将放电区外移,抑制高压放电时的"放电区内缩"问题。霍尔推力器内磁场的另一个设计准则便是通道内的正梯度磁场,即磁场从阳极到出口呈逐渐增大的趋势。研究表明,随着通道内磁场梯度的增加,推力器加速区尺寸变短,有助于减小离子和壁面轰击产生的能量损失,提高推力器的效率。此外,适当增加磁场的轴向梯度,能有效地抑制高频振荡,从而提高霍尔推力器工作的稳定性。因此,可以采用增加磁场梯度的方法,对放电区的位置进行控制。

4. 大功率散热技术

霍尔推力器功率的不断提升,导致推力器的热设计对其长期稳定工作、推力器性能等具有重要的影响。随着推力器的功率的增大,推力器产生的热量增加。在推力器效率一定的情况下,功率增大 1 倍,发热量也增大 1 倍。产生的热量如不能合理地散失,会导致一系列的严重后果。比如,热量在磁路聚集,当超过磁性材料的居里温度时,会导致磁场强度的下降,甚至退磁;当热量在放电室聚集,会导致壁面材料的离子溅射产额增加,影响推力器寿命等。因此,对于大功率霍尔推力器来说,热设计显得尤为重要。

通过分析发现:高电压大功率霍尔推力器的热量来源于以下几个方面:

(1)推力器的功率越大,其推力密度越高。导致大功率推力器的功率/表面积高很多(辐射散热面积)比常规中小功率推力器的功率/表面积。导致大功率推力器的散热面积相对更小,散热问题更突出。

(2)由于大功率推力器的特殊磁场构型,磁场强度比常规霍尔等离子体推力器更大,磁线圈电流也就更大,产生的热量就更多,当推力器散热不好时将造成磁性材料导磁性能减弱。

(3)高电压需要通过强磁场来实现的,强磁场由大电流产生的,同样可以产生散热的问题。

(4)推力器的体积与阳极流量(阳极电流)成正比,相同体积的推力器,在高电压条件下,产生大量的热量。

过去已开展的相关仿真结果也证明了上述观点,图 8-31 给出了上海空间推进研究所 5 kW 霍尔推力器 HET-300 的热仿真结果。

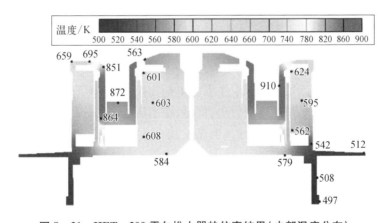

图 8-31　HET-300 霍尔推力器热仿真结果(内部温度分布)

5. 推力器低羽流发散角技术

霍尔推力器羽流束发散角是推力器一项重要的性能指标,直接影响推力器比冲、推力等。另外,推力器羽流中含有大量带电粒子,基于其在航天器上的位置,可能会对航天器产生影响;对于多模式霍尔推力器,其工作在高比冲模式,工作电压能达到上千伏特,离子能量(1 000 eV)将远高于常规霍尔推力器离子能量(300 eV),对航天器的影响更大。因此,对于高电压大功率霍尔推力器,需要解决推力器低羽流束发散角这一关键技术。

导致羽流发散的因素较多,比如径向电场、电离局域性、电荷交换碰撞等,这些因素可以概括为放电通道内因素和羽流区因素。

1)放电通道因素

推力器在放电通道内被电离,产生的离子被阴极、阳极间的电场加速;离子速度有轴向速度和径向速度两个分量,离子径向速度导致离子束发散;离子径向速度由放电通道内等离子体径向鞘层电势决定的,鞘层电势与电子温度有关,离子径向速度可表示为

$$v = \sqrt{\frac{kT_e}{m_i}} \qquad\qquad (8-14)$$

对于特定的推力器工作电压,较低的电子温度可以获得较小的离子径向速度,进而羽流束发散角较小。常用的方法有:采用阳极双级加速技术通过将电离和加速区分开,加速区电子温度低,进而减小羽流束发散角;或者采用碳纤维极板将电离区推向阳极,可以有效减小径向电势。

2)羽流区因素

推力器羽流区对羽流束发散角的影响主要体现在碰撞,包括库伦碰撞、弹性碰撞和电荷交换碰撞等。

库伦碰撞包括离子-电子、离子-离子间碰撞,由于离子质量远远大于电子质量,离子-电子间碰撞无法改变离子轨迹;经研究表明,离子-离子间碰撞的碰撞频率相当小,碰撞后对离子运动方向影响较小,不可能引起羽流发散。

在羽流区引起羽流发散的因素主要为电荷交换碰撞,离子-中性粒子的电荷交换碰撞的碰撞频率相对弹性碰撞较小,但是,在羽流电场的作用下产生的低能离子会被加速向周边运动甚至回流,导致羽流发散。

6. 新型推进剂技术

氙气是目前使用最为广泛的霍尔等离子体推力器的推进剂,但随着推力器空间应用的不断发展和深入,对推力器性能要求更高,常规的霍尔等离子体推力器采用氙气作工质比冲可以超过2 000~4 000 s,提升空间不大;另外,氙气价格昂贵,且每年的产量有限,在一定程度上限制推力器的发展与应用。

相关研究表明[30-35],由于氪气质量相对氙气小,在相同条件下,使用氪气作为推进剂,推力器比冲会比氙气的要高(基于两者电离效率相同的前提下),另外,氪气的价格只有氙气的十几分之一,经济性优势明显。

通常,在中小功率范围,采用氪气推进剂会导致推力器的效率下降(主要是推进剂利用率的下降),但随着推力器功率的增大,氪气效率会逐步增大;当推力器功率达到10 kW以后,氪气的效率慢慢靠近氙气推进剂效率。

氪气推进剂技术研究的重要内容是如何提高推力器的工作效率。美国在大功率霍尔推力器采用新型推进剂(Kr)方面做了大量的工作。在普罗米修斯项目的支持下,美国研究人员开展了 NASA – 457M 推力器采用氙气和氪气推进剂的性能对比试验,在中小功率霍尔推力器工作中,采用氪气推进剂推力器的效率要明显低于采用氙气推进剂的效率;但在大功率霍尔推力器研制过程中发现,随着功率的增大,氪气推进剂的效率明显提高,非常接近氙气推进剂的效率,如图 8 – 32 所示。

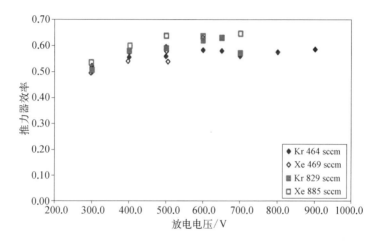

图 8 – 32　NASA – 457M 推力器采用 Xe 和 Kr 推进剂的效率比较

考虑到氪气、氙气各自物理特性和优缺点,在进行实际工程应用时,采用氙气和氪气的混合推进剂,也是解决新型推进关键技术的一个重要思路。

8.3　霍尔推力器工程样机研制

8.3.1　研制目标

在原理样机研制阶段实现霍尔推力器的各项性能指标的基础上,工程样机阶段需要针对实际工程应用需求,进行全面的工程化设计,在性能指标、质量、环境适应性等方面满足在轨应用需求,具备在轨飞行的基本条件。

工程样机研制以霍尔推力器原理样机研制成果为基础,以实现霍尔推力器产品充分适应其实际工作环境条件及工作应力载荷条件为工程化研制目标。此时的充分性是通过比产品实际工作条件更严酷的鉴定级条件来保证的。研制的工程样机产品经规范的性能试验和鉴定试验验证,确认其通过全部鉴定试验且全部的功能和性能满足产品技术指标要求。完成工程样机产品研制后,霍尔推力器产品的技术成熟度达到 7 级、产品成熟度达到 2 级。

8.3.2　工程样机研制

工程样机研制阶段的研制流程与方案阶段基本一致,均包含前文的六个阶段,相同的要求不再赘述。本节仅对该阶段的独特之处做一说明。图 8 – 33 为霍尔推力器工程样机研制流程图。

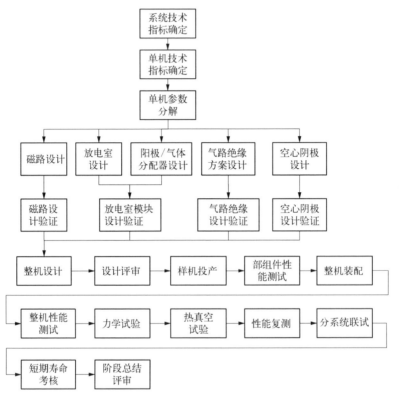

图 8 – 33　霍尔推力器工程样机研制流程图

1. 系统技术指标确定及任务书下达

在初样阶段,除明确系统的性能指标外,工程样机阶段要求与用户进行多轮迭代,充分分析在轨的各种环境条件和应力载荷,给出明确的空间包络限制、通信要求、母线要求、质量要求及环境试验要求。

2. 单机技术指标确定

对于绝大多数型号项目,由于霍尔电推进系统集成度并不高,单机安装于航天器的不同位置,因此在系统技术指标确定的同时即可给出单机技术指标。然而,由于霍尔推力器产品通用性,因此在工程样机研制阶段,更加注重推力器产品指标的普适性,以满足不同工程型号的应用需求。如上海空间推进研究所 HET – 300 霍尔推力器,其具有多模式工作能力,功率范围 2.5～5 kW、推力 160～305 mN、比冲

1 600~2 450 s,能够满足绝大多数 GEO 卫星等航天器轨道转移、在轨位置保持等推进任务需求。

3. 单机详细设计

相比于原理样机设计,在工程样机阶段的设计工作要充分考虑工程应用的需求而开展针对性的设计。工程样机阶段要充分考虑原理样机未考虑的力学环境适应性、热环境适应性、空间辐射适应性、EMC 特性、羽流特性及寿命和可靠性实现等工程技术要求。

1) 抗力学设计

在霍尔推力器抗力学环境设计中,主要设计原则分为以下几个方面:① 提高零件结构刚度;② 增大零件结构阻尼;③ 提高零件结构安全裕度 MS>0;④ 选择最优化构型;⑤ 采用合理的连接加固、咬合和镶嵌结构。

因此,在霍尔推力器设计过程中,按照抗力学环境设计原则,着重从下列各方面考虑对霍尔推力器进行结构优化设计:

(1) 提高结构刚度。

对于霍尔推力器,因为结构承受的静载荷较小,静刚度(静载荷下抵抗变形的能力)基本可以忽略,主要考虑其动刚度(动载荷下抵抗变形的能力)。

在产品发射过程中它将承受同样的动载荷,在材料相同、结构强度、静刚度和稳定性有效保证的前提下,最大限度提高结构动刚度(固有频率),成为霍尔推力器设计首先应考虑的问题。通常提高结构动刚度的主要因素包括:

① 选用高强度材料。

放电室材料使用性能更好的 BN/SiO_2 材料,相比原先所采用的纯 BN 材料,其抗弯强度超过 200 MPa,抗压强度达到 300~400 MPa,材料致密度超过 95%,断裂韧度约 2.0 MPa·$m^{1/2}$,吸潮率大大降低,24 小时浸泡试验后增重不足 1%。霍尔加速器内部使用的垫片、套管等绝缘材料采用强度更高的 99 氧化铝陶瓷。相比传统的 95 氧化铝陶瓷,其抗折强度为 294.2 MPa(95 氧化铝为 274.59 MPa)。此外,其余材料均采用强度高的金属材料。

② 增加零件截面积和厚度。

霍尔加速器的底板在考虑其导磁功能的同时,为了提供一定的动刚度余量,适当增加其截面积,以保证加速器装配基础的良好稳定性。

加速器内部所采用的垫片将放电室、阳极固定在阳极支架上,也是承受振动影响最直接和最大的关键零件,按照增加有效截面积和厚度的原则进行优化加固设计,确保其经受得住复杂力学环境的考验。此外,其他零件也都是在综合考虑其功能、结构、重量、安装位置的前提下,尽可能增加其截面积和厚度。

③ 增加接触点、面和支撑结构。

阳极支架可采用裙边设计,放电室嵌套于支架内,从而增加接触面,提高了结构的稳定性,减小放电室的横向剪切力。对放电室底部进行开槽,阳极嵌套于放电室内,可以有效防止阳极晃动,提高了结构的稳定性。此外,其他零件也都是在综合考虑其功能、结构、重量、安装位置的前提下,尽可能增加其接触点、面和支撑件。

④ 零件结构按小长径比原则设计。

主要承力零件结构均按小长径比(不超过0.65)原则来设计,放电室的长径比约为0.3,阳极支架的小长径比约0.1,底板约0.36,加速器装配完成后整体重心较低,符合小长径比原则。

(2)增大结构阻尼的措施。

增加结构对振动的能量耗散,使结构在振动过程中形成某种能量的耗散,这在霍尔推力器结构抗力学环境设计相当重要。增加结构阻尼,引起结构能量耗散的因素。

① 材料本身阻尼是能量耗散的主因:霍尔推力器应尽可能选用阻尼系数较高的材料。

② 节点、支座联接处阻尼:所有螺纹联接部位都尽量应用平垫和弹垫,保证节点、支座连接处的有效阻尼。

③ 基座阻尼设计:通过设计符合增大结构阻尼要求的基座,使其散失一部分振动的能量。

④ 裙边阻尼设计:阳极支架采用裙边设计,放电室既与支架内壁紧贴接触,又同支架底面紧贴接触,这样,有效提高了阳极支架结构阻尼,使其在振动过程中散失一部分振动能量。放电室内底部采用裙边设计,使其与阳极的接触处结构阻尼增加,进而散失部分振动能量。

(3)提高结构强度和安全裕度。

设计霍尔推力器时,充分考虑结构抵抗外界力学环境作用的能力,应尽可能提高结构强度和安全裕度,通过相关结构力学分析证明霍尔推力器结构安全裕度MS>0。

(4)构型选择原则。

选择抗振性能好、抗变形能力强的构型;

(5)连接加固及咬合或镶嵌原则。

增加固定连接点,在金属和金属零件之间螺纹连接部位施加厌氧胶确保连接螺钉不振松,对轴向固定易转动的零件,采用开槽带孔螺钉定位防止其转动。

HET－300多模式霍尔推力器有限元模型如图8－34所示,推力器共有93 509

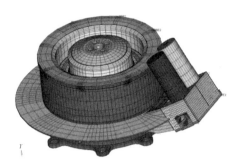

图8－34　HET－300多模式霍尔推力器有限元模型示意图

个节点及 79 574 个单元,采用大质量点(质量为 1 000 t)来模拟振动台。

　　Y 方向正弦激励条件下,分析获得测试点加速度响应(图 8 - 35),模态分析结果表明 5～100 Hz 范围内无共振模态,因此计算所得响应均无明显放大迹象。100 Hz 时推力器位移云如图 8 - 36 所示,最大位移出现于推力器阴极盖板,大小为 0. 417 mm;加速度最大值为 16. 5 g,位于推力器阴极盖板。推力器应力云图如图 8 - 37 所示,最大应力值为 21. 7 MPa,位于推力器底板处,最大应力小于材料的屈服极限。

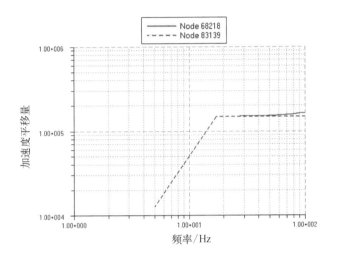

图 8 - 35　Y 向测试点加速度响应曲线

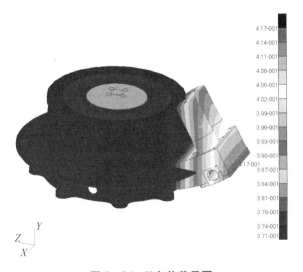

图 8 - 36　Y 向位移云图

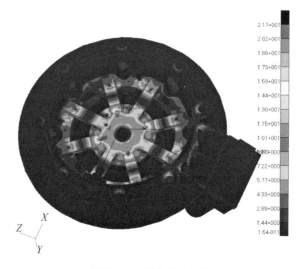

图 8 - 37　Y 向应力云图

2）热设计

通过对霍尔推力器热量来源及热敏感部位等因素的综合分析,在开展推力器热设计时,需采用如下解决方案。

（1）优化热设计,降低工作温度。

降低推力器温度,主要采取被动（热隔离防护）和主动（加强散热）两种措施:

① 热隔离、热屏蔽防护设计。对于确定的散热重点保护目标,通过与相邻高温部件间空间隔离,避免高温传导加热,来降低目标的温度;进一步,在目标与相邻高温部件间增加单层或多层热辐射防护屏,阻止高温部件对目标的高温辐射加热,降低目标温度。

② 优化热传导、热辐射散热。通过增加与相邻低温部件间的传导散热面积、缩短传导路径、降低传导接触热阻等措施,来提高目标的传导散热;通过对推力器进行表面处理,提高表面热辐射散热系数;通过提高推力器底座面积、增加辐射翅片等措施,提高推力器热辐射散热面积。

（2）提高效率,降低热源。

① 提高推力器放电效率,降低等离子体对阳极和放电室壁面的轰击发热。推力器放电时,等离子体对推力器结构的加热主要通过两种途径: 热辐射和等离子体对推力器结构的轰击发热。其中轰击发热是相当重要的组成部分。通过合适的放电室内部磁场、电场设计,使得放电区远离推力器阳极,降低等离子体放电对阳极和放电室内壁面的辐射加热和轰击发热;此外,通过优化磁场构型设计,可以降低离子对放电室壁面的轰击数量和能量,降低轰击发热;进一步,通过合适的磁场构型设计,可以在放电室喷口处构建一层磁场鞘层（或等离子体鞘层）,该鞘层可

以阻止离子对放电室喷口的轰击,从而降低轰击发热;

② 电磁线圈参数优化。大功率霍尔推力器需要更高的磁场强度和消耗更高的磁铁线圈功耗,进一步提高了推力器的工作温度。电磁导线的发热量受多种因素的影响,如导线直径、导线密度、导线绕线扎数等诸多因素,通过推导计算,导线的最终得到发热功率可以由下式表达:

$$P = \frac{2mn\rho I^2 \left[2D + \pi d(m + 1) \right]}{\pi d^2} \tag{8-15}$$

其中,S 为导体截面积(mm^2),d 为导体直径(m),R 为导线电阻(Ω),ρ 为 500℃ 下的电阻率(0.168 8 $\Omega \cdot mm^2/m$),L 为导线长度(m),m 为绕线层数,n 为每层绕线匝数,D 为磁芯直径(mm),I 为电流值(A),P 为发热功率(W)。

(3) 采用新材料,提高推力器的耐热能力。

材料包括新型耐高温软磁合金材料、耐高温放电室陶瓷材料及耐高温电磁导线。

① 采用具有更高居里温度、更高导磁性能的新型高温软磁合金材料,避免现有软磁材料在高温下导磁性能下降,造成推力器磁场局部饱和磁场构型扭曲现象,从而造成高温下性能下降和工作不稳定;

② 采用新型耐高温放电室陶瓷材料,通过材料成分和生产工艺优化设计,研究不同的 BN-SiO$_2$ 配比、压制—烧结工艺及各种重分子添加物的成分和含量对材料的高温电阻率的影响,从而提高材料的高温工作性能;

③ 耐高温电磁导线。采用新型耐高温电磁导线,提高电磁导线的耐热温度和高温可靠性,从而提高推力器的长期工作可靠性。

同时,霍尔推力器的散热设计可采用散热仿真计算与试验研究相结合的方法进行。在高功率霍尔推力器的试验研究阶段,可采用水冷方式对推力器进行散热。

以 HET‐300 霍尔推力器热仿真为例,卫星平台在空间运行时,热控系统会将其温度控制在 45℃,以保证其上组件的正常运行,环境温度取 4k。内外磁极的线圈功率分别取 31.2 W 和 34.6 W,壁面热流密度采用 PIC/MCC/DSMC 混合算法进行计算。推力器及卫星平台的网格划分见图 8‐38,对推力器放电室、底座及阳极进行网格加密处理,约为其他组件网格的 1/4 体积,对卫星平台采取

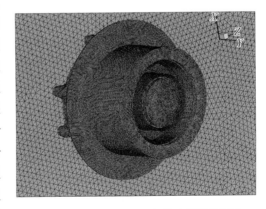

图 8‐38　HET‐300 霍尔推力器网格划分

网格加粗处理,约为其他组件网格的 16 倍体积。图 8 - 39、图 8 - 40 为相关仿真计算结果。

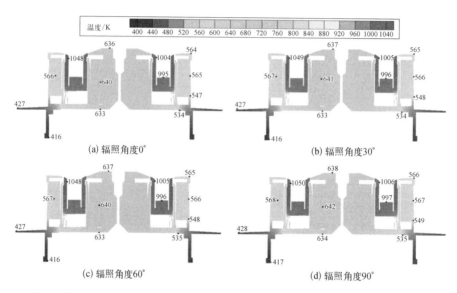

图 8 - 39　HET - 300 推力器不同太阳辐照角度下的推力器热平衡温度分布云图

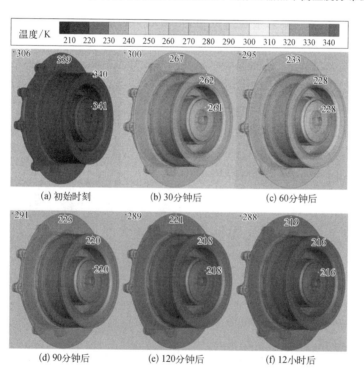

图 8 - 40　HET - 300 推力器在低温工况下,非稳态过程温度变化云图

3) 长寿命设计

影响霍尔推力器寿命的两大因素是离子对放电室壁面的溅射削蚀和空心阴极的寿命,后者在空心阴极的设计中有详细介绍,本节只考虑前者的影响。引起壁面削蚀的主要原因有束流发散角、磁场构型等引起的等离子体与壁面的相互作用,尤其是高能离子的作用,这种作用会随着推力器功率的增大而增强,换句话说会导致壁面的溅射削蚀更为严重,影响推力器寿命。图 8 - 41 为霍尔推力器等离子体溅射削蚀示意图。

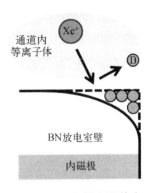

图 8 - 41　霍尔推力器等离子体溅射削蚀示意图

为提高霍尔推力器寿命,在开展推力器长寿命设计时,通常采用如下传统的技术手段。

(1) 减小离子对放电室壁面的轰击。

① 推力器磁场构型优化。磁场和电场一起决定离子和电子的运动方向,而电场又直接由磁场对电子的约束所形成。因此磁场是决定推力器内部加速电场和磁场的核心因素。通过优化磁场构型设计,可以降低离子对放电室壁面的轰击数量和能量,提高加速器寿命;此外,利用最新研究成果,通过合适的磁场构型设计,可以在放电室壁面构成一层磁场鞘层(或等离子体鞘层),该鞘层可以阻止离子对放电室壁面的轰击,从而提高加速器寿命;

② 放电室结构设计优化,包括几何结构,放电室直径、通道长度、通道宽度等尺寸,需综合考虑功率、磁场、热等因素,比较相同材料、相同离子溅射条件下不同结构的抗离子溅射能力,确定优化的放电室结构设计,提高推力器寿命。

(2) 提高放电室的抗离子轰击削蚀能力。

① 采用耐离子轰击削蚀的放电室的材料。放电室选用抗热冲击能力强、耐溅射能力强、机械强度高、均匀致密、高温电阻率高、具有适当二次电子发射水平、精密机械加工性好的材料制备,具体包括材料的成分及配比(如 Al_2O_3、SiO_2、SiC、$Al_2O_3+SiO_2$ 等)、材料的生产加工工艺、材料抗离子轰击能力的评价方法等综合途径提高推力器寿命。

② 设计放电室壁厚。

通过合适的壁厚以保证放电室寿命。在传统技术提高霍尔推力器寿命基础上,为进一步提高霍尔推力器寿命,一种新的长寿命技术被提出,那就是"磁屏蔽技术"。常规磁场构型的霍尔推力器寿命只有数千小时,为了实现数万小时的推力器寿命设计目标,磁屏蔽技术是实现上述目标的重要技术途径。"磁屏蔽技术"是一种新型的、先进的霍尔推力器延寿技术,该技术于近些年被提出,国内外已开展了相关研究[36-41],其延寿效果已被验证。

图 8 - 42 为美国 H6 常规推力器和 H6MS 磁屏蔽推力器(功率 6 kW、比冲

2 000 s)在 150 h 点火后壁面沉积状况的比较。可以看出,实验后 H6MS 磁屏蔽推力器的陶瓷壁几乎被回溅的黑色物质全部覆盖,而 H6US 常规推力器的陶瓷壁仍有白色的部分,说明 MS 磁屏蔽推力器壁面溅射的速率小于黑色物质回溅的速率。进一步测试表明,H6MS 磁屏蔽推力器放电通道的离子溅射速率相对 H6 常规推力器降低 2~3 个数量级。

图 8 - 42　H6 常规推力器(左)和 H6MS 磁屏蔽推力器(右)150 h 点火后壁面沉积状况

磁屏蔽技术通过对磁场构型的优化设计,见图 8 - 43,利用电场和磁场双重手段,改变放电室近壁等离子体鞘层,阻止离子对壁面的轰击溅射,同时降低达到壁面离子的能量和数量,达到低溅射甚至零溅射的效果,极大延长推力器寿命。

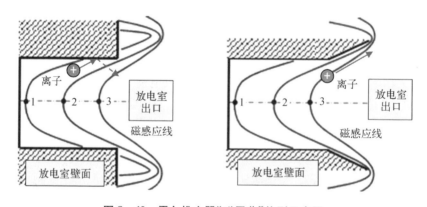

图 8 - 43　霍尔推力器"磁屏蔽"构型示意图

4) 安全性设计

(1) 气路安全性设计。

针对霍尔推力器气路引发的故障模式,提高气路安全性设计的主要措施如下:
① 管路采用铜垫密封柱塞接头连接;② 对气路绝缘器开展降额设计;③ 对气路绝缘器开展高压绝缘测试;④ 推力器整机验收作通气性检查、实际点火试验;⑤ 严格

控制装配过程中的多余物。

（2）电安全性设计。

针对霍尔推力器电路引发的故障模式，主要采取以下措施以提高电路安全性设计：

① 优化磁铁线圈绝缘设计、加大电磁导线耐压安全系数；

② 对于暴露在等离子体环境中的推力器阳极与推力器阴极之间的高压电隔离，采用电绝缘器串联冗余的电隔离方案，确保高电压隔离的可靠性。同时加强推力器绝缘器件的可靠性设计，提高推力器耐压安全系数；

③ 加强推力器装配过程中的绝缘测试；

④ 试验测试中阳极电源采取限流保护和过流保护，限制击穿打火时的电流并随后切断电源供给，以减小击穿打火对绝缘性能的影响；

⑤ 电路连接采用双点双线设计，加强加速器（阳极）电路接入的可靠性设计；

⑥ 在卫星地面阶段，霍尔推力器喷口处装有保护套，避免了在系统误操作和推力器阳极加电情况下触电或短路的危险；

⑦ 阴极冗余设计，加强阴极加热器的可靠性设计和质量控制；

⑧ 严格保证电连接器的供货质量，严格控制多余物，压接时防止插针或插孔变形，装配保证电连接器的连接和机械锁紧；

⑨ 系统层面加强电连接器连接固定设计。

5）可靠性设计

针对航天器对霍尔推力器产品的可靠性要求，要从原材料及元器件、结构设计和工作特性等设计源头来提升产品可靠性。在原材料、元器件及部组件级加强筛选识别，方能提高最终产品的可靠性，在进行可靠性设计时一般遵循如下准则。

① 继承性：霍尔推力器应充分继承成熟霍尔推力器产品的技术与设计经验，并在原有成熟技术基础上进行优化改进。

② 原材料、元器件：所有电子元器件、原材料均按有关要求进行选用、采购。航天器用电子元器件应在 Q/RJ 181D‒2018《卫星用电子元器件选用目录》中选用，目录外元器件/原材料应按规定办理审批手续。

③ 可靠性设计：可靠性是方案设计的主导思想。霍尔推力器的设计、生产严格按照各种设计建造的标准、规范执行，进行冗余设计、降额设计、热设计、安全性设计，严格控制产品的质量和可靠性。

④ 对各组件进行可靠性定性分析，包括：功能分析、故障模式、影响及危害性分析等。

⑤ 对各组件进行可靠性定量分析，包括：国内外同类产品或相似产品的可靠性数据的收集，可靠性模型的建立，可靠性分配和预计等。

⑥ 充分了解和吸收国内外成熟经验，对尚不成熟的新技术，力求少用；新元器

件、新材料、新工艺的采用,应经过充分的地面试验验证。

⑦ 防止推进剂输送系统堵、漏等故障的发生,考虑抗污染措施,进行推进剂相容性、相关工艺及试验净化条件的研究;提高电绝缘性能设计,采取必要的冗余设计和降额设计,控制工艺等。

⑧ 简化设计,减少零件品种数;尽量用同一类型、规格的零部件;减少密封面和接点数。

⑨ 在进行降额设计时,既要注意平均强度和平均载荷的安全余度,又要考虑强度和载荷散布干涉的影响。

⑩ 对重要组件或重大故障进行故障树分析,必要时进行容错分析,并严格技术状态管理。

8.3.3　工程样机测试和试验验证

相比于原理样机阶段的测试,工程样机阶段的性能测试是基本测试。在每项专项验证试验前均需对性能进行确认性测试。此阶段必须要完成充分的鉴定级试验,包括力学环境适应性试验、热真空环境试验和短期的寿命试验及评估。其中,推力器的环境适应性试验主要用于考核推力器工程样机对航天器在轨发射任务的满足程度。短期寿命试验是对推力器的寿命进行初步的摸底,并根据初步的寿命试验数据对推力器的寿命进行评估,确认产品已初步具备实际应用的技术水平。

此外,在工程样机研制阶段,如果系统其他单机产品具备联试条件,应尽可能开展霍尔电推进系统级联试验证。如个别单机不具备条件,则至少开展控制单元、PPU 及霍尔推力器的子系统及联试,推进剂供应系统可由地面设备替代。

1. 工程样机试验验证项目

霍尔推力器在制造完成后,需要开展鉴定试验,鉴定试验矩阵见表 8 - 5,包括了性能测试、环境适应性验证和专项试验等。鉴定试验按照图 8 - 44 所示的流程进行。

表 8 - 5　霍尔推力器鉴定试验矩阵

序号	技术要求项目		验 证 方 案	
		组件级	单机级	分系统级
1	性能测试	额定功率	—	√	—
2		额定真空推力	—	√	—
3		稳态真空比冲	—	√	—
4		羽流发散角	—	√	—
5			—	√	—

续　表

序号	技术要求项目		验证方案		
			组件级	单机级	分系统级
6	环境适应性验证	正弦振动	—	√	—
7		随机振动	—	√	—
8		冲击	—	√	—
9		加速度	—	√	—
10		热真空	—	√	—
11	专项试验	启动特性与长程稳定性	—	√	—
12		工况拉偏	—	√	—
13		寿命与工作次数	—	√（测试+评估）	√
14		EMC 试验	—	√	—

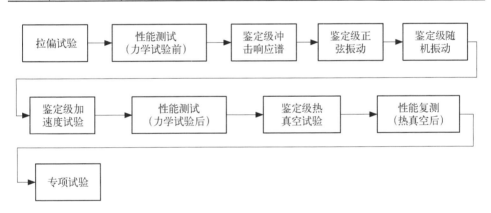

图 8－44　霍尔推力器鉴定试验流程图

2. 整机性能测试验证

霍尔推力器工程样机在完成装配后,应首先进行点火测试,对推力器工作参数进行优化调试,在符合设计要求后,开展力学环境试验,力学试验后再次进行性能复测,保证力学试验前后推力器产品状态一致。图8－45 为 HET－300 霍尔推力器点火照片,表 8－6 为 HET－300 霍尔推力器实测性能指标。

图 8－45　HET－300 霍尔推力器点火

表 8 - 6　HET - 300 霍尔推力器指标

工 作 模 式	功率/W	推力/mN	比冲/s	总 效 率
大推力模式 （300 V 电压）	5 000	305	2 000	0.598
	4 500	293	1 850	0.590
	4 000	265	1 800	0.58
	3 500	235	1 750	0.576
	3 000	205	1 700	0.569
	2 500	170	1 600	0.533
高比冲模式 （500 V 电压）	5 000	272	2 450	0.653
	4 500	244	2 350	0.624
	4 000	215	2 250	0.593
	3 500	188	2 200	0.579
	3 000	160	2 150	0.562

3. 力学环境试验验证

按照验证试验流程，对霍尔推力器开展力学试验验证。力学鉴定试验后，开展推力器外观检查、电性能及气密性能检查。各项检查均满足要求后，开展推力器点火性能复测，在保证产品性能指标与力学试验前保持一致情况下，可继续开展其他专项试验。图 8 - 46 为 HET - 300 霍尔推力器力学试验的情况。

图 8 - 46　HET - 300 霍尔推力器
力学试验验证

1）冲击试验

试验要求一般包括：① 冲击控制点在推力器安装面上；② 推力器应采用刚性夹具固定在振动台上；③ 推力器在试验过程中不加点；④ 试验前后对推力器的外观、陶瓷放电室及电性能进行确认。

试验条件包括：对于需要执行多种推进任务的霍尔推力器，一般需要安装在矢量调节机构上，入轨后需要解锁，其带来的冲击较大。因此，对霍尔推力器进行的冲击试验量级相应较高，表 8 - 7 为全电推进 GEO 卫星平台使用霍尔推力器时的典型冲击试验条件。

表 8-7　全电推进卫星平台霍尔推力器冲击试验条件

频率范围/Hz	鉴 定 级	验 收 级
100~1 500	+6 dB/oct	+6 dB/oct
1 500~4 000	1 600 g	800 g
加载方向	正交的 3 个方向	
每轴向冲击次数	3	1

2）振动试验

对于正弦振动和随机振动的试验量级，与采用的运载火箭型号及航天器自身的力学特性相关，一般由航天器设计总体给出具体试验量级。表 8-8 为全电推进 GEO 卫星平台使用霍尔推力器时的典型鉴定级振动试验条件。

表 8-8　霍尔推力器鉴定级振动试验条件

	垂直(平行)安装面方向	
	频率/Hz	量 级
正弦	5~20	10 mm
	20~100	16 g
随机	10~100	+6 dB/oct
	100~300	0.5 g^2/Hz
	300~400	−12 dB/oct
	400~600	0.16 g^2/Hz
	600~2 000	−15 dB/oct
	总均方根加速度	14.2 g

4. 热真空试验验证

在霍尔推力器鉴定产品完成力学鉴定试验后，开展热真空试验验证，以 HET-300 霍尔推力器应用于某卫星平台鉴定级热真空试验为例，鉴定级热真空试验考核条件为(−100℃~+100℃)，对于大功率霍尔推力器对设备的要求较高，在不具备整机热真空试验的条件下，仅开展高低温真空环境下(−90℃~+90℃)的空心阴极点火试验考核。热真空试验结束后,对推力器产品进行了电性能、气密、点火性能等试验测试。图 8 - 47 为典型的霍尔推力器热真空试验条件。

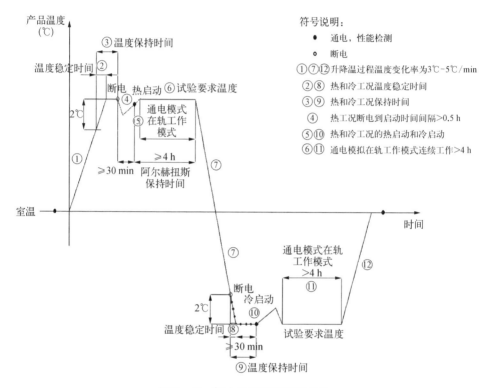

图 8 - 47　推力器热真空试验条件

5. 热平衡试验验证

鉴定级热平衡试验是验证在轨时太阳热辐射、空间深冷环境下推力器长时间持续工作时的热稳定性。

1)热平衡试验常规试验流程、方法

热平衡试验常规试验流程、方法如下。

(1)推力器不工作时的热平衡试验:将推力器置于真空液氮冷肼中(模拟空间深冷环境),同时开启太阳模拟器对推力器进行照射,确定在轨太阳热辐射时的推力器温度,从而确定后一步试验时的加热功率;

(2)推力器长时间持续工作时的热平衡试验:将推力器置于真空液氮冷肼中(模拟空间深冷环境),通过加热器模拟在轨太阳热辐射。验证在轨时推力器长时间持续工作时的热稳定性。

2)HET - 300 霍尔推力器热平衡试验方法

HET - 300 霍尔推力器的热平衡试验采取了加严考核的方法。

热平衡试验方法如下:

(1)首先,通过在轨太阳热辐射功率仿真计算,得到在轨时太阳等对推力器产品的最大辐射加热功率。

(2)第二步,开展推力器产品的热平衡点火试验。

① 在推力器表面粘贴加热器,按照前述第一步仿真计算得到的最大辐射加热功率对推力器进行加热,模拟太阳对推力器产品的加热影响;

② 同时去掉(不施加)模拟空间深冷环境的液氮冷肼,弱化推力器的辐射散热效果;

③ 开启推力器进行长时间连续工作,验证在轨长时间持续工作的热稳定性。

仿真结果显示太阳入射光与推力器轴线夹角为82°时,辐射加热功率最大,为24.1 W。对于热平衡点火试验,模拟太阳辐射加热的加热器功率适当放大至30 W。

在推力器外表面上安装30 W加热器,持续加热,以模拟在轨时太阳辐照等对推力器的热影响。启动推力器连续工作5 h直至热平衡,如图8-48所示。

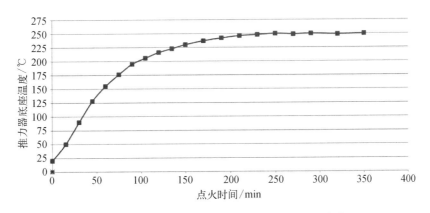

图8-48　推力器热平衡点火试验时的温度监测数据

试验表明,持续工作时推力器内部最高温度为:内极板368℃、内磁极底335℃、外极板290℃、底座250℃,比原来分别高了18℃、22℃、6℃、8℃。各测点温度均在推力器热设计温度范围内,满足要求。在高温热稳定状态下开展了性能测试,推力器各项性能指标未见变化。

6. 霍尔推力器寿命验证与评估方法

由于霍尔推力器的工作寿命很长,一般都为数千至上万小时,如何开展霍尔推力器的工作寿命验证评估,一直是国际电推进领域的一项难题。目前国际上主要采取两种寿命验证评估方法[42]:① 1∶1全寿命试验验证;② 短期寿命试验+快速寿命预估。两种方法各有利弊:1∶1全寿命试验方法可以较为真实地验证推力器的长寿命工作能力,缺点是耗费巨大,且持续周期长;短期寿命试验+快速寿命评估方法耗费小、周期短,但易有较大误差。

1) 1∶1全寿命试验验证

开展1∶1全寿命试验是验证推力器工作寿命的最直接、最有效的方法。截至目前,国际上,在参加重大型号飞行任务之前,一般事先(或同步,时间来不及的话)在地面开展霍尔推力器产品的1∶1全寿命验证试验,以验证产品的长寿命工作能力及可靠性。

1∶1全寿命试验的目的:一是验证产品长寿命工作的能力和可靠性,排查和寻找一些可能存在的故障和失效模式。二是获取产品工作参数及性能指标在全寿命周期内的稳定性与变化情况,这些参数包括推力、比冲、功率、流量、工作温度等。

1∶1全寿命试验验证的缺点是长时间持续的霍尔推力器点火试验,将耗费大量的推进剂成本(氙气,十分昂贵)、超高真空试验设备运行成本(燃气动力费)、时间成本(耗费数年时间),并长期占用大型高真空试验设备。随着技术的发展,推力器的功率越做越大,工作寿命也越来越长,开展1∶1全寿命试验验证的成本也越来越高。采用短期寿命试验+快速寿命评估方法将成为趋势,尤其是对于大功率的霍尔推力器。

2) 短期寿命试验+快速寿命评估

为了节省长寿命验证的时间和成本,短期寿命试验+快速寿命预估是国际上一直在发展的一种技术和方法。

快速寿命预估方法主要适用于以下场合:

(1)产品正式开展1∶1全寿命试验验证之前,需要对产品的寿命能力进行评估和确认,确保产品能够顺利通过1∶1全寿命验证,避免因产品寿命能力不够导致全寿命试验半途不通过,浪费大量金钱和时间成本。此时最好的方法是采用短期寿命试验+快速寿命预估方法;

(2)某型产品在定型和完成1∶1全寿命试验验证后(一般不开展第二次全寿命试验验证),对于后续多批次生产的产品,以及进行了局部更改后的产品,如何保证产品的工作寿命满足要求,也需要采用快速寿命预估方法进行寿命评估;

(3)新一代磁屏蔽长寿命电推进产品。随着技术的发展,特别是新一代磁屏蔽技术的出现,电推进产品的寿命得到大幅的提高,从以前的数千小时大幅延长至数万小时。此时若采用常规的1∶1全寿命验证方法,无论是时间成本还是金钱耗费都是难以接受的。此时,快速寿命评估方法将成为产品寿命验证评估的重要选择之一。尤其是磁屏蔽推力器的工作寿命能力一般远超过型号任务需求,即使考虑快速寿命预估方法可能存在的误差,其评估的寿命指标仍满足任务需求。因此,

快速寿命预估方法在新一代磁屏蔽长寿命电推进产品领域,必将逐步被广泛接受和应用;

(4) 新一代大功率电推进产品。随着技术的发展,电推进产品的功率越来越大,开展 1:1 全寿命验证的成本越来越高。随着产品功率的不断提高,寿命试验时的推进剂耗费、高真空试验设备运行成本(燃气动力费)均等数倍、数十倍地提高。此时若采用常规的 1:1 全寿命验证方法,无论是时间成本、金钱耗费还是大型试验设备占用等都是难以接受的。此时,快速寿命评估也将成为人们难以避开的选择。而且随着电推产品功率的增大,其极限寿命也同步增大,相对任务需求一般均有较大余量,寿命不再是产品应用时的瓶颈,此时快速寿命预估方法的精度(或误差)可满足型号任务的需求。如国内正在论证中的中俄大卫星平台合作项目中,引进的俄罗斯的 12.5 kW 大功率霍尔推力器,即拟采用快速寿命预估方法来开展推力器的 10 000 h 长寿命评估。

目前,国际上的快速寿命评估主要采用以下两种方法: 短期寿命试验+快速寿命预估;短期寿命试验+快速寿命预估的多次迭代法。

短期寿命试验+快速寿命预估的方法主要如下:

① 开展一定时间的短期寿命试验,定期测量并获取推力器放电通道壁面的形貌数据;

② 通过曲线拟合或仿真计算的方法,建立快速寿命预估模型和算法;

③ 根据前第一步短期寿命试验获取的试验数据,对快速寿命预估模型和算法进行校验和修正;

④ 采用修正后的快速寿命预估模型和算法,开展推力器的工作寿命预估,评估推力器的工作寿命能力。

关于前述中的快速寿命预估,国际上通常采用以下两种方法:

i. 曲线拟合法。

对第一步短期寿命试验中获取的试验数据,按照以下经验公式进行拟合:

$$r = A\ln(1 + wt) \tag{8-16}$$

上述公式为俄罗斯克尔德什等单位使用的典型曲线拟合经验公式。国内上海空间推进研究所目前也主要采用该经验公式。式中,r 为壁面的离子溅射深度(mm),t 为推力器累积工作时间(h),A、w 为可调参数。

曲线拟合时,通过调整 A、w 为 2 个调节参数,使得第一步短期寿命试验中获取的多个试验数据均较好的落在 $r = A\ln(1+wt)$ 拟合曲线上。拟合得到的 $r = A\ln(1+wt)$ 曲线即为推力器壁面离子溅射深度与累积工作时间之间的关系曲线。通过该曲线,以及推力器壁面陶瓷材料的厚度,即可得到陶瓷壁面完全被削蚀的时间,即预估的推力器寿命。

ii. 仿真计算预估。

仿真计算预估法即通过数值仿真计算的方法来开展离子溅射的仿真。主要由以下两部分组成：推力器内部等离子体流场的仿真模拟。通过等离子体流场仿真计算，确定推力器内部及放电通道壁面处的等离子体参数分布，特别是离子流密度、离子能量、离子入射角等。这是开展下一步离子溅射的仿真重要输入参数；离子溅射仿真。通过离子与放电通道壁面的相互作用模型（溅射模型），以及第一步获取的放电通道壁面处的等离子体参数分布（离子流密度、离子能量、离子入射角等），开展放电通道壁面处的离子溅射的实时仿真，确定壁面处的离子溅射速率。在此基础上开展推力器壁面形貌、壁面溅射深度随推力器工作时间的关系的仿真评估，从而确定推力器的预估寿命。图 8-49 为典型的离子溅射的仿真计算案例。

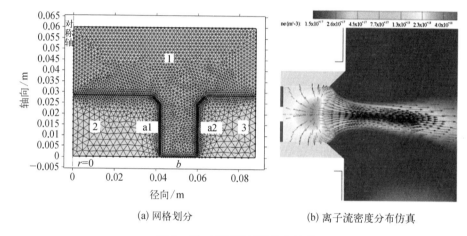

(a) 网格划分　　　　　　　　　(b) 离子流密度分布仿真

图 8-49　离子溅射的仿真计算

除了前述的短期寿命试验+快速寿命预估方法之外，国外还采用了另外一种方法——短期寿命试验+快速寿命预估的多次迭代法。

该可信度更高，但操作相对比较麻烦。具体实施方法：

i. 开展一定时间的短期寿命试验（如 500 h），根据试验获得的数据对推力器短期寿命进行预估（如预估 2 000 h，即再次工作 1 500 h 后的放电通道形貌数据）；

ii. 根据第一步获取的 2 000 h 时的放电通道形貌预估数据，通过机械加工方法，将短期寿命试验（如 500 h）后的推力器的放电通道车削到预估的 2 000 h 后的形貌；

iii. 利用车削后的推力器，继续开展一定时间的短期寿命试验（如 500 h），根据试验获得的数据对推力器短期寿命进行预估（如此次进一步预估到 4 000 h，获取

4 000 h 时的放电通道形貌预估数据）；

iv. 同第二步，如此循环，直至推力器寿命（或预估寿命终止）。

该方法首先在俄罗斯提出。2019 年美国在建的深空之门月球轨道空间站用 BHT－5000 推力器采用该方法开展了推力器的快速寿命预估。

BHT－5000 推力器是美国 Busek 公司研发的 5 kW 量级霍尔推力器。该推力器于 2019 年被美国深空之门月球轨道空间站选用（用于 PPE 推进和动力单元），4 台 BHT－5000 推力器和 2 台 HERMeS 12.5 kW 霍尔推力器共同组成 50 kW 电推进系统。

针对深空之门月球轨道空间站任务需求，Busek 公司 2019 年进行了快速寿命评估[43]，采用了短期寿命试验+快速寿命预估的多次迭代方法。具体的试验流程表示如表 8－9，图 8－50 为 BHT－5000 霍尔推力器和放电点火图。

表 8－9　BHT－5000 快速寿命评估流程

	第一阶段	第二阶段	第三阶段	第四阶段	总计/h
工况	5 kW/300 V	5 kW/300 V	3 kW/400 V	3 kW/400 V	
点火/h	375	647	1 261	171	2 454
仿真/h	400	1 000	2 800	4 800	9 000
累计/h	775	1 647	4 061	4 971	11 454

(a) BHT－5000霍尔推力器　　　　　　(b) 放电点火

图 8－50　BHT－5000 霍尔推力器和放电点火图

第一阶段，首先进行 375 h 点火，利用点火得到的数据迭代输入放电室壁面削蚀模型，并继续运算得到 400 h 后的放电室壁面的理论形貌。

在推力器点火 375 h 的放电室壁面基础上,通过机械加工车削至 775 h(375 h+400 h)后的放电室壁面形貌测量。

每个阶段点火和仿真的时长表示在表 8-9 中。最终实际点火 2 454 h,预测 BHT-5000 寿命 18 000 h 以上。

多次迭代法寿命预估的缺点是寿命试验过程中放电室需要多次机械加工和装配,会引入一定量的积累误差,对于削蚀量不大的推力器寿命评估的误差较大。因此,该方法主要适合于传统霍尔推力器的快速寿命预估,这是因为传统霍尔推力器的壁面离子溅射剧烈,壁面形貌随时间快速变化,每次壁面的机械加工量较大。但对于磁屏蔽推力器,由于壁面的离子溅射十分微弱甚至接近零,每次的机械加工量基本没有或非常小,采用多次迭代法时反而容易引入更大的误差。

7. 霍尔推力器寿命试验验证与评估

1) 中小功率推力器 1∶1 寿命试验

以 HET-80 霍尔推力器为例,在研制阶段先后有两台推力器开展了 1∶1 场寿命试验,1 台为模样产品,开展了 9 240 h 寿命试验,1 台为初样,开展了 8 240 h 寿命试验。两台产品寿命试验后仍可正常工作,各项技术指标满足要求。图 8-51 至图 8-54 为 HET-80 霍尔推力器模样 1∶1 长寿命试验外观演化及测量数据图。

2) 大功率霍尔推力器短期寿命试验+快速寿命预估

对于中大功率霍尔推力器,由于试验成本和试验周期较长,短期寿命试验+快速寿命预估是国际上一直在发展的一种快速寿命评估的技术和方法,尤其是新一代磁屏蔽长寿命电推进产品和新一代中大功率电推进产品,快速寿命评估方法将成为产品寿命验证评估的一个重要选择。短期寿命试验+快速寿命预估的优点是可以大幅缩减长寿命验证的时间和成本。对于绝大多数型号任务,若时间和经费不允许的话,可采取短期寿命试验+快速寿命预估的方法。

(1) HET-300 霍尔推力器短期寿命试验。

前期 HET-300 霍尔推力器开展的短时寿命试验表明,放电室的离子溅射速率较低,基本无削蚀。综合考虑产品特性、研制进度和经费,HET-300 霍尔推力器的短期寿命试验的时间初步定为不低于 2 000 h。试验具体实施过程中根据需要可适当调整。

推力器喷口陶瓷壁面离子溅射后型面测量方案按照每 500 h 开舱测量一次执行,型面测量的时间点分别为: 0 h、500 h、1 000 h、1 500 h、2 000 h,共 5 次。

(2) HET-300 霍尔推力器快速寿命预估。

根据前述短期寿命试验获得的离子溅射数据,开展 HET-300 霍尔推力器的寿命预估。国内外霍尔推力器 1∶1 寿命试验表明,放电室削蚀速率与时间呈现近似对数曲线的关系,寿命前期削蚀速率远大于中后期削蚀速率。

0小时　　　　　　　　　　　2428小时

4065小时　　　　　　　　　　9240小时

图 8-51　HET-80霍尔推力器模样 1∶1 长寿命试验外观演化情况

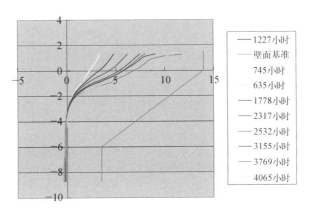

——	1227小时
——	壁面基准
	745小时
	635小时
——	1778小时
——	2317小时
——	2532小时
——	3155小时
——	3769小时
——	4065小时

图 8-52　HET-80霍尔推力器模样寿命试验过程中的
喷口壁面演化情况(内壁,实测)

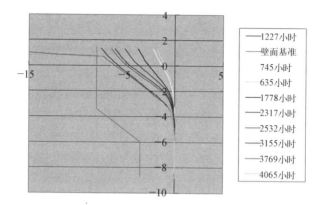

**图 8-53　HET-80 霍尔推力器模样寿命试验过程中的
喷口壁面演化情况(外壁,实测)**

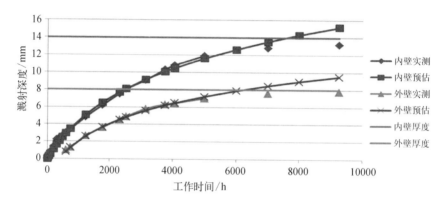

**图 8-54　HET-80 推力器模样寿命试验过程中的
喷口处溅射深度数据(实测+仿真预估)**

　　依据短期寿命试验数据,可以采用对数曲线拟合方法进行快速寿命预估。该方法目前在常规霍尔推力器的寿命预估中得到广泛应用。此处以上海空间推进研究所 HET-80 80 mN 霍尔推力器的曲线拟合法寿命预估为例来进行说明。

　　具体过程如下:

　　第一步,基于短期寿命试验中测量的溅射深度数据,采用曲线拟合方法,得到溅射深度与工作时间的关系曲线;

　　第二步,根据放电室喷口厚度,以及第一步拟合的溅射深度曲线,得到放电室喷口被削蚀完的时间(如图 8-55 中的时间约为 8 000 h)。该时间即为推力器的预估工作寿命。

　　考虑到磁屏蔽霍尔推力器的离子溅射速率很低或接近没有,为了进一步提高 HET-300 霍尔推力器寿命评估的可信度和可靠度,采用了一种更为保守、更为可

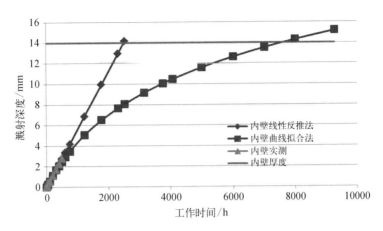

图 8 - 55　霍尔推力器的快速寿命预估

信的寿命预估方法——线性反推法。该方法是以寿命初期的离子溅射速率代替全寿命周期的溅射速率,来开展寿命的预估,如图 8 - 55 中的深蓝色线所示。

　　由于寿命周期内推力器的溅射速率越来越小,推力器的实际寿命将高于预估寿命,寿命预估的可信度较高。图 8 - 55 中,通过线性反推方法预估的 80 mN 推力器寿命仅为 2 500 h,远低于 8 000 h 的曲线拟合法预估寿命,也远低于约 10 000 h 的产品实际寿命。

　　表 8 - 10 给出了线性反推法与曲线拟合法寿命预估的比较。表中可见,线性反推法寿命预估的结果是保守和可信的,其寿命预估结果一般远低于曲线拟合法寿命预估结果,也远低于产品的实际寿命。

表 8 - 10　线性反推法与曲线拟合法寿命预估的比较

产　品	线性反推法 预估寿命/h	曲线拟合法 预估寿命/h	实际寿命/h
SPT - 100	2 100	7 000	≥7 500
PPS1350 - G	2 300	10 000	≥10 500
PPS1350 - E	2 000	6 000	/
HET - 80M 模样	2 400	8 000	≥9 240
HET - 80M 初样	3 000	5 800	≥10 000

　　结合中大功率霍尔推力器的特性、研制进度和经费,从节约成本和提高研制效率的角度出发,一般采用"短期寿命试验+快速寿命预估"的方法,来开展中大功率霍尔推力器的寿命验证和评估。短期寿命试验一般不低于 2 000 h,为提高霍尔推

力器寿命评估的可信度和可靠度,快速寿命预估方法采用更为保守、更为可信的线性反推法。

8.4　霍尔推力器飞行产品研制与应用

8.4.1　飞行产品研制目标

霍尔推力器飞行产品研制以鉴定产品所确定的产品技术状态和产品生产工艺为基线,以实现为航天器应用型号提供霍尔电推进合格产品为工程化研制目标。研制的全部飞行产品经规范的性能试验、验收级环境试验、可靠性及寿命评估(老练)试验等验证,确认其产品全部满足航天器型号应用要求。完成正样产品研制阶段后,霍尔推力器产品的技术成熟度达到9级、产品成熟度达到3级。

8.4.2　飞行产品研制基本流程

1. 产品技术状态固化

达到飞行产品技术状态的霍尔推力器,首要任务是固化产品技术状态,根据具体型号应用条件,对产品研制要求进行补充完善,细化功能性能技术指标和要求,完善测试规范,明确霍尔推力器飞行产品功能测试和试验(或分析)要求等,确定飞行产品研制基线。固化的霍尔推力器飞行产品技术状态,要在生产、测试和试验过程中严格控制。同时补充完善产品工艺设计,形成全面配套、满足设计要求的工艺文件,为产品的加工生产与控制提供依据。

2. 飞行产品生产与测试

飞行产品的工作重点是保证产品的生产质量和全面测试,将固化技术状态的霍尔推力器以实物的形式呈现出来,该过程涉及加工生产、装配测试各个环节,产品的生产制造全过程要严格按照产品规范和工艺要求进行,做到全流程受控,从而保证产品实物达到设计文件和规范要求。因此,要重点加强产品技术状态控制、生产过程控制及性能测试的覆盖性。

1) 生产过程控制

飞行产品的生产过程要严格按照工艺流程进行,确保生产过程受控、文件受控,过程记录真实反映生产状态,确保产品质量。生产过程主要控制内容包括以下几个方面。

(1) 关键项目、不可测项目、关键工序工艺评审及实施过程控制:加强导磁零件、陶瓷零件的原材料制备工艺参数量化和生产过程测试,特别是导磁材料热处理过程控制及热处理后导磁性能测试,以及阳极气体分配器焊接工艺过程控制,做到工艺参数量化、可检测;

(2) 强制检验点、关键检验点控制:可以将阳极气体分配器流阻、整机漏率、

绝缘性等作为强制检验点或关键检验点,加强过程控制,保证产品的一致性;

（3）外协产品关键过程质量控制,加强陶瓷、导磁金属、耐高温导线等零部件加工过程和验收筛选过程控制;

（4）产品测试和试验过程控制,主要是严格按照产品规范进行,加强导磁零件热处理和线圈部件烘烤老练的时间控制,推力器点火测试过程中设备的状态控制等。

2）试验验证

霍尔推力器飞行产品除开展外观、接口、质量、电性能及验收级性能和功能测试外,还需抽选一定数量的产品完成各项鉴定级的批抽检;上述试验全部通过后,认为本批次产品合格。飞行产品试验项目相对于鉴定子阶段要少很多,试验量级也为验收级。图 8 - 56、图 8 - 57 为 HET - 300 霍尔推力器验收试验现场及分系统联合点火。

图 8 - 56　HET - 300 霍尔推力器验收试验现场

图 8 - 57　HET - 300 霍尔推力器分系统联合点火照片

3. 产品交付阶段

产品交付需以评审会的形式,要求用户代表参加。对飞行产品研制过程中的研制情况、技术状态控制情况、最终测试符合性进行全面总结。评审通过后方可予以验收并交付。

8.4.3　验证项目和产品交付

1. 验证项目

飞行产品的验证项目目的在于排除产品的早期失效,确认产品生产状态符合设计要求。相关试验量级均为验收级,以整机实施,包括力学环境试验、热真空环境试验和子系统联试。批量投产时,可挑选一台产品进行短时间的寿命试验考核。

2. 产品交付准则

产品交付准则包括:完成了飞行产品研制和试验工作;完成了质量问题的归零;生产及测试过程文档资料齐全,过程可控,工艺稳定一致;完成了单机所要求的所有测试,测试结果符合技术指标要求;完成了产品研制总结,产品履历书、产品说明书等文件齐全。图 8-58 为 HET-300 产品照片。

图 8-58　HET-300 产品照片

8.4.4　霍尔推力器在轨应用

霍尔推力器集成于霍尔电推进系统随航天器入轨后,首先需要进行推力器状态自检,然后进行阴极激活和加热烘烤除气,该过程中需要霍尔推力器电源供电,通过遥测数据判断推力器状态。霍尔推力器预处理及首次点火流程主要分为以下几个步骤。

1. 状态自检

霍尔推力器电路状态自检程序,通过控制各个电源模块开关和输出,根据信号采集结果,检测霍尔推力器电路各组成电流是否正常。霍尔推力器电路状态自检程序,在入轨后执行一次以确认推力器电路状态,在推力器在轨运行后一般不再执行。

2. 加热烘烤

对于全电推卫星,星箭分离后,在 PPU 测试完成后的第一时间,需开启加热电源(霍尔推力器可利用磁线圈作为加热器对推力器进行加热,从而无须额外配备单独的加热电源和加热器)对推力器进行加热烘烤除气,此过程可以长时间连续维持,直至推力器点火前。

3. 阴极静置

星箭分离后,阴极开始加电激活前,为了促使阴极在空气中吸附的水氧充分挥发,一般需要在真空环境中静置一段时间,一般阴极的静置时间不低于 6 h(贮供管路内部应为较高纯度的氙气等工质)。

4. 阴极激活

对于目前常用的钡钨阴极和六硼化镧阴极,发射入轨正式点火前均需要进行预加热激活,以 HET‑300 霍尔推力器用 10 A 钡钨阴极为例,一般情况下的阴极激活流程如下:

(1) 首先进行管路排气,且阴极在高真空环境(真空度 10^{-5} Pa 量级)静置时间不小于 6 h;

(2) 开启阴极加热电源,加热电流 2 A,对阴极加热 1 h;

(3) 阴极加热电流调整为 3 A,对阴极加热 0.5 h;

(4) 阴极加热电流调整为 4 A,对阴极加热 0.5 h;

(5) 阴极加热电流调整为 5.3 A,对阴极加热 5~10 min;

(6) 激活结束。

在实际飞行应用中,空心阴极激活流程在特殊情况下可根据实际阴极状态及遥测数据,对阴极激活流程和激活参数进行小幅度调整。

5. 阴极放电预处理

空心阴极激活结束后,进入放电预处理流程,10 A 空心阴极在轨点火流程如下:

(1) 开启阴极流量;

(2) 开启点火电源,点火电流设置为点火电源设定电流;

(3) 判断阴极点着后,点火电流设置改为阴极工作额定触持电流;

(4) 关闭阴极加热电源,阴极自持放电 30 min。

阴极激活流程后 30 min 放电预处理的目的是,确保阴极发射体表面处于清洁和良好放电状态。空心阴极放电预处理完成后,可直接进入推力器点火程序。

6. 推力器在轨首次点火流程

霍尔推力器在轨点火时,按照阳极点火与阴极点火的顺序,主要分为同步点火和异步点火两种,同步点火时霍尔推力器阳极随着阴极点着时自动点着,可认为是同时点着;异步点火时是先点着阴极,然后再开启阳极电源,对阳极进行点火。通常情况下,为了降低点火过程中对电源的冲击,通常采用异步点火的形式进行分布点火,具体流程如下:

(1) 阴极加热电源输出开启,加热电流设置为额定加热电流;

(2) 磁线圈电源输出开启,输出电流设置为额定点火磁线圈电流;

（3）t1 分钟后，阴极流量开启；

（4）t2 分钟后，阳极流量开启；

（5）t3 分钟后，开启点火电源，点火电源输出电流设置为额定点火电流；

（6）阴极点着后，点火电源输出电流改为额定触持电流；

（7）关闭加热电源，阴极进入自持放电状态；

（8）开启阳极电源，阳极电源输出电压设置为额定点火电压；

（9）判断阳极点着后，提高阳极电源电压至推力器额定工作电压；

（10）磁线圈电源输出电流设置改为推力器工作额定磁线圈电流，此时推力器进入稳态工作状态。

对于 HET－300 霍尔推力器在轨首次点火，与在轨正常点火流程相比，首次点火流程增加了推力器点着后阳极电压逐步上升到 500 V 额定电压的过程，目的是通过放电时的离子轰击和加热效应，使得加速器内部吸附的气体得到充分释放，避免直接高压加上导致内部局部打火放电。

以全电推卫星为例，作为未来电推进发展应用的主要趋势，要求星箭分离后推力器很快点火工作，故在轨使用流程与常规卫星有很多不同，图 8－59 为霍尔推力器在轨使用流程图。

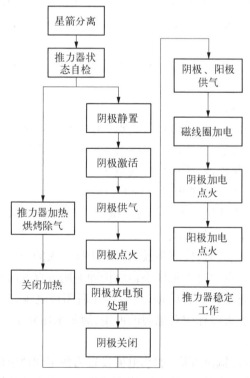

图 8－59　霍尔推力器在轨使用流程

参考文献

[1] 张天平, 耿海, 干小永, 等. 离子电推进工程. 北京: 科学出版社, 2021.

[2] Yamamoto N, Miyasaka T. Developments of Robust Anode-layer Intelligent Thruster for Japan IN-space propulsion system. IEPC, 2013.

[3] 康小录, 张岩, 刘佳, 等. 大功率霍尔电推进研究现状和关键技术. 推进技术, 2019, 40(1): 1 - 11.

[4] Choueiri E. Fundamental Difference between the Two Variants of Hall Thrusters-SPT and TAL. 37th Joint Propulsion Conference and Exhibit, 2001.

[5] 黎润. 阳极层推力器设计及壁面侵蚀研究. 哈尔滨: 哈尔滨工业大学, 2017.

[6] Solodukhin A, Semenkin A, Tverdokhlebov S, et al. Parameters of D - 80 Anode Layer Thruster in One and Two Stage Operation Modes. Pasadena: IEPC, 2001.

[7] Kagota T, Tahara H. Performance Characteristics of High-Power, High-Specific-Impulse Hall Thrusters for In-Space Propulsion. 50th AIAA/ASME/SAE/ASEE Joint Propulsion Conference, 2014.

[8] Hamada Y, Kawashima R, Bak J, et al. Characterization of Acceleration Zone Shifting in an Anode-layer-type Hall Thruster RAIJIN66. Vacuum, 2021, 186: 110040.

[9] 康小录, 张岩. 空间电推进技术应用现状与发展趋势. 上海航天, 2019, 36(6): 24 - 34.

[10] Cao X F, Liu H, Jiang W J, et al. Influence of Channel Length on Discharge Performance of Anode Layer Hall Thruster Studied by Particle-in-cell Simulation. Chinese Physics B, 2018, 27(8): 085204.

[11] Koch N, Harmann H P, Kornfeld G. Status of the THALES High Efficiency Multi Stage Plasma Thruster Development for HEMP-T 3050 and HEMP-T 30250. IEPC, 2007.

[12] Kornfeld G, Koch N, Harmann H P. New Performance and Reliability Results of the Thales HEMP Thruster. Cagliari: 4th ISPC, 2004.

[13] Koch N, Harmann H P, Kornfeld G. Development and Test of the THALES High Efficiency Multistage Plasma(HEMP) Thruster Family. IEPC, 2005.

[14] Kornfeld G, Koch N, Harmann H P, et al. High Power HEMP-Thruster Module, Status and Results of a DLR and ESA Development Program. AIAA, 2006.

[15] Kornfeld G, Koch N, Harmann H P. Physics and Evolution of HEMP-Thrusters. IEPC, 2007.

[16] Matthew J. Low-Perturbation Interrogation of The Internal and Near Field Plasma Structure of a Hall Thruster Using a High Speed Probe Positioning System. University of Michigan, 2001.

[17] Gascon N, Dudeck M. Wall Material Effects in Stationary Plasma Thrusters. I. Parametric Studies of an SPT - 100. Physics of Plasmas, 10(10): 4123 - 4136.

[18] Shih A, Yater J, Hor C, et al. Secondary Electron Emission Studies. Applied Surface Science, 1997, 111: 251 - 258.

[19] 赵震, 梁伟. 霍尔推力器放电室不同材料壁面特性影响研究. 长沙: 第十四届中国电推进学术研讨会, 2018.

[20] 薛中华. 二次电子对霍尔推进器鞘层影响的数值模拟. 大连: 大连理工大学, 2009.

[21] Goebel D M, Karz I. Fundamentals of Electric Propulsion: Ion and Hall Thrusts, JPL Space Science and Technology Series, 2008.

[22] 于达仁,张凤奎,李鸿,等.霍尔推进器中振荡鞘层对电子与壁面碰撞频率的影响研究.物理学报,2009, 58(3): 1844 - 1848.

[23] Choueiri E Y. Fundamental Difference between Two Variants of Hall Thrusters SPT and TAL. AIAA, 2001.

[24] 杨奋.材料手册:金属.上海:上海航天局第八〇七研究所,1992.

[25] 饶雨生.等离子体物理基础.西安:西安交通大学出版社,2000.

[26] Garrigues L, Boyd I D, Boeuf J P. Computation of Hall Thruster Performance. Journal of Propulsion and Power, 2001, 17(4): 772 - 779.

[27] Garrigues L. Low Frequency Oscillations in a Stationary Plasma Thruster. Journal of Applied Physics, 1998, 84(7): 3541 - 3554.

[28] Fruchtman A, Fisch N J. Modeling the Hall Thruster. The 34th AIAA International Communications Satellite Systems Conference, 1998.

[29] Makowski K, Peradzynski Z, Gascon N, et al. A Stationary Model For Stationary Plasma Thruster Dis-charge. 35th Joint Propulsion Conference and Exhibit, 1999.

[30] Kieckhafer A, King L B. Energetics of Propellant Options for High-power Hall Thrusters. The Space Nuclear Conference, 2011.

[31] Ronald L, Nicolas C, Delgado J J, et al. Performance and Evolution of Stationary Plasma Thruster Electric Propulsion for large Communications Satellites. The 28th AIAA International Communications Satellite Systems Conference, 2010.

[32] Manzella D H, Jankovsky R, Hofer R R. Laboratory Model 50 kW Hall Thruster. The 38th AIAA/ASME/SAE/ASEE Joint Propulsion Conference and Exhibit, 2002.

[33] Jacobson D T, Manzella D H. 50 kW Class Krypton Hall Thruster Performance. The 39th AIAA/ASME/SAE/ASEE Joint Propulsion Conference and Exhibit, 2003.

[34] Bechu S, Pdrot C, Gascon N, et al. Operation Mode Investigation of a Laboratory Stationary Plasma Thruster. AIAA, 99 - 2567.

[35] Linnell J A, Gallimore A D. Efficiency Analysis of a Hall Thruster Operating with Krypton and Xenon. The 41th AIAA/ASME/SAE/ASEE Joint Propulsion Conference and Exhibit, 2005.

[36] Mikellides I, Katz I, Hofer R. Design of a Laboratory Hall Thruster with Magnetically Shielded Channel Walls, Phase I: Numerical Simulations. AIAA/ASME/SAE/ASEE Joint Propulsion Conference & Exhibit, 2012.

[37] Mikellides I, Katz I, Hofer R. Design of a Laboratory Hall Thruster with Magnetically Shielded Channel Walls, Phase II: Experiments. AIAA/ASME/SAE/ASEE Joint Propulsion Conference & Exhibit, 2012.

[38] Mikellides I G, Katz I, Hofer R R, et al. Design of a Laboratory Hall Thruster with Magnetically Shielded Channel Walls, Phase III: Comparison of Theory with Experiment, 2012.

[39] Piragino A, Ferrato E, Faraji F, et al. Experimental Characterization of a 5 kW Magnetically-Shielded Hall Thruster. Space Propulsion, 2018.

[40] Conversano R W, Lobbia R B, Tilley K C, et al. Development and Initial Performance Testing of a Low-Power Magnetically Shielded Hall Thruster with an Internally-Mounted Hollow Cathode. Atlanta: 35th International Electric Propulsion Conference, 2017.

［41］Ducci C，Misurit T，Gregucci S，et al. Magnetically Shielded HT100 Experimental Campaign. Atlanta：35th International Electric Propulsion Conference，2017.

［42］康小录,刘佳,乔彩霞,等. 空间电推进试验测量技术.. 北京：科学出版社,2020

［43］Mullins C，Hruby V，Pote B. Development of a 5 kW Class Hall Thruster. Vienna：Electric Propulsion Conference，2019.

第 9 章
空心阴极工程研制

空心阴极是霍尔推力器及系统中具有独立功能的关键组件。在霍尔推力器的工程研制过程中,空心阴极必须按照电推进的工作条件和要求实现电子源的功能,再与推力器及系统进行匹配优化,通过不断的改进和迭代提升产品的成熟度和工程化水平。

随着航天器的全电推进化及霍尔推力器向多模式发展,要求空心阴极满足发射电流大范围调节的功能,同时要满足寿命、点火次数、点火时间等可靠性指标,还必须考虑自身功耗和流量对推力器效率、比冲、PPU 及系统重量等指标的影响,上述多因素的组合增加了空心阴极工程设计的难度。

本章主要介绍空心阴极工程研制过程中不同阶段的流程设置、关键技术攻关、可靠性验证、质量控制点和阶段完成标志,并给出空心阴极工程研制的一些典型案例。

9.1 空心阴极研制特点及要求

9.1.1 研制特点

1. 电子产生机制复杂

霍尔推力器用空心阴极的功能与微波管、行波管、电子枪等真空电子器件中的阴极器件类似,都是充当电子源的角色。与真空电子器件不同,空心阴极虽然也含有低逸出功的发射体材料,能在外部加热条件下形成热电子发射,但这些热电子仅仅是作为其产生电子的"种子"。真正主导空心阴极输出电子的来源是通过"种子电子"激发推进剂工质形成气体放电产生的大量电子。

空心阴极最常用的发射体材料主要包括浸渍铝酸盐(钡钨阴极)、六硼化镧、金属氧化物等。这些材料的电子逸出功通常都较低,有利于产生空心阴极工作所需的"种子"热电子。其热电子发射理论较为成熟,符合阴极电子学的理查生定律[1]:

$$j_0 = AT_K^2\exp\left(-\frac{\phi_K}{kT_K}\right) \qquad (9-1)$$

式中, j_0 为零场发射电流密度, 单位 A/cm^2; A 为发射常数, 单位 A/(cm^2 · K^2);
T_K 为阴极温度, 单位 K; ϕ_K 为逸出功, 单位为 eV(电子伏)。

从产生"种子"热电子的角度, 空心阴极发射体材料发射电流密度越大越好,
这就要求采取高的工作温度和低的逸出功材料, 而高的工作温度增加了工程实现
的难度。因此, 在选择发射体材料时, 需要综合考虑材料的逸出功和工作温度。

另外, 由于主导空心阴极输出电子的是工质气体放电, 则空心阴极的设计除考
虑热电子发射之外, 要重点关注产生气体放电的各种条件, 特别是阴极放电通道和
孔板结构及工质密度等。正是这些差异, 导致空心阴极的工程研制无法照搬传统
真空电子器件阴极的研制经验。

2. 寿命和可靠性要求高

一般的真空电子器件阴极, 已经形成了比较成熟的产品寿命和可靠性控制方
法, 并可以通过早期筛选控制产品合格率, 对于地面设备用阴极, 还可以通过部件
更换提高其使用寿命。而霍尔推力器空心阴极最终工作于宇宙空间, 无法通过部
件更换提高使用寿命, 必须做到在整个寿命周期的"免维修"。通常空间任务对空
心阴极的可靠性和寿命要求普遍较高, 如有些任务要求空心阴极的工作时间达数
万小时, 开关次数数万次, 如此高的可靠性和寿命要求加大了空心阴极工程研制难
度。另外, 基于航天产品需求量的考虑, 空心阴极每一批产品的数量有限, 呈现小
子样的特点, 这又使得产品的寿命和可靠性评价难度也随之加大。

3. 工作环境要求严格

通常, 空心阴极的电子发射体材料易受水、氧等的影响, 轻则造成电子发射能
力下降, 重则导致阴极"中毒"而失去电子发射能力。由于空心阴极产品在进入空
间之前处于大气环境, 水、氧随处都在, 进入空间后又会面临空间原子氧环境, 因
此, 在空心阴极产品研制和空间应用的整个寿命周期内, 都要确保空心阴极发射体
避免接触水、氧等气氛, 或者采取技术措施(如:隔离或加吸附剂等)消除其对发射
体的影响。另外, 空心阴极随航天器发射时, 面临振动冲击等力学等环境的考验,
特别是空心阴极中的热子和陶瓷绝缘组件等耐受力学环境的能力较差, 从而加大
了空心阴极工程研制难度。

9.1.2　基本要求

1. 功能要求

空心阴极的主要功能是为霍尔推力器提供电子。霍尔推力器工作时, 空心阴
极首先产生电子, 一部分用来电离推进剂使霍尔推力器启动点火, 另一部分用来中
和霍尔推力器喷出的离子以保证羽流的整体电中性, 从而避免造成航天器带电。
空心阴极是保证霍尔推力器正常启动和可靠工作的先决条件, 也是中和推力器羽
流的必要条件。

霍尔推力器对空心阴极的基本要求就是在系统提供的额定供电和供气条件下,为霍尔推力器提供需要的额定电子电流,以保障推力器可靠点火和稳定工作。

2. 工作条件要求

作为霍尔推力器的关键组件,空心阴极正常工作需要高真空环境,并需要系统为其供电和提供气体推进剂等基本的工作条件。

1) 真空条件

空心阴极随航天器工作在空间轨道,处于天然的真空环境。在进入空间之前的各个阶段,需要人工真空环境以满足空心阴极正常工作要求,具体要求如下:① 产品工作区的真空室内径不低于空心阴极触持极外径的 10 倍;② 真空室的极限真空度必需优于 1×10^{-4} Pa;③ 试验过程中(通入推进剂)的工作真空度优于 5×10^{-3} Pa。

2) 供电条件

空心阴极点火工作过程,需要为其提供供电电源,主要包括加热电源、点火电源、触持极电源、阳极电源等。其中,点火电源为直流稳压电源或脉冲电源,加热电源和触持电源为稳流电源,阳极电源为稳压恒流电源。

3) 供气条件

空心阴极的工作介质主要是以氙气、氪气为代表的惰性气体,供气条件主要是对上述气体推进剂压力、流率和纯度的控制,以保证空心阴极在特定工况下稳定可靠工作。推进剂质量流率范围及精度需要按照霍尔推力器的要求进行控制,特别要关注推进剂供给管路的气密性和洁净度,避免空心阴极的二次污染。

3. 指标要求

评价空心阴极的主要技术指标包括以下几点。

(1) 性能:放电电流(发射电流)、点火时间;

(2) 供电:点火电压(脉冲或直流)、点火电流、加热电流、加热电压(或加热功率)、触持极电流、触持极电压;

(3) 供气:推进剂质量流量、推进剂种类及相关推进剂质量标准。

4. 寿命、可靠性和安全性要求

(1) 寿命指标:点火次数、累积工作时间;

(2) 可靠性:可靠度;

(3) 安全性:安全裕度。

5. 环境适应性要求

环境适应性是满足航天产品的发射环境和空间环境的力学、热真空、辐照、电磁兼容等指标要求,根据不同的应用背景型号要求确定。

6. 接口要求

(1) 机械接口:安装法兰接口、供气管路接口;

（2）电接口：加热、点火和触持极供电接口；

（3）热接口：工作时安装法兰、壳体、电极的温度升高对安装支架及其他单机、组件的影响。

7. 专项试验要求

专项试验针对具体任务确定，主要涉及：寿命试验，大气、湿热和盐雾环境影响试验，不同推进剂纯度影响试验等。

8. 其他要求

环境中的水、氧、一氧化碳等成分容易给空心阴极发射体材料带来有害影响，造成空心阴极性能下降甚至功能丧失（中毒）。因此空心阴极的贮存和地面试验有一些特殊要求。

（1）地面贮存：尽量减少暴露大气的时间，长期贮存需要干燥、清洁环境；

（2）真空点火：暴露大气后首次真空点火工作前，需要先进行加热除气和激活预处理，然后才能正常点火工作。

9.2　空心阴极原理样机研制

9.2.1　原理样机研制目标

空心阴极原理样机研制阶段，主要根据背景任务要求，在已有的产品型谱和预先研究基础上，进行任务分析，制定实现方案，完成关键技术攻关，开展原理样机研制、调试和试验。原理样机研制的产品应达到 1 级产品成熟度。

9.2.2　技术指标确定

空心阴极原理样机研制阶段，要根据霍尔推力器单机任务指标进行分解，确定空心阴极组件的放电电流、点火启动时间、寿命、点火次数等主要指标要求，初步确定系统的电源和推进剂供给能力。对于首次研制的产品，原理样机阶段以关键技术攻关和功能实现为重点，同时兼顾尺寸、质量、寿命等指标。对已有技术基础或者型谱中的产品，除寿命可靠性指标外，其余指标要予以明确，以便开展产品设计。

9.2.3　空心阴极性能影响因素

影响空心阴极性能的因素很多，主要包括以下几点。

（1）发射体材料种类，如：钡钨发射体、六硼化镧发射体、氧化物发射体等；

（2）基本结构，如：有加无热器、阴极顶孔板结构、发射体结构、绝缘结构等；

（3）空心阴极的工作点，如：放电电流、工质质量流率；

（4）空心阴极的供电方式，如 PPU 的供电参数和方式；

（5）空心阴极的供气，如推进剂工质种类、纯度和杂质含量等。

9.2.4　空心阴极设计

空心阴极原理样机阶段的方案设计分为产品初次研制、产品重复生产和使用、产品升级改进等三种情况。

对于产品初次研制的情况,工作重点是根据技术指标要求,开展国内外同类产品调研,考虑有无成熟的部件或成熟的技术可以借鉴,仔细分析利用成熟的部件是否能全面满足特定任务要求。通过设计仿真分析,确定技术方案,主要包括发射体选型、结构、核心尺寸、加热器、触持极等设计,方案设计中要考虑性能、功能测试与试验验证方法及评价标准。然后确定产品的关键技术、攻关项目和研制技术流程。确定产品的功能基线、研制基线和生产基线等三个重要基线的,以及设计、工艺、过程控制三类关键特性的识别、控制与鉴定。

对于产品重复生产和使用的情况,工作重点是保证产品功能性能和生产质量稳定性,识别出已有产品可以继承的、需要改进的、重新设计的技术,确定关键技术、攻关项目和技术流程,完善和细化已有产品的基线和关键特性。特别要关注可能存在的所有新状态,并对每一新状态都需要进行充分的验证。

对于产品升级改进的情况,工作重点是提升货架式产品的成熟度。应通过成功数据包络分析不断完善、优化三类关键特性数据和产品基线,提升产品数据包的精细化程度,减小产品各项指标的离散程度,提高产品的一致性水平。与产品重复生产和使用的情况相同,也要关注可能存在的新状态,并对每一新状态都需要进行充分的验证。

不论是上述哪一种情况,空心阴极原理样机阶段的工作最大包络包括:关键技术攻关,产品功能、性能的设计和实现。具体工程研制时,可以根据已有基础进行裁剪。按照最大工作包络的空心阴极设计流程如图 9-1 所示。

1. 方案选择

钡钨空心阴极典型结构如图 9-2 所示。加热器的加热丝一般采用耐高温的钨丝、钨铼丝、钽丝、钼丝等金属裸丝绕制成螺旋型,金属裸丝之间、金属丝与阴极管之间通过陶瓷进行绝缘。

在满足产品设计要求的前提下空心阴极整体结构应尽可能简单,对给定环境下功能和可靠性要综合考虑,包括点火启动、放电工作、累积工作时间、点火次数和贮存环境要求,以及结构尺寸和重量要求等情况,选择最优设计方案。

方案设计应遵循以下原则:

(1) 收集国内外空心阴极的研究成果,吸收其成功经验;

(2) 分析任务书的设计指标要求,找出技术难点(关键技术)及解决途径;

(3) 拟定多种方案进行比较;

(4) 满足任务周期和经济性要求。

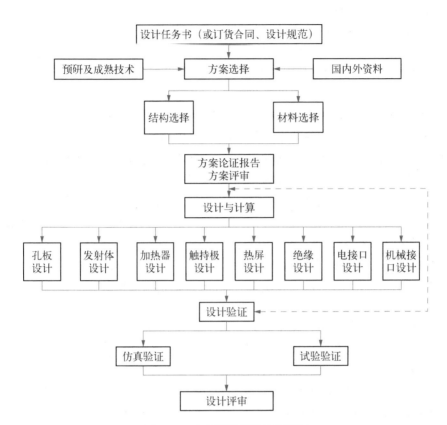

图 9-1 空心阴极设计流程框图

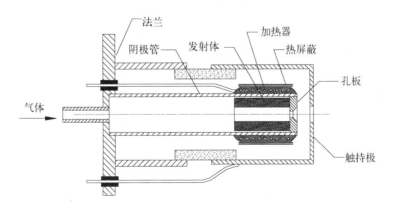

图 9-2 空心阴极典型结构

1）发射体材料选择

发射体是空心阴极的核心功能材料,应重点考虑电子逸出功、发射性能、蒸发率和抗污染能力。空心阴极的发射体材料在电推进领域应用最多的是钡钨发射体和六硼化镧发射体,这两种材料的逸出功函数、蒸发率、工作温度及环境适应性方面比较好。钡钨阴极的工作温度为950~1 150℃,温度较低、加热功率小,发射电流最大10 A/cm² 左右,钡钨发射体材料抗中毒性能力较差;六硼化镧阴极工作温度为1 400~1 700℃左右,加热功率大,发射电流可以超过10 A/cm²,具有较好的抗中毒性能和耐轰击性能。根据目前的研究应用情况来看,两种发射体材料暴露大气后,都需要在真空环境中除气和高温激活处理,只是激活的温度不同。

钡钨发射体材料为混合物,基体材料为高温烧结的多孔钨,内部浸渍了不同比例的氧化钡、氧化钙和氧化铝混合物组成的钡钙铝酸盐,按照三种成分的摩尔比分成411型、612型和532型。美国电推进空心阴极钡钨发射体材料主要使用411型;国内真空电子行业阴极发射体材料主要采用612型和532型,这两种发射体材料技术成熟,可批量生产,供应和质量有保障,特别是添加钪酸盐的钡钨发射体材料逸出功更低、抗中毒能力明显增强。

六硼化镧发射体是由六硼化镧粉末热压成型,分为单晶和多晶两种形式。单晶六硼化镧的物理和化学性质稳定,电子逸出功低,发射电流密度高,常温下不发生氧化,寿命长,但成本高。多晶六硼化镧材料有些含有四硼化镧成分,容易受到化学腐蚀,导致电子逸出功和蒸发率不均匀,稳定性较差。六硼化镧发射体材料有一个致命的弱点,就是在高温下几乎与所有的难熔金属(W、Mo、Ta 等)会发生反应。随着温度升高,B 原子会向基金属晶格中扩散,与基金属形成填隙式化合物,致使 B 框架崩溃,镧原子蒸发,导致六硼化镧"中毒";另一方面,由于 B 原子侵入到支撑金属中,金属被腐蚀变脆,形成所谓的"硼脆病",导致阴极毁坏[1]。

表 9-1 给出了常用空心阴极发射体材料性能比较。

表 9-1　不同发射体空心阴极性能比较[1]

发射体类型		工作温度/(℃)	1 450 K 时的逸出功/eV	1 273 K 时的发射电流密度/(A/cm²)	在 1 273 K 时的蒸发率/(mg/cm²/s)	激活温度/(℃)	耐轰击能力
钡钨发射体	411 型	1 000~1 100	2.08	3.44	1.38×10⁻¹²	1 050~1 100	中
	532 型		2.13	1.47	4.45×10⁻¹²		
	612 型		2.06	2.62	8.9×10⁻¹³		
LaB6	单晶	1 200~1 700	2.2~2.3	10(1 873 K 时)	1×10⁻⁶（电流密度10 A/cm² 时）	1 200~1 500	强
	多晶		2.2~3.2				

由于研究经验和应用历史的差异,国外各电推进系统研制机构制造的阴极也各不相同。美国的钡钨空心阴极应用在不同功率的离子推力器上(如深空一号)。在离子推力器阴极的基础上,NASA 成功研制了用于空间站等离子体接触器和霍尔推力器的 411 型钡钨空心阴极,发射电流 12 A 时寿命达 27 000 小时,点火次数大于32 000 次。到目前为止,等离子体接触器在国际空间站上已经使用了二十多年,性能稳定。德国的射频离子推力器采用氧化物空心阴极作中和器。单晶六硼化镧空心阴极以俄罗斯的霍尔推力器为代表,其六硼化镧空心阴极的性能久经考验,俄罗斯Fakel 设计局生产系列六硼化镧空心阴极,如 K - 2、K - 5、KN - 3B 等,发射的电流小到 1 安培以下,大到几十安培,可用于 SPT - 20~SPT - 290 不同规格的霍尔推力器。

国内电推进领域的空心阴极发射体材料钡钨和六硼化镧都有。其中,上海空间推进研究所研制的 10 A 及以下发射电流的空心阴极采用钡钨发射体材料,40 A 以上的大电流空心阴极采用六硼化镧发射体;兰州空间技术物理研究所研制的中等电流及以上空心阴极主要采用六硼化镧材料,1 A 左右的小电流空心阴极采用钡钨发射体;北京控制工程研究所空心阴极主要应用六硼化镧材料;哈尔滨工业大学研制的中等电流空心阴极用六硼化镧,1 A 及以下的小电流空心阴极应用钡钨发射体。

近年来随着低成本商业航天的发展,碘工质霍尔电推进成为一重要的发展方向。由于碘的强氧化性,常规的钡钨和六硼化镧材料都不适合作为发射体材料。新型 C12A7 电子化合物具有较高的化学稳定性及低至 0.6 eV 的理论逸出功,可采用碘工质启动和运行,显示出较强的抗中毒能力,一经问世便引起了广泛关注[2]。但是,C12A7 电子化合物自身电阻高、导热性差,存在高温熔融、启动和放电工作的可重复性差等问题,实现工程应用,还有待进一步的研究。

2) 加热器选择

传统空心阴极产品都存在加热器结构,如图 9 - 2 所示。阴极采用加热器的好处就在于当阴极出现意外"中毒"后,可以通过加热器调整不同的预热温度对发射体进行除气和激活,使得阴极恢复正常工作。但采用加热器的阴极结构复杂、可选材料种类少、加工装配工艺难。通常加热器和发射体并列为影响传统空心阴极可靠性的两大关键因素。

无加热器空心阴极是近年来形成的一种新型结构的空心阴极,如图 9 - 3 所示。其核心部分与传统有加热器空心阴极结构相同,只是去除了加热器部件。通过在触持极上施加高电压将气体推进剂直接击穿形成电弧放电,加热发射体材料,逐步形成稳定的放电。这种阴极的优点是点火启动快(可以实现 1 秒内快速点火启

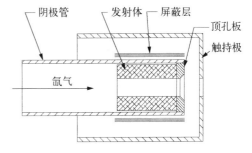

图 9 - 3　无加热器空心阴极结构示意图

动),结构简单、重量轻,避免了加热器带来的阴极可靠性问题。但其工作需要高电压和较大气体流量实现点火,增加了系统的复杂程度。另外,由于无加热器,不具备发射体意外"中毒"后的恢复功能。无加热器阴极产品主要以乌克兰的研制成果为代表[3]。

2. 孔板结构

空心阴极的孔板小孔一般有三种结构,如图9-4所示。第一种小孔为细长型,也就是长径比较大,见图9-4(a);第二种小孔是短粗型,也就是长径比较小,见图9-4(b);第三种基本上没有小孔,属于开放型结构,见图9-4(c)。三种不同孔板小孔构型的空心阴极的特征比较见表9-2。

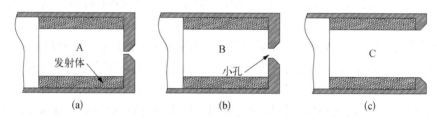

图9-4　空心阴极孔板小孔的三种几何形状

表9-2　孔板小孔不同构型的空心阴极特征比较

种类	特 征	适 用 范 围
A 型	孔板小孔长径比大,工作电流低、内部气体压力高,加热主要靠小孔加热	低电流空心阴极(1 A 或更低)
B 型	孔板小孔长径比适中,内部气体压力较低。这种阴极的加热机理是电子或离子碰撞发射体,或者两者兼有,主要决定于小孔尺寸和工作模式	中等电流空心阴极(几安培至几十安培)
C 型	基本上没有小孔,内部气体压力低,加热机理一般为离子碰撞发射体,发射体表面的利用率高,增强电子发射	大电流空心阴极(上百安培)

通常中等电流空心阴极的小孔一般选择 B 类,长径范围比较适中。工质流量随小孔长度的增加而减小,功率损耗随小孔长度的增加而增大。

3. 加热器结构

1) 直热加热器

直热加热器是将加热器(包括加热丝和绝缘陶瓷)套在阴极管外壁,包裹整个发射体区,通过传导方式直接加热发射体,如图9-5所示。直热加热器是国内

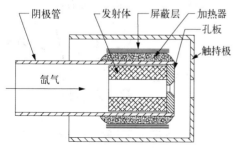

图9-5　直热加热器空心阴极结构

外空心阴极的主流结构,一般要求加热丝比发射体的工作温度高 100~300℃左右。

直热加热器按照绝缘结构可分为涂敷烧结陶瓷式加热器、螺旋陶瓷式加热器、铠装加热器,如图 9-6 所示。根据任务、研制周期和技术成熟情况等选用不同的加热器结构。

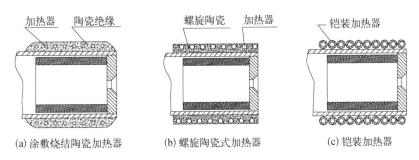

(a) 涂敷烧结陶瓷加热器　　(b) 螺旋陶瓷式加热器　　(c) 铠装加热器

图 9-6　直热加热器的不同绝缘结构

涂敷烧结陶瓷加热器是最简单的结构如图 9-6(a) 所示。这种加热器与阴极管之间的绝缘比较薄,导热快,点火过程的加热功率低、点火时间短,无需陶瓷模具,加工周期快。加热器的缺点是可靠性较低,热循环次数一般为几百到上千次,适合对加热器可靠性要求不高、寿命要求不长的场合。

螺旋陶瓷型隔离加热器结构如图 9-6(b) 所示。这种结构的加热器可靠性大大提高,热循环次数很容易达到上万次。但螺纹陶瓷加工工艺复杂、加热丝加工工艺要求高,零件配合难度大,导致产品成品率低,研制周期长,成本高。

铠装加热器结构如图 9-6(c) 所示,这种加热器是将加热丝、绝缘材料和保护套做成一体化结构(类似多层绝缘的导线),具有集成装配方便、可靠性高等特点。图 9-7 为美国研制的空心阴极铠装加热器内部结构和加热器组件外形照片[4]。这种加热器直接绕制在被加热的阴极管壁上,通过传导方式加热。铠装加热器对加热丝、绝缘层和保护套的材料要求很高,制备工艺难度大。目前国内针对空心阴极的铠装加热器已经完成工程样机研制,初步具备工程应用的能力。

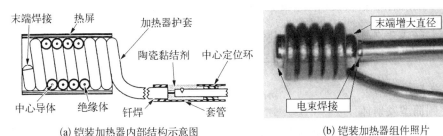

(a) 铠装加热器内部结构示意图　　(b) 铠装加热器组件照片

图 9-7　美国为空心阴极研制的铠装加热器

2）辐射加热器

辐射加热器与螺旋陶瓷加热器相似,区别是加热丝需安装在带有内螺纹的陶瓷内侧,通过辐射方式加热发射体,如图9-8所示。点火过程中,加热丝温度至少比发射体的工作温度高300~500℃。这种加热器的缺点是加热丝工作温度高,内螺旋陶瓷制造工艺复杂,加热丝材料要求高;优点是可靠性高,空心阴极稳定放电后高温发射体通过辐射反向传导的热量较少,可避免发射体长期高温对加热丝和绝缘层的热应力影响,有利于延长加热器的寿命。

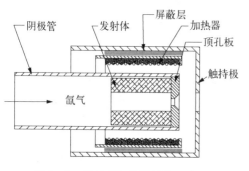

图9-8　辐射型加热器结构示意图

3）加热器不同结构的比较

表9-3给出了不同结构加热器的基本情况比较。

表9-3　不同结构加热器的比较

种　类		特　征	应用情况
直热加热器	通过阴极管壁传导加热发射体,加热丝比发射体工作温度高100~300℃左右,点火时间几百秒	涂敷烧结陶瓷式　结构简单,传导加热,热效率高,加工周期短,绝缘性差,寿命几百至上千小时,点火次数几百至上千次	国内主流产品
		螺旋陶瓷式　绝缘性好,可靠性高,热效率略降低,陶瓷工艺复杂,加工周期长,寿命超过上万小时,点火次数超过上万次	
		铠装式　绝缘性好,可靠性高,使用方便,热效率略降低,铠装加热器制作工艺复杂,国外空心阴极产品寿命超过上万小时,点火次数超过上万次,国内铠装加热器产品初步成熟	美国
辐射加热器	辐射加热,加热丝比发射体工作温度高300~500℃。优点:可靠性高,发射体长期高温对加热丝和绝缘层的热应力影响小;缺点:工作温度高,内螺旋陶瓷制造工艺复杂,加热丝材料要求高;国外空心阴极产品寿命上万小时,点火次数上万次		俄罗斯

4. 发射体结构

1）圆筒型发射体

圆筒型发射体是空心阴极最常用的型式,如图9-9所示。发射体做成中空结构,气体推进剂从中间流过,这也是空心阴极命名的由来。发射体材料通过模压或者机械加工等方式,制作成圆筒形,发射面是圆筒的内表面,发射电流密度按照圆筒内表面积计算。这种结构的空心阴极保温性能较好,工作时气体推进剂从中间流过,依靠发射体产生的热电子将推进剂电离形成放电后,离子轰击内壁以维持发射体工作温度,容易实现自持放电。

图 9 - 9　圆筒型发射体

2) 圆饼型发射体

圆饼型发射体是电子枪阴极的常见结构,发射体装在阴极管的顶端,发射面是上端面,加热器绕成螺旋型装在发射体的下部,直接传热给发射体,如图 9 - 10 所示。圆饼型发射体的推进剂一般从侧面进入阴极顶的发射区,发射体发射的热电子电离气体推进剂,通过触持极顶孔释放。这种结构阴极优点是可以做无工质阴极,结构简单,发射电流能达到毫安级;缺点是不能自持放电,需要加热器持续加热以维持发射体温度。

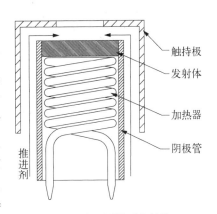

触持极
发射体
加热器
阴极管
推进剂

图 9 - 10　圆饼型发射体

3) 多通道发射体

多通道发射体主要的结构见图 9 - 11。图 9 - 11(a)的发射体结构是图 9 - 9 圆筒型发射体的变体,就是一个大的圆柱发射体材料内部增加多个平行圆孔阵列,以增大发射面积。图 9 - 11(b)方案为复合多通道发射体,该方案在(a)方案的多个平行阵列孔上嵌套多个小圆筒,这种结构增大发射面积的同时,可以进一步改善

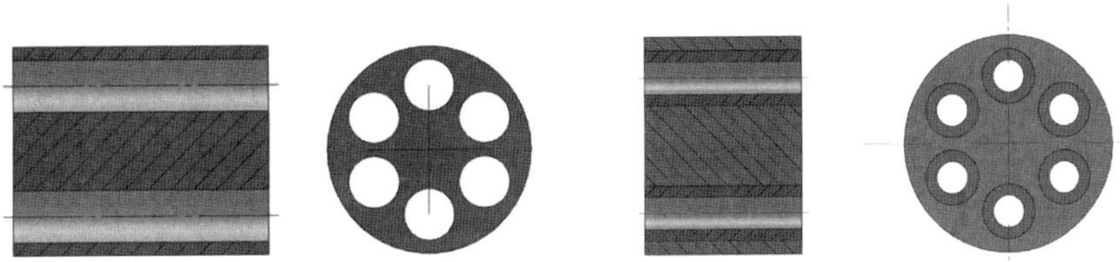

(a) 圆筒型发射体的变体　　　　　　　　(b) 复合多通道发射体

图 9 - 11　多通道发射体

发射体性能。以钡钨空心阴极为例,小圆筒的孔隙度可以和大圆柱不同,调节活性物质的贮存量,控制活性物质向小圆筒内表面扩散的速度;如果在小圆筒内壁覆膜可以进一步降低逸出功。多通道发射体主要用于大电流空心阴极,通过增加发射面积,降低发射体工作温度进而增加寿命。

基于多通道发射体技术,俄罗斯克尔德什研究中心研制了 4 通道发射体的 HCLM‒100 空心阴极样机和 3 通道发射体的 HCEM‒50 空心阴极工程样机,后者的放电电流为 20~55 A,如图 9‒12 所示[5]。

图 9‒12　多通道发射体空心阴极样机

5. 材料选择

1）选择原则

材料选择应根据空心阴极的功能、特殊使用环境和产品可靠性要求进行综合考虑。重点考虑材料的耐高温、耐等离子体溅射、低热传导率、密封性、可加工性等。零件的材料选择须满足下列要求:① 材料与工作介质相容;② 满足机械性能和物理性能(硬度、强度、韧性、膨胀系数等)要求;③ 非金属材料满足高温性能和绝缘性能要求;④ 满足使用环境条件要求(尤其是发射体材料);⑤ 满足工艺性要求,尤其是非金属材料与金属材料焊接性能要求;⑥ 满足寿命要求;⑦ 满足贮存要求;⑧ 满足经济性要求。

2）常用材料

空心阴极工作长期处于高温状态,常用材料必须选择耐高温、耐溅射、热传导率低的材料,减少传导和辐射散热,延长空心阴极寿命。表 9‒4 为空心阴极常用材料的热传导率。理论上来看,似乎铌和钛的耐溅射能力较强且热传导率低,但是国内外空心阴极中钽和钼应用历史长,经验更成熟,所以习惯上一般选择钽或钼作阴极管和孔板的材料。石墨具有良好的耐等离子体溅射能力和耐高温性能,近年来逐渐用于空心阴极的触持极顶和阴极管材料。

表 9 - 4 空心阴极常用材料热特性

序号	材料名称	常温热传导率/ (W/m·K)	高温热传导率/ (W/m·K)	适用部位
1	钽	54[6]	72.85(在 1 430℃时)	阴极管、阴极顶、触持极
2	钨	200[6]	113(在 1 300 K 时)	加热丝、孔板、触持极
3	钨铼合金	157.3	/	加热丝
4	钼(Mo - 1)	146.5[6]	93.7(在 1 300 K 时)	阴极管、孔板、触持极
5	铌	53.7	/	阴极管,热屏
6	钛	15.2	23(在 1 300 K 时)	阴极管、法兰
7	石墨	129	298(在 1 500 K 时)	阴极管、触持极
8	磁封合金 4J33、4J34	17.6[7]		法兰、壳体、陶瓷焊接过 渡金属、电极
9	磁封合金 4J29	20.6(在 100℃时)[7]	25.4(在 500℃时)	
10	不锈钢 1Cr18Ni9Ti	16.3(在 100℃时)	28.5(在 900℃时)	法兰、进气管、电极
11	不锈钢 0Cr18Ni9	16.7(在 20℃时)	25.1(在 700℃时)	
12	95 氧化铝陶瓷	20	6(在 1 000℃时)	陶瓷绝缘零件
13	氧化铍陶瓷	200	18(在 1 000℃时)	
14	氮化硼陶瓷	65	15(在 1 000℃时)	

6. 设计与计算

1) 孔板设计

孔板小孔的直径按照公式(9 - 2)确定:

$$d_0 \geqslant \frac{I_a}{12} \qquad (9-2)$$

式中,I_a 为放电电流(或叫发射电流),单位为安培(A);d_0 为孔板小孔内径,单位为毫米(mm)。

对于新研制的产品,一般初步选择孔板孔尺寸的范围,加工多种不同的尺寸,通过性能测试确定最终尺寸。

孔板厚度一般要大于 1 mm,由加工和焊接的工艺需要而定,孔板太薄焊接时容易熔化或变形,破坏小孔的尺寸甚至使其闭合,孔板太厚会增大阴极功率损耗。

孔板下游倒角可以调整小孔的长径比同时保证焊接所需的孔板厚度,国际上通用的孔板小孔采用外侧 45°倒角,也有其他角度或内外两侧倒角或不倒角型。

2) 发射体设计

(1) 发射体内径和长度计算。

发射体的典型结构为圆筒型(图 9 − 9),内表面积按照公式(9 − 3)计算:

$$S_e = \frac{I_a}{J} \qquad (9-3)$$

式中,J 为发射电流密度,单位为安培/平方毫米(A/mm^2);S_e 为发射体内表面积,单位为平方毫米(mm^2);

发射电流密度典型值为 0.01~0.1 A/mm^2(1~10 A/cm^2)。

发射体内径需与孔板小孔匹配,一般小孔直径与发射体内径的比值 10% ~ 30%。

发射体内径和长度分别按照式(9 − 4)、式(9 − 5)计算:

$$d_e = \frac{d_0}{10\% \sim 30\%} \qquad (9-4)$$

$$L_e = \frac{S_e}{\pi d_e} \qquad (9-5)$$

式中,d_e 为发射体内径,单位为毫米(mm);L_e 为发射体长度,单位为毫米(mm)。

根据工程经验,发射体过长的区域对发射电流没有贡献,一般发射体长度不超过 15 mm。

(2) 发射体壁厚计算。

发射体壁厚按公式(9 − 6)计算:

$$y = \sqrt{\frac{\tau_{\text{life}}}{\exp\left(\frac{2.824\,4e}{kT_e} - 15.488\right)}} \times 10^2 \qquad (9-6)$$

式中,y 为发射体厚度,单位为微米(μm);τ_{life} 为发射体寿命,单位为小时(h);e 为元电荷,$e = 1.6 \times 10^{-19}$ C,单位为库仑(C);k 为波尔兹曼常数,$k = 1.380\,648\,8 \times 10^{-23}$ J/K,单位为焦耳/开尔文温度(J/K);T_e 为发射体温度,单位为开尔文(K)。

根据式(9 − 6)计算发射体厚度,并增加 20%以上余量,作为发射体厚度实际设计尺寸。

图 9-13 为典型的空心圆筒型发射体结构[8]。

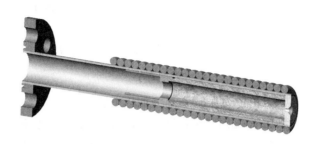

图 9-13 典型的圆筒型发射体

3）加热器设计

（1）加热器绝缘陶瓷设计。

加热器绝缘陶瓷设计以螺旋陶瓷式加热器陶瓷设计为例，其他设计可以参考。螺旋陶瓷式加热器陶瓷如图 9-14。

计算见公式（9-7）至公式（9-11）：

$$d_t = d_h + (0.05 \sim 0.5) \qquad (9-7)$$

$$D_2 = D_1 + (0.5 \sim 3) \qquad (9-8)$$

$$D_3 = D_2 + 2 \times d_t \qquad (9-9)$$

$$t_t = d_h + (0.1 \sim 1) \qquad (9-10)$$

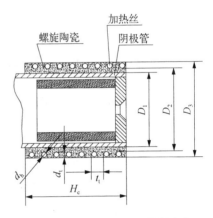

图 9-14 螺旋陶瓷式加热器陶瓷

$$H_c = L_e \times [1 + (20\% \sim 50\%)] \qquad (9-11)$$

式中，d_h 为加热丝直径，单位为毫米（mm）；d_t 为螺旋陶瓷槽深，单位为毫米（mm）；t_t 为螺旋陶瓷螺距，单位为毫米（mm）。D_1 为螺纹陶瓷内径，一边与阴极管外径相同，单位为毫米（mm）；D_2 为螺旋陶瓷槽底部直径，单位为毫米（mm），一般比螺纹陶瓷内径大 0.5~3 mm；D_3 为螺旋陶瓷外径，单位为毫米（mm）；L_e 为发射体长度，单位为毫米（mm）；H_c 为陶瓷高度，单位为毫米（mm），一般取发射体长度的 1.0~1.5 倍。

（2）加热丝设计。

加热器陶瓷尺寸初步确定后，可以计算出加热丝螺旋段长度 L，然后预估加热功率是否满足要求。按照公式（9-12）估算工作温度下加热丝的电阻值为

$$R = \frac{\rho L}{S} \qquad (9-12)$$

式中，R 为加热丝工作温度下的电阻，单位为欧姆（Ω）；ρ 为工作温度下的电阻率，

单位微欧·厘米($\mu\Omega \cdot cm$);L 为加热丝长度,单位为厘米(cm);S 为加热丝截面积,单位为平方厘米(cm^2)。

根据资料查询选用的加热丝的常温和工作温度(~1 500℃)的电阻率 ρ,估算出加热丝的常温电阻 R_0 和工作温度 R 电阻。

假设加热电流值,按照公式(9-13)估算出加热功率 P 为

$$P = I^2 R \tag{9-13}$$

式中,P 为加热器功率,单位为瓦(W);I 为加热电流,单位为安培(A)。

根据估算的加热功率,通过热仿真确定是否满足工作温度要求,必要时可以投产试验件进行功率—温度测试,如果不满足要求调整后重新设计加热丝和绝缘陶瓷。

4)触持极设计

触持极把空心阴极封闭起来,触持极与其他结构绝缘,通过在触持极上施加高电压来触发点火放电,同时保护空心阴极内部不受推力器羽流的影响。

触持极设计的关键是材料选择、中心孔的直径和触持极顶的厚度。

触持极中心孔与阴极顶小孔同轴,直径大小影响触持极消耗功率和空心阴极工作模式。有加热器空心阴极触持极孔的直径与阴极顶孔直径比值一般在 1~10 的范围,无加热器空心阴极触持极中心孔的直径与孔板小孔直径比值一般在 0.1~2 的范围。

空心阴极实际工作时,触持极处于霍尔推力器的羽流区,高能离子碰撞会引起表面腐蚀损耗。触持极顶的厚度设计主要从空心阴极的寿命和材料耐等离子体溅射能力方面考虑。

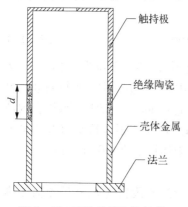

图 9-15   壳体绝缘陶瓷部件

5)绝缘设计

触持极绝缘的基本结构见图 9-15。绝缘材料一般选择陶瓷,如果是氧化铝陶瓷可以通过磁封合金金属焊接,其他陶瓷材料一般是螺接或者压接的方式固定,目的是实现触持极与空心阴极主体结构(包括法兰等)电绝缘,同时要保证绝缘性和机械强度。阴极点火工作过程中,触持极与壳体之间需要施加几十伏到几百伏不等的电压,因此两电极之间的绝缘距离 d 是设计的关键。

绝缘陶瓷两侧电极间绝缘距离根据帕邢定律估算,计算公式如下:

$$V_s = f(p \cdot d) \tag{9-14}$$

式中,V_s 为击穿电压,单位为伏(V);p 为气体压力,单位为帕(Pa);d 为极间距离,单位为米(m)。

这里需要注意的是,触持极壳体外部是真空,内部是低气压环境,是最容易发生气体击穿的低气压放电环境,绝缘设计非常关键。

图 9‑16 为常见气体的帕邢曲线,设计时可参考。

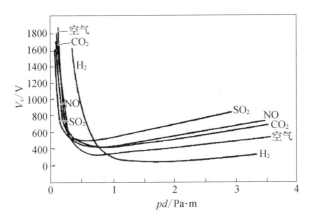

图 9‑16　一般气体帕邢曲线

通常,空心阴极放电工作时触持极内部氙气压力 1 000~2 000 Pa,绝缘距离 2~5 mm,(pd) 值约为 2~10 Pa·m,根据帕邢曲线推算击穿电压约 700 V;绝缘器外部为真空环境(约 5×10^{-3} Pa),(pd) 值约为 0.005~0.025 Pa·m,击穿电压大约 1 300 V 以上,基本可以保证空心阴极点火高电压需求。

6) 热屏设计

空心阴极内部热屏可以有效降低加热器的辐射散热,提高热效率。热屏设计基本要求如下: ① 热屏一般为圆筒状,可采用钼、钽、铌、钛等难熔金属材料制成; ② 热屏采用厚度较薄的金属箔卷绕多层,可以提升防辐射效率;③ 热屏表面有规律地开槽,延长热传导路径,提高热屏蔽的有效性,如图 9‑17 所示。

图 9‑18 给出了一种典型的热屏结构[9]。

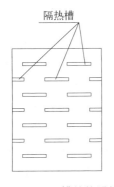

图 9‑17　开槽的热屏筒

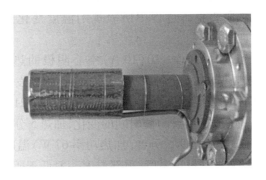

图 9‑18　典型热屏结构

7）电接口设计

空心阴极电接口可以参照电真空行业电极的设计,需要陶瓷做绝缘,如图 9-19 所示。电极为电流流经的通路,设计时需要根据航天产品降额设计要求合理选择材料和直径。电极材料可选用钨、钼、铜、不锈钢、镍、钽、瓷封合金等,陶瓷可选用氧化铝、氧化铍、刚玉、氮化硼等。如果要求密封焊接结构,必须按照电真空行业常用的方法,通过与氧化铝可以焊接的瓷封合金、钼等材料钎焊焊接。图 9-19 为电极芯柱和绝缘陶瓷的典型结构示意图。

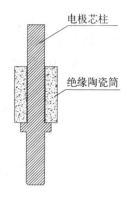

图 9-19
电极引线结构图

8）机械接口设计

（1）法兰。

空心阴极通过法兰安装到霍尔推力器上。安装法兰设计首先需要满足空心阴极最小包络尺寸需求,然后考虑与推力器、专用支架接口或者任务书接口要求。

（2）进气管。

进气管设计主要从以下几个方面考虑：① 进气管内径与推进剂流量成比例;② 进气管壁厚保证焊接气密性、机械强度和装配弯管的工艺性要求;③ 进气管长度≥10 mm,保证装配过程管路弯曲避开焊缝,同时工作时保证进气管末端温度不要太高影响推力器的安装和使用。

7. 仿真

1）热仿真

应用专业仿真软件,主要对点火过程和热稳态过程的空心阴极温度分布进行仿真计算,验证加热器和发射体的工作温度是否满足工作要求。

可基于固体导热定律及表面热辐射机制为计算模型基础,以发射体稳态热流密度及环境温度为边界条件,实现整个阴极的各组件网格内的温度分布计算。根据先前已有测温数据与仿真结果进行对比,修正当前计算结果。根据仿真模拟阴极稳态过程中所表现的温度变化规律,对阴极结构的热设计提供优化方向。

图 9-20 为 HC-10（10 A）空心阴极的热仿真结果。结果显示,加热功率70 W 时加热时间 5 分钟,已达平衡,空心阴极发射体温度达到约 1 130℃;加热 10分钟,空心阴极温度最高达到 1 344℃。图 9-21 为空心阴极加热过程阴极顶的温度测量值（光学高温计）随时间的变化,加热 5 分钟（加热功率 66 W）中空心阴极顶温度达到 1 092℃,9.5 分钟（加热功率 67 W）温度达到 1 296℃。阴极温度采用光学高温计测试阴极顶温度,顶部温度一般低于阴极内部温度 20~50℃。仿真结果比实测数据高 38~48℃,证明仿真与实测温度基本一致。

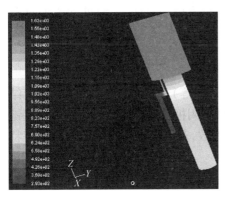

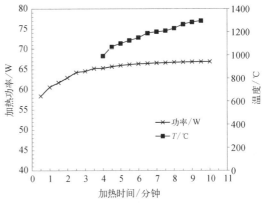

图 9 - 20　HC - 10 空心阴极局部热仿真
　　　　　温度分布云图

图 9 - 21　HC - 10 空心阴极的阴极顶
　　　　　温度实测结果

2）流场仿真

应用流场仿真软件对阴极内部放电区域进行数值分析,验证孔板小孔和触持极顶孔设计的合理性。

流场仿真包括带电粒子在电场中的运动过程、粒子间的多种碰撞过程及粒子与壁面的能量交换过程。可以采用粒子法(particle-in-cell, PIC)或磁流体动力学算法对上述物理过程进行捕捉,对阴极内部的等离子体物理参数进行空间分布求解,实现电离区域及放电电压的计算,对阴极的工作性能进行仿真验证。该数值方法可实现孔板小孔及触持极顶孔的设计和优化。

图 9 - 22(a)为 HC - 10(10 A)空心阴极流场仿真内部结构示意图,流场剧烈变化主要在阴极顶孔—触持极顶孔—触持极外部的区域,因此仿真计算区见图中虚线框。图 9 - 22(b)为不同流量氙气推进剂条件下的计算区的压强分布云图。

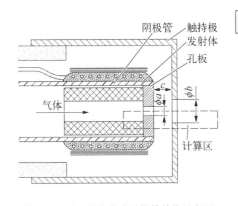

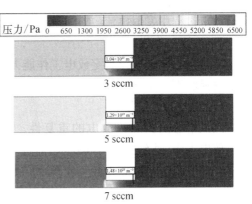

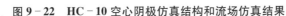

(a) HC-10空心阴极仿真计算的结构示意图　　　(b) 在不同气体流率下的压强分布

图 9 - 22　HC - 10 空心阴极仿真结构和流场仿真结果

由图 9 - 22(b)可以看出,阴极发射体内部压强最大区,3 sccm、5 sccm 和 7 sccm 时内部压强约为 3 900 Pa、4 600 Pa 和 6 500 Pa,触持极孔区的气体密度达到 1.04~1.48×10^{23} 个/m^3。

3)力学环境仿真

利用专业仿真软件(如 Ansys、Nastran、Comsol 等),对空心阴极的设计进行结构的静力学、动力学环境数值仿真验证,分析计算阴极管、壳体绝缘器、法兰等关键部位在静载荷、动载荷作用下的应力、应变等参数,获取模态、振动、冲击响应等特性,对结构进行评估和进一步地优化调整。

9.2.5 原理样机试验验证

原理样机的性能测试主要确认空心阴极的工作性能是否满足任务书指标要求。其中加热器性能、点火启动性能、放电工作性能、持续工作能力、多次点火能力达到指标要求后,可以和霍尔推力器进行匹配试验,满足推力器不同工作模式的性能要求,可以认为原理样机研制阶段完成。

空心阴极性能测试必须在真空环境中进行,主要包括以下内容:

1)加热器性能

测试空心阴极发射体温度—加热器功率的关系。加热器必须在持续加电、发射体温度升高到达到工作温度过程,加热器性能稳定,加热升温的过程具有较好的重复性和一致性。

2)点火启动性能

测试空心阴极加热功率—点火电压—点火时间—工质流量的关系,点火时间应符合背景任务指标要求,一般为 5~10 分钟。

3)放电工作性能

测试空心阴极的发射电流(放电电流)—工质流量—放电电压的关系。空心阴极放电过程中发射电流(放电电流)应满足配套霍尔推力器工作需求。

4)持续工作能力

测试空心阴极连续稳定放电工作能力。空心阴极在要求的工况下放电工作应稳定、持续,不应出现大的波动,持续工作时间应满足配套霍尔推力器工作需求。

5)多次点火能力

测试空心阴极点火放电的重复性。空心阴极在给定的工况下,重复进行加热—放电工作(达到持续时间要求)后进行冷却(至少 5 分钟),然后再重复进行的过程。空心阴极多次点火能力应符合应满足配套霍尔推力器工作需求。

9.2.6 原理样机完成标志

霍尔电推进空心阴极原理样机产品完成标志如下:

（1）进行了多方案比较并确定最终方案，方案设计正确、合理、可行，成熟技术得到充分地应用；

（2）完成关键技术攻关，形成较稳定的工艺参数；

（3）通过空心阴极组件的点火放电工作性能测试，完成空心阴极与霍尔推力器匹配测试，性能指标满足任务书或技术指标要求；

（4）完成持续工作能力和多次点火能力的摸底试验；

（5）形成研制总结报告，完成研制过程中的各类技术文件整理和归档；

（6）空心阴极原理验证正确、材料工艺基本合理、性能包络基本覆盖指标要求、霍尔推力器匹配稳定，通过阶段研制总结评审，产品达到 1 级产品成熟度要求，具备转阶段条件。

9.3　空心阴极工程样机研制

9.3.1　工程样机研制目标

空心阴极工程样机以原理样机为基础，针对性能匹配性、长期稳定性、参数拉偏、长寿命和高可靠等问题开展更广泛的研究和试验。设计过程以实现生产规范化、工作性能覆盖性、工作可靠性（鉴定级环境试验）和工作寿命充分验证为研制目标，要充分考虑环境适应性、寿命和可靠性等需要开展详细设计，对关键技术进行攻关，通过试验对产品的综合性能进行验证。

生产规范化是指按照完整的产品设计、制造、装配、测试标准完成工程样机的研制；工作性能覆盖性是指满足组件和单机的所有额定工况和性能拉偏测试；工作可靠性充分验证是指至少 1~2 台抽样组件产品或随霍尔推力器单机完成鉴定级环境试验，包括力学环境、热真空环境、热平衡、空间辐射环境、EMC 环境及其他环境适应性试验；工作寿命充分验证是指至少 1 台产品在模拟环境下完成 1∶1 的全寿命试验。

该阶段研制的空心阴极工程样机产品必须经过综合性能试验、鉴定级环境试验、全寿命试验等验证，确认其产品研制规范、产品工作可靠性和寿命等全部满足产品要求。完成工程样机研制阶段，产品的技术状态全部确定，生产基线建立，具备开展飞行产品研制的基础，产品成熟度达到 2 级。

9.3.2　工程样机研制的基本流程

1. 技术指标确定及任务书下达

对于绝大多数型号项目，空心阴极组件是霍尔推力器单机的一部分，因此要根据霍尔推力器单机任务指标进行分解确认空心阴极指标。工程样机阶段要求与用户进行多轮沟通迭代，充分分析在轨的各种环境条件和应力载荷，给出明确的空间包络限制、性能、寿命及可靠性指标要求、质量要求及环境试验要求。通常情况下，用户会明确下达工程样机技术指标要求，该阶段的要求与飞行阶段的技术要求基本一致。

任务书(或技术要求、订货合同、产品规范)一般包含以下主要内容：① 空心阴极用途；② 发射电流范围；③ 点火启动时间；④ 点火电压及点火方式(脉冲或直流)；⑤ 加热电流或加热功率；⑥ 工质流量；⑦ 累积工作时间；⑧ 点火次数；⑨ 工作介质及其标准；⑩ 使用环境和环境试验指标(鉴定级)；⑪ 贮存环境；⑫ 接口方式有机械接口、电接口、热接口；⑬ 包络尺寸；⑭ 结构质量；⑮ 可靠度。

另外，由于空心阴极产品通用性，因此在工程样机研制阶段，更加注重产品指标的普适性，以满足不同工程型号的应用需求。如上海空间推进研究所的 HC - 4.5 空心阴极，具有多模式工作能力，放电电流范围 2.2~5 A，能够满足 40 mN、80 mN 等多款霍尔推力器的工作需求。

2. 工程样机设计准则

1) 可靠性设计

(1) 继承性原则。

在原理样机的基础上，尽量采用国内外已经研制成功的空心阴极研制经验(包括经验公式、经验数据、已有故障与改正措施)，选用经过多次验证、可靠性高的结构形式。在已有空心阴极结构方案不能满足设计要求时，再考虑其他新的结构方案。

对采用的新技术、新材料、新工艺及新结构必须经过可行性论证，经过必要的试验验证，如焊接试验、强度试验、寿命试验、材料与工作介质相容性试验、材料耐高温、耐等离子体溅射等性能应满足使用要求，并通过评审和报批。

(2) 通用化原则。

在满足技术要求的前提下应尽量减少元件的数量，选用结构简单零件，减少不必要的密封结构。

尽量采用有关的设计标准、规范，选用质量可靠的标准件或其他型号考验过的可靠零、部件。

(3) 防多余物设计。

空心阴极入口和出口应增设保护盖，防止在流转和运输等环节引入多余物。

(4) 风险分析。

对选定的设计方案，应进行失效模式风险分析，以及最坏情况分析，对可能出现的故障应采取预防措施。

（5）仿真分析。

对选定的设计方案,应进行热、流场和力学等仿真分析,以确保必要的设计裕度,保证产品工作可靠性。

2）优化设计

空心阴极工程样机的优化设计,优先保证工作性能和可靠性,进一步降低推进剂流量、发射体工作温度、加热功率、重量和体积等指标,以产品综合性能最优、满足工程应用为目标。

9.3.3　工程样机设计

空心阴极工程样机阶段设计重点是环境适应性、寿命、可靠性等关键技术攻关,原材料选型、工艺可行性及寿命可靠性方面进行进一步的优化设计。针对系统环境的适应性、除性能和寿命之外,发射体等核心原材料的可靠性、制造工艺的规范性和可重复性是鉴定阶段需要重点攻关的内容。固化加工工艺和测试流程,通过试验完成产品的性能综合验证,制定相应的技术流程和计划流程,为产品定型和工程应用做技术准备。

1. 结构设计

在原理样机的基础上,根据工程样机的性能指标和环境试验要求,对空心阴极的关键尺寸——阴极顶孔板尺寸、发射体尺寸、触持极顶尺寸、绝缘尺寸、加热器尺寸进一步优化。结构优化调整包括:薄弱的零件加强,例如法兰安装孔部位增厚、支撑部位增加加强筋;不影响机械强度的零件减重,如热屏等零件,并通过性能试验和力学试验进行验证。

2. 寿命设计

影响空心阴极寿命的主要因素包括:发射体材料活性物质的消耗率、阴极顶和触持极顶耐受等离子溅射腐蚀能力及加热器损耗情况。因此,寿命设计主要考虑以下几个方面:

1）发射体

空心阴极放电工作过程中,发射体的活性物质逐渐被消耗和蒸发,电子发射能力(或放电工作)逐渐下降,当电子发射能力下降到额定值的 90% 以下时,通常就认为该阴极寿命终结。活性物质的耗散主要和发射体贮备量及工作温度有关。发射体的工作温度很难直接测试,一般由阴极顶温度测量值等效评估。发射体面积和工作温度在原理样机阶段已经确定,工作温度必须在合理的范围内,不能过高。钡钨发射体可以利用公式(9-3)至公式(9-6)预估发射体的尺寸。结合已有的寿命试验数据,同时预留一定的余量,最终确定工程样机产品的发射体厚度。不同发射体材料的发射电流密度与工作温度的关系见图 9-23,发射体蒸发率与发射电流密度的关系见图 9-24。

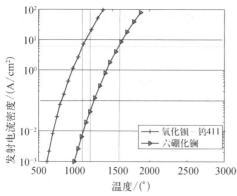

图 9 - 23　不同发射体材料发射电流密度与
工作温度的关系

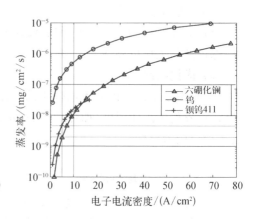

图 9 - 24　发射体蒸发率与发射电流
密度的关系

2）阴极顶

阴极顶装配在阴极管下游末端,中心开有小孔,对阴极管内的气体推进剂起节流增压作用,同时保护发射体减少外部高能等离子体溅射的侵蚀,如图 9 - 2 所示。阴极顶的小孔形貌变化主要受等离子体轰击腐蚀影响。等离子体对其的溅射率与能量、温度、速率、电流密度、离子通量等有关。通过试验测试得到阴极顶温度,然后仿真计算获得阴极顶附近内外区域的等离子体主要参数,就可以估算阴极顶溅射率,根据寿命指标预留一定的寿命裕度,结合原理样机性能试验的结果进行适当修正,确定工程样机阴极顶小孔直径、厚度尺寸。寿命要求上万小时的空心阴极,一定要选择耐溅射耐轰击的高熔点材料。

表 9 - 5 给出常用材料的溅射产额[10]。由表 9 - 5 可见,碳（石墨）、硅、钛、铌的溅射阈值高,溅射产额小,可作为触持极顶的材料,其中石墨的效果最好。

表 9 - 5　能量为 500 eV 离子的溅射产额　　　　（单位：原子/离子）

靶材	相对原子量	Ar+	He+	Ne+	Kr+	Xe+	Hg+
C	12.010	0.12	0.07	—	0.13	0.17	0.16
Si	26.97	0.50	0.13	0.48	0.50	0.42	0.18
Ti	47.9	0.51	0.07	0.43	0.48	0.43	0.38
Fe	55.84	1.10,0.84	0.15	0.88,0.63	1.07,0.77	1.00,0.88	0.66
Zr	91.22	0.65	0.02	0.38	0.51	0.50	0.48
Nb	92.91	0.60	0.03	0.33	0.55	0.53	0.42

靶材	相对原子量	Ar+	He+	Ne+	Kr+	Xe+	Hg+
Mo	95.95	0.80,0.64	0.03	0.48,0.24	0.87,0.59	0.87,0.72	0.63
Ta	180.88	0.57	0.01	0.28	0.87	0.88	0.58
W	183.92	0.57	0.01	0.28	0.91	1.01	0.80

3）触持极顶

触持极顶的寿命影响因素一方面是霍尔推力器羽流区的高能等离子体流对触持极的溅射腐蚀,另一方面是阴极自身放电产生的等离子体对触持极顶孔的溅射腐蚀。随着工作时间的增加,触持极顶会逐渐变薄,如果厚度设计余量不够可能被等离子体削穿,导致中心孔直径变大,直接影响空心阴极工作性能和可靠性。因此工程样机产品的触持极顶必须选择耐高温、耐溅射的材料如铌、钽、钼、钨等材料,这些难熔金属材料密度高,对加工和焊接工艺要求也高,可参照表 9-5 选择耐等离子体溅射能力强等材料。近年来金属外壳喷涂陶瓷[11]（图 9-25）和石墨触持极[12]也大量使用（图 9-26）,特别是石墨的耐溅射能力强、对长寿命大电流的空心阴极是非常好的选择,缺点是材料脆、不能气密。

图 9-25　陶瓷喷涂触持极　　　　图 9-26　石墨触持极阴极

3. 可靠性设计

1）加热器可靠性

加热丝的蒸发损耗和绝缘陶瓷的绝缘退化是影响加热器寿命的主要因素。加热丝的温度可以利用电阻率变化计算或者根据发射体温度进行估算,再通过蒸发率估算加热丝的寿命。绝缘陶瓷退化主要是加热丝、阴极管等材料在高温条件下蒸发、沉积、渗透、扩散进入陶瓷材料表面或结构,使陶瓷的绝缘性能逐步退化。加热丝的蒸发损耗和陶瓷绝缘退化过程与工作温度、点火次数和累计放电工作时间有直接关系,加热器寿命设计必须留有充分的余量,合理选择加热丝尺寸和绝缘层厚度。

表9-6为美国格林研究中心空心阴极加热器可靠性试验汇总表,图9-27为加热器可靠性试验设备和产品阵列照片,图9-28为热循环过程中热电阻值的变化曲线[13]。

表9-6 美国格林研究中心空心阴极加热器可靠性试验汇总表

代号	照片	试验次数	状态	备注
½″HTR-10		13 895	开路失败	加热器组件来自NEXT推力器的2千小时寿命试验的新阴极管;无发射体
EM DCA1		14 257	开路失败	完成试验
EM DCA2		13 789	开路失败	用HIPEP2千小时损耗测试;石墨触持极
EM DCA10		10 000	试验人为暂停	完成试验
EM DCA11		10 003	试验人为暂停	完成试验

图9-27 NASA的1/2″空心阴极的加热器可靠性试验

2）触持极绝缘性

空心阴极工作过程中内部为低气压环境,每一次点火过程都伴随着内部气体放电击穿,每次都会在绝缘陶瓷表面形成一些金属沉积,不同程度上造成触持极绝缘性的退化,随着点火次数和累积工作时间的增加,可能造成绝缘性能失效以至于短路,无法加载点火启动所需的点火电压,影响点火次数指标和可靠性。

空心阴极结构中任何有电位差的部位都可能发生气体放电击穿,理论上符合图9-16所示的气体帕邢曲线规律。工程样机触持极绝缘性设计通过内部流场、电场仿真计算,合理调整内部结构尺寸使气体放电击穿发生在阴极顶和触持极顶

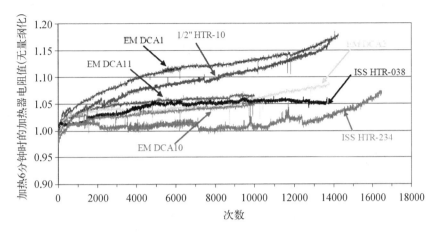

图 9 - 28　热循环过程中的热电阻值变化

之间。

工程样机阶段提高产品绝缘可靠性的设计可以从几个方面进行:

(1)根据给定的流量、结构尺寸(阴极顶孔、触持极顶孔尺寸),尽量使阴极顶和触持极顶之间的距离与气压乘积接近帕邢曲线的最低电压区,增大放电击穿的概率;

(2)在不改变接口、外形等结构尺寸范围内,增加其他绝缘部位两电极之间的距离,减小放电击穿的概率;

(3)采用绝缘陶瓷多级串联、增加沟槽等方法可以有效增加有效绝缘距离,提高绝缘性,减缓绝缘性能衰减;

(4)等离子体区的陶瓷上增加防沉积罩可以有效避免等离子体的沉积,减缓绝缘性能衰减。

4. 安全性设计

1)电安全性设计

针对空心阴极电路引发的故障模式,提高电路安全性的措施如下:

(1)合理选择加热丝和电极等零件的材料、直径,增大降额系数;

(2)合理增加加热器绝缘层厚度,固化陶瓷加工工艺,优化加热丝绝缘设计、加大耐压安全系数;

(3)对于暴露于等离子体环境中的触持极与阴极地之间的高压电隔离,采用陶瓷绝缘器的隔离方案,必要时采用多级串联、增加陶瓷沟槽和防沉积设计,提高触持极耐压安全系数。

2)气路安全性设计

针对空心阴极气路引发的故障模式,提高气路安全性的措施如下:

（1）高温区阴极管、阴极顶等零件必须选择耐高温、耐等离子体溅射的材料。

（2）所有管路采用气密焊接或者金属垫片刀口密封结构,高温区零件连接采用高温钎焊或高能束焊接(激光焊接、电子束焊接等)。

5. 原材料选型

工程样机产品设计过程中,原材料要选择航天产品目录内的材料,目录外材料必须经过充分的试验验证,按照质量管理规定办理目录外材料审批手续,尽量减少制目录外材料数量。

6. 工艺控制

空心阴极中零件不同于常规的机械产品,包含难熔金属和陶瓷等,加工和装配工艺中需采取多种特殊工艺,特别是阴极顶小孔加工、陶瓷—金属封接焊接等工艺。在工程样机产品设计过程中,特种工艺需要通过技术攻关固化参数和检验方法,保证产品生产过程工艺参数量化控制和量化检测。

7. 抗中毒设计

环境中的水、氧、一氧化碳等成分容易对钡钨或六硼化镧等空心阴极发射体材料产生不利影响,造成空心阴极性能下降甚至丧失工作能力而中毒失效。发射体中毒一直是影响霍尔电推进系统可靠性的严重问题,防污染、抗中毒设计是工程化阶段的关键技术之一。不同温度下水氧杂质含量对钡钨和六硼化镧发射体材料性能影响见图 9 - 29[14]。

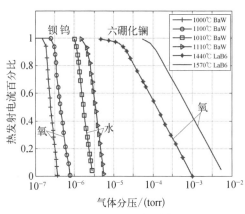

图 9 - 29　不同温度水氧杂质含量对钡钨和六硼化镧发射体材料性能影响

1 torr = 1. 333 22×10² Pa

空心阴极抗中毒设计可以采取以下技术:

（1）选择发射性能好、耐中毒发射体材料,比如钪酸盐钡钨发射体或单晶六硼化镧,提高抗污染能力;

（2）空心阴极使用和存储过程控制暴露大气环境的时间,长期贮存必须放置在干燥或真空环境中;

（3）无法放置在干燥或真空环境中产品,设计专用保护盖封住触持极顶,进气管路增加密封性堵头,内部充干燥氮气或惰性气体密封保存;

（4）真空点火前,建议在高真空环境(真空度优于 1×10⁻⁴ Pa)静置 2 小时以上,排除产品表面吸附的气氛。然后,采取合理的除气、激活流程排出发射体材料吸附的有害气氛;

（5）使用高纯度的推进剂工作,氙推进剂纯度应符合国军标 GJB 9729 - 2020

《电推进氙气规范》[15]要求。

9.3.4 工程样机试验验证

空心阴极工程样机产品的试验验证,要根据背景任务确定试验矩阵和试验流程,主要包括工作性能试验、环境试验、寿命试验和专项试验。

1. 工程样机试验验证项目

空心阴极工程样机性能试验主要考核产品满足霍尔推力器及其系统所有工况的点火启动和放电工作能力,试验验证项目见表9-7。

表9-7 空心阴极工程样机试验矩阵

序号	试 验 项 目		测试时机和条件		
			组 件	单 机	分系统
1	性能试验	点火启动	T,f		
2		放电工作	T,f		
3		拉偏试验	T,f	T,f	T,f
4	环境试验	力学环境试验	A	T,a,b	
5		热真空环境试验		T,c	
6		热平衡试验		T,f	
7	有限寿命试验	持续工作能力试验	T,f	T,f	
8		多次点火能力试验	T,f	T,f	
9	寿命试验	累计寿命	A&T,f	T,f	
10		累计点火次数	A&T,f	T,f	
11	专项试验	贮存试验	T,a		
12		湿热环境试验	T,g		
13		EMC试验		T,e	
14		空间辐照环境试验		T,d	

注:T表示测试;A表示分析;a表示常温常压;b表示力学试验;c表示真空热试验;d表示空间辐照试验;e表示EMC试验;f表示真空性能试验,常温下真空度≤2×10^{-2} Pa;g表示湿热试验。

2. 性能测试

工程样机阶段空心阴极工作性能试验包括:

（1）空心阴极组件的点火、放电等各项测试；

（2）空心阴极安装在霍尔推力器上完成单机的综合测试,保证推力器的所有工况的正常点火启动和各项性能指标；

（3）空心阴极作为推力器的一部分,完成单机与控制单元、功率处理单元、贮供单元等系统联试。

本节举例说明空心阴极组件在工程样机阶段独立完成的性能试验。

表9-8为上海空间推进研究所为300 mN霍尔推力器配套的HC-10/10A钡钨空心阴极的主要测试项目和性能指标要求。

表9-8　产品技术性能测试指标和满足情况

序号	项　目	技术要求规定值	备　注
1	外观与标识	产品表面不允许有锈蚀、裂纹、毛刺、污物和严重压伤、划伤机械损伤	
		产品表面应有代号标识	
		产品表面应有电极标识	
2	质量	产品质量偏差±0.02 kg	
3	机械接口	安装接口：安装法兰上4个安装孔直径偏差±0.01 mm、位置度偏差±0.02 mm	
		气路接口：推进剂入口为不锈钢管	
4	加热电阻偏差	±0.2 Ω(20℃±10℃)	
5	绝缘电阻	触持极与阴极地之间绝缘电阻≥50 MΩ	
6	点火启动	点火电压：额定值±10 V	真空测试
		点火时间≤7 min	
7	放电工作	阳极电流(发射电流)≥10 A	真空测试
8	拉偏试验	推进剂额定流量拉偏±10%	真空测试

空心阴极的性能拉偏试验,主要是推进剂流量拉偏对点火启动和放电工作的影响,一般在性能测试过程中同时完成。试验参数根据具体型号的指标要求拉偏工质流量等参数,测试点火启动和放电工作的变化。

3. 环境试验

空心阴极工程样机的鉴定级试验,主要考核产品对整个寿命周期其所经历环境应力承受能力的满足程度,力学环境试验空心阴极可以安装在霍尔推力器质量模拟件上完成,其他环境试验如热真空、热平衡、EMC 等试验一般随霍尔推力器同时完成。

　　用于多个不同型号任务同一款空心阴极产品,必须按照最恶劣的环境条件进行考核验证。环境试验项目、顺序、方法和具体要求符合霍尔推力器单机环境试验要求,环境试验方法参照霍尔推力器鉴定级环境试验的相关章节。

　　空心阴极工程样机力学环境试验可以将其安装在霍尔推力器(或推力器结构模拟件)上进行,试验顺序按表 9－9。试验时,每个方向试验后分别检测产品外观、电接口、绝缘性,全部力学环境试验完成后检测产品气密性、真空点火启动,并记录数据。

表 9－9　力学环境试验项目和顺序

序　　号	试　验　项　目
1	加速度试验
2	正弦振动试验
3	随机振动试验
4	冲击试验

　　图 9－30 为上海空间推进研究所的 HC－10/10A 空心阴极力学环境试验过程照片。

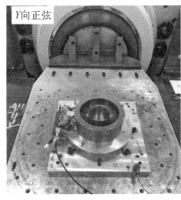

图 9－30　10 A 空心阴极力学环境试验

4. 寿命试验

　　寿命试验一般在鉴定级环境试验之后进行,试验可以分为有限寿命试验和 1∶1 的全寿命试验。通常空心阴极工程样机产品首先完成寿命指标的 2%～10%

工作时长和点火次数的有限寿命试验,然后根据试验数据进行分析和评估,确认空心阴极各方面状态正常,并具备全寿命试验的能力,再继续开展寿命试验,达到寿命指标的 1 倍及以上,证明空心阴极工程样机已经具备空间应用全寿命的能力。如果一款空心阴极产品可能应用于多种任务,寿命试验必须在最大发射电流条件下完成最长累积工作时间和最多点火次数考核,以覆盖多任务工况要求。

本节以上海空间推进研究所的 HC－10/10A 空心阴极为例介绍空心阴极工程样机独立完成的寿命试验。

1) 有限寿命试验

在工程样机阶段,需要空心阴极可以随霍尔推力器开展有限寿命试验验证,也可以抽取 1~2 台空心阴极采用模拟阳极放电模式单独完成。

上海空间推进研究所的 HC－10/10A 空心阴极,背景型号任务提出的性能指标分为放电电流为 6 A 或 10 A。该产品工程样机 2 件,按照型号要求完成鉴定级力学环境试验(见图 9－30)之后,首先完成了 400 小时放电时长和 400 次点火的有限寿命试验测试。寿命试验方法参见《空间电推进试验测量技术》第九章[16],本节介绍试验结果。

HC－10 空心阴极的工程样机 01 产品累计放电工作时间共 402 小时,其中 10 A 和 6 A 分别工作 200.3 h 和 202 h;共点火 407 次,其中 10 A 和 6 A 分别点火 202 次和 205 次。图 9－31 为 01 产品的加热功率随点火次数的变化,点火方式采用固定加热时间 6 分钟的方法,成功率 100%。由图中看出,在 407 次点火过程中加热功率变化范围为 64.6~71.8 W。图 9－32(a)、图 9－32(b) 分别为 01 产品工作在放电电流 10 A 和 6 A 条件下阳极电压、推进剂流量随工作时间的变化。阳极电压变化范围在 18~20.2 V 之间,表明空心阴极工作非常稳定,寿命试验可以持续进行。由图 9－32(a)可以看出,放电电流 10 A 时推进剂氙的流量固定 5 sccm,阳

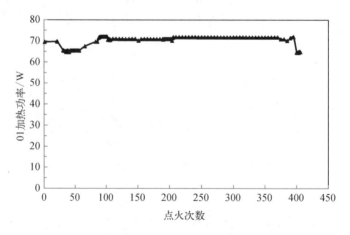

图 9－31　HC－10－01 产品的加热功率随点火次数的变化

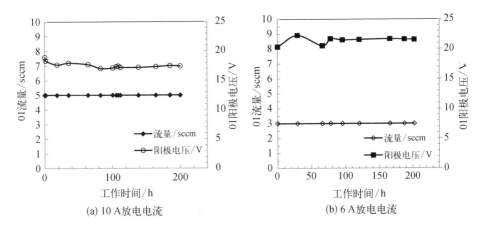

(a) 10 A 放电电流　　　　　　　　(b) 6 A 放电电流

图 9-32　HC-10-01 产品的阳极电压随工作时间的变化

极电压波动范围 17.1~19 V。由图 9-32(b)可以看出,放电电流 6 A 时推进剂氙的流量固定 3 sccm,阳极电压波动范围 18.2~20.3 V。

　　HC-10 空心阴极的工程样机 02 产品累计放电工作时间共 401.8 小时,其中 10 A 和 6 A 分别工作 200.5 h 和 201.3 h;共点火 411 次,其中 10 A 和 6 A 分别点火 207 次和 204 次。图 9-33 为 02 产品点火过程中加热功率曲线,点火方式同样采用固定加热时间 6 分钟的方法,成功率 100%。由图中看出,在 411 次点火过程中加热功率变化范围为 66.6~71 W。图 9-34(a)、图 9-34(b)分别为 01 产品工作在放电电流 10 A 和 6 A 条件下阳极电压、推进剂流量随工作时间的变化。阳极电压变化范围在 18~20.2 V 之间,表明空心阴极工作非常稳定,寿命试验可以持续进行。由图 9-34(a)可以看出,放电电流 10 A 时推进剂氙的流量固定 5 sccm,阳极电压波动范围 17.2~18.4 V。由图 9-34(b)可以看出,放电电流 6 A 时推进剂氙的流量固定 3 sccm,阳极电压波动范围 19.5~21.8 V。图 9-35 为稳定放电工作时的照片。

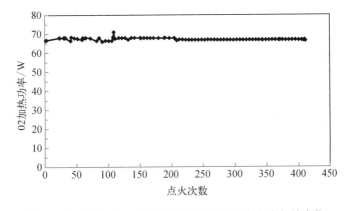

图 9-33　HC-10-02 产品的加热功率随点火次数的变化

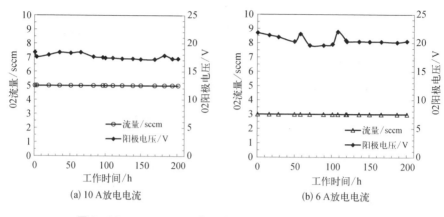

(a) 10 A 放电电流　　　　　　　(b) 6 A 放电电流

图 9 - 34　HC - 10 - 02 产品的阳极电压随工作时间的变化

图 9 - 35　稳定放电工作时的照片(放电电流 10 A)

2) 全寿命试验

空心阴极工程样机产品完成有限寿命试验后,经过综合评估,认为产品的各方面状态正常,可以继续开展 1∶1 全寿命试验。

上海空间推进研究所的 2 台 HC - 10 空心阴极工程样机完成 400 h 和 400 次有限寿命试验后,选取其中的 01 号产品采用模拟阳极的工作方式开展全寿命试验。

根据背景型号任务指标要求,空心阴极的放电电流、寿命、启动次数等性能指标要求见表 9 - 10。

表 9 - 10　空心阴极寿命试验要求

工作模式	推力器功率/W	工作时长/h	点火次数	空心阴极发射电流/A	点火时间/分钟
变轨模式	3 650~5 000	5 000	1 000	7.3~10 A	≤7
在轨模式	2 300~3 000	2 000	6 000	4.6~6 A	≤7

寿命试验过程,每隔 1 000 小时左右测试空心阴极性能变化。图 9-36 分别是阳极电流 10 A 和 6 A 时不同流量变化对应的阳极电压变化。

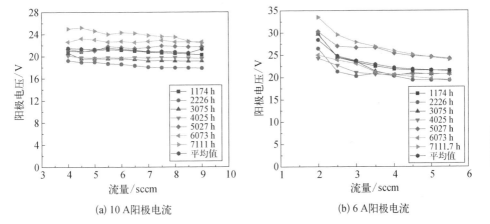

(a) 10 A 阳极电流

(b) 6 A 阳极电流

图 9-36　寿命试验过程阳极电压随流量的变化

按照霍尔推力器的长寿命工作需求,空心阴极试验件在寿命试验过程中的主要性能数据见图 9-37、图 9-38。

点火时间是决定空心阴极点火启动最重要的指标,指标要求点火时间不超过 420 s。有限寿命试验过程全部采用固定加热 6 分钟时间的点火方式,长寿命试验初期采用自然点火方式,后期继续改为固定加热时间点火方式,点火电压大多数采用 300 VDC,其中部分阶段采用 150 VDC 进行测试。图 9-37 为寿命期间两种工况下阴极点火时间、点火电压随点火次数的变化。

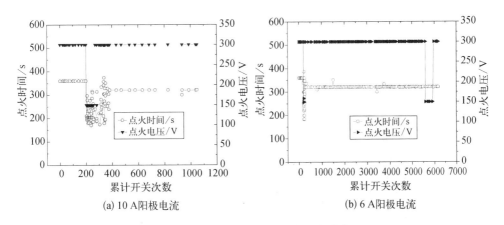

(a) 10 A 阳极电流

(b) 6 A 阳极电流

图 9-37　点火时间和点火电压的变化

图 9-38 为试验过程中阳极电压和工质流量随阴极工作时间的变化。由图

9-38(a)中可以看出,在 10 A 放电电流工况的寿命试验中,流量始终是 5 sccm,阳极电压变化范围 16~23 V。由图 9-38(b)的阳极电压曲线可以看出,流量基本是 3 sccm,阳极电压波动范围 19.5~24.1 V。全寿命过程空心阴极工作性能稳定,寿命试验可以持续。

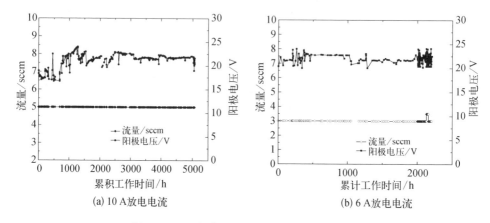

(a) 10 A 放电电流   (b) 6 A 放电电流

图 9-38 阳极电压和工质流量随寿命的变化

  触持极顶孔和阴极顶孔的耐腐蚀能力是空心阴极寿命试验重要的考核项目,试验过程中定期对阴极顶和触持极顶的外观用显微镜进行观察。表 9-11 和表 9-12 分别是试验过程中触持极顶孔和阴极顶孔变化的照片。

  如表 9-11 所示,新的空心阴极产品(工作 3 h 产品)的触持极顶在显微镜下可以看出明显的车削加工痕迹,表面光洁。从工作时间 2 113 h 直到 7 269 h 的图片看,触持极顶表面变得粗糙,触持极顶孔径没有明显变化,说明寿命试验对触持极顶影响不明显。

表 9-11 寿命试验过程中触持极顶变化

工作时间/h	触持极顶微观照片	工作时间/h	触持极顶微观照片
3		2 226	

工作时间/h	触持极顶微观照片	工作时间/h	触持极顶微观照片
3 075		4 025	
5 027		6 073	
7 111			

如表 9-12 所示,新空心阴极产品(工作 3 h 产品)的阴极顶在显微镜下可以看出明显的一圈一圈年轮状车削加工痕迹,表面光洁。从工作时间 2 113 h 直到 7269 h 的图片看,阴极顶孔没有明显变化。但是,随着工作时间进一步增加,可明显看出阴极顶表面逐步变得粗糙,靠近孔中心的年轮状车削圆圈痕迹变得越来越模糊,根据 7 269 h 的图片可以判定内圈部分圆圈已经消失,这些都是放电工作过程中高能等离子体对阴极顶溅射痕迹,总体上说数千小时寿命试验对阴极顶孔径影响很小,可以忽略。

表 9 - 12　寿命试验过程阴极顶变化

工作时间/h	阴极顶微观照片	工作时间/h	阴极顶微观照片
3		2 226	
3 075		4 025	
5 027		6 073	
7 111			

HC-10 空心阴极工程样机顺利完成型号任务要求的 1∶1 寿命试验,根据霍尔推力器多模式工作要求,寿命试验分为放电电流 10 A 和 6 A 两种工况,10 A 放电点火次数达到 1 048 次,寿命达到 5 078 小时;6 A 放电点火次数达到 6 173 次,寿命达到 2 206 小时;两种工况累计完成点火 7 221 次和 7 284 小时。图 9-36 为放电电流 10 A 和 6 A 两种工况的性能测试结果,可以看出,阳极电压最低值出现在工作时间达到 2 226 小时的时候,然后随工作时间延长有一定升高的现象。寿命试验过程中,点火循环试验时的加热功率基本稳定在 70 W 左右,没有出现功率大幅升高的现象,说明加热器的电阻值稳定。10 A 和 6 A 放电电流工况阴极顶温度分别为 1073℃ 和 1 000℃ 左右,整个寿命过程较稳定,说明空心阴极发射体的状态性能良好。通过定期拍摄的外观照片可以看出,7 000 小时寿命试验过程中空心阴极触持极顶和阴极顶表面粗糙度明显增加,触持极顶孔径和阴极顶孔径的变化可以忽略。

5. 专项试验

空心阴极专项试验包括特殊的环境适应性试验,如湿热环境、盐雾环境、原子氧等环境对发射体性能影响的试验,根据不同任务的要求有选择地完成。如,在沿海发射场发射的任务需要开展湿热、盐雾环境试验考核,超低轨任务需要开展原子氧环境试验考核。

兰州空间技术物理研究所开展了湿热环境对空心阴极性能影响试验[17]。试验在湿热环境试验箱内进行,为模拟发射场的湿热环境,试验过程中采用两支钡钨型阴极和一支六硼化镧阴极,在相对湿度95%、温度32℃的环境中放置240 h,试验前后分别测试空心阴极的关键性能参数,用以判断阴极性能是否发生衰退。测试结果表明,试验前后触持电压的变化量小于 1 V。六硼化镧型空心阴极与钡钨型空心阴极的点火成功率均为 100%。六硼化镧阴极的点火时间分布在 180~225 s 的范围内。钡钨阴极的点火时间分布在 180~230 s 的范围内。两者对比,钡钨阴极的点火时间与六硼化镧型无明显差别,但钡钨型空心阴极的点火的一致性更好。图 9-39 为空心阴极在湿热试验前后性能对比,图 9-40 为空心阴极在湿热试验后点火时间的变化。

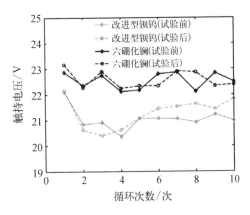

图 9-39 湿热试验前后性能对比

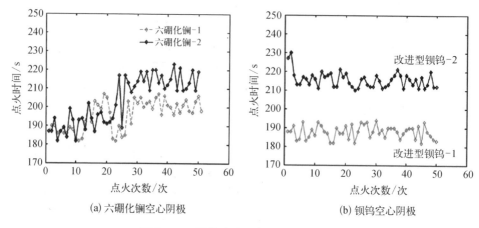

(a) 六硼化镧空心阴极　　　　　　(b) 钡钨空心阴极

图 9-40　湿热试验后点火时间的变化

9.3.5　工程样机完成标志

空心阴极工程样机产品完成标志：

（1）完成各项关键技术攻关，产品设计中考虑了以往型谱中同类型产品暴露的技术问题，采取有效的纠正和预防措施；

（2）通过产品功能和性能指标测试，包括组件、单机、半系统或全系统的综合测试，性能指标满足任务书指标要求；

（3）产品机、电、热等接口满足任务书或技术规范的指标要求；

（4）产品质量、功耗、体积等满足任务书或技术规范的指标要求；

（5）产品随单机通过鉴定级环境考核试验，包括力学、热真空、热平衡、EMC环境等；

（6）产品通过组件、单机和分系统相关的可靠性、长寿命试验、专项试验的考核或评估；

（7）确定的测试项目全面，测试时机和条件合理、可行；

（8）选用的工艺合理可行，新工艺制定了详细的工艺鉴定计划；

（9）所选原材料的品种和供货方情况、质量和可靠性情况、采购风险满足背景型号要求；所选目录外原材料履行了审批手续；

（10）形成完整的产品数据包；

（11）形成研制总结报告，完成研制过程中的各类技术文件整理和归档；

（12）空心阴极工程样机产品经过系统的性能测试、鉴定级环境测试、1∶1全寿命地面试验验证和可靠性评估，通过阶段研制总结评审，产品达到2级成熟度要求，具备转阶段条件。

9.4　空心阴极飞行样机研制与应用

9.4.1　飞行产品研制目标

空心阴极飞行产品研制以工程样机产品为基线,固化设计技术状态、工艺文件等,并按固化的技术要求和状态进行生产加工,完成产品的测试和地面试验验证。重点是固化技术状态、工艺参数、试验流程和试验参数,保证批量生产过程中产品的一致性,以实现型号应用的合格产品为研制目标。飞行产品阶段研制的产品应达到 3 级产品成熟度。

9.4.2　飞行产品研制基本流程

1. 固化技术状态

在工程样机技术状态的基础上,根据实际飞行应用条件,调整、补充、完善产品研制要求,细化功能性能技术指标和要求,完善测试规范,明确空心阴极飞行产品功能测试和试验(或分析)要求等,确定飞行产品研制基线。固化的空心阴极飞行产品技术状态,要在生产、测试和试验过程中严格控制。同时补充完善产品工艺设计,形成全面配套、满足设计要求的工艺文件,为产品的加工生产与控制提供依据。

2. 飞行产品生产与测试

飞行产品的研制是基于工程样机研制过程、结果并经过改进和完善而完成的。飞行产品的生产制造全过程要按照产品规范和工艺要求进行,技术和质量要受控,以保证最终产品满足应用的文件和规范要求。重点加强产品技术状态控制、生产过程控制及性能测试的覆盖性。

1) 生产过程控制

空心阴极飞行产品的生产过程严格按照工艺流程进行,确保生产过程受控、文件受控,过程记录真实反映生产状态,确保产品质量。生产过程主要控制内容包括以下几个方面。

(1) 关键项目、不可测项目、关键工序工艺评审及实施过程控制:加强发射体材料制备工艺参数量化和生产过程防污染控制、难熔金属材料焊接工艺过程、陶瓷零件焊接工艺的过程控制,做到工艺参数量化、可检测;

(2) 强制检验点、关键检验点控制:可以将空心阴极顶孔、触持极顶孔、阴极管焊接作为强制检验点或关键检验点,加强过程控制,保证产品的一致性;

(3) 外协产品关键过程质量控制,加强发射体、陶瓷、难熔金属零部件加工过程和验收筛选过程控制;

(4) 产品测试和试验过程控制,主要是严格按照产品规范进行,加强暴露大气的时间控制,发射体温度测试过程真空环境的真空度控制等。

2）试验验证

空心阴极飞行产品性能和功能测试,每一批产品的测试项目和流程可以参照 9.3.4 节表 9-8 的内容。首先完成外观、接口、质量、电性能等特性;接着完成组件产品的 1~3 次真空环境点火测试;然后,抽选一定数量的产品完成鉴定级力学试验和有限寿命考核的批抽检;上述试验全部通过后,认为本批次产品合格,批抽检以外的产品交付霍尔推力器进行单机装配。

3）验收交付与飞行试验

空心阴极的飞行产品装在霍尔推力器单机上,按照飞行产品的试验矩阵和试验要求,随单机及分推进系统一起完成性能测试和验收级环境试验,验收合格后随单机或分系统交付飞行应用。

图 9-41 为 SJ-9A 卫星霍尔推力器配套的空心阴极飞行产品,表 9-13 为飞行样机的试验矩阵。

图 9-41　SJ-9A 卫星霍尔推力器空心阴极的飞行产品

表 9-13　空心阴极飞行样机试验矩阵

序号	试 验 项 目		测试时机和条件			备 注
			组 件	单 机	分系统	
1	性能试验	点火启动	T,f	T,f	T,f	
2		放电工作	T,f	T,f	T,f	
3		拉偏试验	T,f		T,f	
4	环境试验	力学环境试验		T,a,b		验收级

注: T 表示测试;A 表示分析;a 表示常温常压;b 表示力学试验;f 表示真空性能试验,常温下真空度 ≤2× 10^{-2} Pa。

9.4.3　飞行产品完成标志

空心阴极飞行产品完成标志:

(1) 产品设计内容齐全,组成与设计方案完全一致。

(2) 完成产品功能和性能测试,包括空心阴极组件、单机和分系统的综合测试,各方面性能指标满足产品规范或任务书指标要求。

(3) 质量、功耗、体积等满足产品规范或任务书指标要求。

（4）接口状态：机械、电、热等性能接口满足产品规范或任务书要求。

（5）环境试验：批抽检产品通过单机级鉴定级环境考核试验；其他同批次空心阴极产品随单机或分系统完成验收级环境考核试验。

（6）原材料设计与选用：一般材料选择选用目录内的材料，所选材料应技术先进、工艺成熟、质量可靠、材料定型、批量生产、供货稳定；目录外材料选择必须经过充分论证，选用的原材料要求通过相应的环境试验考核，目录外原材料履行相关审批手续。

（7）可靠性：产品通过可靠性、寿命分析与试验考核验收，满足产品规范要求。

（8）工程样机阶段所规定的各项试验验证情况，采用的新工艺、新设备鉴定结果满足要求。

（9）技术状态基线控制情况，根据工程样机阶段质量问题归零情况、技术问题处理情况和技术状态更改情况，将有效的解决措施落实到正样产品相关的文件和图样上，更改验证充分有效，已经批准的更改落实到位。

（10）对于工程样机阶段过程中其他同类型产品暴露的技术问题进行了举一反三。

（11）单点失效点和关键件识别充分，控制措施合理、可行。

（12）确定的测试项目全面，测试时机和条件合理、可行；不可测试项目分类正确，过程控制措施明确、合理可行。

（13）形成完整的飞行产品数据包。

（14）形成研制总结报告，通过阶段研制总结评审，完成研制过程中的各类技术文件整理和归档。

（15）空心阴极飞行产品经过全数产品的一致性验收测试，批抽检产品完成鉴定级环境测试和完整性能测试，过程控制符合型号产品质量控制要求，装配到霍尔推力器上完成单机所有测试后，交付客户飞行应用，产品达到 3 级成熟度要求。

9.4.4 空心阴极飞行应用

空心阴极飞行产品在与霍尔推力器及其系统集成之后，以及随航天器在发射场发射准备、发射入轨及在轨飞行应用的整个过程中，都是按照系统的要求，配合完成相应的任务。其中与空心阴极密切相关的工作内容主要包括：① 发射准备阶段有发射前更换产品；② 在轨飞行初期有状态自检、系统气路除气、阴极预处理；③ 在轨飞行期间有故障处理。

1. 产品发射前更换

空心阴极的发射体材料容易吸附环境中的水、氧等杂质引起性能下降甚至功能丧失,因此空心阴极长期贮存环境要求干燥或真空环境。如果空心阴极产品集成到霍尔推力器与霍尔电推进系统一起参与整星发射前的各项测试过程,无法保证空心阴极产品对环境的要求,有可能采用非飞行产品参与上述测试活动,或者采用的飞行产品经过评估在这些过程中可能造成空心阴极"中毒"事件的发生,则需要考虑在发射前的适当时机更换空心阴极产品。例如,SJ-9A卫星上应用的我国第一套霍尔电推进系统,考虑到空心阴极产品从集成于推力器一直到进入发射场的各项活动中,有可能造成空心阴极被污染影响其工作性能和寿命,于是在卫星转移到发射阵地前2周,更换了霍尔推力器上的空心阴极产品。

  SJ-9A卫星霍尔推力器配备2支空心阴极,安装在同一个安装支架上组成一个空心阴极模块,发射前将空心阴极模块一起更换,更换产品流程见图9-42。

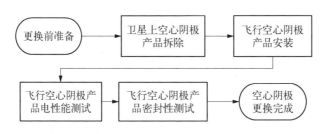

图9-42 发射前空心阴极更换流程

  空心阴极更换的主要过程如下。

  (1)更换前准备:① 准备好待更换的空心阴极模块飞行产品(含2个空心阴极),状态检测正常;② 通过霍尔电推进系统的控制器关闭相关阀门和电源输出,保证霍尔推力器及空心阴极断电、断气。

  (2)原空心阴极产品拆除:① 卫星上空心阴极模块电连接器解锁分离,电路机械连接断开;② 卫星上空心阴极模块气管的球头、螺母解锁分离,气路机械连接断开;③ 拆除卫星上空心阴极模块固定的安装螺钉、螺母、垫圈等,空心阴极模块(含空心阴极产品2个)从卫星的霍尔推力器飞行产品上拆除。

  (3)空心阴极飞行产品安装:① 空心阴极模块飞行产品(含2个空心阴极)安装到霍尔推力器的对应接口位置,装配螺钉、螺母、垫圈等,按工艺参数采用力矩扳手锁紧,保证空心阴极模块牢固安装在推力器飞行产品的安装位置;② 将空心阴极模块上2个空心阴极气路的球头、螺母分别与卫星上的推进剂供给管路对应接头连接,最后再用力矩扳手锁紧,保证气路可靠连接;③ 将空心阴极模块上的电连接器与卫星上的对应的电连接器连接固定,根据电连接器上标示确认已旋紧固定,保证电路可靠连接。

  (4)空心阴极飞行产品电性能测试。

  霍尔电推进系统控制器输出控制指令,通过星上PPU产品给空心阴极供电,检测空心阴极飞行产品电路是否连接正常。

（5）空心阴极飞行产品密封性测试：① 空心阴极飞行产品顶部安装气密性保护帽；② 霍尔电推进系统控制器输出控制指令，对空心阴极的管路安装接头进行检漏，测试空心阴极飞行产品气路连接的气密性是否符合要求。

（6）空心阴极更换完成。

更换后，空心阴极飞行产品电性能测试和气密性测试结果正常，表示空心阴极更换完成。

2. 在轨自检

霍尔电推进系统随卫星发射入轨后，首先要执行自检程序对空心阴极状态进行检测。每个空心阴极的检测单独进行，在为阴极的加热器和点火极加载电流或电压的情况下，通过遥测数据判断空心阴极电路是否正常。空心阴极自检流程参考图见图 9 - 43。空心阴极自检通常在入轨初期一次性完成，霍尔电推进系统在轨工作过程中如果出现故障，可以再次执行自检程序判断空心阴极状态。

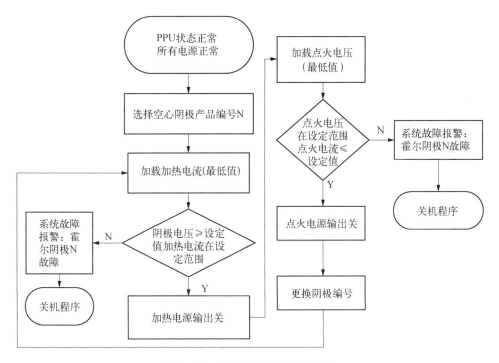

图 9 - 43　空心阴极电路自检流程

3. 气路除气

霍尔电推进系统在轨点火工作前必须进行气路除气，由于霍尔推力器及其空心阴极为开放结构，只要系统在空间真空环境静置一段时间，吸附在管路中的残余气体就会解吸扩散到空间达到除气的目的。有时,为了除气更彻底,采用推进剂对管路进行数次置换,可以增强除气效果。除气过程的空间静置时间和置换次数与除气效果关系密切,可以依据经验和地面模拟试验确定。

4. 阴极预处理

霍尔电推进系统在轨点火工作前,空心阴极除了开展状态自检和气路除气外,还需要进行预处理,以使得空心阴极达到工作状态。空心阴极预处理流程主要包含多次的加热—冷却循环过程,不同的加热工作点是为了达到阴极高温除气和阴极激活的目的。

图9-44为SJ-9A卫星霍尔电推进系统空心阴极预处理流程图,其预处理过程为单步模式。

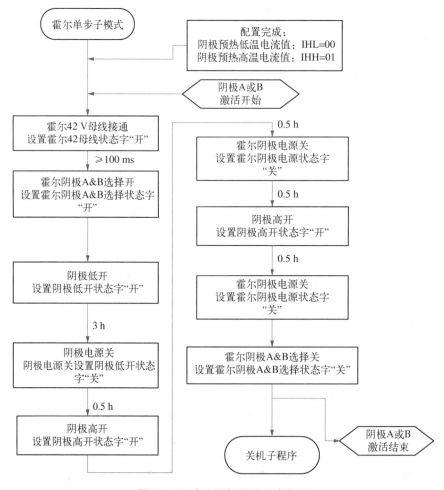

图 9-44　空心阴极预处理流程图

5. 在轨故障处理

霍尔电推进系统在轨执行自主飞行程序过程中,空心阴极需要关注的问题是点火工作过程是否正常,是否需要进行故障处理。

空心阴极在轨飞行过程中,如果出现点火超时或者异常熄灭等现象,需要通过遥测参数分析并进行故障处理。

在轨飞行初期时空心阴极点火困难,一般是发射体表面吸附的杂质影响电子发射,可以通过长时间放电,进行表面净化,使电子发射能力恢复。如果霍尔推力器或空心阴极在轨长时间放电工作后,空心阴极点火时间无法恢复正常范围,需要分析气路供应的推进剂纯度是否达不到指标要求,使得发射体中毒导致发射能力下降。

在轨飞行过程中特别是寿命末期点火时间超时,首先排除电路和气路引起的故障,空心阴极自身原因有两个方面。

(1)内部压力过低:长寿命工作的空心阴极顶孔或触持极顶孔受等离子溅射侵蚀逐渐变大,小孔的节流作用下降,使空心阴极内部压力过低。

(2)发射体活性物质耗尽:随着累积工作时间的增加,空心阴极发射体活性物质逐步被消耗使电子发射能力下降。

出现上述情况,可以根据地面寿命试验的数据适当增加流量、加热功率或点火电压中的一种或几种方式来保证点火时间符合指标要求,如果还不能满足点火时间指标的要求,说明空心阴极寿命即将终结,只能启用备份空心阴极。

参考文献

[1] 林祖伦,王小菊. 阴极电子学. 北京:国防工业出版社,2013.

[2] 华志伟,田雷超. C12A7 电子化合物空心阴极的研究进展. 兰州:第十七届电推进学术研讨会,2021.

[3] Murashko V M, Koryakin A I, et al. Russian Flight Hall Thrusters SPT‐70 & SPT‐100 After Cathode Change Start During 20 – 25 ms. Florence:30th International Electric Propulsion Conference, 2007.

[4] Soulas G C. Hollowcathode Heater Development for the Space Station Plasma Contactor. Seattle:23rd International Electric Propulsion Conference, 1993.

[5] Lovtsov A S, Puchkov P M, et al. Autonomous Tests of the Cathode for Use in the Discharge Chamber of the High Power Ion Thruster. Washington:33rd International Electric Propulsion Conference, 2013.

[6] 焦桐顺. 真空电子器材材料. 北京:电子工业出版社,1984.

[7] 杨奋. 材料手册:金属. 上海:上海航天局第八〇七研究所,1992.

[8] Polk J, Marrese C. Temperature Distributions in Hollow Cathode Emitters. Fort Lauderdale:40th AIAA/ASME/SAE/ASEE Joint Propulsion Conference and Exhibit, 2004.

[9] Goebel D M, Watkins R M. LaB6 Hollow Cathodes for Ion and Hall Thrusters. Tucson:41st

AIAA/ASME/SAE/ASEE Joint Propulsion Conference & Exhibit, 2005.

[10] 达道安. 真空设计手册. 北京：国防工业出版社, 2004.

[11] Marchandise F, Cornu N. PPS1350－G Qualification Status 10 500 h. Florence：30th International Electric Propulsion Conference, 2007.

[12] Simpson H B, Wallace N C, et al. A Summary of the Qinetiq Hollow Cathode Evelopmentprogramme in Support of European High Power Halleffect and Gridded Thrusters. Toulouse：28th International Electric Propulsion Conference, 2003.

[13] Herman D A, Piñero L R. NASA's Evolutionary Xenon Thruster (NEXT) Component Verification Testing. Hartford：44th AIAA/ASME/SAE/ASEE Joint Propulsion Conference & Exhibit, 2008.

[14] Goebel D M, Watkins R M. LaB6 Hollow Cathodes for Ion and Hall Thrusters. Tucson：41st AIAA/ASME/SAE/ASEE Joint Propulsion Conference & Exhibit, 2005.

[15] 乔彩霞. 电推进氙气规范：GJB 9729－2020. 北京：国家军用标准出版发行部, 2020.

[16] 康小录, 刘佳, 乔彩霞, 等. 空间电推进试验测量技术. 北京：科学出版社, 2020.

[17] 冯杰, 刘明正. 湿热环境对改进型钡钨发射体空心阴极放电工作的影响. 中国空间科学技术, 2018, 38(5)：1－5.

第10章

推进剂贮存供给单元工程研制

推进剂贮存供给单元(下文简称"贮供单元")是霍尔电推进系统用于贮存推进剂,以及向霍尔推力器供应推进剂的单机。目前霍尔电推进系统最常用的推进剂为属于惰性气体氙气,美国星链星座卫星已经使用了更为经济的氪气和氩气推进剂,国内外正在进一步研究碘[1-3]、镁[4]、锌、铋[5,6]等新型固体推进剂,以提升贮存密度、降低推进剂成本。

贮供单元的工程研制是在主要关键技术已被攻克、霍尔电推进系统已立项、开始型号研制的基础上开展的。按照航天产品开发过程,贮供单元产品工程研制过程分为方案阶段、原理样机阶段、工程样机阶段和飞行产品阶段[7]。

本章主要以氙气作为推进剂的贮供单元为主要研究对象,介绍霍尔电推进系统贮供单元工程研制的要求、方案设计、工程样机、飞行样机的研制及在轨应用等。

10.1　贮供单元工程研制要求

10.1.1　贮供单元组成

贮供单元一般由推进剂贮存模块、压力调节模块和流量调节模块三部分串联组合而成(图 10-1),流量调节模块下游连接霍尔推力器。对于采用氙气等气体推进剂的电推进系统,贮供单元产品结构可以有所变化,但气体高压贮存、减压、流量调节等核心功能不可或缺。

贮供单元各部分的功能和组成如下。

1. 推进剂贮存模块

推进剂贮存模块主要利用气瓶等容器贮存推进剂。最常用的贮存容器为用于贮存气态推进剂的气瓶。

氙气作为霍尔电推进综合性能最好、最常用的推进剂,初始存储压力一般在 8~9 MPa(25℃)、约 18 MPa(60℃),初始

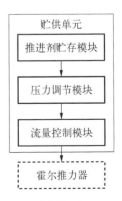

图 10-1
贮供单元组成框图

贮存密度约为 1.6~1.7 kg/L。常见的气瓶有铝合金复合材料气瓶、钛合金复合材料气瓶、钛合金气瓶等。欧洲智慧一号月球探测器,携带氙气 82.5 kg,加注密度为 1 700 kg/m³(25℃时对应压力为 8.93 MPa),气瓶最大设计压力为 15 MPa,最高工作温度为 50℃。氙气气瓶容积计算时,以 1 600 kg/m³ 的加注密度计算,加注压力为 8.1 MPa(25℃时)、约 16.1 MPa(60℃时)。

2. 压力调节模块

压力调节模块用于将气瓶中的高压气体推进剂降压到较低压力并稳定在一定范围内。

压力调节模块主要由过滤器、自锁阀、减压阀、管路、压力传感器、充气阀(也称为加排阀)、测试口、电连接器等部件组成,其中减压阀和压力传感器是压力调节模块的核心。各部件作用如下:

(1)过滤器用于过滤上游气体可能携带的多余物,防止对下游造成污染,影响工作性能和可靠性。

(2)自锁阀用于电推进系统停止工作时隔离高压气体,阻止其进入下游,系统工作时,自锁阀开启。

(3)减压阀用于将上游的高压气体减压至下游流量调节模块所需的入口压力。

(4)压力传感器用于测试相关位置管路中的压力,一般设置在减压阀的上下游。

(5)充气阀用于加注、泄出推进剂,以及地面试验充放气。

(6)测试口用于地面试验充放气。

(7)电连接器用于汇集压力调节模块内阀门、传感器等的电源线、控制线、数据线等,并与贮供单元外的相应电缆连接,以实现供电、控制、参数采集等。

3. 流量调节模块

流量调节模块的作用是将压力调节模块输出的较低压力的推进剂进一步节流和调节,形成霍尔推力器阳极和阴极所需的不同流量的微流量推进剂,并输送给霍尔推力器。流量调节模块主要由用于控制推进剂通断的电磁阀或自锁阀,以及控制推进剂流量的节流器或流量控制器、温度传感器、电连接器组成,节流器或流量控制器是流量调节模块的核心。针对霍尔推力器阳极、阴极不同的微流量推进剂供应需求,需配备不同流量调节能力的节流器或流量控制器。

节流器利用具有较大流阻的固定结构实现节流,可分为毛细管、机械加工微流道、多孔材料、孔板等种类,结构简单。

流量控制器可分为基于节流器的、结构固定的热阀,以及流道尺寸可变或阀芯等效开度可调的流量调节阀两大类:

(1)热阀是在节流器基础上增加加热器或制冷器,或直接利用电流加热毛细管节流器,利用温度调节节流器内部流过的气体黏度,改变气体流动阻力,实现流量调节。热阀一般应配置温度传感器,通过测量热阀温度,查找在地面标定的温度—压力—流量曲线,即可得知相应压力和温度下的推进剂流量。热阀结构和控制均较为简单,但流量调节范围一般在 30% 以内,较为适合霍尔推力器工况不需要宽范围调节的场合。

(2) 流量调节阀通过调节阀芯开度或流道宽度等来大范围调节流阻,或通过阀门开启和关闭的占空比、频率等调节阀芯等效开度,以调节一定时间内的气体通过量,可实现 3∶1 以上甚至 100∶1 以上的宽范围推进剂流量调节,一般用于霍尔推力器工况需要宽范围调节的场合,但结构和控制均较为复杂。可分为 Bang-Bang 控制阀、压电式流量调节阀、电磁式流量调节阀、磁致伸缩流量调节阀、热膨胀调节阀等。

研制流量调节模块时,应根据霍尔推力器的工作模式,选择合适的节流方式。例如,对于只有一个工作模式的推力 80 mN、比冲 1 600 s 上的霍尔推力器的阳极和阴极的氙气推进剂流量需求分别为 4.8 mg/s 和 0.3 mg/s,可采用节流器或热阀;而对于具有 3∶1 以上较大工况调节需求的多模式霍尔电推进系统,需采用具有宽流量调节能力的流量调节阀。

一般在节流器和流量控制器的上下游布置的电磁阀或自锁阀,以在电推进系统停止工作时隔离推进剂,其中自锁阀更适合霍尔推力器开关次数少,但单次工作时间长的场合。

流量调节模块应靠近霍尔推力器布置,以提高流量稳定性和调节响应,并减小由于流量调节模块下游管路造成的推进剂损失。

4. 贮供单元组成案例

一般每套贮供单元配置 1 台压力调节模块、与霍尔推力器数量相同的流量调节模块,气瓶数量则根据航天器需求、推进剂量等进行综合考虑配置。

图 10-2 为一款为单台霍尔推力器供气的贮供单元方案。该贮供单元采用比例减压阀减压,节流器节流,方案设计上尽量简化了系统,对减压阀、节流器、压力传感器等关键组件没有设置备份,适合模块化、低成本的场合。当系统可靠性要求较高,总体要求采用多台霍尔推力器时,可相应增加各组件,并对霍尔推力器、自锁阀、减压阀、电磁阀等关键组件进行适当的冗余备份。

10.1.2 主要技术指标

贮供单元的主要技术指标包括以下内容。

1) 推进剂种类

用于明确推进剂的类型和纯度等,如推进剂种类:高纯氙气,纯度不低于 99.999 5%,其中水、氧含量均不超过 0.2 ppm,ppm 表示百万分率。

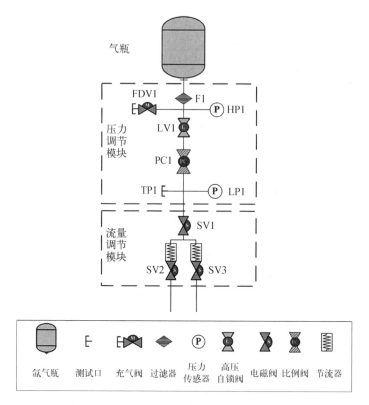

图 10 - 2 用于单台霍尔推力器的贮供单元方案

2）推进剂携带量

用于明确霍尔电推进系统携带推进剂的质量,如推进剂携带量: 不低于 200 kg。

3）气瓶工作压力

用于明确气瓶因贮存高压推进剂,在所有工况下可能承受的最高工作压力,如气瓶工作压力≥18 MPa。

4）压力调节模块入口压力

用于明确压力调节模块入口的压力,一般与气瓶压力相同,如压力调节模块入口压力≥18 MPa。

5）压力调节模块出口压力

用于明确压力调节模块出口的压力,为下游流量调节模块正常工作奠定基础,如压力调节模块出口压力 0.205±0.05 MPa。

6）输出流量

用于明确贮供单元对应霍尔推力器阳极、阴极的出口处输出的流量,如输出流量: 阳极出口流量 10.3×(1±0.05) mg/s;阴极出口流量 0.49×(1±0.1) mg/s。

7）功率

用于明确贮供单元瞬时和稳态工作时的功率,一般可分为峰值功率和平均功率,如功率: 峰值功率≤15 W,工作时平均功率≤10 W。

8）总外漏率

用于明确推进剂在贮存过程中的泄漏速率,一般用氦质谱检漏方法(简称"氦检")检漏,有时对属于高压部分的气瓶和压力调节模块,以及属于低压部分的流量调节模块的氦检压力进行单独规定,如外漏率: ≤1×10⁻⁵ Pa·m³/s(高压部分 16 MPa,低压部分 0.20 MPa,氦检)。

9）内漏率

用于明确推进剂在贮存过程中,所有阀门关闭时,贮供单元出口处的漏率,一般用氦气检验,如内漏率: ≤8×10⁻⁶ Pa·m³/s(0.2 MPa 下 He 检)。

10）工作温度

用于明确贮供单元在轨工作时的温度。氙气临界温度为 16.6℃,临界压力为 5.838 MPa,而霍尔电推进系统氙气瓶和压力调节模块减压阀上游的压力在氙气加注后和寿命初期会达到临界压力以上,需要确保氙气温度在临界温度以上,防止高压部分的氙气液化,影响压力调节模块的正常工作。因此,常常对贮供单元高压部分和低压部分的工作温度分别进行定义,如工作温度: 18~60℃(高压部分),5~60℃(低压部分)。

11）储存温度

用于明确贮供单元制备完成后的地面贮存环境温度,如储存温度: −10~60℃。

12）干质量

用于明确未装载推进剂时的贮供单元质量,如干质量: 65±0.3 kg。

13）包络尺寸

用于明确贮供单元的尺寸,以便于在航天器上的布局,如包络尺寸: 长 801±5 mm,宽 390±2 mm,高 167±3 mm。

14）在轨启动次数

用于规定贮供单元的在轨工作次数,如在轨启动次数: ≥5 000 次。

15）在轨单次最长工作时间

用于规定贮供单元在轨工作时,单次可工作的最长工作时间,以满足轨道转移、位置保持等不同任务的需求,如在轨单次最长工作时间: ≥120 h。

16）可靠性

用于规定贮供单元在一定置信度条件下的可靠性,如可靠性: ≥0.996(置信度 γ=0.7)。

17）寿命

用于规定贮供单元在交付总体单位后,在地面的总装测试时间和在发射后的在轨工作时间,如寿命:总装测试时间不少于 2 年,在轨工作时间不少于 15 年。

18) 环境适应性

与其他航天产品类似,贮供单元的环境适应性包括力学环境(正弦振动、随机振动、冲击振动、加速度)和热真空试验等。

19) 电磁兼容性

贮供单元工作时产生的电磁发射对其他设备的影响在允许范围内。

10.1.3　贮供单元产品研制要求

1. 确保推进剂的高纯度

霍尔推力器的空心阴极的发射体和加热器等核心部件长期工作在上千摄氏度的高温,对推进剂纯度要求高。对于最常用的氙气推进剂,用于加注的氙气源气纯度一般要求达到 99.999 5%,水、氧等杂质含量在 0.1 ppm 以内。但如果贮供系统内部的气瓶、阀门等组件和管路内壁洁净度、光洁度不高,以及加注时存在漏点,将严重降低加注到贮供系统内的氙气纯度。因此,对贮供单元的气瓶、阀门等组件和管路内壁洁净度、光洁度提出高要求,以减少内壁表面附着的各类杂质,特别是油污、水汽、氧气等杂质气体。例如,对气瓶内壁进行抛光研磨处理,对推进剂管路进行电解抛光等工艺进行处理。

2. 满足推进剂高效可靠贮存与精确供应的需求

霍尔推力器的性能与选用的推进剂直接相关,需综合考虑电离性能、加速性能、贮存性能、有无毒性等。目前最理想的推进剂为氙气。氙气为单原子惰性气体,原子序数 54,原子量 131.3,临界点为 289.7 K(16.6℃),5.84 MPa,临界密度为 1.105 2 kg/L。通过利用氙气在超临界点附近的可压缩性,可在压力提高不多的条件下,大幅提高贮存密度。由于超临界状态氙气的压力对温度变化十分敏感,在临界点附近,氙气温度的微小变化会带来压力的巨大变化,贮存密度提升,要求航天器对氙气瓶温度进行严格控制,多个气瓶布局时,尽量减小气瓶间的温度差异,以控制在直接并联的气瓶间,氙气从温度较高的气瓶进入温度较低的气瓶,导致航天器的质心偏移。

霍尔推力器比冲高、推力小,推进剂流量仅在每秒微克至毫克量级,同时霍尔推力器的稳定工作要求流量稳定在一定范围内,要求贮供单元可精确供应微小且稳定的流量。对于工况可宽范围调节的多模式霍尔推力器,还要求贮供单元可输出宽范围调节的精确流量。

3. 满足航天产品高可靠长寿命要求

霍尔电推进系统往往需要在轨工作数年甚至 20 年以上,累计工作时间达到数千至数万小时,且难以在轨维护或在轨维护代价很大。贮供单元作为推进剂贮存和供应的单机,气瓶和压力调节模块长期承载内部高压,流量调节模块需成千上万次开关,必须具备高可靠、长寿命工作特性。贮供单元在方案设计时,应权衡技术继承性和技术创新性,考虑必要的冗余备份,选择成熟度高的组件和可靠的工艺,以提高产品的寿命和可靠性。

4. 满足航天产品特殊环境要求

贮供单元在发射时要承受恶劣的力学环境,在空间运行时要承受恶劣的空间环境。特别是流量调节模块往往安装在霍尔推力器附近,对于采用推力矢量调节机构的霍尔电推进系统,流量调节模块长期暴露在热循环、紫外线辐照等恶劣环境中。因此,要求贮供单元采用的材料和模块结构需要能够满足特殊环境要求。

10.2 贮供单元方案设计

10.2.1 研制目标

贮供单元的方案设计是根据霍尔电推进系统设计的任务指标需求,通过充分调研国内外贮供单元方案,进行多方案比较,寻求降低研制风险的最佳解决途径,形成详细的、可行的设计方案和研制策划报告等,通过技术研发,掌握贮供单元相关关键技术,如氙气超临界高密度高纯度贮存、轻质大容量氙气瓶、高稳定度高精度压力调节、高精度微流量调节等关键技术,研制可对工作原理进行验证的原理样机。本阶段的重点是进行任务分析、制定实现方案,开展原理样机设计、调试、试验,尚不需要按飞行条件进行地面考核[8]。方案设计阶段形成的原理样机应达到3级技术成熟度和1级产品成熟度。

10.2.2 方案设计过程

设计方案应包括以下内容。

(1) 功能要求:电推进系统总体单位通过任务书或技术要求等方式下达的贮供单元应达到的功能;

(2) 技术指标:电推进系统总体单位通过任务书或技术要求等方式下达的贮供单元产品应达到的各项技术指标;

(3) 国内外贮供单元产品方案分析;

(4) 贮供单元方案比较及优选;

(5) 贮供单元组成、工作原理,如拟采用的减压方式、流量调节方式等;

(6) 与系统及其他相关单机的接口;

(7) 各主要组件的功能、结构、主要指标和必要的分析、设计;

(8) 产品继承性分析;

(9) 需要攻关的关键技术、关键部组件及其拟采取的技术途径;

(10) 可靠性、安全性设计;

（11）技术指标的满足情况。

该技术方案要经过充分论证，并请行业内专家进行技术把关或评审，确保方案合理可行。

在方案设计时，要注重对风险的识别、分析与预防，应尽量避免使用有风险的技术。好的方案是产品高可靠的基础，也是后续研制工作顺利进行的基础。

方案阶段输出的是贮供单元设计方案、研制策划报告等报告。

1. 技术指标确定

贮供单元的技术指标需结合霍尔电推进系统中与推进剂种类和携带量、推力器工作参数等需求，贮供单元在航天器上的布局及技术水平等情况综合考虑，包括布局要求、在轨任务、工作策略、指令要求、母线要求、干重、功率、推进剂种类、推进剂纯度、推进剂携带量、流量输出、尺寸、外漏率、内漏率、工作次数、单次工作时间、在轨时间、工作环境、储存环境、可靠性等。

其中，布局要求、在轨任务、工作策略、指令要求、推进剂种类、推进剂携带量等与航天器整体需求相关的技术指标，需和霍尔电推进系统总体开展多轮次迭代以明确贮供单元的最终设计需求。

2. 总体架构设计

贮供单元总体构架设计时，首先考虑确保可靠性。对于重要的支路，如压力调节模块的减压支路，流量调节模块阳极支路等，尽可能采取冗余方案以提高可靠性。

对于尺寸、重量受限而难以采用主备份支路冗余设计的贮供单元，可采用没有备份的单气体支路方案，但必须通过提高组件可靠性来确保贮供单元的可靠性。

下面对方案中关键的气瓶方案、减压方案、流量调节方案初步设计进行论述。

3. 推进剂贮存模块方案

推进剂贮存模块的主要组成部分是气瓶，模块方案包括气瓶数量、容积、种类等的设计和选择。

气瓶数量根据推进剂贮存量、航天器布局等综合考虑。当推进剂贮存量较小时，通常采用一个气瓶。当推进剂贮存量较大时，通常采用 2 个或 4 个气瓶，每个气瓶平均装载推进剂，为了便于气瓶在航天器上的对称布局，一般选用偶数数量的相同气瓶。

气瓶容积由气体装载量和气体贮存密度决定。对于氙气推进剂，最高贮存密度一般选为 $1.6 \sim 1.7\,\text{kg/L}$。

氙气瓶的方案有金属气瓶、金属内衬复合材料缠绕气瓶（简称复合材料气瓶）等。

电推进应用的金属气瓶以钛合金气瓶为主。钛合金气瓶具有结构质量较轻、耐腐蚀性强，下游管路采用钛合金材料时可通过密封性较好的焊接连接等优势。钛合金气瓶一般采用球形构型，以提高耐压能力。

图 10-3 为俄罗斯 MSS-2500-GSO 平台系列通信卫星采用的钛合金气瓶[9,10]。

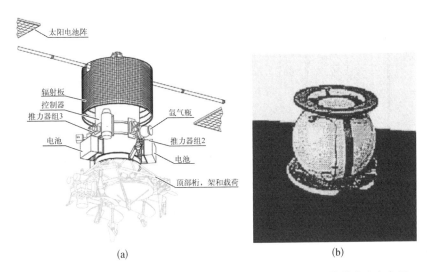

(a)　　　　　　　　　　(b)

图 10-3　基于 MSS-2500-GSO 平台的 Express-A 卫星及其钛合金氙气瓶

金属气瓶的不足是一旦出现裂纹,裂纹会持续扩散,导致气瓶爆破性失效,爆破时会飞出碎片,造成安全隐患。钛合金气瓶材料密度达到 4.506 g/cm^3,为了提高气瓶的工作压力,只能增加气瓶厚度,进而增加了气瓶质量。

针对钛合金气瓶的上述问题,电推进系统的推进剂装载量较大时,宜采用复合材料气瓶。复合材料气瓶由薄壁金属内衬、绝缘层和复合材料纤维缠绕层等构成(图 10-4)[11],具有轻质、耐高压、内胆裂纹不会影响到外层、爆破时碎片不易飞出因而安全性好等优点。不足是工艺复杂,金属内胆很薄时抽真空易失稳。

常用的金属内衬材料有铝合金、钛合金等。常用的复合材料为碳纤维/环氧树脂,其他复合材料还有玻璃纤维/环氧树脂和硼纤维/环氧树脂等。采用与导管材料一样的金属内衬,可实现气瓶与管路的焊接连接,从而减小结构质量,提高密封性能。图 10-5 为 ATK 公司研制的用于波音公司 BSS-601HP 卫星平台的 80386-101 球锥形复合材料气瓶,该气瓶由拱形端面的锥形钛合金内衬、纤维—环氧树脂缠绕层构成,内衬公称厚度 0.81 mm,工作压力 17.237 MPa,容积 32.12 L,设计质量 6.35 kg,推进剂装载量 52.62 kg。

图 10-6 为应用于日本 ETS-VIII 卫星的 80412-1 柱形复合材料氙气瓶,该复合材料缠绕气瓶的内衬由圆柱段和两端半球焊接而成,内衬材料为 Ti6Al4V,复合材料缠绕层采用了 T1000 碳纤维,内衬公称厚度 0.81 mm,工作压力 15 MPa,容积 50.01 L,设计质量 6.99 kg。

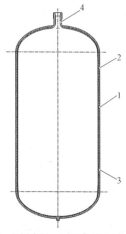

1—金属内衬；2—纤维缠绕层；
3—绝缘层；4—接管嘴

图 10-4　复合材料气瓶结构示意图

图 10-5　ATK 公司 80386-101 球锥形
氙气瓶(左)及其内衬(右)

图 10-6　ATK 公司 80412-1 氙气瓶(左)及其内衬(右)

图 10-7 为上海空间推进研究所为中国长征五号运载火箭辅助动力系统研制的柱形复合材料氦气瓶，该复合材料缠绕气瓶使用无缝铝合金内衬，内衬材料为 6061，复合材料缠绕层采用了 T700 碳纤维，内衬公称厚度 1.10 mm，工作压力 23 MPa，容积 14 L，设计质量 3.1 kg。该气瓶经适应性改进后可用于电推进系统。

4. 压力调节方案

霍尔电推进系统对压力调节的需求主要包括：将上游气瓶输出的高压减为下游流量调节模块所需的较低入口压力，一般为约 0.2 MPa；确保输出压力的精度，一般需控制在 1%~5% 以内；对于某些多模式霍尔电推进系统，需通过压力调节模块和流量调节模块的串联调节，实现推进剂流量的大范围调节，因此压力调节模块

图 10-7　上海空间推进研究所研制的复合材料气瓶(左)及其内衬(右)

需具备一定的压力调节能力。

压力调节模块的工作原理是高压气体经过阀门阀芯与阀座之间开度很小的狭窄通道受到节流,气体分子与通道壁之间发生碰撞、摩擦和涡流,引起压强损失,实现减压,流量一定时,开度越小,压强降低越多;或是将高压气体通过阀门开启一定时间后关闭,使一定量高压气体填充到下游缓冲腔内,使缓冲腔压力稳定在一定范围内,实现减压,上游压力一定,阀门开启时间越短,填充到下游缓冲腔内的气体越少,越有利于提高压力调节分辨率,但阀门工作次数会增加。

电推进压力调节模块的降压功能可由机械减压阀、电子减压阀单独完成,也可由两者串联完成,即利用机械减压阀将入口高压减至中压(如 0.8 MPa)后,再利用具有电子减压阀实现二次减压。

霍尔电推进系统压力调节模块的减压比一般要求在 35～100 之间,而国内机械减压阀的减压比一般不大于 20。此外,机械减压阀不具备在轨压力调节功能。因此单独采用机械减压的方式,要满足霍尔电推进系统的使用要求,难度较大。

电子减压阀减压比高,且可根据下游压力需求,在一定范围内进行压力调节。电子减压阀的种类有 Bang-Bang 减压阀、比例减压阀等,这两类电子减压阀的工作原理如下。

1) Bang-Bang 减压阀

Bang-Bang 减压阀由电磁阀、缓冲气罐、压力传感器和控制器等组成,控制器一般集成到电子单机中。图 10-8 为基本的 Bang-Bang 减压阀原理图(未显示控制器)。电磁阀以开关模式工作,每次脉冲开启时间相同,通过脉冲开闭电磁阀,实现向下游缓冲气罐的脉冲补气,当缓冲气罐压力达到设定上限时,关闭电磁阀,当缓冲气罐压力达到设定下限时,打开电磁阀继续以脉冲开关方式补气,

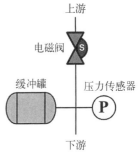

图 10-8　Bang-Bang
减压阀组成示意图

周而复始,使缓冲罐压力维持在一定范围内。Bang-Bang 减压阀的压力控制精度可达 2% 左右。考虑可靠性、压力采集精度等,可采用两个或三个串联的电磁阀以提高可靠性,以及三个并联的压力传感器以仲裁判读方案获得两个接近的压力数据,再取两个数据的平均值作为压力数据,以获得更高精度的压力数据。图 10-9 为 Eurostar 3000 卫星平台霍尔电推进系统 Bang-Bang 减压阀原理图及实物[12]。

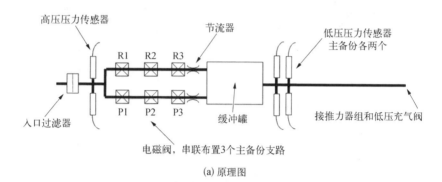

(a) 原理图

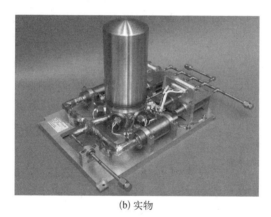

(b) 实物

图 10-9　Eurostar 3000 卫星平台霍尔电推进系统 Bang-Bang 减压阀原理图及实物

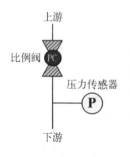

图 10-10　比例减压阀组成示意图

2) 比例减压阀

比例减压阀由比例阀、下游压力传感器和控制器构成,控制器一般集成到电子单机中,组成示意图见图 10-10。比例减压阀的阀芯通过压电陶瓷、驱动线圈或磁致伸缩等元件驱动,可实现开度的精确调节,通过与下游压力传感器的闭环控制,可将高压推进剂节流,以连续方式向下游补气,使下游压力维持在一定范围。

压电陶瓷驱动的升压和降压曲线之间存在因材料迟滞效应产生的位移差,在同一电压下,上升曲线和下降曲线的位移值存在明显差异,而且这个位移差会随着电压变化范围的改变而改变,驱动电压越小位移差会越小。压电陶瓷的迟滞一般在给定电压对应位移值的 10% ~ 15% 左右。图 10 - 11 为压电陶瓷的驱动电压和输出位移的控制迟滞特性示意图。可见压电陶瓷的控制迟滞特性小于电磁比例流量阀。压电陶瓷的迟滞可通过电阻应变式反馈控制方法消除。

图 10 - 12 为欧洲泰雷兹·阿莱尼亚公司研制的压电陶瓷比例减压阀[13]。

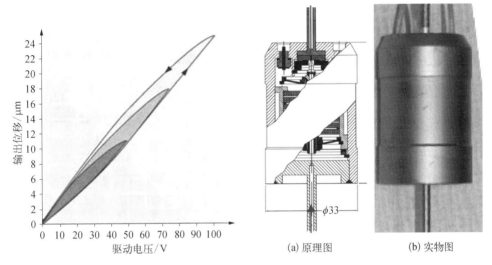

图 10 - 11　压电陶瓷驱动电压和输出位移的控制迟滞特性曲线

(a) 原理图　　　(b) 实物图

图 10 - 12　欧洲泰雷兹·阿莱尼亚公司研制的压电陶瓷比例减压阀

比例减压阀的压力控制精度可达 0.5% 左右,且比例减压阀可以不需要缓冲罐,可大幅度减小模块体积,实现微型化。图 10 - 13 为美国 VACCO 公司研制的比例减压阀模块及其原理图[14]。

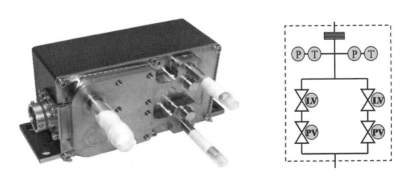

图 10 - 13　美国 VACCO 公司研制的比例减压阀模块及其原理图

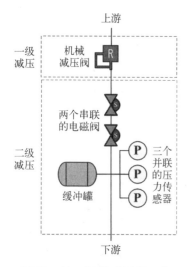

图 10 - 14   机械减压阀—电子减压阀二级减压示意图

图 10 - 14 为由机械减压阀、电子减压阀串联而成的二级减压模块示意图。机械减压阀可将上游气瓶压力减压至中等压力,如 0.6 MPa。电子减压阀再将中等压力减压至流量调节模块所需的较低压力。

5. 流量调节方案

推进剂流量的调节和控制可由微流量控制器实现,某些情况下微流量控制器自身也具有推进剂流量供给的导通和切断功能。

流量控制器的功能是将入口较高压力的推进剂节流,调节为微流量的推进剂,并通过某种方法在一定范围内调节微流量大小,以适应推力器所需的不同的微流量推进剂需求。

选择合适的节流方式,是流量控制器方案设计的关键。按照节流原理的不同,可将节流方式可分为固定结构节流和可变结构节流。固定结构节流只能实现流量的节流,需要采用电加热或改变入口压力等方式实现流量的调节,以及开关阀门的配合实现推进剂的导通和关闭。可变结构节流可在没有其他阀门的条件下,直接实现推进剂的导通、切断和流量调节。

图 10 - 15 为固定结构节流和可变结构节流的流量控制器框图。

两种节流类型、相应的调节方式和国内外相关产品调研情况如下。

1)固定结构节流和调节

固定结构节流是指用固定结构形成固定结构的流道,实现气体节流,输出微流量气体,典型的节流部件有以下内容。

(1)多孔材料节流器,通过金属多孔材料形成的微小通道实现气体节流。美国 1998 年发射的深空一号(Deep Space 1)探测器(图 10 - 16)电推进系统的微流量控制器采用了多孔材料进行节流。多孔材料节流器的应用,确保了国际上首次电推进深空探

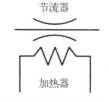
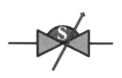

(a) 固定结构流量控制器   (b) 可变结构流量控制器

图 10 - 15   两类流量控制器框图

图 10 - 16   深空一号探测器

测任务的成功。该电推进系统的主流量节流器在 0.276~0.683 MPa 的压力下,流量 5.98~23.43 sccm,放电阴极、中和阴极节流器在 0.276~0.645 MPa 的压力下,流量 2.39~3.7 sccm。我国首次空间飞行验证的霍尔电推进系统采用了上海空间推进研究所研制的多孔材料流量控制器及其多孔材料节流器(图 10-17)[15],成功实现了 40 mN 霍尔推力器的在轨流量控制,多孔材料节流器直径和长度均约 8 mm。多孔材料节流器具有体积小、重量轻的优点,但存在采用电加热调节响应速度慢、产品一致性差、多孔材料存在掉渣隐患、加工性较差等问题。

图 10-17　上海空间推进研究所研制的多孔材料流量控制器及其多孔材料

(2) 孔板,通过一个或多个串联的、有微米量级直径小孔的孔板实现气体节流。图 10-18 为厚 0.5 mm、具有 61 个 $\phi0.05$ mm 小孔的孔板。美国 2010 年发射的 AEHF-1 军用通信卫星霍尔推力器流量调节模块(图 10-19)的阴极气路上采用了孔板节流器,阳极电磁阀和阴极电磁阀入口压力一样,但位于阴极电磁阀下游的节流器将阴极气路的流量调节为阳极气路流量的 3%~9%。上海空间推进研究所在 2000 年针对 20 mN 小功率霍尔电推进系统的需要,研制了孔板式流量控制器(图 10-20),在系统上成功集成和应用。孔板节流器具有加工一致性好、尺寸小等优点,但存

图 10-18　厚 0.5 mm、具有 61 个 $\phi0.05$ mm 小孔的节流孔板

在小孔加工困难、容易发生堵塞、加热调节响应慢等问题。

(3) 毛细管,利用毛细管的微小孔径和较长的长度来实现气体节流,通过控制毛细管的孔径和长度,实现所需的气体节流。俄罗斯 MSS-2500-GSO 平台卫星(图 10-21)装备的霍尔电推进系统,普遍采用毛细管微流量节流方式。上海空间

推进研究所在 2001 年针对 40 mN 霍尔电推进系统研制了金属毛细管式流量控制器（图 10 - 22）。毛细管节流器具有可批量生产、产品质量可靠性好、重量轻、便于电流直接加热、调节速度快等优点，但存在容易堵塞、焊接部位容易断裂漏气等问题。

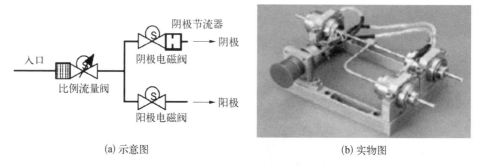

(a) 示意图　　　　　　　　　　　　　　(b) 实物图

图 10 - 19　美国 AEHF 卫星流量调节模块[16]

图 10 - 20　上海空间推进研究所研制的孔板式流量控制器

图 10 - 21　俄罗斯 MSS - 2500 - GSO 平台卫星 Ekspress A

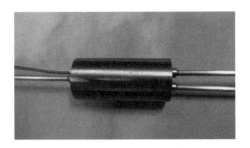

(a) 金属毛细管流量控制器　　　　　　　(b) 毛细管

**图 10 - 22　上海空间推进研究所研制的金属毛细管
流量控制器及毛细管**

（4）减材制造微流道,指利用激光加工、机械加工、化学刻蚀等减材加工工艺在毛坯上加工形成的微流道。图 10 - 23 为刻蚀微流道节流器。加工微流道节流的优点是可以和阀门组合成紧凑的模块,但具有工艺复杂、小批量生产周期长、价格高等缺点。

（5）"迷宫型"节流器,利用气体流过由两层或多层叠加的流道板形成串联的"迷宫型"旋转腔流道,使气体在通过上下层板旋转腔时速度连续发生变化,能量不断降低,达到节流目的。每片流量板上设计了多个具有旋转腔的流道,通过平行于流道板轴线的直径在几十微米量级的

图 10 - 23　刻蚀微流道节流器

小孔与相邻层的流道板上的旋转腔流道联通。图 10 - 24 为"迷宫型"节流器内部流道示意图[17]、流道板及其旋转腔流道气体走向[18]。

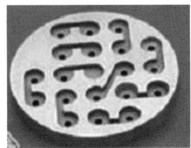

(a)"迷宫型"流道　　　　　(b) 迷宫型节流器流道板　　　　　(c) 旋转腔流道气体走向

图 10 - 24　"迷宫型"节流器内部流道、流道板及其旋转腔流道

对于固定结构节流方式,则一般采用热阀原理来实现微流量调节。如欧洲 AMPAC 研制的氙流量控制器,有带进出口管嘴的节流器;包裹在节流器上的 10 W 螺旋加热器、封装加热器及节流器;可作为机械固定接口用的陶瓷材料组成。调节加热器电压大小,加热器功率可从 0~10 W 变化,典型流量调节范围 0.05~20 mg/s。

下面介绍热阀流量控制阀的工作原理。

假设气源温度为环境温度。对于某种工作介质气体,入口压力一定时,这种热阀流量控制器的气体流量与节流器的温度有关,加热器不工作时,当节流器温度等于环境温度时,其流量就是在该环境温度下的最大流量。有如下三种工作状态。

(1) 主动调小流量:流量减小时,通过螺旋加热器加热,节流器温度上升,气体温度升高导致黏度变大,有的节流器(如多孔材料节流器)流阻还明显变大,气体流量变小,这属于主动调小流量,响应时间 20 s;

(2) 被动调大流量:当流量需要从小变大时,加热器停止工作,热量耗散,节流器温度下降,气体黏度变小,有的节流器(如多孔材料节流器)流阻还明显变小,气体流量变大,这属于被动调大流量,响应时间 60 s,此时流量控制器的最大流量就是节流器温度恢复到环境温度时,在相应环境温度下的最大流量;

(3) 维持某一流量:当从某一状态调节到其他流量时,当通过主动调小流量或被动调大流量,使流量控制器流量到达目标流量时,调节加热器电压(如采用持续供电控制时,电压可变,实现零至最大功率的变化)或占空比(如采用脉冲电流控制时,电压不变,通过调节占空比实现平均功率的变化)或两种方法同时应用,使节流器温度始终维持到该流量对应的温度,使流量保持恒定。

可见,热阀流量控制阀主动调节时,只能减小流量,而要恢复流量时,只能通过散热的方式,因此流量调节的响应速度较慢。

2) 可变结构节流和调节

可变结构节流是指利用活动部件,调节气体流道的大小,从而实现气体节流和宽范围的调节,输出可在较宽范围内进行调节的微流量气体,具体有:

(1) 电磁比例流量阀。

通过电磁螺线管调节阀门开度,从而实现微流量调节。典型代表为美国 AEHF 卫星电推进系统流量调节模块采用的 Moog 公司 51-245A 电磁比例流量阀(图 10-25),入口压力 0.241~0.276 MPa,出口压力 0~40 psia,流量 6~20 mg/s(氙气),工作循环次数 6 635 次,开启/关闭响应时间 ≤25 ms,质量 ≤115 g。该阀通过霍尔推力器样机电流反馈,调节控制阀门的电流,从而实现闭环控制。图

图 10-25   AEHF 卫星 51-245A 电磁比例流量阀

10－26 为 Moog 公司 51E339 型电磁比例流量阀调节电流—流量控制迟滞曲线，可见，控制迟滞较大，以 20℃ 工况为例，阀芯开度变大和变小的电流差为 12 mA，占到可控的 46 mA 的调节范围(86~132 mA) 的 26%。电磁比例流量阀的优点是可大范围连续调节、结构和工艺上可继承电磁阀、动作响应速度快，但存在控制复杂、需要精确到毫安级的电流源进行驱动、电流调节范围窄、控制迟滞环较大等问题。

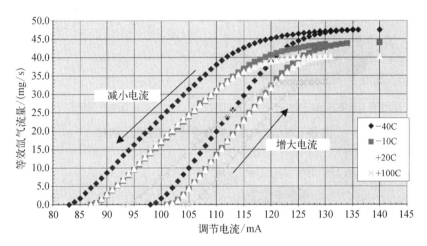

图 10－26　51E339 型电磁比例流量阀调节电流—流量迟滞特性曲线

（2）压电比例阀。

压电比例阀是利用压电陶瓷功能材料作为驱动元件的比例阀，利用功能材料在磁场或电场的作用下，实现长度或形状的微小变化实现阀芯的微小动作，调节气体流道大小实现节流。图 10－27 为具有较大动作范围的压电陶瓷弯曲片动作示意图，图 10－28 为采用压电陶瓷弯曲片的压电比例阀[19]。图 10－29 为采用动作范围较小，但输出力较大的堆叠式压电陶瓷的压电比例阀，由美国 Busek 公司研制[20]。压电陶瓷利用压电晶体在外电场作用下发生变形，变形大小与外电场强度大小成正比的逆压电效应进行驱动。将阀芯安装在压电陶瓷元件中心，就能控制阀芯的开度，实现流量调节。

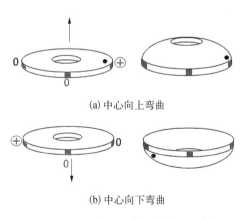

（a）中心向上弯曲

（b）中心向下弯曲

图 10－27　压电陶瓷弯曲片动作示意图

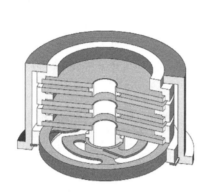 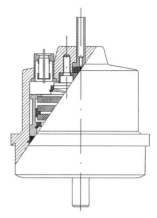

(a) 与S型弹簧片集成后的压电陶瓷弯曲片组件   (b) 压电比例阀部分剖面图

图 10 – 28   采用压电陶瓷弯曲片的压电比例阀

图 10 – 29   堆叠式压电陶瓷的压电比例阀   图 10 – 30   采用带压电陶瓷比例阀的
                                                        冷气推力器

  欧洲研制的基于压电陶瓷比例阀的冷气推力器(图 10 – 30)[21],应用在 GAIA 卫星、Small GEO 平台姿态控制任务、Galileo Galilei(GG)卫星的无拖曳阻力补偿任务(轨道高度 520~600 km)中。压电陶瓷比例流量阀的优点是可大范围连续调节、调节线性好、耐压力波动性能好、阀体阀芯结构可继承电磁阀、动作响应速度快、耐压性能好、功耗小,但存在控制复杂、需要最高电压超过 100 V 的电源进行驱动等问题。

  可变结构节流方式利用流量或电推力器的电流等的反馈,控制阀芯的开度,从而实现微流量的宽范围调节。

6. 贮供单元方案设计

在完成气瓶方案、压力调节方案和流量调节方案的基础上,开展贮供单元方案设计,确定贮供单元具体组成,对重要的支路考虑冗余备份设计,然后绘制原理图,估算组件尺寸,撰写方案设计报告。

贮供单元原理图设计一般要求如下:① 图中应反映气路、电路及所有组件的连接关系;② 图形应布局匀称;③ 原理图中各组件符号应规范、清晰;④ 图中应标识组件的名称代号和编号;⑤ 图形应配备组件图例。

图 10 - 31 为 SJ - 9A 卫星霍尔电推进系统贮供单元原理图,其中 BV1、BV2 为Bang-Bang 减压阀(不含气瓶和压力传感器),XFC1、XFC2 为流量控制器(包含阳极热阀和阴极节流器)。

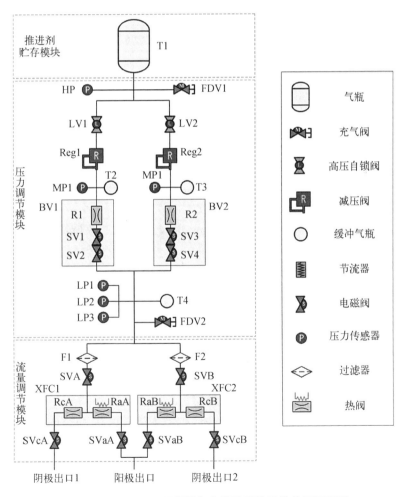

图 10 - 31　SJ - 9A 卫星霍尔电推进系统贮供单元原理图

该贮供单元功能为贮存氙气推进剂,进行压力和流量调节,输出微流量推进剂,供 1 台霍尔推力器的阳极和主备份两个阴极之用,主要技术指标为以下内容。

(1) 推进剂:氙气,纯度 ≥99. 995%,其中,氧气 ≤2 ppm,水 ≤2 ppm,装载量 1. 5±0. 1 kg;

(2) 流量输出:阳极(1 路)2. 39×(1±0. 1)mg/s,阴极(2 路)0. 262×(1±0. 1)mg/s;

(3) 干质量:11. 6±0. 3 kg;

(4) 本体尺寸:长 881±5 mm,宽 400±2 mm,高 167±3 mm;

(5) 总外漏率:≤1×10^{-5} Pa·m^3/s(工作压力下氦检);

(6) 在轨冷启动次数:≥200 次;

(7) 在轨单次工作时间:900~1 500 s;

(8) 工作温度:18~50℃(高压),5~50℃(低压);

(9) 工作时平均功耗:≤10 W;

(10) 设计寿命:3 年;

(11) 可靠性:≥0. 996(置信度 γ=0. 7)。

该贮供单元设计时,考虑为国内首次霍尔电推进在轨飞行,以确保功能和可靠性为首要目标,采取如下设计策略:

(1) 尽量控制新研组件数量,因此气瓶、充气阀、高压自锁阀、减压阀、缓冲气瓶、电磁阀等均选用成熟产品,Bang-Bang 阀、节流器、热阀、流量调节模块入口精细过滤器等则基于前期预研成果,进行新研;

(2) 压力调节采用机械减压阀和 Bang-Bang 减压阀二级减压的方式,兼顾可靠性和压力调节的灵活性;

(3) 流量调节模块的阳极流量控制采用热阀方案,可对霍尔推力器阳极流量进行节流,同时通过合适的控制算法,通过减小启动时的阳极流量,可抑制霍尔推力器启动时的浪涌;

(4) 压力调节模块,流量调节模块的阳极支路均采取了主备份双支路方案,以提高可靠性;

(5) Bang-Bang 减压阀的压力传感器采用三选二仲裁判读方案,设置了三个压力传感器,以提高压力控制精度和可靠性。

图 10-32 给出了一种用于 4 台霍尔推力器(2 备 2 冗余设置)的贮供单元原理图。由于 4 台霍尔推力器已进行了主备份设置,每个流量调节模块的阳极没有进行冗余设置。同时考虑霍尔推力器具有单次长时间工作需求,流量调节模块控制推进剂通断的阀门由电磁阀改为自锁阀。

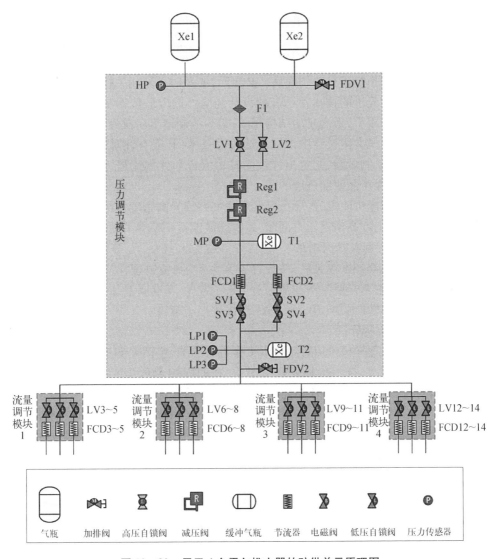

图 10-32　用于 4 台霍尔推力器的贮供单元原理图

10.2.3　原理样机研制基本流程

1. 原理样机设计

贮供单元原理样机阶段的重点是产品功能、性能的设计与实现,设计时应避免增加不切实际的或型号研制周期内难以攻克的目标而影响型号研制,从而为后续产品研制,保证质量、进度和节省经费创造有利条件。

设计原则如下:

(1) 设计贮供单元时,要在初步方案设计的基础上,明确相对于现有已有贮供单元产品,待设计原理样机可继承、需改进和新设计的内容,识别关键技术,制定关键技术攻关流程。

（2）与电推进系统内的相关单机,如霍尔推力器、控制单元、功率处理单元等具有关联性的技术指标进行协调确认。必要时,要及时更新相关技术指标。

（3）充分利用先进的技术及已有的设计经验。选用最佳的制造方案,包括获得最高的原材料利用率;最满意的结构尺寸;最少的制造工序及最低的制造成本。

对于在原理样机方案设计中识别出的关键技术,开展有针对性的攻关路线和方案、投产矩阵及研制试验,制定出详细的技术流程和计划流程,高效迅速地完成技术攻关工作,确保产品研制进度。

贮供单元原理样机阶段,需要重点实现氙气超临界高密度高纯度贮存、轻质大容量氙气瓶、高稳定度高精度压力调节、高精度微流量调节等关键技术。

2. 原理样机研制与性能测试

在完成各项关键技术攻关后,按设计方案生产、制备原理样机,接着开展原理样机的性能测试,主要开展氙气耐压贮存、压力调节、流量调节、漏率等测试,以确定是否满足功能和性能要求,并为后续工况优化控制策略。

3. 阶段总结及转阶段

对贮供单元原理样机阶段各项技术工作进行总结,包括关键技术攻关情况、技术方案设计验证情况、技术指标复合情况、存在的问题及后续产品研制计划等方面。同时,对过程中形成的各类技术文件应做细致的统计和归档。

10.2.4 原理样机设计

1. 推进剂贮存模块设计

1）气瓶数量、容积等参数设计

气瓶数量和容积等参数可根据推进剂种类、装载量、气瓶初始压力、总体对气瓶布局要求、气瓶制造能力等综合确定。

航天器总体单位下达任务时,一般会给出推进系统总冲 I_{total}、单台霍尔推力器的推力 F、比冲 I_{sp}、推进剂种类等指标。

根据推力和比冲,可由式（10-1）获得推力器的推进剂流量:

$$\dot{m} = \frac{F}{I_{sp}g} \qquad (10-1)$$

式中, $\dot{m}$ 为霍尔推力器工作时的质量流量,单位为 kg/s; F 为霍尔推力器输出的推力,单位为 N; I_{sp} 为霍尔推力器的比冲,单位为 s; g 为重力加速度,为 9.8 m/s^2。

根据总冲和推力,可由下式获得推力器所需的工作时间:

$$t = \frac{I_{total}}{3\,600F} \qquad (10-2)$$

式中,t 为推力器所需的工作时间,单位为 h;I_{total} 为推进系统总冲,单位为 N·s。

根据推力器工作时间 t 和推进剂流量 $\dot{m}$,可获得所需的最小推进剂需求量:

$$M_{pmin} = 3\,600\dot{m}t \qquad (10-3)$$

式中,M_{pmin} 为最小推进剂需求量,单位为 kg。

考虑推进剂在长期贮存过程中会存在微量泄漏,在霍尔推力器调试、启动和关闭过程中喷出的不产生明显推力的推进剂,在寿命末期会存在不可用量,以及一定的使用余量,在最小推进剂需求量的基础上,得到实际推进剂需求量,计算方法如下:

$$M_p = (M_{pmin} + M_{pleak} + M_{pd} + M_{pdw})(1 + \alpha) \qquad (10-4)$$

式中,M_p 为实际推进剂需求量,单位为 kg;M_{pleak} 为推进剂在长期贮存过程中存在的微量泄漏量,可根据系统实测总外漏率和贮存压力等进行分析得到,单位为 kg;M_{pd} 为在霍尔推力器在轨调试、启动和关闭过程中喷出的不产生明显推力的推进剂质量,单位为 kg;M_{pdw} 为霍尔电推进系统在寿命末期时,气瓶中残余的不可用推进剂质量,单位为 kg;α 为在总体上考虑的推进剂余量百分比。

下面分析气瓶的容积、装载量和数量。

设环境温度为 20℃,根据选定的气瓶初始压力 P_{T0},可得到气瓶内装载推进剂的初始贮存密度 ρ_{P0}。

根据总体对气瓶的布局要求和气瓶制造能力,可分析得到气瓶的数量 N_T。

利用推进剂装载量 M_P 除以气瓶数量 N_T,可获得每个气瓶的推进剂装载量 M_{PT},利用 M_{P1} 除以初始贮存密度 ρ_{P0},可得到单个气瓶的容积 V_T。

在得到气瓶的初始压力 P_{T0}、数量 N_T、容积 V_T、装载量 M_{PT} 等基础上,可进行气瓶构型、结构和布局的设计。气瓶装载量一定情况下,随着温度升高,气瓶压力变大,直至达到最高工作温度时的最高工作压力 P_{Tmax}。

2)气瓶构型设计

根据航天器装配、气路连接等需求,确定气瓶构型、接管嘴连接方式和安装方式。构型一般为球形、球柱形结构,也可设计成环形、螺旋形、锥形、球锥形等异形结构。

气瓶主要由承压壳体和接管嘴两部分组成,示意图见图 10-33。承压壳体用于承受内、外压载荷,是气瓶的主要结构。接管嘴用于连接气体管路和承压壳体,接管嘴根据与下游管路的连接

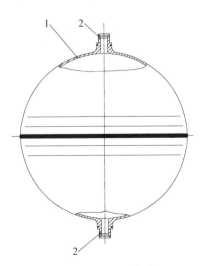

1-承压壳体;2-接管嘴

图 10-33　气瓶结构示意图

方式,可分为螺纹连接和焊接连接两种,螺纹连接便于拆卸,焊接连接尺寸小,密封性更好。

气瓶的构型与安装形式有关。体积较小的气瓶可采用箍带连接方式。球柱形气瓶可采用卡箍加位于底部的凸台安装方式。体积较大的气瓶宜采用翼片安装方式,如美国的黎明号深空探测器气瓶(图 10−34)采用安装于气瓶内胆周向的复合材料翼片,与探测器的承力筒对接[22]。

(a) 内胆

(b) 缠绕纤维层并安装周向翼片后

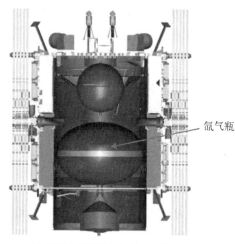

(c) 气瓶在探测器上安装示意图

氙气瓶

图 10−34　黎明号探测器气瓶采用周向翼片安装方式

3) 气瓶基本设计载荷

气瓶设计是以瓶内推进剂在相应设计温度范围内,可能达到的最高工作压力为气瓶体基本设计载荷。常温下工作的气瓶设计温度应考虑充、放气对温度的影响,一般在−10~85℃。

例如,设气瓶工作温度为 25~60℃,对于装载密度达到 1.684 kg/L 的氙气瓶,25℃、60℃时的气瓶压力分别为 8.77 MPa 和 17.75 MPa,气瓶体基本设计载荷为 17.75 MPa。

由于气瓶在使用过程中会承受其他载荷,如推进剂预包装和发射场加注后贮存过程中的持续载荷,运输、发射过程中的振动载荷,推进剂在轨加注带来的使用过程中的疲劳载荷等,均应通过理论或仿真分析计算进行安全性应力分析。特别是相对于氦气、氮气等化学推进系统常用的增压气体,氙气贮存压力较低,但密度较高,应针对性地开展载荷分析。对于分析计算得不到确切结果的情况,应通过实验做出安全评价。

4) 安全系数

对于用于航天器的气瓶,采用安全系数设计方法[23,24]。

气瓶安全系数,应以设计经验和技术水平为技术,根据总体设计对质量指标严格限定的程度、设计条件的准确度、气瓶破坏的危害后果及生产、检验技术状态等选定。

气瓶按强度极限设计,所以一般只确定强度安全系数 n_b。n_b 一般在 1.5~2 之间,具体数值可根据安全系数确定原则,在设计时确定。

在设计温度下,气瓶材料许用应力为

$$[\sigma]^t = \frac{\sigma_b^t}{n_b} \tag{10-5}$$

式中,$[\sigma]^t$ 为气瓶材料许用应力,单位为 MPa;σ_b^t 为气瓶材料拉伸极限强度,单位为 MPa。

5) 结构形式设计

根据气瓶容积、构型和装配要求,确定气瓶球体或柱段直径和接管嘴尺寸等。在满足结构可靠性要求的前提下,选用高强度质量比的钛合金、缠绕纤维层等材料,以使气瓶达到最小的结构质量。

以球形金属气瓶为例,说明气瓶的结构形式设计。

首先利用下式计算气瓶内径:

$$D_{Ti} = \left(\frac{6V_T}{\pi} \right)^{\frac{1}{3}} \tag{10-6}$$

式中,D_{Ti} 为气瓶内径,单位为 m;V_T 为气瓶容积,单位为 m^3。

根据给定的最高工作压力 P_{Tmax}、气瓶内径、安全系数及预计的材料强度,按内压载荷确定球体壁厚尺寸。壁厚按下式计算:

$$S_T = \frac{P_{Tmax}D_{Ti}}{4[\sigma]^t \varphi - P_{Tmax}} \tag{10-7}$$

式中,φ 为焊缝系数。

对于接管嘴,应尽可能选取最大孔径,以兼作工艺观察孔。接管嘴壁厚按下式确定:

$$S_{Tg} \geqslant \left[\frac{P_{T\alpha}d_{Ti}}{2[\sigma]^t - P_{T\alpha}} \right] f \tag{10-8}$$

式中,S_{Tg} 为气瓶管嘴壁厚,单位为 cm;$P_{T\alpha}$ 为气瓶强度试验压力,单位为 MPa;d_{Ti} 为气瓶接管嘴内径,单位为 cm;f 为管壁增强系数。

接管嘴与球面应采用圆滑过渡,与外球面转角半径可选取 $(0.03 \sim 0.05)D_{Ti}$ 或者更大值。

　　球体对接焊缝区域需局部加厚,加厚尺寸应根据焊缝系数降低值作相应增加。加厚区单面宽度一般不少于 15 mm,加厚区与球体基面应以切线衔接。

　　由于气瓶壳体存在应力集中区,可根据有限元仿真分析开展优化设计。对于附加的特殊载荷,如持续、疲劳、振动等载荷及特定的使用温度,进行强度校核并作必要的壁厚调整。

　　钛合金气瓶选材方面,通常选用钛合金 TC4 锻材饼材作为高压气瓶的优选材料,室温下抗拉强度 σ_b 为 875~900 MPa[25]。

　　2. 压力调节模块设计

　　压力调节模块的入口压力与上游氙气瓶出口处的压力相同,以氙气瓶的最高压力为最大设计载荷。

　　压力调节模块的出口压力为下游流量调节模块的入口压力,一般为 0.2 MPa。对于某些应用场合,需要出口压力在一定范围内调节,如 0.1~0.3 MPa。

　　下面对压力调节模块的过滤器和电子减压阀设计进行论述。充气阀、机械减压阀等在化学推进系统中普遍应用的组件,这里不对其进行介绍,具体可参考相关书籍。

　　1) 过滤器

　　过滤器的主要参数为名义孔径,名义孔径决定了过滤器的过滤能力,对推进系统组件产生不利影响的颗粒物尺寸一般在 10 μm 以上,为控制此类固体颗粒物,滤网名义孔径一般设置在 5 μm 以下,如名义孔径为 4 μm 的不锈钢滤网(不锈网 304HP0.038/0.025A HB1862 – 93)。

　　2) 电子减压阀设计

　　Bang-Bang 减压阀和比例减压阀的基本结构和工作原理见第 10.2.2 节中压力调节方案。

　　以 Bang-Bang 减压阀为例,开展关键的减压阀工作次数设计,为确定减压阀寿命提供依据。

　　设贮供单元工作温度维持在 25℃,压力调节模块采用 1 个容积 10 L 的气瓶,气瓶初始压力 8.5 MPa,Bang-Bang 阀的缓冲罐容积 2 L,数量 1 个,Bang-Bang 减压阀出口压力为 0.19~0.2 MPa,初始出口压力为 0.2 MPa。下游的霍尔推力器额定推力 80 mN,比冲 1 600 s,流量 5.1 mg/s。缓冲罐每充一次气,可供推力器工作212 s,消耗推进剂 1.082 g。

　　根据 25℃时的氙气密度—压力特性可知,气瓶内初始气体密度为 1.655 kg/L。电推进系统工作时,Bang-Bang 减压阀首先通过低压压力传感器检测缓冲罐内的压力,当缓冲罐内压力从 0.2 MPa 下降到 0.19 MPa 时,Bang-Bang 减压阀的电磁阀迅速开启,高压氙气从氙气瓶经过 Bang-Bang 减压阀减压后快速进入缓冲罐,将缓冲罐压力从 0.19 MPa 提升至 0.2 MPa,此时压力传感器检测到压力后,电磁阀迅速关闭,一次补气周期结束。Bang-Bang 减压阀周而复始工作,使缓冲罐内的压力在

0.19~0.2 MPa 间呈锯齿状波动。气瓶内压力、气体剩余质量随着 Bang-Bang 减压阀工作次数的累积而减小。当气瓶内压力接近 0.2 MPa 时,Bang-Bang 减压阀由于自身流阻,无法向缓冲气罐输送氙气,压力调节模块工作停止。图 10—35 为计算得到的气瓶压力、气瓶内剩余气体质量与 Bang-Bang 减压阀工作次数的关系,Bang-Bang 阀累计工作 15 199 次。需要指出的是,Bang-Bang 减压阀补气过程中,缓冲罐仍在向下游补气,使补气过程延长,上述估算过程未考虑该状态。开展新型 Bang-Bang 减压阀设计时,可进一步通过试验获得更为精确的数据。

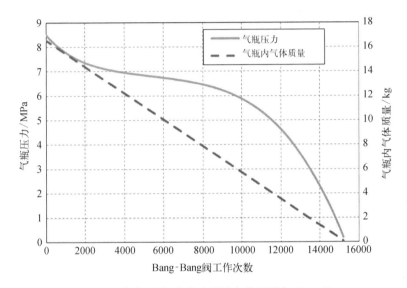

图 10—35　气瓶压力、气瓶内剩余气体质量与 Bang-Bang
减压阀工作次数的关系

3) 模装设计

在完成主要部件参数设计的基础上,利用三维设计软件对压力调节模块进行模装设计。主要工作内容为,在模块尺寸和重量限制条件下,进行总装布局设计和初步三维建模,初步确定组件形状和布局、导管设计和布局、卡箍设计、电缆布置图等,为确定组件尺寸、重量、接口等指标提供条件。图 10—36 为欧洲 Small GEO 卫星霍尔电推进系统压力调节模块模装设计图[26]。

在组件设计完成后,再次进行压力调节模块模装设计,修改不合理或不优化的设计,确定压力调节模块原理样机的布局、组件安装和连接方式。

3. 流量调节模块设计

在方案设计阶段得出的流量调节方案技术上,开展流量调节模块设计。

1) 主要参数

流量调节模块主要参数包括以下内容。

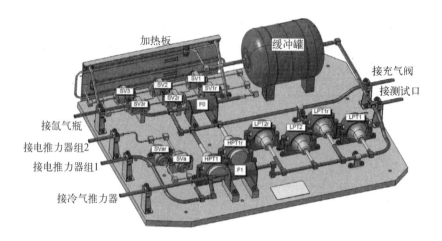

图 10‑36　Small GEO 卫星霍尔电推进系统压力调节模块模装设计图

SV 为电磁阀；F 为过滤器；HPT 为高压压力传感器；LPT 为低压压力传感器

（1）供气支路数量和相应流量：根据电推力器工作需要输出相应路数和流量，以及流量调节模块可靠性要求，确定流量调节模块所需的供气支路和流量。如对于配备主备份空心阴极的霍尔推力器，流量调节模块输出一路阳极气体，两路空心阴极气体；

（2）节流部件关键尺寸：根据入口压力、出口压力和流量，以及节流部件尺寸范围，估算节流部件关键尺寸，如毛细管内径和长度，节流孔板孔径、孔板厚度和数量，多孔节流材料的内芯多孔材料的气泡试验孔径、内芯多孔材料直径和长度等；

（3）过滤器名义孔径：根据洁净度需求，确定过滤器的名义孔径；

（4）功率：流量调节模块功率分为瞬时功率和稳态功率；

（5）导管参数：导管参数按 GB/T3090‑2020《不锈钢小直径无缝钢管》等标准选取，并进行校核。

模块主要参数设计后，对流量调节模块设计指标和要求指标进行对比，当设计指标满足要求后，进行下一步工作。

2）节流部件设计

典型节流部件为属于固定结构节流方式的多孔材料、毛细管、减材制造微流道、孔板等，可变结构节流方式的比例阀等。减材制造微流道节流的原理实质上与毛细管相同，主要参数是微流道的直径和长度，可参考毛细管内径和长度计算方法进行理论计算，然后通过流量试验针对相应的减材制造微流道产品进行修正。

下面以毛细管为例，开展节流部件参数设计。

毛细管参数主要包括外径、内径和长度。内径和长度一般首先通过理论方法进行计算，然后通过流量试验针对相应的毛细管产品进行修正。外径可根据加热功率、加热电压进行估算,并按规格选取。

在假设毛细管内推进剂为层流流动的条件下,利用式(10-9)计算毛细管内气体在工作温度下的黏度:

$$\mu = \mu_0 \left(\frac{T_0}{T} \right)^{-\frac{1}{2}} \tag{10-9}$$

根据气体流量、黏度、温度、毛细管入口压力和出口压力等,选取毛细管内径,利用式(10-10),计算毛细管的内径和长度:

$$L = \frac{\pi D_{in}^4}{256 \mu R_g \dot{m}_p T} (p_i^2 - p_o^2) \tag{10-10}$$

式中,μ 为气体黏度,单位为 Pa·s;μ_0 为气体在参考温度 T_0(绝对温度,单位为 K)时的黏度,单位为 Pa·s;T_0 为气体进入毛细管时的温度,单位为 K;T 为气体在毛细管内加热后的温度,单位为 K;D_{in} 为毛细管内径,单位为 m;L 为毛细管长度,单位为 m;p_i 为入口压力,单位为 Pa;p_o 为出口压力,单位为 Pa;R_g 为 R/M_W,单位为 J/(kg·K);R 为气体常数,$R = 8.314$ J/(mol·K);M_W 为气体摩尔质量,单位为 kg/mol;$\dot{m}_p$ 为推进剂质量流量,单位为 kg/s。

毛细管可利用电流直接加热的方式来调节流量,上述公式还可分析在一定入口、出口压力下,相同直径和长度的毛细管在不同温度时的气体流量。

在一定加热电流、电压和功率的限制条件下,对毛细管的电阻要进行控制,可通过选择合适的对毛细管外径(或壁厚)实现。毛细管采用电流进行加热时,毛细管电阻、加热电压、功率及毛细管外径按式(10-11)至式(10-14)计算:

$$R_{CE} = \rho_{CE} \frac{4L_{CE}}{\pi(D_{out}^2 - D_{in}^2)} \tag{10-11}$$

$$V_{CE} = IR_{CE} = \rho_{CE} \frac{4IL}{\pi(D_{out}^2 - D_{in}^2)} \tag{10-12}$$

$$P_{CE} = I^2 R_{CE} = \rho_{CE} \frac{4I^2 L}{\pi(D_{out}^2 - D_{in}^2)} \tag{10-13}$$

$$D_{out} = \sqrt{\rho_{CE} \frac{4I^2 L}{\pi P_{CE}} + D_{in}^2} \tag{10-14}$$

式中,R_{CE} 为毛细管电阻,单位为 Ω;ρ_{CE} 为毛细管电阻率,与温度有关,由于不同规格毛细管材料、制备工艺会存在一定差别,具体电阻率参数应以实测数据为准,单位为 Ω·m;L_{CE} 为毛细管有效加热长度,指毛细管长度去除两端未能被加热部分之后的长度,单位为 m;V_{CE} 为毛细管加热电压,采用恒流加热时,电压随电阻率变化而变化,单位为 V;D_{out} 为毛细管外径,单位为 m;P_{CE} 为毛细管加热功率,单位为 W。

计算完成后,根据 GB/T3090 - 2020《不锈钢小直径无缝钢管》等小直径导管标准,选取合适规格的毛细管,并验算功率。

在已初步确定毛细管外径、内径和长度,以及加热电压的基础上,可得到稳态工作时毛细管内推进剂的温度,此时加热功率等于推进剂温度上升吸收的能量和毛细管向外热辐射的能量之和。假设此时毛细管内流经的推进剂和毛细管温度相同,辐射为黑体辐射,根据加热功率计算毛细管内加热后的推进剂温度 T,按式(10 - 15)和式(10 - 16)计算:

$$P_{CE} = P_P + P_{CR} \qquad (10-15)$$

$$\frac{\pi V_{CE}^2 (D_{out}^2 - D_{in}^2)}{4\rho_{CE} L_{CE}} = \sigma T^4 \cdot \pi D_{out} L_{CE} + c_p \dot{m}_P (T - T_0) \qquad (10-16)$$

式中,P_P 为毛细管内推进剂温度上升吸收的能量,单位为 W;P_{CR} 为毛细管向外辐射的能量,单位为 W;σ 为玻尔兹曼常量,单位为 W/m² · K⁴,$\sigma = 5.670\,51 \times 10^{-8}$ W/m² · K⁴;c_P 为推进剂比热,单位为 J/(kg · K),对于氙气 $c_P = 160.03$ J/(kg · K);T_0 为推进剂进入毛细管时的温度,单位为 K。

3)过滤器设计

流量调节模块过滤器设计可参考压力调节模块,但由于上游压力调节模块入口设置了过滤器,阀门设置了过滤网,流量调节模块入口过滤器可单独设置小型过滤器,也可设置在靠近模块入口的电磁阀入口处。滤网名义孔径一般设置在 5 μm 以下。

4)功率设计

流量调节模块的瞬时功率为启动时阀门和热阀同时开启的功率,按式(10 - 17)计算:

$$P_{Instant} = N_{CI} P_{CE} + N_{VI} P_{VIE} \qquad (10-17)$$

式中,N_{CI} 为瞬态同时通电工作的热阀数量;N_{VI} 为瞬态同时通电工作的阀门数量;P_{VIE} 为通电工作阀门的瞬时功率,单位为 W。

流量调节模块稳态功率为热阀在进入稳定工作时,阀门和热阀加热器同时开启时的功率,按式(10 - 18)计算:

$$P_{Steady} = N_C P_{CE} + N_{VS} P_{VSE} \qquad (10-18)$$

式中,N_C 为同时通电加热的毛细管热阀数量;N_{VS} 为同时通电工作的阀门数量;P_{VSE} 为通电工作阀门的稳态功率,单位为 W。

对于电磁阀,出于节省功率考虑,会采用较高电压开启,开启后利用较低电压维持开启状态的工作策略,因此瞬时功率会大于稳态功率。

为避免毛细管、导线短路等故障对加热电源产生的过载等不利影响,宜采用恒流形式进行毛细管或节流部件的加热。

5) 导管内径及壁厚设计

气路导管内径按式(10-19)计算:

$$d_{\mathrm{g}} = \sqrt{\frac{4q_{\mathrm{vg}}}{\pi v_{\mathrm{g}}}} \qquad (10-19)$$

式中,d_{g} 为气路导管内径,单位为 mm;q_{vg} 为气体体积流量,单位为 mm^3/s;v_{g} 为气体流速,单位为 mm/s。对于流量调节模块采用的低压气路导管,流速一般取 $1 \times 10^4 \sim 3 \times 10^4$ mm/s。

导管壁厚可按式(10-20)计算:

$$S = \frac{P \cdot D}{2 \cdot [\sigma] \cdot \Phi + P} \qquad (10-20)$$

式中,S 为导管壁厚,单位为 mm;P 为导管内压,单位为 mPa;D 为导管外径,单位为 mm;$[\sigma]$ 为许用应力,$[\sigma] = \dfrac{\sigma_b}{n}$,单位为 mPa;$\sigma_b$ 为抗拉强度,单位为 mPa;n 为安全系数,对于流量调节模块采用的低压气路导管,一般取大于4,无量纲;Φ 为导管纵向焊接系数,一般取 0.9,无量纲。

计算完成后,根据 GB/T3090-2020《不锈钢小直径无缝钢管》[27] 等小直径导管标准,选取合适规格的导管,也可根据实际需要定制毛细管。

6) 模装设计

流量调节模块模装设计参考压力调节模块,不再赘述。图 10-37 为英国 Marotta 公司的流量调节模块模装设计图[28]。

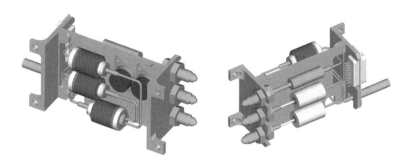

图 10-37　英国 Marotta 公司的流量调节模块模装设计图

4. 贮供单元原理样机设计

在完成气瓶、压力调节模块和流量调节模块设计后,根据贮供单元在航天器上的布局,开展贮供单元模装设计,确认机、电、热接口,明确贮供单元组成及产品配套、质量及功率,并形成模装图。

表 10-1、表 10-2 为针对图 10-31 所示的 SJ-9A 卫星霍尔电推进系统贮供单元原理图,给出的霍尔贮供单元的组成及产品配套表、质量及功率统计示例。

表 10-1　SJ-9A 霍尔电推进系统贮供单元组成及产品配套表示例

序号	产品名称		产品型号	数量	产品技术状态
1	推进剂贮存模块	复合材料气瓶	QPF200	1	XX 卫星正样
2	压力调节模块	高压自锁阀	FMZ30F1-3	2	XX 卫星正样
3		高压传感器	CY-YZ-162A-28	1	XX 卫星正样
4		减压阀	SZTY241	2	XX 飞船正样
5		充气阀	SZT247	2	XX 飞船正样
6		缓冲气瓶	SJK164-9A/1-0	3	初样,借用 XX 卫星正样气瓶内胆
7		中压传感器	CY-YZ-162A-3	2	XX 卫星正样
8		Bang-Bang 控制阀	SJK164-9A/2-0	2	初样
9		低压传感器	DaCY15B-1-1	3	初样,借用 XX 系统用低压传感器
10		管路、电连接器、固定装置等			
11	流量调节模块		SJK135-9A	1	初样
12	总装直属件				

表 10-2　SJ-9A 霍尔电推进系统贮供单元质量及功率统计

模块	组件	数量	重量/kg		功耗/W		
			单重	小计	长期	短期	瞬时
气瓶模块	氙气瓶	1	0.62	0.62			
压力调节模块	高压充气阀	1	0.2	10.88			

续　表

模　块	组　件	数量	重量/kg		功耗/W		
			单重	小计	长期	短期	瞬时
压力调节模块	低压充气阀	1	0.1	10.88			
	高压传感器	1	0.15		0.15	0.15	0.15
	减压器	2	0.75				
	中压传感器	2	0.15		2×0.15	2×0.15	2×0.15
	Bang-Bang 控制阀	2	0.2			2×0.85	2×4.6
	低压传感器	3	0.15		3×0.5	3×0.5	3×0.5
	高压自锁阀	2	0.2				1×10
	缓冲气瓶	3	0.15				
	系统安装板、管路、固定装置	1	6.93				
流量调节模块	流量控制器	2	0.06	1.0		1×2	1×10
	电磁阀	6	0.06			3×0.85	3×4.6
	超细过滤器	2	0.04				
	壳体、管路等	1	0.44				
合　计				12.5	1.95	8.2	44.95

图 10 - 38 为 SJ - 9A 卫星霍尔电推进系统贮供单元模装设计图。

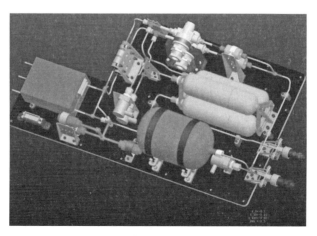

图 10 - 38　SJ - 9A 卫星霍尔电推进系统贮供单元模装设计图

10.2.5　原理样机实现和验证

完成原理样机设计后,开展原理样机研制与试验验证。

原理样机的研制分为部组件研制和贮供单元总装两个主要过程。

试验验证是检验产品合格是否的最有效的方法。图 10-39 给出了产品寿命周期内的试验验证活动,包括研制试验、鉴定试验、验收试验、准鉴定试验和在轨试验等[29]。贮供单元研制过程中,涉及方案设计阶段的研制试验、初样阶段的鉴定试验、正样阶段的验收试验,某些飞行任务要求开展在轨试验,具体如图 10-39 所示。

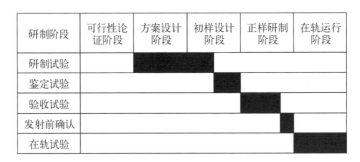

研制阶段	可行性论证阶段	方案设计阶段	初样设计阶段	正样研制阶段	在轨运行阶段
研制试验		■	■		
鉴定试验			■		
验收试验				■	
发射前确认				■	
在轨试验					■

图 10-39　产品寿命期内的试验验证活动

(1) 研制试验,一般在方案阶段和初样阶段初期完成,目的是在研制阶段初期验证产品的设计方案是否满足设计要求,以便在开始鉴定试验之前采取必要的改进措施,不断提高产品的固有可靠性;

(2) 鉴定试验,一般在初样阶段完成,鉴定试验是验证产品在鉴定级应力条件下性能指标是否满足设计要求,并且具有规定的设计余量的试验。鉴定试验应该用能代表正样(或试样)产品状态的产品进行。飞行产品验收试验之前应完成所有的鉴定试验及鉴定试验后的设计改进。经过鉴定试验的产品一般不再用于飞行;

(3) 验收试验,检验交付的正样(或试样)产品是否满足飞行要求,并通过环境应力筛选等手段检测出产品质量缺陷的试验。每个交付飞行的产品均需进行验收试验;

(4) 飞行试验,通过在轨飞行试验,验证产品是否达到飞行要求。

同时,为了确保同批次产品质量,需开展抽检试验,以评定该批产品质量是否合格。参加抽检试验的产品在验收试验合格的产品中抽取。经过抽检试验的产品一般不再用于飞行。

原理样机阶段的试验属于研制试验,主要进行原理性能测试,检验性能指标是否满足产品规范要求。试验验证的主要技术指标有以下七点。

（1）气瓶容积：用液体加注称重法度量气瓶容积。

（2）气瓶工作压力：通过水压试验方法[30]验证气瓶的工作压力，将气瓶瓶体装满分析三级实验室用水[31]，在试验压力范围内，以合适速率进行加压所需压力，并保压规定时间，要求瓶体及焊缝不允许有渗漏。

（3）压力调节模块出口压力：在任务要求的入口压力范围内，通过调节压力调节模块工作策略，输出所需的出口压力，利用高精度压力传感器测量压力值，获得平均值及其波动范围。

（4）输出流量：在任务要求的入口压力范围内，通过调节贮供单元工作策略，输出所需的出口压力，利用高精度流量传感器测试贮供单元流量调节模块出口的阳极支路和阴极支路等所有支路的流量，获得输出流量及其波动范围。

（5）功率：测试所有工况下，贮供单元工作时所需的功率，包括峰值功率和稳态功率。

（6）总外漏率：一般采用氦质谱检漏法[32]。当贮供单元产品尺寸较小，利用容器积累法测试贮供单元产品整体外漏，测试时，将贮供单元置于密闭容器中，贮供单元的出口用工装堵住，通电开启所有阀门，从入口处通入一定压力的高纯度氦气，用容积法检查整个模块的外漏。如果没有专用密闭容器，也可通过包封积累法检测每条焊缝、螺接点的外漏率，所有外漏率之和即为总外漏率。当贮供单元产品尺寸较大，或安装到航天器上时，通过容器累积法或真空室法检漏，即将航天器置于航天器包装箱等密闭容器或专用真空容器中，在霍尔电推进系统中注入规定压力的高纯度氦气，利用氦质谱检漏仪测试泄漏气体信号。泄漏气体信号大小与漏率成正比，通过与标准镂空的对比可得到被检件的漏率值。容器累积法、真空室检漏法的最小可检漏率一般可达 10^{-7}、10^{-10} Pa·m³/s。

（7）内漏率：对于模块化贮供单元，在贮供单元阀门均关闭状态下，利用通气工装联通贮供单元的气路出口，通过气瓶下游高压充气阀注入所需压力的氦气，保压一定时间后，用氦质谱仪检查出口处的内漏率。

在完成贮供单元原理样机单机性能测试，确保功能和性能满足指标后，在经费、周期允许情况下，可进一步根据需要开展性能拉偏、寿命摸底或环境试验摸底等试验，为工程样机研制做技术摸底；在配套单机同时齐备的情况下，可与霍尔推力器、控制单元等开展半系统联试，与霍尔电推进系统其他单机一起开展系统级联试，以确定不同单机之间的兼容性和工作匹配性。

10.3　贮供单元工程样机研制

10.3.1　工程样机研制目标

工程样机研制阶段是在贮供单元原理样机研制的基础上，形成电性产品和鉴定产品,鉴定产品按飞行条件进行鉴定量级验证,使功能和性能满足产品规范的要求。本阶段是贮供单元设计的关节阶段,对应型号研制过程中的初样阶段,设计工作要完整地考虑产品的功能、性能、质量、加工、装配、检验、测试及维修等全部因素,保证产品质量,确保产品开发成功,并最大限度地缩短周期。在研发流程设计时,必须把需要考虑的因素增加进去,确保设计师在设计阶段完成全部设计内容,充分考虑贮供单元产品全生命周期的需求,详细工艺设计、测试细则的编写、工装设备、测试设备的设计与制造都必须在这个阶段完成。

贮供单元工程样机应达到 7 级技术成熟度和 2 级产品成熟度。

10.3.2　工程样机设计

1. 技术指标确定及任务书下达

贮供单元工程样机阶段,需要与霍尔电推进系统总体开展多轮迭代,充分分析贮供单元在制备完成后到发射入轨,直至寿命末期的各种环境条件和应力载荷,给出明确的空间包括限制、通信要求、母线要求、质量要求和环境试验要求,确定技术指标,并由总体形成任务书,下达给贮供单元研制方。

2. 模块及部组件任务书下达

根据贮供单元工程样机任务书,以及贮供单元原理样机确定的技术方案,将贮供单元工程样机技术指标分解到各模块及部组件。对氙气瓶、压力调节模块、流量调节模块等模块形成模块研制任务书,明确各模块技术要求。再将各模块的技术指标分解到模块内部的各个新研部组件或需要进行适应性改进的部组件,如过滤器、充气阀、电磁阀、自锁阀、压力传感器、节流器等,形成各个部组件的任务书。

各任务书的重点是在产品性能、功能指标的基础上,明确寿命、可靠性等指标与环境试验等要求。

3. 详细设计

1) 力学环境设计

要求贮供单元满足运输、发射过程中的力学环境要求,可在模装设计的基础上,利用专业仿真软件(如 Ansys、Nastran、Marc 等),对模装设计获得的贮供单元布局设计进行结构的静力学、动力学环境数值仿真分析,获取模态、振动、冲击响应等特性,并针对发现的薄弱点改进设计,以最终满足力学环境要求。

2) 热设计

根据工作温度要求,开展贮供单元热设计,对航天器提出热控需求,在满足贮供单元自身工作的前提下,避免贮供单元散热影响航天器上其他系统。

3) 长寿命设计

影响贮供单元长寿命的关键部件主要是电子减压阀、电磁阀、节流器、压力传感器等。在贮供单元研制过程中,需要明确这些部件的寿命。同时,在这些部件研制过程中,需要开展长寿命设计与验证。例如,对于电子减压阀、电磁阀,工作次数是限制其寿命的主要因素;对于节流器,推进剂处理能力是限制其寿命的主要因素,可利用模拟推进剂如氮气代替昂贵的氙气,开展节流器通气能力测试,试验流量可取为额定流量的相应倍数,以加速寿命验证。

4) 安全性设计

安全性设计按航天器安全性大纲、QJ 2236A–99《航天产品安全性保证要求》等要求进行。

霍尔电推进贮供单元推进剂一般为氙气、氮气等惰性气体,与一般材料均有良好的相容性,且不存在燃烧、爆炸、推进剂泄漏造成推力器误点火等危险,操作安全性高,因此设计时主要针对结构强度,使其具有足够的安全系数,如气瓶采用 2 倍安全系数,流量调节模块采用 4 倍安全系数。

5) 可靠性设计

可靠性设计按航天器可靠性大纲、QJ 1408A–98《航天产品可靠性保证要求》、QJ 2172A–2005《卫星可靠性设计指南》等要求进行。

在可靠性设计过程中,应开展如下工作。

(1) 继承性设计:借鉴国内外电推进贮供系统和空间推进系统已有经验,采用成熟的通用组件产品。

(2) 进行系统冗余设计、降额设计、热设计、安全性设计,严格控制产品的质量和可靠性。

(3) 进行可靠性定性分析,包括:功能分析,任务剖面分析,故障模式、影响及危害性分析,故障树分析等。

(4) 进行可靠性定量分析,包括:国内外同类产品或相似产品的可靠性数据的收集,可靠性模型的建立,可靠性分配和预计等。

(5) 简化设计,减少零件品种数,尽量用同一类型、规格的零部件,如低压电磁阀均采用一种型号。

(6) 在进行降额设计时,既要注意平均强度和平均载荷的安全余度,又要考虑强度和载荷散布干涉的影响。

10.3.3　工程样机验证

贮供单元工程样机实现过程与原理样机实现过程基本相同,不再赘述。

贮供单元工程样机验证主要用于考核性能指标、空间环境适应性、机电热接口、产品质量和可靠性等。

验证项目可分为验收试验和鉴定试验。验收试验用于检验贮供单元产品能经受验收级环境并能正常工作的能力,暴露产品在相关试验环境下材料、元器件和工艺制造等方面的潜在缺陷。鉴定试验用于贮供单元产品经受鉴定级环境并能正常工作的能力,并具有规定的设计余量。

验收检验项目可按气瓶、压力调节模块和流量调节模块分别进行。对于小型化的贮供单元模块,也可统一开展试验验证。

根据具体型号产品的任务剖面要求,可在航天器基线试验的基础上,根据工作寿命期间的任务剖面,对某些模块和组件的验收检验项目进行剪裁。比如某些组件,本应按检验要求进行鉴定试验和验收试验,但如果能按推进系统验收试验确定的环境及试验时间达到该组件的验收试验目的,或者该组件不适应于单独试验,则可用推进系统验收试验部分地代替组件验收试验。剪裁既要避免进行多余和无效的试验,又要不漏掉能够检验出产品设计缺陷和质量缺陷的必要试验。

下面分别对气瓶、压力调节模块和流量调节模块验收检验要求进行分析,并以 SJ-9A 卫星霍尔电推进系统为例,论述贮供单元工程样机验证。

1. 气瓶验收检验

气瓶模块验收检验主要针对气瓶的重量、容积、密封性能、压力承载性能、环境适应性、疲劳、设计裕度等能否满足设计要求和工程应用需求而开展。表 10-3 为气瓶验收检验试验项目示例。根据型号需求,可在表 10-3 基础上进行试验项目的剪裁。

表 10-3 气瓶验收检验试验项目示例

序号	检验项目		鉴定试验	验收试验	抽检试验	备注
1	外观检查		●	●	—	
2	尺寸检测		●	●	—	
3	重量测量		●	●	—	
4	容积测量		●	●	—	
5	液压强度		●	●	—	
6	声发射试验		●	●	—	和液压强度试验在一次加压下完成
7	残余变形		●	●	—	
8	密封性		●	●	—	
9	洁净度		—	●	—	
10	力学环境试验	加速度试验	●	—	—	
11		正弦振动试验	●	—	—	

续　表

序号	检 验 项 目		鉴定试验	验收试验	抽检试验	备　注
12	力学环境试验	随机振动试验	●	—	—	
13		冲击振动试验	●	—	—	
14	热真空试验		●	—	—	
15	密封性复测		●	—	●	
16	疲劳试验		●	—	●	
17	爆破压力试验		●	—	●	
18	可靠性		●	●	—	通常采用分析手段验证
19	在轨工作寿命		●	—	—	

注：●必检项目；—不检项目。

除贮供单元初样阶段气瓶鉴定产品需开展鉴定试验外，出现下列情况之一时，一般也应进行鉴定试验：① 转厂生产时；② 气瓶的结构设计、主要制造工艺和原材料有重大变化，可能影响气瓶的性能时；③ 要求进行环境适应性试验的气瓶，当环境试验条件改变时；④ 中断生产超过 5 年时；⑤ 合同有规定。

各类试验数量选取方式如下：① 用于鉴定检验的气瓶数量应不少于 1 件。在声发射检验合格的气瓶中，抽取级别最低的气瓶进行鉴定检验或随机抽取；② 验收试验一般采用全数检验；③ 抽检试验从验收试验检验合格的气瓶中抽取 3%（最少 1 件）气瓶进行抽检检验。

2. 压力调节模块验收检验

压力调节模块由多个部组件组成，其部组件功能、接口划分清晰。在模块层次上，压力调节模块具有高压、中压和低压不同部分，不同压力部分由不同部组件组成。压力调节模块的启动次数、在轨寿命主要取决于阀门、压力传感器等部组件。

因此，可在零部组件上分别开展相关试验，压力调节模块层面，只开展压力调节功能、性能测试、质量测试、接口测试和环境试验。例如，可根据不同工作压力部分的零部组件，分别开展压力验证、压力爆破等压力试验；启动次数、在轨寿命在决定压力调节模块寿命的阀门、压力传感器上开展。

表 10-4 为压力调节模块验收检验试验项目示例。鉴定试验时机、试验数量可参考气瓶。

表 10 - 4 压力调节模块验收检验试验项目示例

序号	试 验 类 型		鉴定试验	验收试验	抽检试验	备　注
1	外观检查		●	●	—	
2	重量检测		●	●	—	
3	机械接口检查		●	●	—	
4	电性能测试		●	●	—	
5	内漏率测试		●	●	○	
6	外漏率测试		●	●	○	
7	压力验证试验		●	●	—	
8	功能性能测试		●	●	●	
9	力学环境试验	加速度试验	○	—	—	
10		正弦振动试验	●	○	○	
11		随机振动试验	●	○	○	
12		冲击试验	●	○	○	
13	热循环试验		○	—	—	
14	热真空试验		●	●	○	
15	洁净度检测		●	●	●	
16	启动次数		●	—	—	一般在阀门类产品上开展
17	累积工作时间		●	—	—	一般在压力传感器上开展
18	在轨单次最长工作时间		●	—	●	
19	寿命(推进剂通过量)试验		●	—	●	
20	贮存试验		○	—	—	
21	压力爆破试验		●	—	●	一般在管路、阀门、缓冲气瓶等零部组件级产品上开展
22	压力循环试验		●	—	●	
23	可靠性		●	●	—	通常采用分析手段验证
24	在轨工作寿命		●	—	—	

注: ●必检项目;○选检项目;—不检项目。

3. 流量调节模块验收检验

流量调节模块与压力调节模块类似,由多个部组件组成,其产品验证通常可分级开展。压力验证、压力爆破等压力试验在管路、阀门、节流器等零部组件级产品上开展;启动次数、在轨寿命在阀门、节流器上开展。流量调节模块层面,只开展性能测试、质量测试、接口测试和环境试验等试验。

表 10-5 为流量调节模块验收检验试验项目示例。鉴定试验时机、试验数量可参考气瓶。

表 10-5　流量调节模块验收检验试验项目示例

序号	试验类型		鉴定试验	验收试验	抽检试验	备　注
1	外观检查		●	●	—	
2	重量检测		●	●	—	
3	机械接口检查		●	●	—	
4	电性能测试		●	●	—	
5	内漏率测试		●	●	○	
6	外漏率测试		●	●	○	
7	流量测试		●	●	●	可在热真空试验完成后增加一个高低温循环,进行相应测试
8	冷启动响应时间测试		●	○	○	
9	力学环境试验	加速度试验	○	—	—	
10		正弦振动试验	●	○	○	
11		随机振动试验	●	○	○	
12		冲击试验	●	○	○	
13	热循环试验		○	—	—	
14	热真空试验		●	●	○	
15	湿热试验		○	—	○	
16	洁净度检测		●	●	●	
17	极限能力与性能拉偏试验		●	—	—	
18	长时通电试验		●	—	●	一般在热阀、阀门上开展

序号	试 验 类 型	鉴定试验	验收试验	抽检试验	备　注
19	寿命(推进剂通过量)试验	●	—	●	一般在节流器上开展
20	贮存试验	○	—	—	
21	爆破压力试验	●	—	●	
22	可靠性	●	●	—	通常采用分析手段验证
23	在轨工作寿命	●	—	—	

注：●必检项目；○选检项目；—不检项目。

4. SJ‐9A 卫星霍尔贮供单元工程样机验证

以 SJ‐9A 卫星霍尔贮供单元为例,论述工程样机验证。

SJ‐9A 卫星霍尔贮供单元工程样机由于部组件较多,且气瓶、阀门等成熟度较高,对部组件状态和整机状态试验开展了统筹和裁剪,在充分验证的前提下,避免过试验。

在贮供单元整机状态开展了正弦振动、随机振动、冲击的鉴定和验收级试验,其中鉴定级试验项目覆盖了流量调节模块、Bang-Bang 控制阀、自锁阀、电磁阀、气瓶等各组件的相应项目,各组件则根据再进行试验分配,详见表 10‐6。

表 10‐6　SJ‐9A 卫星霍尔贮供单元工程样机验证项目

试验项目	气瓶	自锁阀	电磁阀 FMD60F1‐3	Bang-Bang 控制阀(含 FMD‐12/1‐0 阀)	流量调节模块(含 FMD60F1‐3)	贮供单元
热真空	—	QA	QA	QA	A	—
热循环	—	Q	Q	Q	—	—
正弦振动	Q	QA	QA	QA	—	QA
随机振动	Q	Q	Q	Q	—	QA
冲击	Q	Q	Q	Q	—	QA
加速度	—	Q	Q	Q	—	—
压力	QA	QA	QA	QA	QA	—
检漏	QA	QA	QA	QA	QA	QA

续　表

试验项目	气瓶	自锁阀	电磁阀 FMD60F1-3	Bang-Bang 控制阀 （含 FMD-12/1-0 阀）	流量调节模块 （含 FMD60F1-3）	贮供单元
磁试验	—	Q	Q	Q	—	—
磨合	—	A	A	—	—	—
寿命	Q	Q	Q	Q	—	—

注：Q 为鉴定级；A 为验收级。

图 10-40 为贮供单元工程样机鉴定产品振动试验状态。

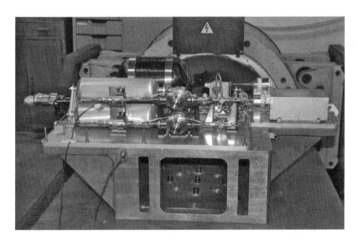

图 10-40　SJ-9A 卫星霍尔贮供单元工程样机
鉴定产品振动试验状态

10.4　贮供单元飞行产品研制

10.4.1　飞行产品研制目标

贮供单元飞行产品是在鉴定产品的基础上，固化设计技术状态、工艺文件等，并按固化的技术要求和状态进行产品加工，完成系统的测试和地面实验验证，为型号飞行提供合格的产品。贮供单元飞行产品阶段研制的产品应达到 9 级技术成熟度和 3 级产品成熟度。

10.4.2　飞行产品研制基本流程

贮供单元飞行产品研制阶段的研制流程包含单机技术指标确定及任务书下达、单机详细设计、生产准备工作确认、产品研制、单机及分系统试验测试、产品交付等阶段。其中,生产准备工作确认、单机及分系统试验测试和产品交付流程与鉴定产品研制阶段有所区别,本节重点说明。

1. 生产准备工作确认

飞行产品的技术状态一般完全继承鉴定产品。如果有技术状态更改的情况,需在产品详细设计前完成技术状态更改的确认和验证工作。在产品正式投产前,需对产品的技术状态做全面的评价确认工作。包括对技术要求、设计文件、生产图纸、生产工艺、产品保证文件、测试文件、测试设备状态等产品生产相关的要素。一般需参与产品研制的各方共同确认后,方可进行产品投产。

2. 单机和分系统试验测试

试验项目相对于鉴定子阶段要少很多,试验量级为验收级。

3. 产品交付阶段

产品交付需以评审会的形式,要求用户代表参加。对飞行产品研制过程中的研制情况、技术状态控制情况、最终测试符合性进行全面总结。评审通过后方可予以验收并交付。

10.4.3 飞行产品验证

贮供单元飞行产品的验证项目目的在于排除产品的早期失效,确认产品生产状态符合设计要求。相关试验项目参考工程样机,量级均为验收级。

对于模块化、尺寸较小的贮供单元产品,可以整机实施力学环境试验、热真空环境试验。

对于尺寸较大,分模块安装在航天器上不同位置的贮供单元产品,在确保飞行产品质量的前提下,可与航天器研制方协商一致,与航天器一起开展力学环境试验、热真空试验。

贮供单元中的压力调节模块和流量调节模块产品在交付霍尔电推进系统前,可与霍尔推力器、功率处理单元等其他单机开展系统联试,检验各单机功能、性能和接口协调性。

图 10-41 为 SJ-9A 卫星霍尔电推进系统贮供单元热真空试验状态,试验温度为低温-5℃,高温60℃,循环次数 3.5 次。

10.4.4 产品交付

贮供单元飞行产品交付准则包括: ① 完成了飞行产品研制和试验工作;② 完成了质量问题的归零;③ 生产及测试过程文档资料齐全,过程可控,工艺稳定一致;④ 完成了单机所要求的所有测试,测试结果符合技术指标要求;⑤ 完成了产品研制总结,产品履历书、产品说明书等文件齐全。

图 10-42 为 SJ-9A 卫星霍尔电推进系统贮供单元产品。

图 10 - 41　SJ - 9A 卫星霍尔电推进系统贮供单元热真空试验状态

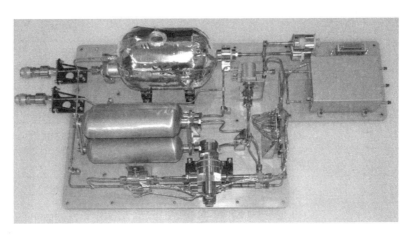

图 10 - 42　SJ - 9A 卫星霍尔电推进系统贮供单元产品

10.4.5　在轨应用

贮供单元需集成于霍尔电推进系统,并随航天器一起进入轨道后才能发挥其功能。作为霍尔电推进系统重要的组成部分之一,贮供单元在轨工作情况直接影响整个霍尔电推进系统的功能实现。

贮供单元在轨应用时,涉及状态确认、在轨排气、配合系统首次点火、配合系统开展日常任务等工作内容,这些工作通常都不是贮供单元单独完成的,需霍尔电推进系统、航天器及其测控系统等的配合,不同的航天任务,贮供单元在轨应用的流程和内容有差异,但基本思想大同小异。下面以 SJ - 9A 卫星霍尔电推进系统为例,介绍其贮供单元在轨应用的情况。

2012 年 10 月 14 日 11 时 25 分,SJ‐9A 卫星发射。按飞控安排,该卫星进行了霍尔电推进系统的相关在轨测试任务,具体如下。

1. 在轨排气

1) 状态确认

为了清空贮供单元管路中残余的气体,确保工作时的氙气纯度,在霍尔推力器点火前,需开展贮供单元排气工作。

2012 年 11 月 5 日 11 时 44 分,对霍尔电推进系统进行加电,确认系统状态。贮供单元压力、温度遥测数据(表 10‐7)表明,霍尔电推进系统贮供单元各阀门和电源状态正常、稳定,压力和温度遥测数据均在设计指标范围之内。

表 10‐7　贮供单元压力、温度遥测数据

序　号	参　数　名　称	遥　测　值
1	高压压力 HP	6.107 MPa
2	中压压力 MP1	0.627 MPa
3	中压压力 MP2	0.948 MPa
4	低压压力 LP1	0.195 MPa
5	低压压力 LP2	0.193 MPa
6	低压压力 LP3	0.194 MPa
7	气瓶温度 1	18.17℃
8	气瓶温度 2	18.6℃
9	高压管路温度	48.38℃
10	减压阀 1 温度	14.2℃
11	减压阀 2 温度	13.9℃
12	低压传感器温度	25.26℃
13	Bang-Bang 阀温度	18.17℃
14	低压管路温度	35℃
15	缓冲气瓶温度	13.9℃
16	充气阀温度	9.06℃
17	流量调节模块温度	14.9℃

2）贮供单元排气

在 SJ‐9A 卫星先后两次过境期间，通过地面注入遥测指令，打开贮供单元相应阀门，进行贮供单元的两次排气。

2012 年 11 月 5 日 19 时 37 分打开主路自锁阀 LV1 和 Bang-Bang 减压阀 BV1，对低压缓冲气瓶进行充气，持续 3 min 后，关闭 Bang-Bang 阀，打开流量调节模块中的 SVA、SVaA、SVcA 电磁阀，进行排气，时长 2 h，排气结束后关闭自锁阀和 SVA、SVaA、SVcA 电磁阀，结束第一次排气。22 时 6 分开始第二次排气，时长 2 h，排气结束后关闭所有阀门。两次排气过程贮供单元气体压力遥测数据见表 10‐8。两次排气后，缓冲气瓶压力均低于预期压力值 0.04 MPa，均达到预期排气效果。

表 10‐8　两次排气后贮供单元各压传压力（单位：MPa）

排 气 状 态		HP	MP1	MP2	LP1	LP2	LP3
第一次	充气结束	6.107	0.603	0.948	0.21	0.208	0.208
	排气开始	6.107	0.603	0.948	0.208	0.206	0.206
	排气结束	6.107	0.505	0.948	0.033	0.032	0.032
第二次	充气结束	6.107	0.505	0.948	0.21	0.21	0.21
	排气开始	6.107	0.505	0.948	0.208	0.206	0.206
	排气结束	6.107	0.505	0.948	0.034	0.032	0.031

2. 在轨首次点火

首次点火前，对霍尔电推进系统进行加电和状态检测，确认系统正常、稳定后，开始在轨首次点火。

2012 年 11 月 7 日 10 时 40 分，在 SJ‐9A 卫星过境期间，通过地面注入遥控指令，进行了我国霍尔电推进首次在轨点火，成功点火 3 min 后，地面注入指令执行霍尔电推进关机。贮供单元压力变化见图 10‐43。点火期间，贮供单元压力、温度等遥测参数均在设定范围内，表明首次在轨点火圆满成功。

3. 在轨性能标定

11 月 7 日至 9 日，继续进行了 3 次系统点火试验，并对系统缓冲气瓶等压力进行调整和优化，使霍尔电推进系统工作在最佳状态。

11 月 9 日，霍尔电推进系统进行了 4 次在轨点火，通过卫星测轨获得了卫星轨道参数变化，进而计算出霍尔推力器 4 次点火平均推力为 38.32 mN，接着通过霍尔推力器阳极电流遥测数据获得点火期间的平均阳极电流为 2.07 A，对应的贮供单元输出的阳极流量为 17.14 sccm，根据流量调节模块正样产品地面标定数据，得到相应阴极流量为 1.786 sccm。图 10-44 为第 4 次标定期间贮供单元压力随时间变化情况。

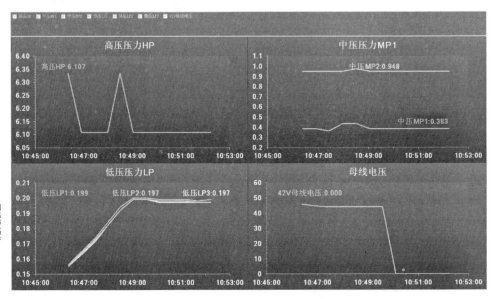

图 10-43 首次霍尔电推进点火期间贮供单元压力随时间变化

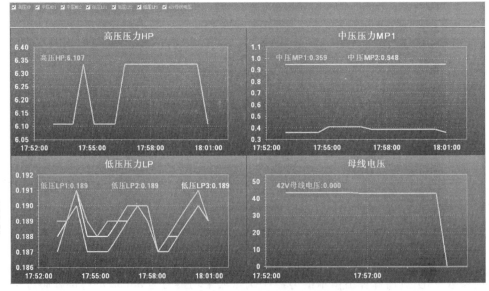

图 10-44 第 4 次标定期间贮供单元压力随时间变化

4. 在轨 200 次点火次数试验

11 月 10 日起,霍尔电推进系统开始 200 次在轨点火次数试验,每次点火 10 min。考虑 SJ－9A 卫星超级电容在轨试验需求,霍尔电推进系统改由超级电容供电。2013 年 12 月,霍尔电推进系统完成 200 次在轨点火,图 10－45 为 200 次点火次数试验期间贮供单元低压传感器遥测数据变化曲线,每次点火的数据均为点火期间低压传感器遥测数据的平均值。

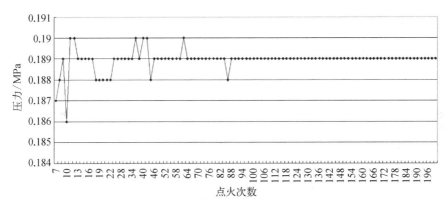

图 10－45　200 次点火次数试验期间贮供单元低压传感器遥测数据变化曲线

参考文献

［1］Szabo J, Robin M, Paintal S, et al. Iodine Propellant Space Propulsion. Washington：33rd International Electric Propulsion Conference,2013.

［2］Paganucci F, Saravia M M, Mininni M, et al. Progress on the Development of an Iodine-fed Hall Effect Thruster. Atlanta：35th International Electric Propulsion Conference, 2017.

［3］周长斌,刘佳,徐宗琦,等. 碘工质电推进储供系统设计及实验. 上海航天,2019,36(6)：97－103.

［4］Makela J M, Washeleski R L, Massey D R, et al. Development of a Magnesium and Zinc Hall-effect Thruster. Ann Arbor：31st International Electric Propulsion Conference, 2009.

［5］Sengupta A, Marrese-Reading C, Cappelli M, et al. An Overview of the VHITAL Program：A Two-Stage Bismuth Fed Very High Specific Impulse Thruster With Anode Layer. Princeton：29th International Electric Propulsion Conference, 2005.

［6］Szabo J, Robin M M, Paintal S, et al. High Density Hall Thruster Propellant Investigations. Atlanta：48th AIAA/ASME/SAE/ASEE Joint Propulsion Conference & Exhibit, 2012.

［7］袁家军. 航天产品工程. 北京：中国宇航出版社,2011.

［8］王卫东,李鸿儒,陆宏伟,等. 宇航单机产品成熟度定级规定：Q/QJA 53A－2019. 北京：中国航天科技集团有限公司,2019.

［9］Bober A, Kozubsky K, Komarow G, et al. Development and Qualification Test of a SPT Electric Propulsion System for "GALS" Spacecraft. Seattle：23rd International Electric Propulsion

Conference, 1993.

[10] Manzella D, Jankovsky R, Elliott F, et al. Hall Thruster Plume Measurements On-board the Russian Express Satellites. Pasadena: 27th International Electric Propulsion Conference, 2001.

[11] 冯雪,沈俊,陈军军,等. 液体火箭发动机复合材料气瓶可靠性设计指南: Q/TM 215-2017. 西安: 航天科技集团公司第六研究院, 2017.

[12] Thompson R, Gray H. The Xenon Regulator and Feed System For Electric Propulsion Systems. Princeton: 29th International Electric Propulsion Conference, 2005.

[13] Noci G, Matticari G, Siciliano P, et al. Advanced Fluidic Components for Electric and Cold Gas Propulsion Applications: Review of Status of Achievements at Tas-i Florence. Florence: 30th International Electric Propulsion Conference, 2007.

[14] Dankanich J W, Cardin J, Dien A. Advanced Xenon Feed System(AXFS) Development and hot-fire Testing. Denver: 45th AIAA/ASME/SAE/ASEE Joint Propulsion Conference & Exhibit, 2009.

[15] Hang G R, Li L, Jia Q Q, et al. Development of Porous-Metal-Restrictor Based Xenon Flow Control Modules. Vienna: 36th International Electric Propulsion Conference, 2019.

[16] Fisher J, Wilson A, King D, et al. The Development and Qualification of a 4.5 kW Hall Thruster Propulsion System for GEO Satellite Applications-status Update. Toulouse: 28th International Electric Propulsion Conference, 2003.

[17] Chen J, Shen Y, Hu Y L, et al. Flight Demonstration and Application of Electric Propulsion at CAST. Washington: 33nd International Electric Propulsion Conference, 2013.

[18] The LEE Company Technical Hydraulic Handbook: 12th Edition. [2021-07-24]. http://www.ebs-lee.com/images/4/THH%20Handbook-12th%20edition.pdf.

[19] Matticari G, Noci G E, Siciliano P, et al. New generation Propellant Flow Control components for Electric Propulsion systems: Status of achievements at Alcatel Alenia Space Italia/Laben-Proel. Princeton: 29th International Electric Propulsion Conference, 2005.

[20] Ober S T. Cubesat Packaged Electrospray Thruster Evaluation for Enhanced Operationally Responsive Space Capabilities. Air Force Institute of Technology, 2011.

[21] Noci G, Matticari G, Siciliano P, et al. Advanced Fluidic Components for Electric and Cold Gas Propulsion Applications: Review of Status of Achievements at Tas-i Florence. Florence: 30th International Electric Propulsion Conference, 2007.

[22] Ganapathi G B, Rayman M D, Green S, et al. Effects of Xenon Propellant on the Spin Up/Down of the Dawn Spacecraft. Cincinnati: 43rd AIAA/ASME/SAE/ASEE Joint Propulsion Conference & Exhibit, 2007.

[23] 航天工业部一院一部七○八所. 钛合金球形气瓶设计准则: QJ 1654-89. 北京: 中华人民共和国航天工业部, 1989.

[24] 毛根旺,唐金兰. 航天器推进系统及其应用. 西安: 西北工业大学出版社, 2009.

[25] 中国空间技术研究院北京控制工程研究所. 钛合金球形高压气瓶设计规范: Q/W 129-90. 北京: 中国空间技术研究院, 1990.

[26] Naclerio S, Avezuela R, Perez R, et al. Development of a Propellant Supply Assembly for Small GEO. [2023-03-21]. http://iberespacio.es/wp-content/uploads/2015/07/SpacePropulsion2010.s54_S.NACLEIRO_paper.pdf.

［27］沈忆,余思信,郭海.不锈钢小直径无缝钢管：GB/T 3090‒2000.北京：国家质量监督局,
2000.

［28］Smith P. Xenon Flow Control Unit Development and Qualification Programme. Sacramento：
42nd AIAA/ASME/SAE/ASEE Joint Propulsion Conference & Exhibit, 2006.

［29］朱凤梧,张小达,任德鹏,等.运载器、上面级和航天器试验要求：GJB 1027A‒2020.北京：
国防科技技术工业委员会,2021.

［30］吴粤桑,沈建林,丁大为,等.气瓶水压试验方法：GB/T 9251‒2011.北京：中国国家标准
化管理委员会,2011.

［31］陈浩云,陈红.分析实验室用水规格和试验方法：GB/T 6682‒2008.北京：中国国家标准
化管理委员会,2008.

［32］崔民生,徐玉谓,崔强.液体火箭发动机总体检漏方法：QJ 3182‒2003.北京：国防科技技
术工业委员会,2003.

第 11 章
功率处理单元产品工程研制

功率处理单元(power processing unit, PPU)作为霍尔电推进系统中霍尔推力器的供电设备,内部组成是一个相对复杂的二次电源变换电路,其电性能的好坏直接决定了整个霍尔电推进系统的工作性能。PPU 的功能是将航天器一次母线电源转换为电推进系统中霍尔推力器和其他用电设备所需要的各种稳流稳压电源,是霍尔电推进系统稳定可靠工作的基础。

PPU 通常包括 6 个主要模块和单元,阳极电源模块(anode supply module)、阴极加热电源模块(heater supply module)、点火电源模块(ignitor supply module)、励磁电源模块(magnetic supply module)、滤波(filter unit, FU)单元,以及数字接口控制单元(digital interface control unit, DICU)等。

霍尔电推进 PPU 的工程研制主要涉及:方案可行性论证、原理样机、工程样机、鉴定样机、飞行样机的研制等工作内容[1,2]。为了便于具体论述 PPU 工程研制的各项活动,本章主要以 1.6 kW 的 PPU 工程研制实践为例进行介绍。

11.1 功率处理单元工程研制特点和要求

11.1.1 PPU 工程研制特点

从基本功能上来讲,PPU 是对航天器一次母线进行变换的二次电源,属于功率电子设备,其工程研制已有较成熟的理论和方法。但是,霍尔电推进系统 PPU 与常规的功率电子设备存在诸多差异,导致其工程研制具有许多特殊性,主要体现在如下几方面。

1. 负载特性多样

PPU 模块负载特性分别有等离子放电特性、电磁特性和时变电阻特性。PPU 的负载特性与传统的阻性、容性或感性负载不同,其中负载特性的变化尤其是等离子体负载特性对控制系统、滤波模块设计带来挑战。

2. EMC 问题突出

常规 PPU 模块内部需配置 1 个恒压源、2 个恒流源、1 个恒压恒流源及 1 个

DICU 单元,其中恒压源、恒流源、恒压恒流源均为开关电源,其 EMI 效应较严重,使得 PPU 内部各模块间 EMC 问题较突出,导致 PPU 单元的 EMC 设计十分困难。

3. 阳极电源功率大、输出电压高、范围宽

阳极电源输出电压范围较宽,且为高压输出,考虑到阳极电源功率等级,应确保阳极电源在整个输出范围内具有较高的转换效率,从而降低热耗,提高产品可靠度。同时高的工作电压带来安全性设计极为困难,必须从设计、工艺、过程等环节严格控制。

11.1.2　PPU 工程研制总体要求

霍尔电推进 PPU 的主要功能及基本要求如下:

(1) 对平台的一次功率母线电源进行功率变换;

(2) 各路供电输出控制功能;

(3) 接受上游控制器的程序控制指令,完成对 PPU 内部各功能模块的时序控制;

(4) 采集 PPU 内部各功能模块参数的数据后通过通信总线将遥测参数上传给上游控制器;

(5) PPU 具备过流欠压保护,浪涌抑制电路;

(6) 具备故障隔离功能,实现对 PPU 模块的隔离。

表 11-1 给出了一款 1.6 kW 功率 PPU 的主要性能指标。

表 11-1　PPU 主要性能指标

序　号	名　　称	性　能　要　求
1	输入(母线)电压	100 V
2	安全电压范围	±额定输入电压 15%
3	指令母线工作电压	28~30 V
4	浪涌电流	上升斜率小于<$1×10^6$ A/s,持续时间≤5 ms,启动电流限制在其相应额定电流的 1.5 倍或不超过 3 A(以较大的值为准)
5	反射纹波电压	≤500 mV
6	整机效率	≥91%
7	工作环境	大气压力及真空度优于 $2×10^{-2}$ Pa
8	工作温度	−10℃ ~ +50℃
9	储存温度	−10℃ ~ +50℃
10	可靠度	0.999(置信度 0.7)

序 号	名 称	性 能 要 求
11	工作时间	≥32 500 h
12	开关机次数	≥30 000 次
13	电路对壳体绝缘电压	不小于 2.5 倍额定工作电压
14	通信总线	1553B 总线

11.1.3　PPU 功能模块要求

霍尔电推进 PPU 主要包括阳极电源模块、阴极加热电源模块、点火电源模块、励磁电源模块，以及数字接口及控制单元等，各电源模块功能要求如下。

（1）阳极电源（电压源）：将一次电源转换成霍尔推力器阳极工作所需电压的电源；

（2）励磁线圈电源（电流源）：将一次电源转换成霍尔推力器磁线圈工作所需电流的电源；

（3）阴极加热器电源（电流源）：将一次电源转换成霍尔推力器阴极加热电阻丝工作所需电流的电源；

（4）阴极点火电源（电压电流源）：将一次电源转换成霍尔推力器阴极点火极工作所需电压的电源；

（5）数字接口及控制单元（DICU）：接受上游控制器指令，并解析指令，采集 PPU 各路输出电源的电压、电流遥测信号和继电器开关状态，并实时将数据上传至上游控制器。

表 11-2 给出了一款 1.6 kW 功率 PPU 内部各功能模块电源输出参数性能。

表 11-2　各功能电源模块性能要求

序 号	名 称	性 能 要 求
1	阳极电源	负载特性：等离子体放电 稳态输出电压范围：100~320 V 输出电压准确度：≤1% 额定输出电压：310 V 额定输出电流：4.3 A 负载调整率：≤1%（额定负载 10%~100% 时） 过流保护点（限流输出）：5±0.2 A 短路保护电流：7~9 A 输出电压控制步距≤10 V 电压采集误差<2%FS 电流采集误差<1%FS

续　表

序　号	名　称	性　能　要　求
2	励磁线圈 电源	负载特性：电磁线圈 最大输出功率：≤30 W 最大输出电压：≤20±2 V 输出电流范围：0.8~1.4 A 输出电流准确度：≤0.1 A 额定输出电压：10 V 额定输出电流：0.8 A 输出电流控制步距≤0.1 A 电压采集误差<5%FS 电流采集误差<2%FS
3	阴极加热电源	负载特性：电阻型加热丝 最大输出电压：≤25±2 VDC 最大输出功率：≤100 W 输出电流范围：1.5~5 A 输出电流准确度：≤0.1 A 额定输出电压：14.5~16.5 V 额定输出电流：3.8 A 输出电流控制步距≤0.1 A 电压采集误差<5%FS 电流采集误差<2%FS
4	阴极点火电源	负载特性：等离子体放电 空载电压(共两档)：150 V,300 VDC(±5%) 输出电流：>0.2 A(恒流输出) 短路保护：可恢复 电压采集误差<5%FS 电流采集误差<2%FS

11.1.4　其他要求

1. 冗余要求

为提高系统可靠性,通常会采用 $N+1$ 冗余备份的方式实现高可靠性,PPU 内部阳极电源模块、磁线圈电源模块、加热电源模块、点火电源模块和 DICU 模块可根据应用需求采用一冷备份的冗余方式。

2. 接口要求

1)机械接口

1.6 kW 功率 PPU 产品为一个独立的机箱,最大外包络尺寸(长×宽×高)不大于 350 mm×244 mm×173 mm(±0.5);重量为 10.3(±0.1)kg;安装孔 12×ϕ6±0.2 mm。

2)电接口

(1)100 V 母线功率输入接口。

估算额定状态下 100 V 母线输入电流,根据 GJB/Z 35–93 Ⅰ级降额要求和电连接器接点过电流能力,选用合适的电连接器和导线进行功率传输,100 V 正负间采用隔点设计,隔点数不小于 2 个点。

（2）功率输出接口。

PPU 输出包括推力器阳极电源、励磁线圈电源、阴极加热电源 A/B、阴极点火电源 A/B。其中阳极电源输出电压较高,需采用较多隔点设计,一般选用 J599 系列圆形电连接器,若对应多台推力器,功率输出可采用不同键槽定位的 J599 电连接器,进行防插错设计。

（3）OC 门指令接口。

DICU 模块为 PPU 提供 OC 门控制指令,指令宽度 200 ms,指令电流不大于 100 mA。OC 门指令需采用双点双线进行传输。

3）热接口

一般整星平台为 PPU 提供冷板散热支持,保持冷板温度在 0~+40℃,除安装耳片底面和产品底面外均进行了黑色阳极化,表面辐射系数 $\varepsilon_H \geq 0.85$;安装平面度: 0.1 mm/100 mm×100 mm;安装面粗糙度不大于 3.2 μm。

4）总线接口要求

霍尔电推进系统为 PPU 提供 1 路 1553B 总线（A、B 冗余）和 1 个 RT 地址,用于传输控制指令、遥测参数和注入数据。根据《×××电连接器及传输导线选用规范》选用合适的电连接器和导线。

5）遥控接口

电推进控制单元通过 1553B 总线对 PPU 进行各功能的时序控制。DICU 具体遥控路数可参考《总线通信协议》。

6）遥测接口

PPU 内部遥测信号地和一次及二次电源地隔离。DICU 具体采集路数可参考《总线通信协议》。

3. 接地要求

PPU 的接地设计应满足 EMC 及在故障模式下,电推进系统与整星的电气隔离措施,最大限度地降低整星风险。接地详细设计应遵循: GB/T 29084-2012《航天器接地要求》。

4. 高压防护要求

PPU 的高压部分关乎霍尔电推进系统和整星可靠性、安全性。应对涉及高压的连线、器件、壳体采取全面的隔离防护措施,相关部位的耐压必须在材料选择和布局上进行分析和设计,确保不发生短路、击穿、真空微放电等。不允许裸露焊点,通过低气压放电试验。PPU 高压部分电路对壳体之间耐压要求不小于 1 500 VDC。

5. 环境适应性要求

PPU 初样鉴定产品和飞行产品研制阶段需分别进行鉴定试验和验收试验,常规试验项目见表 11-3。

表 11-3　常规试验项目

冲击试验	加速度试验	正弦振动试验	随机振动试验	热循环试验	热真空试验	真空放电试验	电磁兼容性试验	试验老练
△	△	△	△	△	△	△	△	△

注:其中验收级不做电磁兼容性试验。

1) 力学环境

PPU 力学环境包括加速度试验、正弦振动试验、随机振动试验、冲击试验。具体试验条件分别如表 11-4 至表 11-7 所示。

表 11-4　加速度试验

名　称	参　数　值	备　注
沿轴向加速度	7.5g	纵向(Y方向)
沿横向加速度	2g	两个互相垂直的方向(X/Z)
加载速率	≤0.5g/s	/
保持时间	2 min	过载值最大处的持续时间

表 11-5　正弦振动试验条件

参数名称		参数值			
		频率范围/Hz			
		4~10	10~17	17~75	75~100
幅值 0~P	验收级	14.7 mm	3.6g	13g	5.6g
	鉴定级	22 mm	5.4g	19.6g	8.4g
加载扫描率	验收级	4 oct/min			
	鉴定级	2 oct/min			
加载方向		3 个轴向			

表 11－6　随机振动试验条件

参数名称		参数值		
		频率范围/Hz		
		20～250	250～800	800～2 000
功率谱密度	验收级	6 dB/oct	0.056 g^2/Hz	−9 dB/oct
	鉴定级	6 dB/oct	0.14 g^2/Hz	−9 dB/oct
总均方根加速度值	验收级	7.4 grms		
	鉴定级	11.65 grms		
每个试验持续时间	验收级	60 s		
	鉴定级	180 s		
加载方向		3 个轴向		

表 11－7　冲击试验条件

频率范围/Hz	冲击谱响应加速度	试 验 次 数	加 载 方 向
100～1 000	9 dB/oct	每轴 3 次	3 个轴向
1 000～5 000	800 g		

2）热真空

PPU 热真空试验条件如表 11－8 所示。

表 11－8　热真空试验条件

参　数	鉴　定　级	验　收　级
环境压力	不大于 1.3×10^{-3} Pa	不大于 1.3×10^{-3} Pa
低温	−20℃	−15℃
高温	+60℃	+55℃
平均温变率	不低于 1℃/min；变温率至少应>0.5℃/min	不低于 1℃/min；变温率至少应>0.5℃/min
保温时间	每次循环在最高和最低温度端组件温度稳定后各连续工作 4 h	每次循环在最高和最低温度端组件温度稳定后各连续工作 4 h
循环次数	至少为 6.5 次	至少为 3.5 次

3）热循环

PPU 热循环试验条件如表 11-9 所示。

表 11-9　热循环试验条件

参　数	鉴　定　级	验　收　级
环境压力	常压	常压
低温	-20℃	-15℃
高温	+60℃	+55℃
平均温变率	3~5℃/min；变温率至少 2℃/min	3~5℃/min；变温率至少 2℃/min
保温时间	每次循环在最高和最低温度端产品温度稳定后各连续工作一般不少于 4 h	每次循环在最高和最低温度端产品温度稳定后各连续工作一般不少于 4 h
循环次数	38.5 次	12.5 次

4）抗辐照

PPU 抗辐照总剂量（total ionizing dose，TID）要求需按总体提供的辐照剂量深度表和产品安装位置进行计算，在进行抗辐射分析和计算时，对 PPU 内部辐照敏感元器件逐个分析，产品内部辐照剂量一般采用半空间方向进行估算，将元器件作为中心点，将不同材料的厚度等效为铝厚度。按照 PPU 的辐照环境计算每个元器件在全寿命周期内的辐照剂量，由元器件实际的辐照能力计算辐照裕度，要求每个元器件的抗辐射能力与实际达到元器件表面的辐照剂量比值不小于 2。

5）电磁兼容性

PPU 电磁兼容性试验测量如型号没有具体要求，可参考 GJB 151B-2013《军用设备和分系统电磁发射和敏感度要求与测量》[3]。型号如有具体要求，则参照相关文件要求执行。常见的电磁兼容试验项目如表 11-10 所示。

表 11-10　电磁兼容试验项目

序　号	项目代号	项　目　名　称	试验频率
1	CE102	电源线传导发射	10 kHz~10 MHz
2	CS101	电源线传导敏感度	30 Hz~150 kHz
3	CS114	电缆束注入传导敏感度	10 kHz~200 MHz
4	CS115	电缆束注入脉冲激励传导敏感度	/

序 号	项目代号	项 目 名 称	试验频率
5	CS116	电缆和电源线阻尼正弦瞬变传导敏感度	10 kHz~100 MHz
6	RE102	电场辐射发射	10 kHz~18 GHz
7	RS103	电场辐射敏感度	2 MHz~40 GHz
8	ESD	静电放电	/

6）老练

PPU 老练试验条件如表 11-11 所示。

表 11-11　老练试验条件

高温老练	高温	55±3℃
	试验时间	120 h
	环境压力	常压
温度循环老练	低温	
	高温	

（1）电子、电工组件老练试验的温度循环方法、试验要求及工作程序同验收热循环试验。其中在高、低温端停留时间各保持 4 h;

（2）与验收级热真空及热循环试验时间累计计算后,老练试验的总时间不少于 300 h(不包含升、降温时间,温度保持时间,只计算高、低温≥4 h 的组件性能测试时间)。

7）低气压放电

PPU 低气压放电试验要求如下：① 环境压力由常压逐渐降至 1.3 Pa;② 环境温度为室温;③ 降压时间：环境压力从常压下降到 20 Pa 的时间不少于 10 min;④ 试验次数:鉴定试验至少应重复 3 次降压过程,验收试验降压过程为 1 次。

6. 寿命、可靠性和安全性要求

1）寿命

以某卫星霍尔电推进系统 1.6 kW PPU 为例,总装测试时间 3 年,在轨工作不小于 15 年,PPU 总工作时间不低于 32 500 h,总启动次数不低于 30 000 次。

2）可靠性

可靠性设计按 QJ 1408A-98《航天产品可靠性保证要求》执行。同时,有关降

额设计、空间环境设计、静电防护设计、防过流和短路保护设计参考 Q/QJA 62 -
2010《航天器电源分系统可靠性安全性设计指南》。

　　3）安全性

　　安全性设计按照 QJ 2236A -99《航天产品安全性保证要求》执行,同时参考 Q/
QJA 62 -2010《航天器电源分系统可靠性安全性设计指南》。

　　7. 产品技术状态控制要求

　　PPU 产品研制过程中,应按照数据包策划文件清单编制相应文件。对于确定
产品技术状态,作为设计、生产、测试和试验依据的技术文件,必须办理受控,严格
控制其更改。

　　涉及 PPU 产品技术状态的任何更改都必须严格执行"五条标准",即论证充
分、各方认可、试验验证、审批完备和落实到位。

　　8. 强制检验点要求

　　强制检验点是为确保产品研制过程中的质量,加强过程中的质量控制,对产品
关键特性的生产过程而设置的质量特性检验点。一般 PPU 产品研制过程中可设
立的强制检验点如表 11 -12 所示,表中检验项目可根据实际型号工程需求适当
增减。

表 11 - 12　PPU 强制检验点

序号	检 验 项 目	检 验 要 求	检测方法
1	单板焊接质量检查	所有高压焊点饱满圆润无拉尖,满足 QJ 3011A -2016《航天电子电气产品焊接通用技术要求》要求,低压焊点符合 QJ 3117A -2011《航天电子电气产品手工焊接工艺技术要求》	目检/放大镜检查
2	灌封环氧胶前多余物检查	各电源模块灌封环氧胶前检查无多余物,对于机框内多块 PCB 板的、叠层的,需要每安装一层检查,提前固封加固的需要检查	目检/放大镜检查
3	真空灌封后工艺质量检查	灌封环氧胶后工艺质量检查	目检/放大镜检查
4	大器件黏固情况检查	符合黏固标准的器件(含磁性件、继电器、电容、电阻等)已粘固,粘固材料、粘固效果符合要求	目检/放大镜检查
5	合盖前多余物检查	合盖前检查整机无多余物	目检/放大镜检查

　　9. 电子元器件和原材料质量保证要求

　　电子元器件和原材料的选择应按航天器总体要求的规定执行,优先选择目录
内的元器件,对于目录外的元器件的选择,应按照元器件管理要求逐级上报,经批
准后实施。

元器件的选用和管理按照《×××航天器用电气、电子和机电（EEE）元器件保证要求》执行。原材料的选用和管理按照《×××航天器材料保证要求》。

10. 软件验收管理要求

按照平台产品设计和建造规范中软件设计部分要求开展软件工作，参考 Q/QJA 30A－2013《航天型号软件工程化要求》，GJB 5000A－2008《军用软件研制能力成熟度模型》二级要求执行[4]。

11. 产品标识及包装要求

根据相关要求，给出产品的编号并要求在产品上进行标识。标识的字体、字号及颜色等按各型号规定要求。

11.2 功率处理单元方案设计

11.2.1 研制目标

PPU 方案设计阶段是以实现 PPU 产品的功能和主要性能为目标。这一阶段重点是 PPU 功能、性能的设计和实现，基于可行性论证结果及前期攻关研制成果多方案比较，确定整机架构及各功能模块的方案。

通常方案阶段的研制目标就是 PPU 原理样机，通过原理样机对方案设计的功能和性能进行验证。有些工程项目在 PPU 的方案阶段，由于各项技术积累和经验能够达到对方案设计的有效验证，则无须开展 PPU 原理样机研制，在确定了方案之后，便可进入下一研制阶段。

11.2.2 研制流程

PPU 方案研制阶段首先是对研制任务书的详细解读，对初步技术性能指标实现的可行性、先进性进行分析和论证。同时对国内外同类技术和产品现状及发展趋势进行分析，综合比较各拓扑电路优缺点，以确定 PPU 内部各电源模块的电路拓扑。

另外还需开展数值建模分析，计算出各个电路环节的具体参数，从理论的角度确保正确性和稳定性。利用仿真软件（Matlab、Pspice、Saber 等）对所有的功能电路进行仿真分析，对计算的参数和电路功能予以验证和修正，在此基础上开展原理样机设计，完成方案设计报告。

在方案阶段提出 PPU 研制过程中的关键技术项目，进行关键技术攻关与研究，包括关键技术分析论证充分、关键技术和攻关项目的解决途径合理可行、技术方案设计验证情况、技术指标符合情况、拟采用的新技术、新工艺、新设备的必要性和可行性、测试试验方案的合理性可行性、存在的问题及后续产品研制计划等。PPU 方案研制流程如图 11－1 所示。

图 11-1 PPU 方案阶段研制流程

11.2.3 关键技术攻关

方案阶段需对功率处理单元的组成架构,关键模块电路,点火流程进行研究,并配合霍尔推力器进行匹配试验等相关验证,从而确定初样阶段 PPU 技术状态基线。对于在方案设计中分析出的各项关键技术,要开展有针对性的攻关策划工作,确定技术攻关线路和方案、投产矩阵及研制试验,制定出比设计阶段更为详细的技术流程和计划流程。关键技术攻关流程如图 11-2 所示。

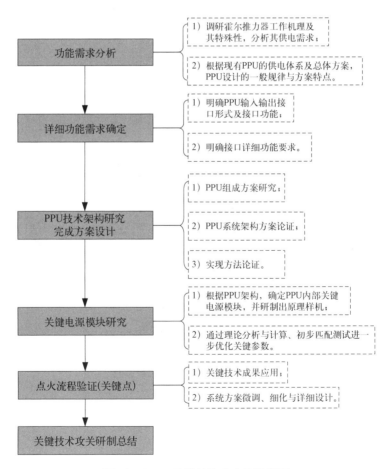

图 11-2 PPU 关键技术攻关流程图

PPU 方案研制阶段的关键技术有：

1. PPU 架构优化

霍尔推力器是一个由多部件协同工作的复杂系统，需要 PPU 提供不同规格的供电模块并按照时序供给电能。分析 PPU 功能组成与系统架构是 PPU 设计的第一步，也是最关键的一步。合理的功能组成与系统架构保证了为推力器供电的合理性，从而保证整个电推进系统的可靠工作。合理的功能组成与系统架构也是保证 PPU 最优设计的关键基础环节，为各功能模块的合理设计奠定基础，方案阶段需对 PPU 的组成架构进行优化设计。

2. 稳定点火设计

PPU 内部电源配置、电源输出特性、点火流程均会影响推力器的点火可靠性，并影响点火过程中电压电流的瞬变参数及对航天器一次母线的反射浪涌电流冲击，方案阶段需确定后续推力器点火方案，并对该点火方案匹配验证，并测试点火过程中相关数据。

3. 阳极电源优化设计

阳极电源模块要求电源变换拓扑具备功率大、功率密度高、输出电压高且范围宽、输出特性复杂、软开关、器件低应力等特点，是 PPU 的关键电路。方案阶段开展高性能阳极电源电路拓扑关键技术的研究，在固定的输入、输出和设计功率条件下，研究高效率的功率变换，实现一定功率下的宽范围电压输出、高效率、软开关方式的阳极电源模块。

图 11-3 和图 11-4 是某工程任务霍尔电推进系统 PPU 方案论证阶段研制的阳极电源模块和阴极加热电源模块原理样机实物照片。

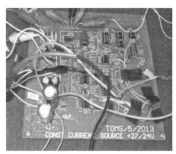

图 11-3　方案阶段阳极电源实物

关键技术攻关过程主要工作为验证功率处理单元架构、点火流程，并通过验证试验开展迭代设计，确定功率处理单元技术状态，为功率处理单元初样件的详细设计提供相应数据。

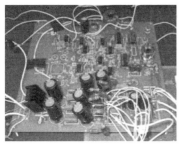

图 11-4 方案阶段阴极电源实物

11.2.4 方案设计

PPU 方案设计时应对产品的设计输入进行梳理,包括技术要求、建造规范、接口规范、环境试验条件、验收要求等。对与项目任务相对应的产品保证标准、规范、规定进行分析确认,组织设计输入评审,确认设计输入满足产品研制要求,开展方案设计工作。下面简要论述 PPU 产品方案设计过程中需要关注的内容。

1. 总体架构

图 11-5 给出了一款 1.6 kW PPU 产品功能框图,主要包括三部分:阳极部分,阴极励磁点火部分和数字接口及控制部分(DICU)。

阳极部分		阴极励磁点火部分	数字接口及控制部分
辅助供电开关及浪涌抑制电路	功率开关及浪涌抑制电路	磁线圈电源模块	DICU用+5 V DC/DC变换
±12 V集中供电输入滤波	±12 V集中供电DC/DC变换	阴极点火电源模块	数字接口及控制模块(DICU)
功率部分输入滤波模块（含过流、过欠压保护电路）			
阳极电源模块		阴极加热电源模块	

图 11-5 PPU 产品功能划分框图

PPU 电路设计时要保证各个电源模块之间互不影响,就需要对电路的输入与输出进行电气隔离,通常较多地采用隔离型的功率拓扑。综合比较各拓扑电路优缺点,以确定 PPU 内部各电源模块的电路拓扑,以下分别介绍 PPU 各功能模块的基本架构。

1)阳极电源

阳极电源模块为 PPU 各路电源模块中输出功率最大的模块,其效率直接决定整个 PPU 效率水平,对整机的热耗、体积及重量有重要影响。在设计过程中,从拓扑选择、功率元器件参数设计等方面确保整个阳极电源的效率最优。为了满足对阳极电源的低压输入、高压大功率输出的要求,选用零电压(ZVS)、零电流(ZCS)软开关全桥拓扑。

2)励磁线圈及阴极加热电源

励磁线圈电源负载为纯阻性负载,但是随着线圈温度不断增加,其等效电阻不断增大,因此其负载电压不断增大,但是如果电压过大会引起线圈故障,因此在恒流输出时还需要进行最大输出电压限制。

阴极加热器电源是为霍尔推力器的阴极加热器供电的恒流源,负载类型为电阻型加热器;鉴于阴极电源、励磁电源均为输出可调的恒流源且输出功率、输出电流较为相近,故对设计方案进行归一化处理。

励磁线圈电源最大输出功率为 60 W,加热电源的最大输出功率为 125 W,其功率输出要求较小,且输出电压较低。选取具有较高负载输出滤波能力的正激型拓扑。

3)阴极点火电源

阴极点火电源模块为霍尔推力器阴极点火极供电。根据功能需求,点火电源包括恒流部分和高压部分。点火电源高压部分功率较小,采用反激型电路拓扑。

2. 结构及工艺设计

PPU 在结构设计时,综合考虑抗力学性能、散热性能、电磁屏蔽、抗辐照能力及产品电装工艺等方面,PPU 机箱设计考虑到产品具有高压输出特性,在产品机箱上专门设计了出气孔,该出气孔能有效达到排出机箱内气体的目的,保证机箱内部在短时间内达到与环境相同的压力,避免产品内部存在低压气环境。

考虑到 PPU 内部功能模块较多,其结构一般采用模块化结构设计,模块化结构具有结构刚度高、内部电缆连接可靠性高、重量轻、工艺性好、维修方便等优点,图 11-6 给出了一款 1.6 kW PPU 的主结构形式。

3. 软件分析与设计

PPU 软件主要实现的功能包括以下四点。

1)PPU 初始化:① 软件状态初始化;② 硬件状态初始化。

2)总线管理任务:① 接收电推控制器通过总线传来的控制指令;② 按照电推控制器控制指令开启或关闭相应的电源;③ 接收电推控制器通过总线传来的参

图 11 - 6　1.6 kW PPU 结构图

数配置指令;④ 将 PPU 采集的数据通过总线传回电推控制器。

　　3）时序指令任务:① 具备 PPU 预处理模式自主加断电控制功能;② 具备 PPU 推进模式自主加断电控制功能;③ 输出切换功能。

　　4）故障判断:① 进行 PPU 内部电压电流的故障判断和处理,并将故障状态字和故障处理结果通过总线返还给上位机;② 具备自我保护功能;③ 具备防带电切继电器的保护功能。

　　4. 可靠性安全性设计

　　PPU 产品在设计时,应同步开展可靠性、安全性、维修性、测试性、环境适应性和保障性的"六性"设计。可靠性设计首先要进行可靠性建模及预计,分别对 PPU 内部各模块建立可靠性模型。然后利用 SZRSS"可靠性、安全性数据采集评估与管理系统"采用应力法对各模块数据值进行可靠性预计。进口器件失效率,按 MIL - HDBK - 217F《美国军用手册电子设备可靠性预计》取值,国产器件失效率,按 GJB/Z 299C - 2006《电子设备可靠性预计手册》取值。

　　PPU 产品的可靠性设计及措施,产品设计过程中,应根据产品使用的地面环境和空间环境进行热设计、抗力学环境设计、EMC 设计、抗辐射设计、降额设计、静电防护设计、冗余设计、裕度设计、潜通路设计。

　　5. 测试覆盖性设计

　　PPU 作为电子产品,大部分技术指标均可进行测试,通过分析和归纳总结,包括了所有电性能和机械特性。Ⅰ类不可测试项目有可靠度和寿命两项,主要通过设计和计算分析保证。

　　PPU 的供电负载为霍尔推力器,推力器必须在真空环境下工作,推力器工作需要的保障条件和成本较高,因此 PPU 的性能测试和环境试验,通常采用等效推力器工作特性的阻性负载和电子负载,由于霍尔推力器的稳态工作特性完全可以等效为恒定阻值的负载,由此以代替霍尔推力器作为 PPU 的供电负载进行测试,等效负载可以在常压环境工作,这样就可以以较小的代价为 PPU 各阶段性能测试和环境试验提供供电负载,包括系统级性能测试和航天器级的性能测试[5]。PPU 测试时还需配置航天器上位机控制模拟器,模拟霍尔电推进控制器对 PPU 进行工作控制及数据传输和记录保存,同时必须配置一套相应的 PPU 测试软件和测试设备,完成所有可测试项目的性能测试。

测试覆盖性确保对 PPU 产品电性能测试的全面性,通过对产品的各种工况进行遍历性测试,避免产品使用过程中出现前期未发现的故障。图 11 - 7 给出了一款 PPU 测试平台的构成。

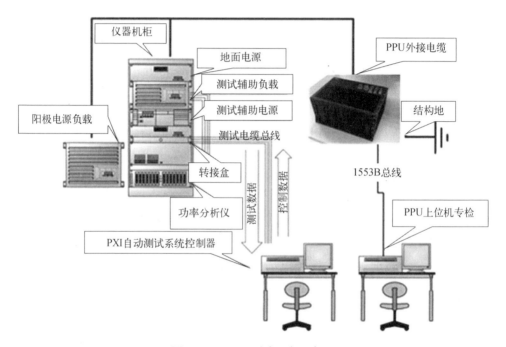

图 11 - 7　PPU 测试平台示意图

6. 环境适应性设计

PPU 设计时还需进行包括产品结构设计、元器件布局与安装固定设计等抗力学环境设计。通过选用高效率变换拓扑、减小大功率器件导热路径、印制板导热设计、机箱壳体黑色阳极化处理等措施,降低元器件温升,提高可靠性。

空间敏感元器件均需采取相应的抗辐射设计、加固措施,且辐照设计余量 RDM 大于 2,满足抗辐照设计要求。

7. 元器件、原材料选用

原理样机研制阶段要充分了解所选元器件的性能、特点、抗辐射能力、成熟度等,应选择成熟、高质量等级、易获得的元器件,尽量选用原来已有类似飞行经验的元器件。对从未使用过的元器件(尤其是正在攻关或试制的元器件)要慎重选用,认真分析其抗辐射能力、高质量等级的可获得性,因为这类元器件很可能出现问题而影响进度。按照国军标 GJB/Z 35 - 93《元器件降额准则》中的 I 级降额标准使用。

元器件选用时严格执行型号《×××航天器电子、电气和机电(EEE)元器件保证要求》,优先选用《×××航天器用国产电子元器件选用目录》内的元器件。目录外元器件由元器件可靠性中制定单批质保方案,达到应有型号等级要求。

考虑到初、正样元器件的延续性和可获得性,PPU 产品在原理样机阶段选用的元器件与工程样机阶段、可靠性件、鉴定件及正样阶段的元器件均为相同的厂家,封装也相同,只是质量等级不同,方案阶段和工程样机阶段的元器件质量等级可为工业级或普军级。

PPU 选用的原材料主要包括铝合金、环氧树脂、聚氨酯清漆、硅橡胶、导线、覆铜箔环氧玻璃布层压板、焊锡丝、聚酰亚胺薄膜等。选用的原材料和外购外协的零部件,均为型号产品长期使用的各种原材料和外购外协的零部件,所选原材料均经过型号的飞行验证。

11.2.5　性能测试

方案阶段在完成各项关键技术攻关后,要开展 PPU 的电性能测试以确定产品在规定的温度和压力下功能/性能是否满足技术指标要求,是最基本的设计验证试验内容。PPU 需在保证功能/性能满足产品任务书要求的同时,确认产品的内部接口、外部接口相互匹配和兼容。

PPU 采用电子负载完成单机的静态测试后,可进一步开展性能拉偏、老练试验或环境摸底试验,为工程样机研制做技术摸底,可开展与霍尔推力器点火的动态联试,一方面摸清真实负载的工作特性,测试单机各模块元器件的电应力水平和各模块之间耦合性,另一方面初步确定与霍尔电推进系统其他单机产品间的兼容性。

11.2.6　验证和转阶段

1. 验证项目

PPU 方案阶段重点在于关键技术攻关和关键工艺方案,主要验证工作包括:关键原材料、元器件的性能符合性验证;关键工艺的可行性验证;关键模块点火性能符合性验证;整机点火性能验证;寿命摸底验证;低气压放电试验摸底;环境适应性摸底验证。

2. 转阶段原则

方案阶段转工程样机研制阶段需要以评审的形式对方案阶段开展的工作及是否具备转阶段的条件进行总结和评价。方案阶段评审项目包括:方案设计、关键技术总结、复核复算等。转阶段原则：完成了关键技术攻关；验证了原理样机性能；重大及关键的工艺方案基本确定；产品达到 1 级成熟度要求；提出了初样工程样机阶段研制和试验计划。

11.3　功率处理单元工程样机研制

11.3.1　研制目标

在方案阶段研制基础上，工程样机阶段须针对实际工程应用需求，进行全面工程化设计，在性能指标精度、质量、环境适应性等方面满足在轨应用需求。PPU 工程样机研制的过程是一个电源模块化、组合化的研制过程。需要进行组合化（模块化）整机设计、全面可靠性设计与验证。PPU 工程样机是按飞行条件进行地面考核，功能和性能满足要求，但不可用于飞行的产品。

图 11-8　1.6 kW-PPU 工程样机

PPU 鉴定产品需要经过规范的性能测试、鉴定级试验、寿命试验等验证，确认其产品研制的规范、产品工作可靠性和寿命等全部满足产品要求。在鉴定产品研制阶段，除覆盖前期工程样机技术要求外，重点需对寿命及可靠性指标提出具体要求，明确鉴定产品技术要求，该阶段要求与飞行阶段的技术要求基本一致。图 11-8 给出了一款 1.6 kW-PPU 工程样机实物照片。

11.3.2　研制流程

工程样机产品的阶段总结和原理样机阶段接近，均需包括产品研制情况及后续工作计划。工程样机阶段重点总结对于环境适应性的评价，并提出对后续飞行产品的改进建议。鉴定产品的总结要对产品的设计状态、更改验证情况、鉴定试验、专项验证试验、原材料及工艺鉴定情况等做全面总结。其确定的产品基线即为后续飞行产品基线。

PPU 工程样机整机模块组成合理性验证，进一步明确产品内模块之间的接口关系，设计中充分考虑以往型谱中同类型产品暴露的技术问题，并采取有效的纠正和预防措施。进行可靠性、维修性、安全性详细设计与分析，验证充分。选用的工艺合理可行，选用的元器件、原材料品种、质量、可靠性、采购风险满足项目要求，对于目录外元器件/原材料均需履行审批手续。工程样机研制流程图如图 11-9 和图 11-10 所示。

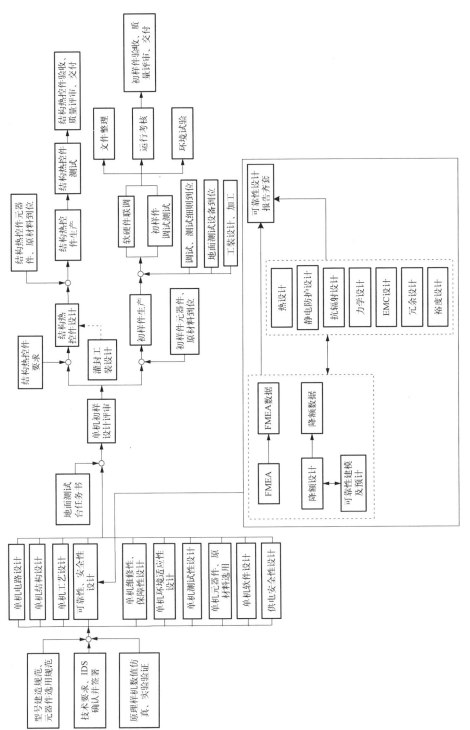

图 11 − 9　PPU 工程样机研制流程图 a

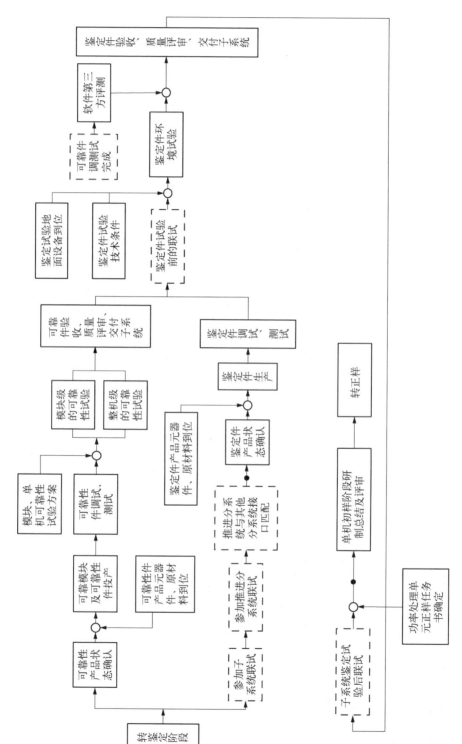

图 11 - 10　PPU 工程样机研制流程图 b

11.3.3　关键技术

PPU 工程样机研制阶段需关注可靠性设计、稳定性设计、PPU 工程样机研制阶段需关注可靠性设计、稳定性设计、高精度遥测遥控等关键技术,考虑 PPU 和霍尔推力器工作稳定可靠,满足霍尔推力器在各种工况下的电性能需求,同时应对各种可能发生的故障,确保电推进系统全寿命周期内的精度及电性能的稳定。

1. 环路抗干扰及稳定性设计、仿真分析

霍尔推力器负载特点要求阳极电源在输入电压范围宽且输出电压范围宽的情况下能够正常启动并稳定工作。而霍尔推力器稳定工作时振荡主频在 20 Hz ~ 20 kHz 之间,相对 PPU 开关的百 k 级频率而言可以视为低频信号,且该振荡频率范围分布宽,因此在面对霍尔推力器可能产生的各种振荡问题时,PPU 阳极电源的电性能需要有较快的动态响应,极高的抗干扰性及稳定性,以及精确的保护功能,这也是阳极电源的最大设计难点之一。

设计时应保证阳极电源在全部频率范围内拥有绝对的稳定域度,才能确保最终推进系统的稳定性。在 PPU 工程样机设计之初需对阳极电源开展数值建模及闭环控制器的参数补偿,并对阳极电源在各种输入输出条件的环路稳定性进行测量,从理论和实验测量的角度确保阳极电源的稳定性。

2. 阴极点火电源的限流设计

阴极点火电源同时具有恒压源和恒流源特性,电路形式复杂,实现技术难度大。点火电源的电性能直接决定了霍尔推力器是否可以可靠性点火。在霍尔推力器阴极加热到一定程度,发射出电子的时候,点火电源击穿阴极氙气流,产生等离子体,启动推力器。点火电源在未点着火时,为空载输出,在点着火的瞬间,其负载特性为近乎短路的特性,此时需要快速精确限流,除提供必要的能量维持阴极的放电状态外,还需要限流确保自身的安全性。

如果点火瞬间限流输出,提供的能量不足以维持阴极的放电状态,则会导致点火失败的现象。如果提供的能量足够,但不能迅速转入限流工作状态,则点火电源会发生烧毁等故障,此即为点火电源的设计难点。

3. 高可靠性高精度遥测技术

遥测电路的功能是将产品在轨工作状态隔离传输到地面接收设备,进而根据遥测数据判断和分析在轨产品的状态,遥测功能要求极高的精度、稳定性和抗干扰能力,一旦遥测电路失效或者受影响,输出异常,此时在轨产品就处于未知状态,或者需要通过其他参数间接获得产品状态,会带来一定程度的误差,因此高可靠性、高精度、长寿命遥测技术非常关键且必要。

阳极电源需要对输出电压进行档位调节,同时对输出电压、电流进行精确隔离遥测,同时,阳极电源及点火电源在放电能量剧烈变化时(如瞬间短路),电流环需要及时闭环响应控制,这两个电源模块对电流采样的动态响应也提出了极其严格的要求。各模块均需对输出电流进行精确采样,电流采样电路的准确性及采样速度直接关系到各电源模块的输出电流精度及响应速度。因此在 PPU 工程样机设计过程中,需要确保在整个寿命周期内的高精度遥测。

4. 各电源模块自身保护设计

各电源模块自身在遇到霍尔推力器故障时,首先会对自身的输出电压、电流、功率进行严格限制。各电源模块设计上均需考虑电压、电流闭环的动态响应,所有电源均能在满载—短路、空载—短路、满载—空载等工况间自由切换,同时确保在各种变换工况下,均能够迅速进入保护状态。

阳极电源为电压源,在负载功率上升到一定程度时,工作状态受到功率 V-I 曲线的限制,这确保了霍尔推力器在故障状态时不至于熄火,同时也确保了阳极电源不至于输出功率过大而损伤烧毁。阳极电源设计上对输出电流和输出电压进行了限幅设计,防止在前级电路失控的情况下,输出电压、电流超出设计的范围。阳极电源的电压、限功率,以及电流环均具有一定的动态响应,最大限度保证阳极电源本身的安全与可靠工作。

点火电源为输出电压受到闭环控制,同时输出电流有限流功能。因此,无论阴极呈现开路或短路状态,或在开路、短路间任意切换,点火电源均能正常工作。

加热电源和励磁线圈电源对输出电流闭环控制,同时输出电压受到相应电路嵌位。因此面对短路、开路等工况,电流源均能正常工作。

5. 母线模块保护功能

1) 输入欠压、过压保护

如某款霍尔电推进系统 PPU 的安全工作电压范围为 80~120 V,为了确保 PPU 在母线电压异常时的自身安全,在母线入口处设置对母线采样的输入欠压、过压保护电路来提高抗干扰能力。

当母线电压低于 80 V 安全电压范围时,母线开关 MOSFET 关断,PPU 自动关机,保证自身安全。当母线电压恢复到正常值大于 90 V 后,PPU 能够自动开机正常运行,同理当母线电压超过 120 V 时,过压保护电路动作,PPU 关机。

2) 输入过流保护

输入过流保护电路是通过检测母线输入到功率变换拓扑的路径上的电流值,与设定的保护阈值做比较,当检测到电流超过阈值时,迅速触发保护动作。该保护电路方案是通过半导体开关 MOSFET 的形式实现,相比保险丝或继电器的方案,可以实现频繁、多次开关,无寿命限制、无开关机次数限制,并且能够实现快速的过流保护响应,这是相比于其他形式保护方式较大的优势,这样就可以快速实现过流保护,大幅提高电源的可靠性。过流保护电路阈值设置为额定最大输入电流的1.2 倍。

3）输入短路保护

通常一次电源母线上的直接用户,只要是有可能因为单点失效造成电源母线失效的,都要采取短路保护措施。可选择的保护方式有:限流电阻、单熔断器、双熔断器、自动保护电路等。对于小电流的情况,尽可能采用限流电阻作为母线保护。短路保护措施的主要目的是在故障发生时隔离故障,保证一次母线的安全。输入短路保护设计推荐使用熔断器,熔断器的选用方法按照如下公式:

$$(Ie \times 2) < In < (Ie + 7) \tag{11-1}$$

式中,Ie 为装置输入最大额定工作电流;In 为熔断器的额定工作电流。

熔断器的输入过流保护限值要高于半导体开关输出过流保护值。当 PPU 或霍尔推力器出现短暂故障时,保护开关管优先保护,当 PPU 内部各电源模块及保护开关管自身出现永久性短路故障时,熔断器作为最后一道屏障,迅速熔断,保证一次母线的安全。

6. 高电压安全防护设计

PPU 中存在高压电压源、低压电流源、电压源切电流源等。模块间压差各不相同,需从电路设计、布局、布线、工艺等方面进行研究,确保安全供电。通常 PPU 中阳极电源模块输出电压最高为 500 V(正在研发的超高比冲霍尔推力器的阳极电压要上千伏),点火电源模块输出为 300 V,设计上需考虑对高压线路进行重点防护设计,确保满足低气压条件及真空条件的安全性要求。

阳极电源的高压路径包括变压器副边、输出整流二极管、输出滤波电容、输出电压采样电阻、汇流条、输出滤波模块、输出连接器。设计上需考虑上述路径的高压防护及安全间距满足要求。阴极点火电源在点火成功前为 300 V 的电压源,其整流、续流二极管上的尖峰电压高于 600 V,同样需对高压部分进行灌封防护处理。局部灌封示意图如图 11 - 11 所示。

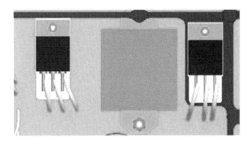

图 11 - 11　阴极点火电源局部灌封示意图

通用模块中高压绝缘和散热的关键是高压组件,包括高压变压器、整流电路、输出电容、输出隔离电路和输出电流检测电路。为了保证高压组件良好的绝缘性能,高压组件在结构上进行统一集中设计,最终使用具有宇航等级的灌封材料进行完全的灌封。针对 PPU 的输出高压,也开始实施部分组件的整体灌封技术。图 11 - 12 是一款装配完成及灌封完成后的变压器模型及灌封后照片。

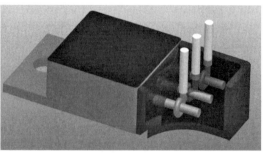

图 11 - 12　真空灌封完成后的屏栅变压器和整流二极管

11.3.4　详细设计

在 PPU 的工程样机详细设计过程中,需考虑到正样件的设计需要,在元器件和可靠性设计上直接按照最终状态设计,确保单机电性能和体积重量在初样件、鉴定件及正样件研制过程中无差别。

PPU 工程样机详细设计时一般还需要关注新型元器件、材料及工艺试验,主要包括: ① 高压灌封工艺试验;② 高压电缆抗辐照、耐温、耐压及弯曲试验;③ 高压接插件抗辐照、耐温、耐压试验;④ 新研制高压继电器寿命试验。另外,还需重点关注元器件选用基线,鉴定件产品用国产元器件质量等级应与正样要求一致,鉴定件产品用进口元器件的封装形式、主要性能指标与正样产品一致。

工程样机研制阶段的研制流程与方案阶段基本一致,相同的部分不再赘述,这里仅对该阶段设计的特殊之处做说明,特别对工程样机阶段鉴定试验和可靠性试验进行详细描述。

1. 鉴定试验

PPU 鉴定试验目的是验证产品机械、电、热设计满足型号任务书要求,并具有规定的鉴定余量。鉴定试验不仅要验证正样产品设计方案、工艺满足设计要求并具有规定的鉴定余量,还要验证用于正样产品验收试验的试验方法、试验程序、试验设备、软件和测试仪器的可行性和正确性。经过鉴定试验后的产品,一般不再适用于飞行。

PPU 鉴定试验包括: 功能/性能试验,接口匹配试验,环境试验,拉偏试验,电磁兼容性试验,低气压放电试验,可靠性试验(寿命试验)。

1) 功能/性能试验

功能/性能试验的目的是验证产品在规定的温度和压力下功能/性能是否满足设计要求,是最基本的设计验证试验内容。PPU 产品需在保证功能/性能满足产品任务书要求的同时,确认产品的内部接口、外部接口相互匹配和兼容。各单机产品功能/性能要满足单机指标设计要求。

2）接口匹配试验

接口匹配试验目的是保证 PPU 产品内部各模块或组件之间的接口相互兼容和匹配,同时保证产品外部接口符合技术要求规范。接口匹配试验包括单机内部接口匹配及与外部接口的匹配性试验,可结合产品间功能/性能联试来完成。

3）环境适应性试验

环境适应性试验目的是验证在总体任务剖面的环境条件下能正常工作。电推进产品环境试验项目应根据整个工作寿命期间的环境剖面开展验证,应用于不同型号的电推进产品应考虑发射阶段力学环境、轨道转移阶段的热真空环境和空间辐射环境及在轨运行阶段的热真空环境和空间辐射环境。PPU 具体鉴定试验项目及要求见第 11.1.4 节。某型号 PPU 力学试验台如图 11–13 所示。

图 11–13 PPU 力学试验台

4）拉偏试验

拉偏试验的目的是通过对产品施加拉偏试验参数(产品工作参数、环境参数等),暴露产品设计薄弱环节,从而指导改进和优化设计,提升产品健壮性。电推进工作应力拉偏试验参数应包含电源的输入拉偏、负载阻抗拉偏、流量拉偏、工作电流拉偏等方面。

5）电磁兼容性试验

电磁兼容性试验目的是验证产品在规定电磁环境下抗外界电磁干扰及对航天器其他产品不造成电磁干扰的能力。霍尔电推进电磁干扰源主要包括霍尔推力器、PPU 的辐射、传导及霍尔推力器工作过程产生的羽流的辐射和通信影响,因此需要通过试验确定产品自身对外界电磁干扰的敏感度及产品向外界传播的电磁能量发射。PPU 具体电磁兼容试验项目及要求见第 11.1.4 节。

6）低气压放电试验

低气压放电试验目的是检验 PPU 单机在低气压下工作能力,同时可以暴露单机高压防护设计及工艺可能存在的薄弱环节。

2. 可靠性试验(寿命试验)

寿命试验目的是考核 PPU 单机总工作时间、开关次数及主要性能等指标能否满足任务要求。针对 PPU 产品的高可靠、长寿命要求,在可靠性试验方面,如完全沿用传统的试验方法,试验时间和试验经费将大大增加,难以达到理想的试验效果。所以,必须研究能够缩短试验时间、快速验证产品可靠性水平的新方法,以适应当前型号对产品寿命和可靠性不断增长的需要。

PPU 工程研制时,其寿命试验通常采取加速寿命试验的方法,需要确定适当的加速因子,但不允许引入不真实的产品失效模式。

根据航天标准 Q/QJA 317 - 2014《模块电源可靠性评估方法》[6],PPU 加速寿命试验中采用阿伦尼乌斯方程推算试验加速因子。阿伦尼乌斯模型是描述产品寿命与试验温度关系的一种失效物理模型。根据阿伦尼乌斯公式计算加速因子,加速因子的计算公式为

$$A_F = e^{\frac{E_A}{K}\left(\frac{1}{T_U}-\frac{1}{T_A}\right)} \tag{11-2}$$

式中,A_F 为加速因子;E_A 为激活能;K 为波尔兹曼常数(8.63×10^{-5} eV/K);T_U 为使用温度(绝对温度);T_A 为加速温度(绝对温度)。

通常 PPU 单机正常工作温度取 40℃,加速寿命试验温度按 75℃进行,单机根据敏感器件确定激活能为 0.7。计算得加速因子 A_F = 13.485;模拟点火试验 30 000次,将加速试验与模拟点火试验结合起来共同完成。按照加速因子 13.485 计算,满足寿命 32 500 h,需要进行的高温加速寿命时间为 2 410 h。

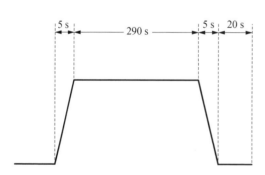

图 11 - 14　PPU 单机模拟点火试验图

按照如图 11 - 14 PPU 模拟点火试验图进行点火启动模拟。290 s 运行,上电 5 s,掉电 5 s,断电持续 20 s,总运行时间 2 667 小时高温加速试验,试验结束后,产品各项性能测试正常。

要求 PPU 启动工作 30 000 次,产品需要进行相应启动次数试验。常温条件下,在额定输入 100 V、额定输出 310 V、4.3 A 条件下,阳极电源模块启动工作 33 000 次(考虑 10% 余量)。试验过程每次加电 30 s,断电 30 s,共进行33 000 次,连续试验需要 550 h。试验结束,产品各项性能测试正常。PPU 寿命考核试验测试平台如图 11 - 15 所示,PPU 模拟点火次数试验测试平台如图 11 - 16所示。

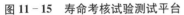

图 11 - 15 寿命考核试验测试平台

图 11 - 16 模拟点火次数试验测试平台

11.3.5 性能测试

相比方案阶段,工程样机阶段的性能测试除了要满足技术要求的功能/性能试验之外。此阶段还需完成力、热和短期的寿命摸底试验及接口匹配试验。力、热试验主要用于考核 PPU 工程样机对在轨发射任务的满足程度。短期寿命试验是对 PPU 的寿命进行初步摸底,确定产品已初步具备实际应用的技术水平。

PPU 在工程样机研制阶段,如果其他单机产品配套齐全,可开展系统级联试,包括系统点火试验、桌面联试、可靠性试车等。在该阶段,还需要与一次电源进行匹配联试,评估推力器点火瞬间,PPU 的浪涌电流对一次母线电源的影响和验证 PPU 浪涌抑制电路设计的合理性。PPU 工程样机可适用于整星的力学试验和热试验、初样星试验与测试。PPU 工程样机研制阶段具体试验包括[7]:

1) PPU 和推力器之间的集成试验

验证 PPU 与推力器之间的工作匹配性,PPU 和推力器匹配工作时间累计至少 500 小时。充分验证 PPU 产品整体电路设计和热设计满足要求,产品性能稳定。额定工况和拉偏工况各电源模块协同工作,兼容性好,元器件应力水平在设计范围之内,安全裕度足。

2) 电推进控制单元与 PPU 集成试验

验证 PPU 和控制单元之间通信、遥测遥控执行功能正常、在全功率范围 PPU 和电推进控制单元正常工作、对 PPU 的模拟故障电推进控制单元能够正确响应。

3) 霍尔电推进控制单元、PPU、贮供、压力调节模块和霍尔推力器集成试验

验证在轨飞行流程和故障预案,包括点火前的气路处理、电路处理、阴极激活预处理和稳态点火,电路及气路关机等流程,保证推力器在全功率范围内各工作点工作正常。

11.3.6   验证和转阶段

1. 验证项目

工程样机阶段重点在于 PPU 整机中各电源模块的耦合性、兼容性。主要验证工作包括：整机的自身保护及对一次供电母线保护的功能、环路稳定性和抗干扰性、关键元器件性能参数及其裕度设计正确性、关键工艺可行性、热设计；测试覆盖性、单点故障模式识别的准确性和充分性，整机点火性能验证，分系统性能匹配验证，寿命摸底验证，环境适应性摸底验证。

鉴定产品需完成性能试验、环境适应性试验、热平衡试验、寿命和可靠性试验、拉偏试验及材料和工艺方面的鉴定工作，量级均为鉴定级，要比分析出的实际工作条件高出一定的裕度。

2. 转阶段原则

PPU 工程样机研制阶段是产品开展工程应用前的重要节点，之后将转入工程应用产品（飞行产品）研制，其转阶段也以评审会的形式进行总结与评价。PPU 工程样机研制阶段的评审应具备的条件包括：完成了工程样机阶段的研制和试验工作；突破了工程样机阶段的各项关键技术；完成了鉴定阶段研制和试验工作；完成了鉴定阶段发生质量问题的归零；明确了正（试）样阶段产品技术状态，制定正样阶段研制、试验计划，完成阶段总结，文档归档。

11.4   功率处理单元飞行产品研制与应用

11.4.1   研制目标

基于鉴定产品研制所确定的产品技术状态和产品生产基线，以实现为航天器型号应用提供合格的、可以用于飞行的产品为工程化研制目标。研制的 PPU 正样件产品经规范的性能测试、验收级环境试验、可靠性及寿命评估（老练）试验等验证，确认产品满足航天器型号应用的全部要求。图 11 - 17 给出了一款 1.6 kW PPU 飞行产品实物照片。

图 11 - 17   1.6 kW PPU 飞行产品

11.4.2   研制流程

飞行产品研制流程包含单机技术指标确定及任务书下达、单机正样详细设计、投产确认、产品研制、环境试验、分系统试验测试、产品交付、整星 AIT 测试、软件落焊、再试验等。其中投产确认、环境试验、分系统试验测试、产品交付、整星 AIT

测试、软件落焊、再试验与鉴定产品研制阶段有所区别,这里进行重点说明。PPU 飞行产品研制流程图如图 11 - 18 所示。

1. 投产确认

PPU 飞行产品的技术状态完全继承鉴定产品,在工程样机、鉴定产品技术状态的基础上,根据实际飞行应用条件,调整、补充、完善产品技术要求,完善产品规范,细化功能、性能技术指标、接口要求,可靠性、安全性、电磁兼容性要求等,确定飞行产品研制基线。PPU 飞行产品的研制是基于工程样机研制过程、结果并经过改进和完善。重点加强产品技术状态控制、生产过程控制及系统测试的覆盖性。

如果有技术状态更改的情况,需在产品正样详细设计前完成技术状态更改的确认和验证工作。在产品正式投产前,需对产品的技术状态做全面的评价确认工作。包括对技术要求、设计文件、生产图纸、生产工艺、产品保证文件、测试文件、测试设备状态等产品生产相关的要素。需参与产品研制的各方共同确认后,方可进行产品投产。

2. 环境试验

PPU 飞行产品研制阶段的试验项目相对鉴定产品研制阶段数目少,并且试验的量级降低为验收级。

3. 产品交付

正样产品出厂前,对产品研制流程、过程记录、过程质量问题处理、极性检查、装机元器件、超差偏离情况、试验情况、软件工程化情况、生产过程要素、产品测试情况、测试指标与任务书符合性、产品数据包等进行了检查确认。产品交付以评审会形式进行。对飞行产品研制过程中的研制情况、技术状态控制情况、最终测试符合性进行全面总结。评审通过后方可验收并交付。

4. 整星 AIT 测试

按照试验大纲要求完成整星平台功能测试、电推进点火功能测试、拉偏测试、故障模拟测试,充分验证电推进系统自兼容性及与各分系统的兼容性。

PPU 产品随整星参加各阶段测试,主要包括:供电检查、分系统匹配、喷气极性、预模飞、模飞、故障模式、振动、噪声、热试验、整星 EMC 试验等工作。

5. 软件产品落焊

软件产品落焊主要是指对落焊芯片软件的固化、落焊、点胶、固封工作。经过整星测试后,PPU 产品需进行软件落焊。为方便应用软件更改测试,鉴定件交付状态使用 EEPROM 器件作为程序存储器,该器件可反复插拔。正样飞行件软件落焊时使用 PROM JMR6664 - D 作为程序存储器件,焊在 PCB 板上,不可插拔,不可擦写、修改。落焊后按照单机测试细则进行整机全功能测试,软件落焊后需再进行软件的第三方回归测试。

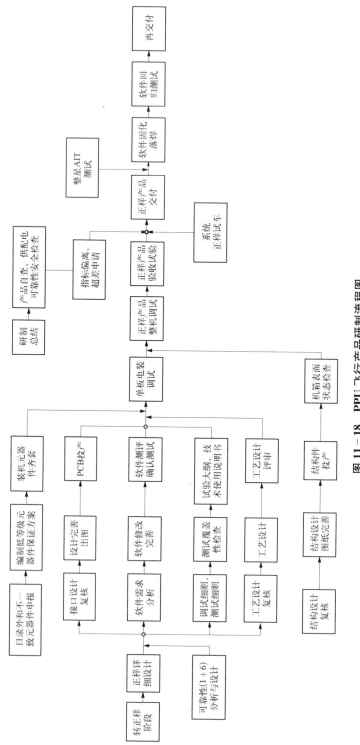

图 11-18　PPU 飞行产品研制流程图

6. 再试验

单机软件落焊完成后,需进行再试验,包含：随机振动、热循环,其中力学再试验量级,一般建议取验收级幅值85%。随机振动指总均方根加速度的85%。热试验试验温度量级按100%验收级执行,时间量值和试验要求与验收级试验要求相同,热循环次数为3个半循环,条件与验收一致。

11.4.3　详细设计

PPU 飞行产品研制阶段的研制流程与原理样机、工程样机阶段基本一致,相同的内容不再赘述,本章节仅对飞行产品研制阶段需要关注的验收试验进行详细描述。

PPU 单机验收试验应包括功能性能测试、环境试验、老练试验等内容。具体试验项目和要求见第 11.1.4 节。如果飞行的产品地面存储时间过长(6 个月或者更长),除定期检查产品的健康状态外,在使用前还需根据产品具体情况重复全部或部分验收试验。下面给出某款 1.6 kW PPU 飞行产品热真空/热循环、冲击试验的部分结果。

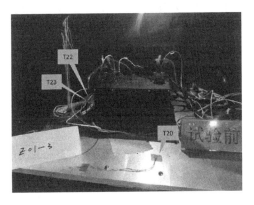

1. 热真空/热循环

图 11-19 为一款 1.6 kW PPU 验收级热真空试验测试台,图 11-20 为 PPU 验收级热循环试验记录,其中高温端+55℃,低温端-15℃。

图 11-19　PPU 热真空试验测试台

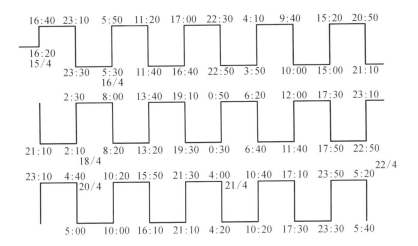

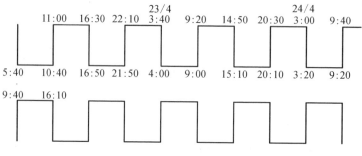

图 11‒20   PPU 验收级热循环记录

2. 冲击试验

图 11‒21 和图 11‒22 给出了一款 1.6 kW PPU 飞行产品 X 方向的冲击响应情况。频率范围为 100~1 000 Hz 时冲击响应谱加速度为 9 dB/oct,频率范围为 1 000~5 000 Hz 时冲击响应谱加速度为 800g。

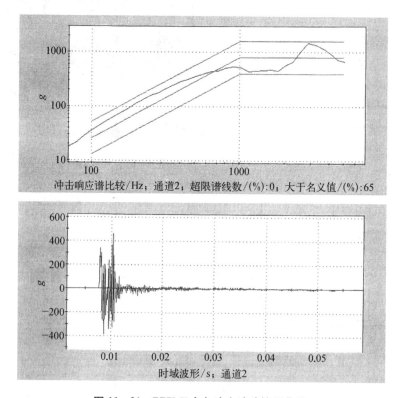

图 11‒21   PPU X 方向冲击试验控制曲线

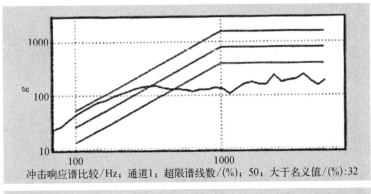

冲击响应谱比较/Hz；通道1；超限谱线数/(%)；50；大于名义值/(%):32

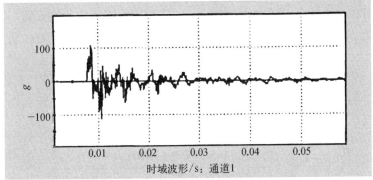

时域波形/s；通道1

图 11‐22　PPU *X* 方向冲击试验响应曲线

11. 4. 4　性能测试

　　正样阶段的性能测试通常以联试的形式进行,霍尔电推进系统联试以软件功能,系统功能、性能验证为主,验证系统各单机间匹配性,验证霍尔电推进系统与航天器间匹配性,验证正样软件流程设计、指令响应、故障处理的有效性、合理性,以及功能覆盖性;

　　PPU 飞行产品测试内容包括:接口测试、功能测试、性能测试、正样试车和整星相关测试等。确保所有可测试项目均进行充分有效的测试。具体试验可参考PPU 工程样机研制过程中性能测试章节。

11. 4. 5　验证和产品交付

1. 验证项目

　　正样阶段主要对 PPU 产品正样设计满足任务书或技术要求的情况,产品相对于初样产品的技术状态更改情况,产品关键特性识别全面性、测试覆盖性分析的全面性等进行评审。飞行产品的验证项目目的在于排除产品的早期失效,确认产品生产状态符合设计要求。相关试验量级为验收级。

2. 产品交付

产品交付准则包括：完成飞行产品研制和试验工作；完成质量问题的归零；生产及测试过程文档资料齐全，过程可控。完成单机所要求测试，测试项目齐全，测试结果符合技术指标要求，完成产品研制总结，产品证明书、产品履历书等文件齐全。

产品严格按照正样阶段单机产品质量与可靠性数据包管理文件执行，对文档按照清单、记录和文件三类进行管理和收集。

11.4.6　功率处理单元在轨飞行应用

PPU 作为霍尔电推进系统的重要单元，都是与系统集成于航天器上实现其在轨应用价值。下面给出几项任务中霍尔电推进系统 PPU 飞行产品在轨点火工作的数据。

图 11-23 给出了一款 20 mN 霍尔电推进系统配套的 410 W PPU 在轨点火时，霍尔推力器阳极电流下传遥测数据。可以看出霍尔推力器阳极电流在额定值附近的振荡情况。

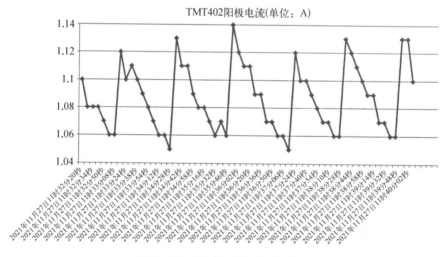

图 11-23　阳极电流下传遥测波形

图 11-24 和图 11-25 给出了一款 40 mN 霍尔电推进系统配套的 800 W PPU 在轨点火时，推力器阳极电流，阳极电压下传遥测数据。可以看出该款 PPU 在轨工作时的阳极电流和电压数据与通常霍尔推力器地面点火的数据形状基本一致，表明其在轨工作正常。

图 11-26 和图 11-27 给出了一款 40 mN 霍尔电推进系统配套的 800 W PPU 在轨点火时，推力器阳极电流，阳极电压下传遥测数据。该款 PPU 采取低压点火

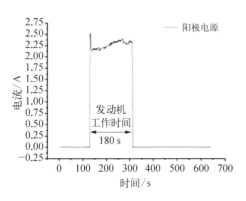

图 11－24　阳极电流下传遥测波形　　　图 11－25　阳极电压下传遥测波形

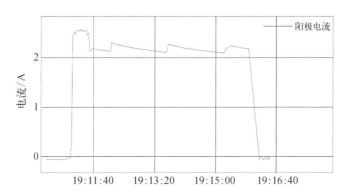

图 11－26　阳极电流下传遥测波形

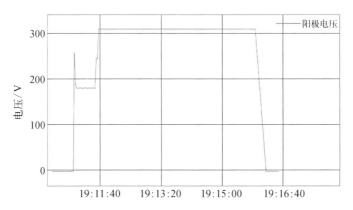

图 11－27　阳极电压下传遥测波形

（180 V），霍尔推力器点着后阳极电压再加到额定值（310 V），有效降低了霍尔推力器点火瞬间的冲击。

图 11‑28 给出了一款 80 mN 霍尔电推进系统配套的 1 600 W PPU 在轨点火时，推力器阳极电流，阳极电压下传遥测数据。图中仅给出了霍尔推力器点着火及以后的数据。点火期间阳极电压 150 V，供给阳极的流量较小，以降低推力器启动时的冲击。点火稳定后将阳极电压调到额定工作电压 310 V，稳定后再将阳极流量调到额定值。可以看出推力器刚点着火的一段时间，放电电流有一个趋稳的过程，这与推力器出气等现象有关，一段时间之后，放电电流达到稳定值。

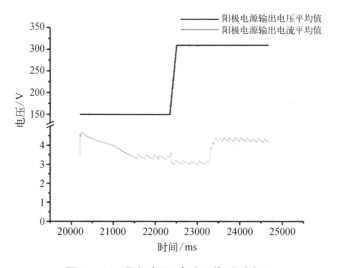

图 11‑28   阳极电压、电流下传遥测波形

参考文献

［1］袁家军.航天产品工程.北京：中国宇航出版社，2011.

［2］余后满.航天器产品保证.北京：北京理工大学出版社，2018.

［3］陈世钢.军用设备和分系统电磁发射和敏感度要求与测量：GJB 151B‑2013.北京：中国人民解放军总装备部，2013.

［4］汪玲.航天型号软件工程化要求：Q/QJA 30A‑2013.北京：中国航天科技集团公司，2013.

［5］张新平.空间霍尔电推进功率处理单元测试方法：Q/QJA 408‑2016.北京：中国航天科技集团公司，2016.

［6］白敬武.模块电源可靠性评估方法：Q/QJA 317‑2014.北京：中国航天科技集团公司，2014.

［7］温正.航天器电推进系统试验要求：Q/QJA 513‑2018.北京：中国航天科技集团公司，2018.

第 12 章

霍尔电推进系统产品工程研制

霍尔电推进系统具有比冲高和推功比大等优势,目前在各领域航天器应用逐步增加。霍尔电推进系统一般包括电推进控制单元(hall electric control unit, HECU)、功率处理单元(power processing unit, PPU)、滤波单元(filter unit, FU)、贮供单元、霍尔推力器和矢量调节机构(或机械臂)等 6 部分组成[1]。电推进控制单元、功率处理单元和滤波单元也可根据任务特点采取合并设计;矢量调节机构根据任务需求可选择配置;矢量调节结构的驱动控制器可以独立设计,也可合并到电推进控制单元内。各单机主要功能如下:

1. 电推进控制单元

电推进控制单元为霍尔电推进系统的控制中心,通过 CAN 总线/RS422 总线/1553B 总线接收航天器的控制指令,并解析控制相关单机。同时,负责霍尔电推进系统遥测数据组帧并发送给航天器。此外,电推进控制单元还负责贮供单元阀门和热控组件开关控制、传感器的供电和遥测采集。

为简化霍尔电推进系统在轨工作时航天器控制要求,提高在轨工作的自主性和可靠性,要求霍尔电推进系统具备较强的在轨自主飞行控制功能和故障检测控制。电推进控制单元通常具备系统自检、气路除气与功能测试、阴极预处理、温度控制、流量控制、自主点火、故障检测及处理等自主飞行控制功能,具备贮供单元(流量调节器)温度自动控制、系统状态量采集、指令接收与执行和遥测数据组帧发送的功能。

2. 功率处理单元

功率处理单元主要是对航天器一次母线进行变换后给霍尔推力器供电,属于功率电子设备。通常包括数字接口及控制单元(digital interface and control unit, DICU)、阳极电源模块、阴极加热电源模块、阴极点火电源模块、励磁电源模块和滤波模块。

3. 滤波单元

滤波模块用于抑制霍尔推力器启动冲击和工作时等离子体放电振荡,进而减小推力器启动时功率处理单元的供电母线冲击,起到保护功率处理单元和航天器电源控制器(PCU)的目的,同时也减小霍尔推力器工作时产生的传导和辐射发射干扰。

4. 贮供单元

贮供单元用于贮存霍尔电推进系统使用的氙气推进剂,在电推进控制单元控制下为霍尔推力器稳定提供所需流量的氙气。主要由氙气瓶、各类阀门、压力传感器、比例阀、流量调节器、管路和热控等组件组成。

5. 霍尔推力器

霍尔推力器是霍尔电推进系统推力输出的最终执行机构。在规定时序的供电和供气条件下,通过电离氙气并加速氙气离子喷出,为航天器提供高比冲的微小推力。霍尔推力器通常由空心阴极、霍尔加速器、安装支座等部分组成。

6. 矢量调节机构

矢量调节机构用于点火或非点火状态下调整霍尔推力器的推力指向,驱动控制器接收指令驱动矢量调节机构电机工作,达到调整推力器指向的目的。

霍尔电推进系统产品工程研制始于承接航天器总体下发的任务,终于航天器在轨寿命结束。主要包括方案设计、初样设计和正样设计三个研制阶段,还包括在轨服务阶段各项技术支持。为了便于具体论述霍尔电推进系统的各项活动,本章主要以某型号 300 mN 霍尔电推进系统和 20 mN 霍尔电推进系统工程研制实践为主进行介绍。

12.1　霍尔电推进系统工程研制特点和要求

12.1.1　霍尔电推进系统工程研制特点

霍尔电推进系统主要利用航天器的电能,将携带的工质气体电离并加速喷出,进而产生高比冲的推力。与常规的化学推进相比,在工程研制上具有较大的差别,具有许多特点,主要体现在以下几个方面。

1) 核心单机之间的匹配性是方案可行的前提

霍尔推力器点火工作过程中是复杂的等离子放电过程,尤其是点火瞬时等离子放电击穿会产生较大的电压和电流冲击,若为其供电的功率处理单元及再上游的整星电源控制器电路设计不合理或者元器件选用不满足要求,可能导致点火失败、熄火甚至产生损坏。作为霍尔电推进系统核心单机,霍尔推力器与功率单元之间的匹配性验证是方案可行的前提。

2) 系统内、外部接口复杂且须充分验证

霍尔电推进系统主要的 6 个部分之间,以及与航天器之间具有复杂的机械、供电、热、通信等接口关系,且验证时机和状态具有多样性。验证不充分将会给后续航天器级联试和在轨飞行试验带来风险,需要在研制过程中做好各类内、外部接口验证的试验策划工作。其中,霍尔推力器点火瞬时对航天器及其电子单机的冲击、干扰需要重点关注和验证。

3) 系统工作寿命及其验证周期长、费用高

霍尔电推进系统在轨工作具有推力小、时间长、工作次数多特点,通常工作寿命要求达到几千到上万小时,工作次数几千到几万次。分系统级和推力器寿命鉴定试验需要在高洁深度、高真空度的真空舱内进行,综合考虑地面设备的运行周期、霍尔推力器两次点火间隔时间等因素,单轮次寿命试验通常需要 1~2 年时间才能完成,消耗的氙气和设备运行费用通常在几百万到几千万。

4) 需要具备自主飞行控制功能

霍尔电推进系统在轨工作次数和时间较长,为了减轻航天器的控制要求,提高在轨工作自主性,通常要求具备单步控制和自主控制工作的功能。通常设置有系统自检、气路除气与功能测试、阴极预处理、温度控制、流量控制、自主点火、故障检测及处理等自主飞行控制功能。需要完成自主飞行控制流程设计,编制飞行控制技术要求,开展软件的研制工作。

5) 大功率高电压功率电子单机的可靠性试验和验证

功率处理单元主要功能是将航天器母线供电转换为霍尔推力器工作所需恒压、恒流及脉冲供电,其中阳极电源和阴极点火电源输出电压范围较宽,且为 100~500 V 高压输出。根据帕邢(Paschen)放电理论,气体最低放电电压与气压和电极间距的乘积相关,随气压和电极间距的乘积增大体现出先减小后增大的趋势。因此,在设计、工艺和过程中对高压配电安全性严格控制,包括合理设计放气孔、高压电路的安全间距、耐压器件满足降额要求、高压路径的三防及有机材料灌封等,同时开展单机低气压、热真空等试验进行考核和验证。重点对产品灌封设计和工艺进行专门的可靠性审查,特别是灌封材料的排气工艺、灌封组件的固化应力和热应力、灌封材料与元器件的黏接力裕度等。

6) 系统 EMC 问题突出

霍尔推力器在轨稳定工作时为稳定的高频振荡模式,喷出的羽流为电中性的等离子体,其羽流及供电电缆对外存在辐射和传导干扰,可能影响航天器上其他单机的正常工作。此外,功率处理单元和电推进控制单元等电子单机内部均采用了恒压源、恒流源等开关电源,霍尔推力器工作时阳极电流高频振荡也会导致阳极电源输出同步振荡,各电源的 EMI 效应较为严重,因此单机内部及单机对航天器的 EMC 问题较为突出,可能影响航天器上其他单机的正常工作。因此霍尔电推进系统工作时 EMC 问题需要开展专项点火验证试验,确认对航天器上其他单机工作没有影响。

7) 元器件选用及其空间环境适应性对系统可靠性影响大

霍尔电推进系统中主要电子单机有电推进控制单元和功率处理单元,为保证在轨工作可靠性,元器件选用必须满足空间环境适应性要求。元器件抗总剂量、抗

单粒子效应、抗位移损伤效应必须满足航天器建造规范和元器件保障大纲要求,对于不满足情况必须采取加固措施。

8)高效率、高纯度、高密度氙气加注新技术

霍尔电推进系统目前主流是使用氙气工质,空心阴极对氙气纯度要求较高,尤其是其中水、氧含量,通常到达到 $1\sim2\,ppm$(体积百万分之一)以下。霍尔电推进系统在设计时,为了减小氙气瓶的容积和尺寸,通常加注密度在 $1.0\sim1.7\,kg/L$,而通常购买的氙气源储存密度仅为 $0.5\sim0.6\,kg/L$。因此,霍尔电推进系统研制过程中需要解决高效率、高纯度、高密度氙气加注技术。

9)整星级、系统级地面验证试验多

为充分验证霍尔电推进系统复杂的内、外部接口,霍尔电推进系统需要开展大量的半系统级、系统级和航天器级的验证试验。包括霍尔推力器与功率处理单元匹配性测试、对外电接口对接、对外通信接口对接、初样系统联试、初样系统可靠性试验、初样整星级电测试、初样整星热试验、正样系统联试等项目。

10)地面相关设备研制需要提前统筹

霍尔电推进系统在接口测试、系统级和整星级测试过程中,需要使用到电子负载、故障等效器、阀门等效器、推力器等效器等地面设备,在工程研制过程中需要提前启动相关设备研制工作。

12.1.2　霍尔电推进系统工程的要求

1. 霍尔电推进系统功能要求

通常航天器总体下发的霍尔电推进系统研制任务书对霍尔电推进系统的主要功能有明确要求,主要涉及霍尔电推进系统的任务剖面及需要完成的任务等。如某卫星对 $300\,mN$ 霍尔电推进系统提出了以下功能要求。

(1)轨道转移:完成从过渡轨道到同步轨道的轨道转移;

(2)轨道保持:同步轨道寿命期内东西位置保持、南北位置保持;

(3)离轨机动:卫星寿命末期离轨轨道机动;

(4)飞轮角动量卸载:全寿命周期内角动量卸载功能。

2. 霍尔电推进系统技术指标要求

航天器总体下发的霍尔电推进系统研制任务书明确了航天器对霍尔电推进系统的具体指标要求,主要包括燃料、加注量、推力器配置、工况、推力、比冲、单次工作时间、累积工作时长、系统功率、单机功率、单机效率、系统可靠性、系统干重、矢调调节精度、矢调动作寿命等技术指标。霍尔电推进系统在整个研制过程都要紧紧围绕保障技术指标符合性开展工作。

某卫星对 $300\,mN$ 霍尔电推进系统提出的技术指标要求如表 12-1 所示。

表 12 - 1　电推进子系统主要技术指标要求

序号	参数名称		单位	参数
1	推进系统类型			全电推进系统
2	燃料		/	氙气
3	燃料加注量		kg	≥480
4	燃料加注能力		kg	≥600
5	变轨期间电推进系统功率		W	大功率工况 1：≤10 800 大功率工况 2：≤9 000 大功率工况 3：≤8 000
6	相位保持期间电推进系统功率		W	小功率工况 1：≤3 000 小功率工况 2：≤2 600
7	推力器数量		台	4
8	推力		mN	大功率工况 1：≥270 大功率工况 2：≥220 大功率工况 3：≥200 小功率工况 1：≥140 小功率工况 2：≥120
9	比冲		s	大功率：≥2 100 小功率：≥1 800
10	单次最长连续工作时间		h	≥240
11	系统干重		kg	≤275
12	可靠度		/	≥0.98
13	工作寿命		年	≥10
14	推力器	点火预热时间	min	≤10 min
		工作时间寿命	小时	≥10 000(不考虑备份,1.5 倍工作时间)
		启动次数寿命	次	≥6 375(每天工作 1 次,1.5 倍工作次数)
15	功率处理单元	最大输入功率	W	大功率：5 300 W 小功率：2 600 W
		电源转换效率	/	大功率≥95% 小功率≥93%
		工作温度	℃	主散热面温度≤40℃
16	矢量调节机构	X 轴可调节角度	(°)	≥±28
		Y 轴可调节角度	(°)	≥±28
		调节速率	°/s	0.01~0.2

续　表

序号	参数名称		单　位	参　　数
16	矢量调节机构	调节角度分辨率	（°）	优于 0.03
		单轴调节寿命	次	≥20 000
		推力矢量调节子系统基频（含电推力器载荷）	Hz	≥60
		驱动功能	/	2 台机构 4 轴同时驱动

某卫星对 20 mN 霍尔电推进系统提出的技术指标要求如表 12 - 2 所示。

表 12 - 2　推进子系统主要技术指标要求

序　号	参数名称		单　位	任务书要求
1	有效总冲量		N·s	≥100 000
2	短期功耗		W	≤420
3	系统干重		kg	≤9.5
4	推进剂及增压气体		/	氙气（Xe）
5	贮箱		/	6 L 贮箱
6	推进剂加注量		kg	≥8
7	系统总漏率		Pa·m³/s	≤5×10⁻⁵
8	寿命		年	≥3
9	可靠度（置信度 0.8，寿命末期）		/	≥0.92
10	推力器	推力范围	mN	20±2
		推力矢量偏心	/	≤±0.5°
		额定真空稳态比冲	s	1 350±100
		累计工作时间	h	≥2 000
		累计在轨启动次数	次	≥4 000
		单次最长连续工作时间	min	≥120
		额定功耗	W	≤350
		推力器中心轴线与推力器基准的安装角度误差	/	≤30′
		推力器中心轴线方向与安装面理论轴线的平移量误差	mm	≤φ2

3. 霍尔电推进系统接口要求

航天器总体下发的霍尔电推进系统研制任务书明确了对外机、电、热等接口。某卫星对 300 mN 霍尔电推进系统机、电、热接口要求主要内容如下。

1）机械接口

（1）电推进控制单元：安装在卫星 +Y 侧侧板上。

（2）功率处理单元：2 台分别安装在卫星 ±Y 侧侧板上。

（3）滤波单元：4 台分别安装在卫星 ±X 侧底板上。

（4）贮供单元：

① 氙气瓶安装于卫星承力筒气瓶安装板上，承力筒内尺寸为 ϕ1 134×2 000；② 贮供单元的压力调节模块倒装于卫星承力筒内贮供安装板反面；③ 4 台流量调节模块分别安装在卫星底板靠近推力器位置；④ 高压充气阀安装于卫星承力筒外底板上。

（5）霍尔推力器：4 台霍尔推力器分别安装在矢量调节机构安装板上，推力器安装满足推力方向过卫星质心，布局示意图见图 12-1。

（6）矢量调节机构及驱动控制器：① 4 台矢量调节机构安装在卫星结构提供的安装板上；② 1 台驱动控制器安装在卫星 +X 侧底板上。

具体接口通过受控模型和接口数据单明确。

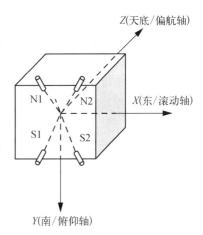

图 12-1　推力器安装示意图

2）电接口

卫星为霍尔电推进系统提供以下供电母线：① 为电推进控制单元提供 1 路 100 V 控制母线；② 为电推进控制单元提供 1 路 28 V 指令母线；③ 为功率处理单元提供 2 路 100 V 控制母线；④ 为功率处理单元提供 1 路 100 V 控制功率母线；⑤ 为矢调驱动控制器提供 1 路 100 V 控制母线；⑥ 上述 100 V 一次母线的电压范围为 95～110 V，安全电压范围 80～120 V；⑦ 电子单机开机浪涌电流上升斜率 $\leqslant 10^6$ A/s；⑧ 霍尔推力器点火时浪涌电流不超过额定工作电流 1.5 倍，上升斜率 $\leqslant 10^6$ A/s。

3）遥控遥测接口

（1）为电推进控制单元提供 1 路 1553B 总线（A、B 冗余），共用 1 个 RT 地址，用于传输控制指令、遥测参数和注入数据。总线指令共 300 条，总线遥测参数 300 条。电推进子系统每周期（根据整星通信协议制定）的遥测数据量不大于 250 字。总线指令 300 条；

（2）电推进控制单元 4 条 OC 指令；

（3）电推进控制单元 2 条矩阵遥测；

（4）电推进控制单元 1553B 总线指令 300 条；

（5）电推进控制单元 1553B 总线遥测 300 条。

4）热接口

霍尔电推进系统可通过控制贮供单元流量调节器温度实现推动调节。通常贮供单元流量调节器热控实施及温控由霍尔电推进系统负责，其余组件的热控实施和温控由热控分系统负责，由霍尔电推进系统提出各组件的温控要求，在此就不一一列举了。

其中有 3 项需要重点关注：

（1）氙气在高密度加注状态下，其压力随温度变化较为剧烈，为避免氙气瓶压力超过设计最大工作压力，需要对氙气瓶温度上限进行控制；

（2）氙气为超临界贮存状态，为防止氙气出现液化情况，要求高压部分管阀件温度控制在 20℃ 以上；

（3）功率处理单元的效率为 93%~95%，系统工作时单机热耗最高将达到约 250~350 W，由热控分系统负责进行散热设计，长时间工作状态下控制安装面温度不高于 40~45℃。

4. 其他要求

通过与总体的迭代和技术交流，航天器对霍尔电推进系统研制除了功能和技术指标之外，还会有一些超出指标外的期望和要求。霍尔电推进系统在研制过程中也需要考虑。此外，航天器总体对霍尔电推进系统的可靠性安全性、环境试验项目和条件、产品保证方面也有具体要求，需要按照具体顶层文件要求实施，在此这部分相关内容就不详细描述了。如某卫星对 300 mN 霍尔电推进系统研制还有以下其他要求。

1）变轨能力要求

电推进系统变轨时间约 240 天，尽量缩短变轨时间。

2）霍尔电推进系统使用模式

电推进系统 5 个常用工况：① 变轨工况 3 个，2 台推力器同步工作，系统功率分别为 10 800 W、9 000 W 和 8 000 W；② 相位保持工况 2 个，单台推力器工作，系统功率分别为 3 000 W 和 2 600 W。

3）加注要求

在发射场完成氙气加注，2 颗卫星同步加注，加注时间 ≤4 天。

4）总装布局要求

气瓶布局设计要尽量降低质心高度，尽可能靠近推力器安装方向，推进剂消耗后质心仍沿 Z 轴方向。

5）抗辐照指标要求

根据卫星设计建造规范和空间辐射效应防护设计指南要求，卫星对元器件抗辐照指标提出较高要求,3 mm 等效铝抗辐照总剂量高达 4.97 kGy。卫星总体还提供了不同等效铝屏蔽厚度下辐射剂量汇总表(对于不同轨道,辐照剂量是有差异的)。具体要求如下:

(1)对于辐射不敏感器件(如:电阻、电容、电感等)和抗辐射总剂量大于等于 1 kGy 的元器件可以直接使用;

(2)对于抗辐射总剂量大于等于 0.5 kGy 但小于 1 kGy 的元器件,如果有充分数据证明每一批次的抗辐射总剂量性能稳定,可以使用,否则需要每一批元器件进行 RVT 试验验证。使用中需要进行抗辐射加固,满足 RDM 不小于 2.5 的要求;

(3)对于抗辐射总剂量大于等于 0.2 kGy 但小于 0.5 kGy 的元器件,原则上不选用。如需选用,必须论证辐射不会影响电路的正常工作,此外必须对每一批此类元器件进行 RVT 试验验证;分析失效模式,同时报总是批注。使用中需要进行抗辐射加固,满足 RDM 不小于 2.5 的要求;

(4)在具有相同设计寿命和轨道类型的飞行器上,尤其是经过相同轨道长寿命卫星成功使用的元器件参照原技术状态,采取相同设计状态,并经过抗辐射能力分析满足本型号要求,可选用;

(5)暴露在卫星结构外部的元器件抗辐射总剂量大于等于 2×10^7 Gy。

12.2 霍尔电推进系统方案研制

12.2.1 方案研制主要内容和流程

霍尔电推进系统方案阶段也称为模样阶段,主要为后续初样和正样研制提供技术基础。方案阶段在对任务特点和任务剖面分析基础上,完成电推进系统方案设计,识别出影响任务成败的关键技术,并在方案研制阶段完成关键技术攻关,开展相关单机模样研制。霍尔电推进系统在方案阶段通常需要完成重要单机模样产品研制,完成系统和单机主要技术指标符合性分析,完成单机间重要接口验证,以及重要单机的寿命评价工作。以某卫星 300 mN 霍尔电推进系统为例,方案阶段研制技术流程见图 12-2,重点工作项目如下。

1. 任务特点分析

依据霍尔电推进系统的研制和使用要求,从技术成熟度、技术复杂性、技术可行性等方面入手,对其任务特点、环境条件、使用状态等方面进行分析,梳理出本次任务所采用新技术的特点、难点和关键点,分析所选用(借用)产品的使用环境、使用状态的适应性。

2. 方案正确性分析

对霍尔电推进系统方案的正确性进行分析,确保方案正确可行,避免在型号后续研制过程中出现方案颠覆或重大反复的情况。主要包括:

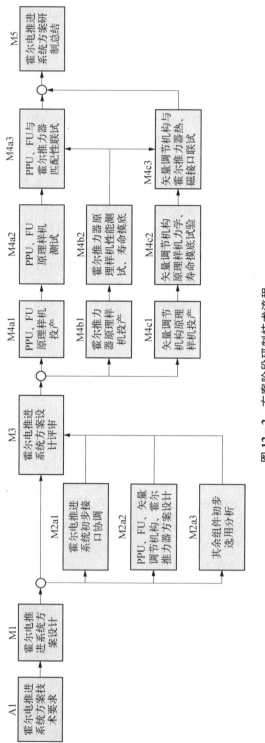

图 12 - 2　方案阶段研制技术流程

（1）关键功能、主要技术指标符合性初步分析。选择满足航天器总体使用技术指标要求的方案设计，包括关键功能、主要使用模式、推力、比冲、质量、功耗、可靠性等。

（2）提出关键技术攻关并识别风险。提出霍尔电推进系统在方案设计阶段需要突破的关键技术，制定关键技术攻关策划并推进实施，识别有无颠覆性技术风险。

（3）方案优选。霍尔电推进系统进行多方案设计并综合评价后，优选出最佳方案。

（4）编制初步研制技术流程和研制计划流程。与航天器总体迭代，初步编制霍尔电推进系统方案阶段研制技术流程和计划流程，识别有无颠覆性的技术验证风险和进度风险。

3. 继承性分析

霍尔电推进系统开展初步方案设计工作，结合任务特点，进行系统方案、系统任务剖面、单机选用、单机继承性、单机产品鉴定状态、单机任务剖面的对比分析。重点关注继承其他相似型号（产品）的成熟技术方案，对飞行剖面及使用环境有变化的型号（产品）进行比对分析。

4. 重点关注"五新"技术分析

方案阶段重点关注新技术、新工艺、新器件、新材料、新产品的技术分析。

新技术：重点关注未经飞行试验考核的新技术，对霍尔电推进系统新技术的可靠性和地面试验验证的充分性要进行分析。

新工艺：重点关注未经飞行验证的新工艺，对新工艺的设计合理性、验证充分性、文件完备性、工艺稳定性进行分析。

新器件、新材料：重点关注未经飞行验证的新器件、新材料，对选用的合理性、验证充分性、使用正确性进行分析。

新产品：重点关注霍尔电推进系统中新产品的功能和性能符合性、可靠性、安全性设计符合性、质量保证符合性、操作符合性等方面进行分析。应对选用的通用产品的成熟等级进行分析，确保选用的通用产品成熟等级满足该阶段研制要求。

5. 技术成熟度分析

方案阶段重点关注包含关键技术的型号（产品），以及设计理论、设计方法或试验方法不成熟的项目。

12.2.2　霍尔电推进方案设计

1. 某卫星 20 mN 霍尔电推进系统

为满足卫星低成本、轻质化研制要求，霍尔电推进系统将电推进控制单元、功率处理单元和滤波单元合并成电推进功率控制单元 1 个单机，属于本任务难点之一。采用模块化贮供设计,直接借用技术成熟的减压阀+Bang-Bang 阀的二级减压方案。该霍尔电推进系统原理图如图 12-3 所示,气路原理图如图 12-4 所示。霍尔电推进系统主要包括电推进功率控制单元、贮供单元和霍尔推力器 3 个部分。

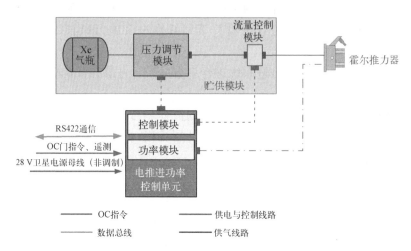

图 12-3 电推进子系统原理图(按功能)

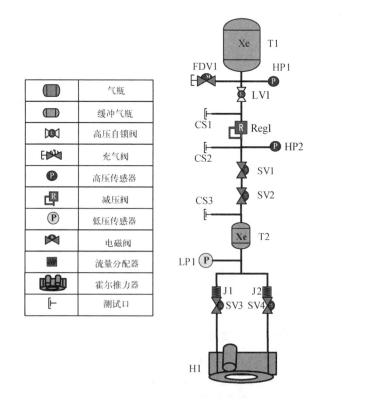

图 12-4 电推进子系统气路原理图

本任务方案阶段研制工作核心在于集成式电推进功率控制单元原理样机、20 mN 霍尔推力器原理样机及上述两个核心单机接口匹配性测试。

2. 某卫星 300 mN 霍尔电推进系统

霍尔电推进系统在方案阶段根据总体提供的研制技术要求开展了方案设计和迭代工作,明确了采用 4 台 300 mN 霍尔推力器技术方案。系统设计和组件可充分继承现有成熟产品,因此不再开展核心单机原理样机研制及其匹配性工作,但是针对系统多工况工作新要求,开展了霍尔推力器性能摸底测试、推力器与功率处理单元匹配性试验。方案阶段完成了以下工作:

(1) 配合总体完成了"姿轨控专项"论证工作,通过论证迭代出系统方案设计,明确了技术路线;

(2) 明确了电推进系统的方案设计,系统组成及产品配套,在轨使用模式等内容;

(3) 完成了功率处理单元、滤波单元、电推进控制器、矢量调节机构等各单机的方案设计工作,完成了部分电性产品或原理样机研制及相关匹配性试验;

(4) 基本明确了电推进系统内外部接口关系;

(5) 完成了电推进系统初步总装布局。

12.2.3　主要单机原理样机研制和匹配试验

1. 某卫星 20 mN 霍尔电推进系统

1) 20 mN 霍尔推力器原理样机研制

方案阶段完成了 20 mN 霍尔推力器原理样机研制和试验,明确了产品技术状态,产品推力、比冲、功耗等重要技术指标均满足任务书要求,产品及点火状态见图 12 - 5。随后开展了寿命摸底试验,基于试验结果对霍尔推力器寿命进行评估,评估结果表明霍尔推力器寿命可满足 2 200 h 指标要求,并据此明确了初样产品技术状态。

图 12 - 5　20 mN 霍尔推力器及其点火状态

2）电推进功率控制单元原理样机研制

方案阶段完成了 PPCU（power processing and control unit）原理样机（电性）产品研制，为节省研制经费和缩短研制周期，电路模块均在成熟产品基础上改装，产品功能和电性能与设计状态一致，不具备力、热试验的能力，主要用于方案设计可行性的试验和验证。

3）匹配点火试验

方案阶段完成了 PPCU 和霍尔推力器两台单机真空舱内点火匹配试验，重点测试了以下内容：① 确定优化的点火方式；② 点火启动可靠性；③ 长时间工作稳定性；④ 流量拉偏状态下启动可靠性和工作稳定性；⑤ 电压拉偏状态下启动可靠性和工作稳定性；⑥ 霍尔推力器启动时推力器输入端冲击特性；⑦ 霍尔推力器启动时功率控制单元输入端母线冲击特性。

试验结果表明两台单机的原理样机点火启动过程可靠，工作过程稳定，启动时冲击较小，并据此确定了初样产品状态。

2. 某卫星 300 mN 霍尔电推进系统

按照研制技术流程，方案阶段完成核心单机的原理样机研制、关键技术攻关和接口匹配性试验等工作，确认系统方案设计合理可行，无颠覆性技术问题等较大风险。

1）PPU 和 FU 电性件研制

方案阶段完成 PPU 和 FU 设计和电性产品研制，为节省研制经费和缩短研制周期，在已有成熟产品基础上改装，功能和电性能与设计状态保持一致，不具备力、热试验的能力，主要用于方案设计可行性的试验和验证。

2）300 mN 霍尔推力器长寿命关键技术攻关及验证

霍尔推力器点火时间寿命主要受到阴极和加速器寿命的影响，霍尔推力器点火次数寿命主要受到阴极寿命的影响。针对 5 kW 推力器使用的 10 A 空心阴极先行开展地面长寿命试验，地面长寿命试验时间和次数均超过任务使用 1.5 倍要求，并继续开展寿命试验进行性能摸底。针对在轨应用时空心阴极核心部组件的加热器反复频繁热冲击的问题，开展了多个子样的空心阴极加热器加热循环次数试验，试验采取拉偏加严考核方式，加热器寿命远超阴极点火次数要求。

300 mN 霍尔推力器采用磁屏蔽技术，采用寿命试验+寿命预估结合的方式进行初步寿命评估，评估寿命远超任务使用要求。

3）PPU+FU+霍尔推力器匹配性试验

方案阶段完成了 PPU 及 FU 电性产品和霍尔推力器多轮次点火联试，开展拉偏工况测试，初步确认 PPU、FU 和霍尔推力器之间匹配性、点火冲击能量水平、点火程序正确性，并据此明确 PPCU 和霍尔推力器初样产品状态。

某点火程序下，300 mN 霍尔推力器 3.7 kW 启动波形见图 12-6，从图中可见，该工况下霍尔推力器启动过程平稳，点火瞬间未见明显电流电压冲击，PPU、FU 和

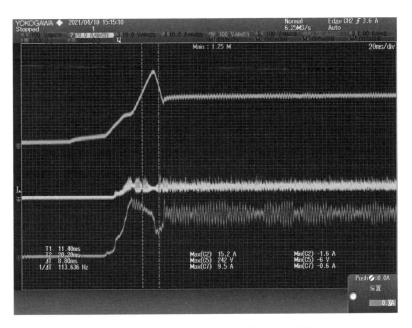

图 12-6 某点火程序 300 mN 推力器启动波形

霍尔推力器匹配性较好。

4）矢量调节机构原理样机研制

方案阶段通过开展矢量调节机构原理样机研制、性能测试、力学仿真、热仿真、力学摸底试验和寿命初步预估。确认了霍尔推力器力学试验条件可覆盖安装面的实测力学响应,初步确认矢量调节机构设计正确合理,并确定了初样产品状态。

矢调调节机构原理样机安装推力器模拟件开展了力学环境试验,试验量级见表 12-3,测点布置见图 12-7。X、Y、Z 三个方向正弦试验时推力器安装面测点响应分析见表 12-4。局部频率有 8#测点响应超过霍尔推力器的鉴定试验量级。但是采用四点平均方法,推力器安装面的响应在则在霍尔推力器的鉴定试验条件包络范围内,霍尔推力器力学环境适应性可以满足使用要求。

表 12-3 矢量调节机构力学摸底试验正弦振动试验条件

	垂直安装面方向(Z)		平行安装面方向(X、Y)	
	频率/Hz	量级/(o-p)	频率/Hz	量级/(o-p)
正弦	5~17	8.58 mm	5~17	8.58 mm
	17~100	10 g	17~100	10 g
	沿安装面三个正交方向,2oct/min 试验过程中各测点视情况进行全频段响应限幅,限幅 28 g			

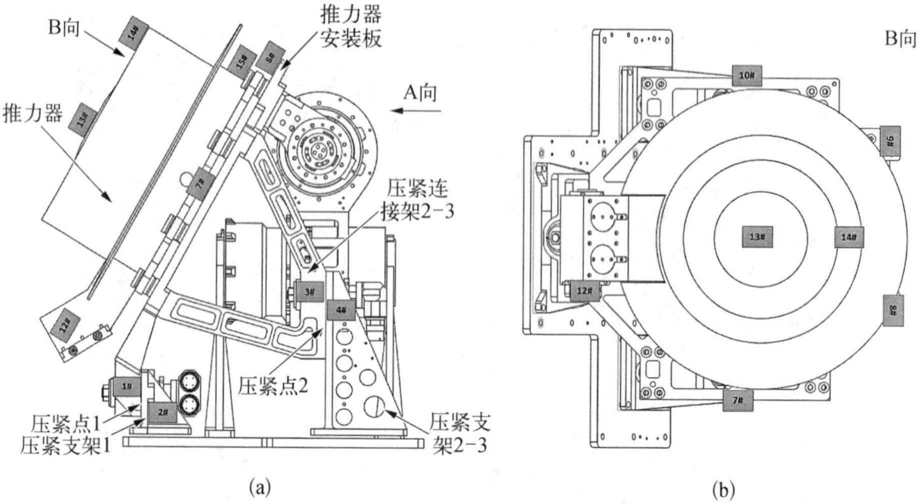

图 12－7　矢量调节机构力学摸底试验测点布置

表 12－4　矢调机构力学试验推力器安装面测点响应分析

序号	正弦试验	测点响应分析				
		项　目	7#	8#	9#	10#
1		力学响应 MAX 点频率/Hz	100	100	100	100
2	X 向 10g	力学响应 MAX 点响应/g	13.350	18.643	12.322	13.685
3		力学响应 MAX 点响应方向	X	X	X	X
4		力学响应 MAX 点频率/Hz	100	100	100	100
5	Y 向 10g	力学响应 MAX 点响应/g	12.401	19.49	13.149	13.224
6		力学响应 MAX 点响应方向	Y	Z	Y	Y
7		力学响应 MAX 点频率/Hz	100	100	100	100
8	Z 向 10g	力学响应 MAX 点响应/g	9.310	9.930	9.055	9.463
9		力学响应 MAX 点响应方向	Y	Y	Y	Y

5）霍尔推力器在轨 5 个工况性能摸底试验

针对系统在轨使用的 5 个工况，推力器开展了性能测试工作，主要测试了 300 mN 霍尔推力器在 5 个工况下推力、比冲等性能指标能够满足使用要求，并对拉偏工况进行了性能测试，测试结果见表 12－5。5 000 W 工况下单次最长连续工作时间长达 128 h，推力器工作 6 h 后温度即已平衡。

表 12 - 5　300 mN 霍尔推力器实测性能

序号	功率 /kW	电压 /V	电流 /A	励磁电流 /A	阳极流量 /sccm	阴极流量 /sccm	推力 /mN	比冲 /s	效率 /%
1	2 000	350	5.71	4×4	72	3	125	1 735	53.2
2	2 300	400	5.75	4.5×4.5	70	3	133	1 897	53.8
3	2 700	450	6	5×5	72	3	147	2 040	54.5
4	3 700	500	7.4	5×5	91	3.7	196	2 155	55.9
5	4 200	500	8.4	5×5	103	4.2	232	2 255	61.0
6	5 000	500	10	5.2×5.2	116	6	278	2 376	64.7

12.3　霍尔电推进系统初样研制

12.3.1　初样研制主要内容和流程

初样研制阶段是在方案阶段的基础上,重点解决全系统产品的工程化问题,对霍尔电推进系统功能、性能及接口进行全面验证,通常可分为 3 个阶段工作。某卫星 300 mN 霍尔全电推进系统初样阶段研制技术流程见图 12 - 8。

1. 初样(详细)设计和工艺方案设计

首先要基于任务书要求,完成重要单机、系统的初样(详细)设计和工艺方案设计,确认系统各项技术指标符合任务书要求,验证系统各项功能可实现性。明确内、外部接口,开展单机级、系统级和整星级试验策划,确定产品和测试设备配套。通过特性分析,充分识别系统关键项目和关重件,充分识别初样研制过程可能存在的风险项目,提出针对性控制措施,并持续关注。

2. 初样产品研制和接口测试

开展单机及系统级产品的生产、装配、测试和试验,交付单机产品通过验收级试验考核,完成性能测试,同批抽检产品通过质量一致性 C 组试验考核,鉴定产品通过鉴定级试验考核。开展系统内、外部接口对接测试,包括机械、供电、通信等接口,初步验证系统内外部接口正确性。进一步地,开展系统级联试和整星级联试,进一步充分验证系统工作匹配性和协调性,验证系统外部接口正确性,完成系统技术指标测试。重点工作项目有以下几项。

1) 各级产品接口的协调性和匹配性分析

重点识别工程系统间的接口、型号内各分系统间接口、分系统内单机产品之间的接口,接口匹配性或协调性复杂、边界条件不清的产品、部位及难以保证系统匹

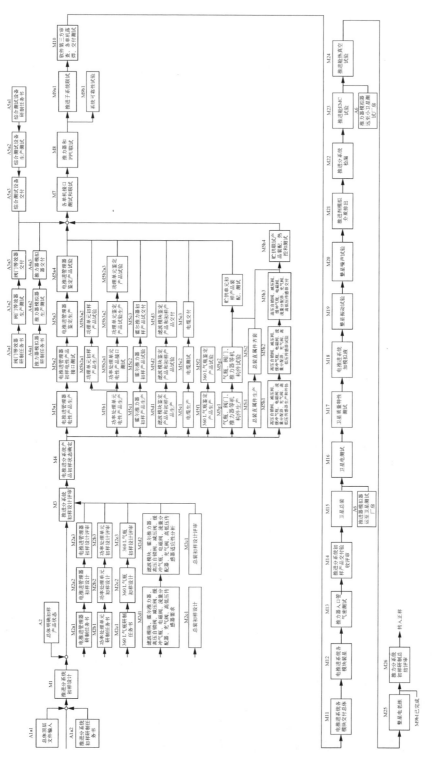

图 12 - 8　初样阶段研制技术流程

配一次成功的项目(或产品)的风险情况。

2) 试验验证和仿真分析的全面性、充分性、有效性分析

重点关注地面试验无法考核或考核不充分,又无法进行仿真模拟和理论计算的项目;地面试验无法考核或考核不充分,虽进行了仿真模拟和理论分析,但仿真模拟和理论分析不能真实模拟实际状态、边界条件或动态环境的项目;型号研制方案阶段试验考核不充分的项目。

3) 环境适应性分析

重点关注首次上天考核的项目,包括力、热、电磁、振动等环境,适应性项目,环境条件和试验还未能覆盖飞行动态环境的项目,未经试验验证和考核的环境条件,环境条件恶化对系统和单机影响的项目。

4) 关键特性的识别和控制

应按照可靠性设计要求,在霍尔电推进分系统、单机产品层面系统梳理和识别影响成败的设计、工艺、过程控制、使用四类关键特性,对新研型号(产品)的四类关键特性要做到100%的分析。产品设计关键特性应重点围绕用户要求、任务保障、系统兼容、环境适应、可靠性、安全性、维修性等方面来分析确定。产品工艺关键特性应重点围绕产品设计关键特性的工艺实现及不可检测项目来确定。产品研制过程控制关键特性应重点围绕产品设计关键特性和工艺关键特性的生产实现来确定。使用关键特性应重点围绕产品贮存、测试、在轨飞行等方面来分析确定。

5) 设计裕度量化分析

重点关注霍尔电推进系统和单机产品围绕关键特性参数,开展设计裕度量化分析工作。在初样阶段结束前,应完成关键特性参数及其裕度的100%验证工作。

6) 单点故障及强制检验点设置充分性和控制有效性分析

霍尔电推进系统需要开展单点故障模式识别与控制工作[2]。对Ⅰ、Ⅱ类单点失效环节要做到100%的识别;对单点失效环节,又是不可检不可测的关键特性要做到100%的量化控制;在产品验收、出厂评审、转阶段评审等重大节点,应对型号各级产品单点故障模式识别的充分性和准确性、强制检验点设置的合理性和控制的有效性进行复查,对于不可接受的残余风险,须制定应对预案并明确其后续控制措施。

7) 抗辐照、抗单粒子防护和供电安全措施有效性分析

抗辐照、单粒子防护分析。在型号和产品设计阶段,应针对任务需求,组织进行空间环境对辐照敏感器件影响的量化分析,组织进行空间环境对单粒子敏感器件(大规模 FPGA、DSP、CPU 等)影响的量化分析,对可能存在的风险,应从器件选用、电路设计、整机设计三个层面,通过硬件、软件和容错等手段主动开展抗单粒子

效应防护设计工作,对所采取的措施应组织进行地面验证。

供配电安全分析。在型号和产品设计阶段,应对二次绝缘、过流保护、母线间的隔离、导线的安全间隙、高压继电器的使用、整星负载短路保护及对母线的影响等进行安全性分析,并提出控制措施和强制性检验要求。

以某卫星 300 mN 霍尔电推进系统为例。按照研制技术流程,初样阶段主要完成初样产品研制和鉴定试验、系统初样产品研制和联试、子系统专项试验、子系统内外部接口测试、配合总体完成初样产品交付和初样阶段整星各项试验等工作。确认系统设计合理性和正确性、内外部接口正确性、主要技术指标符合性、系统工作匹配性和可靠性、软件设计正确性。具体要重点关注并具体实施的项目有:① 电子单机抗辐照、抗单粒子防护确认;② 电子单机供电安全措施有效性确认;③ 四类关键特性识别及控制落实检查;④ 单点故障识别与控制落实检查;⑤ 霍尔推力器的测试和试验;⑥ 功率处理单元的测试和试验;⑦ 氙气瓶的测试和试验;⑧ 功率处理单元和霍尔推力器的点火联试;⑨ 霍尔电推进系统内部接口测试和验证;⑩ 霍尔电推进系统内部联试;⑪ 软件和飞行技术流程测试和验证;⑫ 霍尔电推进系统对外接口点火测试和验证;⑬ 整星级电推进系统(点火)联试;⑭ 整星力、热环境试验霍尔电推进系统及单机的适应性。

3. 初样研制总结

对初样阶段霍尔电推进系统的研制情况进行全面总结,重点对以下几方面给出明确结论:① 霍尔电推进系统功能能否满足任务数要求;② 霍尔电推进系统技术指标能否满足任务书要求;③ 霍尔电推进系统内、外部接口是否正确;④ 初样阶段系统级和单机试验验证是否充分、达到预期目的;⑤ 霍尔电推进系统的可靠性评价和总结。

12.3.2 霍尔电推进初样设计及试验策划

1. 某卫星 300 mN 霍尔电推进系统初样设计

1)初样设计

300 mN 霍尔电推进系统组成框图如图 12-9 所示,系统包括 1 台电推进控制单元、2 台功率处理单元(PPU)、4 台滤波模块、4 台 300 mN 霍尔推力器、1 个贮供单元、4 台矢量调节机构和 1 个驱动控制器组成。贮供单元又可分为贮气模块、压力调节模块和流量控制模块。

电推进控制单元为霍尔电推进系统的控制中心,接受地面指令后,自主控制贮供单元阀门动作,给霍尔推力器提供工作所需的氙气。同时将地面指令或解析后指令发送至功率处理单元,功率处理单元接受指令后,经滤波模块给霍尔推力器供电控制。霍尔推力器为最终执行机构,在供电控制和供气控制下,霍尔推力器点火工作,加速氙气离子并高速喷出,产生推力。

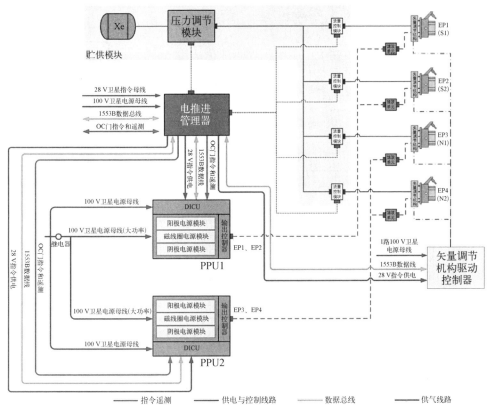

图 12-9　电推进子系统原理框图

霍尔电推进系统气路原理图见图 12-10,主要由推进剂贮供单元和霍尔推力器两部分组成。贮供单元由气瓶、充气阀、压力传感器、自锁阀、机械减压阀、电磁阀、流量分配器及相应管路等组成。贮供单元采用了传统的"减压阀+Bang-Bang控制阀"的二级减压方案,Bang-Bang 阀二级减压采用了双缓冲气罐的设计,具备可靠性高和成对工作推力器推力偏差较强调节能力的优点。

系统在轨使用过程中,打开高压自锁阀 LV1,高压气体经减压阀减压,分别供应给两个供气支路。主份减压阀发生故障时,打开 LV2 和 LV7 切换到备份减压阀工作。下游高压自锁阀 LV3~LV6 提供氙气交叉供应功能,默认是 LV3 和 LV4 保持打开状态,LV5 和 LV6 为关闭状态。当系统需要切换供气支路时,通过调整自锁阀开关状态实现。

(1)氙气瓶压力及容积计算。

总体明确氙气携带量为 480 kg,氙气瓶按照氙气携带量 600 kg 设计。

气瓶容积选取:按气瓶初始温度 20℃,初始压力 7.5 MPa,存贮密度 1.675 kg/L计算,选用 1 个 360 L 气瓶可装载 603 kg 氙气,满足氙气携带量大于 600 kg 的指标

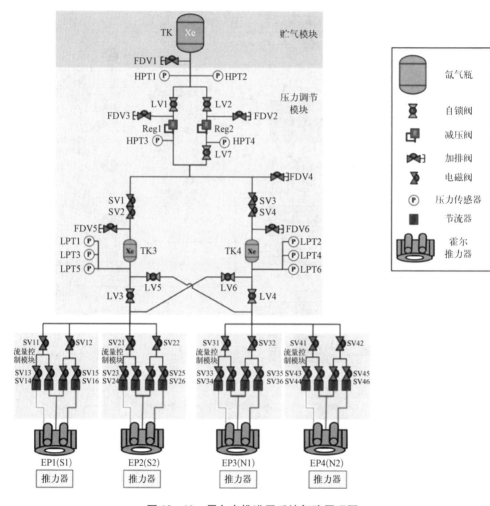

图 12-10　霍尔电推进子系统气路原理图

要求。由于氙气在高密度贮存时压力随温度升高而快速上升,因此将气瓶额定工作压力定为 12.5 MPa。

氙气瓶在不同加注量下的压力随温度变化特性见表 12-6。气瓶在轨贮存温度约为 20~40℃(包覆热控状态),按照入轨初期气瓶氙气携带量 480 kg,按气瓶初始温度 20℃,初始压力 6.4 MPa 计算。在气瓶温度升高至 40℃,气瓶压力将升高至 9.6 MPa,不超过气瓶的最大工作压力。在气瓶温度升高至 58℃,气瓶压力将升高至 12.5 MPa,达到气瓶的最大工作压力。

若按照入轨初期气瓶氙气携带量 600 kg,按气瓶初始温度 20℃,初始压力 7.5 MPa 计算,在气瓶温度升高至 40℃,气瓶压力将升高至 12.5 MPa,达到气瓶的最大工作压力。

表 12 – 6　不同加注量压力随温度特性

序　号	项　　目	加注量 480 kg	加注量 600 kg
1	加注密度/(kg/L)	1. 33	1. 67
2	20℃初始压力/MPa	6. 4	7. 5
3	40℃时压力/MPa	9. 6	12. 5
4	58℃时压力/MPa	12. 5	17. 1
5	温控范围/℃	20~58	20~40

（2）缓冲气罐工作压力及容积。

缓冲气罐为下游的流量调节器提供精确的压力输出,通过调节压力可以实现对流量分档调节。在系统工作时,缓冲气罐压力控制阈值设置为 0. 004 ~ 0. 008 MPa,一个补气周期内,推力器推力波动范围约为 2%~4%,但推力的平均值是较为稳定的。缓冲气罐容积大小与 Bang-Bang 阀的工作寿命次数相关,在系统重量和结构布局允许的情况下,应尽可能增加缓冲气罐容积以减少 Bang-Bang 阀的实际工作次数。经计算,采用 2 只 8 L 缓冲气罐,对应 480 kg 的氙气消耗量,Bang-Bang 阀的工作次数为 6. 9 万~13. 8 万次,低于 Bang-Bang 阀寿命指标要求,且留有足够的裕度。

2）总装布局设计

经过总体迭代,霍尔电推进系统布局设计见图 12 – 11 至图 12 – 14。

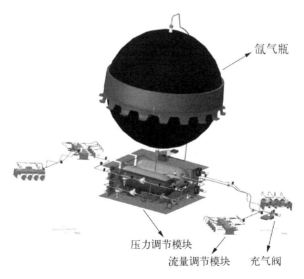

图 12 – 11　电推进子系统布局图

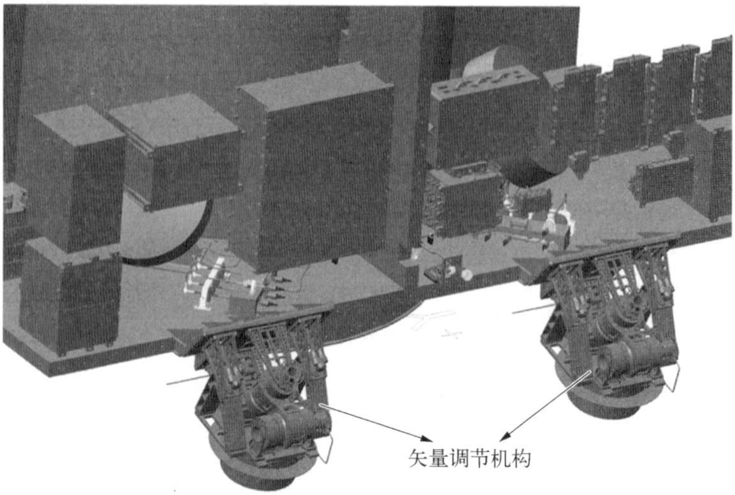

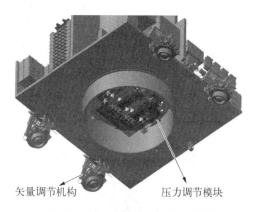

图 12 - 12 充气阀和流量调节模块

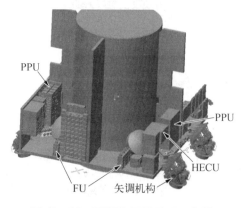

图 12 - 13 压力调节模块布局图

图 12 - 14 HECU、PPU 和 FU 布局

（1）气路布局设计。

为简化和卫星舱体模型，便于开展系统联试工作，贮供单元采用模块化设计。经与总体布局协调确定，贮供单元主要分为以下几个部分：① 360 L 氙气瓶安装于卫星承力筒气瓶安装板上，氙气出口朝下；② 根据总体要求，考虑到加注充气的便利性，用于加注的高压充气阀通过支架安装在卫星承力筒外底板上；③ 为节省整星布局空间，贮供单元的压力调节模块倒装于卫星承力筒内贮供安装板反面；④ 贮供单元的 4 个流量调节模块安装在卫星底板靠近推力器位置；⑤ 考虑到系统联试便利性，模块间供气导管均采用技术成熟、广泛应用的柱塞接头形式，连接可靠，漏率小，更换部分密封件，可以实现多次重复拆装。

（2）其他单机布局设计：① 4 台矢量调节机构和推力器分别安装在 $\pm Y$ 侧安装面上；② 电推进管理器安装在 $+Y$ 侧侧板上；③ 2 台功率处理单元分别安装在 $\pm Y$ 侧板上；④ 4 个滤波单元安装在卫星 $\pm X$ 侧底板上，滤波单元靠近对应推力器安装。

3）抗辐照设计

300 mN 霍尔电推进系统抗辐照指标要求较高，需要重点关注其辐照敏感元器件的选用和抗辐照加固设计。

（1）霍尔推力器。

霍尔推力器安装在卫星舱体外，将直接承受太阳紫外线、带电粒子辐照，这就要求所使用材料、元器件都能够耐受上述辐照考验。按照总体要求，对暴露星外材料和元器件级上进行空间辐照考核，耐电离辐射剂量能力不得小于 2×10^7 Gy。

霍尔推力器所选用的原材料、元器件都符合空间辐射环境要求。导线选取耐空间辐照满足总体要求的南京全信的高压导线，该导线的总辐射剂量指标为 2×10^7 Gy，满足总体对于直接暴露于空间的卫星外表面材料的总辐射剂量要求。

电连接器采用 J599/26GH09aAN/GY‑01 高压电连接器，其耐辐照总剂量为 2×10^7 Gy，满足总体的耐辐射剂量要求。

（2）电子单机。

对于电推进控制单元、功率处理单元和矢调驱动控制器中对空间辐射效具有敏感性的元器件，其抗电离总剂量能力超过 1 kGy 则直接选用。低于 1 kGy 的元器件则采取整机壳体加厚或者钽片局部防护的抗辐照加固措施，电推进控制单元元器件加固后 RDM 值最小为 3.81，功率处理单元元器件加固后 RDM 值最小为 2.5，矢调驱动控制器元器件加固后 RDM 值最小为 2.56，要求满足 RDM≥2.5 的要求。

12.3.3　霍尔电推进系统内外部接口验证

300 mN 霍尔电推进系统各模块对外接口关系和内部模块间接口复杂，详见表 12‑7，信息流见图 12‑15。

表 12-7　霍尔电推进子系统各单机及与卫星接口关系

	霍尔推力器	贮供单元	电推进管理器	功率处理单元	滤波模块	矢量调节机构	驱动控制器	卫星平台
霍尔推力器	/	机械接口（气路，间接）	/	电接口（间接）	电接口（直接）	机械接口（气路、安装）热接口（主要）	/	热接口（次要）
贮供单元	机械接口（气路，间接）	/	电接口	/	/	机械接口（气路）	/	机械接口（安装）热接口
电推进管理器	/	电接口	/	电接口 通信接口	/	/	通信接口	机械接口（安装）电接口 通信接口
功率处理单元	电接口（间接）	/	电接口 通信接口	/	电接口	/	/	机械接口（安装）电接口 热接口
滤波模块	电接口（直接）	/	/	电接口	/	/	/	热接口 机械接口（安装）
矢量调节机构	机械接口（气路、安装）热接口（主要）	机械接口（气路）	/	/	/	/	电接口	热接口 机械接口（安装）
驱动控制器	/	/	通信接口	/	/	电接口	/	电接口 热接口
卫星平台	热接口（次要）	机械接口（安装）热接口	机械接口（安装）电接口 通信接口	机械接口（安装）电接口 热接口	热接口 机械接口（安装）	热接口 机械接口（安装）	电接口 热接口	/

　　霍尔电推进系统为充分验证内、外部接口匹配性，开展了大量的半系统、系统级、整星级的联试，重点关注的试验项目汇总相见表 12-8。

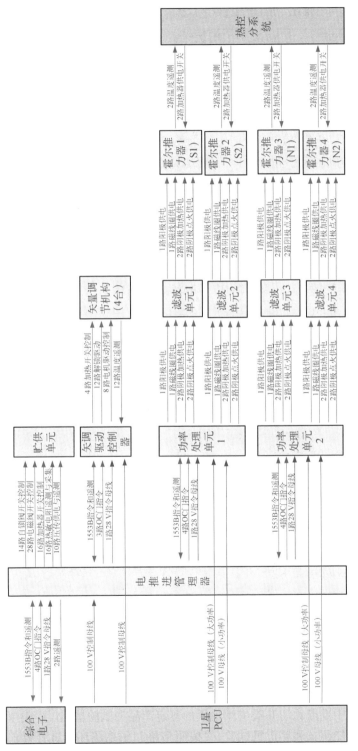

图 12-15　电推进子系统信息流

表 12-8　霍尔电推进系统重点关注试验项目汇总

序号	试 验 项 目	试验目的和内容	配套设备
单机试验			
1	PPU 高温加速寿命试验 低气压放电试验	PPU 长期工作可靠性及寿命评价	鉴定
2	霍尔推力器寿命试验	寿命试验及评估	鉴定
3	霍尔推力器寿命点火测试	100 h 点火测试	正样
4	矢量调节机构寿命试验	寿命试验	
子系统级试验			
1	"PPU+矢调"热接口测试	热接口验证	点火测试
2	HECU 和 PPU 接口测试	通信测试	
3	HECU 和贮供单元接口及功能测试	通信测试和控制测试	阀门等效器
4	HECU 与矢调驱动控制器接口测试	通信测试	
5	"PPU+FU+霍尔推力器"联试	500 h 点火验证工作可靠性	点火测试
6	系统联试	验证整个系统工作匹配性	等效器 点火测试
7	系统工作调试	系统工作优化,矢调指向、推力偏差调节	等效器 点火测试
整星级试验			
1	HECU 与整星接口测试	电接口和通信测试	
2	PPU 与整星接口测试	电接口测试	推力器等效器
3	矢调驱动控制器与整星接口测试	电接口测试	
4	"PCU+PPU+FU+霍尔推力"器联试	PPU 和 PCU 电接口测试	点火测试
5	PPU 热接口测试	验证热真空下 PPU 跟热控接口设计正确性	推力器等效器

12.3.4　霍尔电推进系统单机研制

初样设计阶段对 HECU、PPU、霍尔推力器、矢量调节机构、氙气瓶等重要单机的热设计和热仿真分析,力学仿真分析和摸底试验等工作,在初样设计初期避免力、热接口出现颠覆性问题。

研制过程中重点关注 C 类继承单机的鉴定产品和试验情况。C 类单机鉴定产品完成各项性能测试和鉴定级试验,并按照整星和子系统环境试验要求完成相关的环境试验考核。包括力学试验、热真空试验、热循环试验、EMC 试验、低气压放电、静电放电试验、寿命试验、老练试验等,确认技术指标符合性、环境试验性、寿命(可靠性)满足技术指标要求。

1. 单机环境与可靠性试验

300 mN 霍尔电推进系统使用的组件均为成熟技术产品或继承性较好的产品,成熟组件产品的设计状态、环境试验项目和条件等均形成了成熟的规范,在产品研制过程中,均按照各自技术条件通过鉴定试验,考核了各组件的寿命和可靠性。新研制的组件则需根据本任务要求开展相应环境与可靠性试验。霍尔电推进系统产品环境与可靠性试验项目见表 12-9。

表 12-9　某卫星电推进子系统产品环境与可靠性试验项目计划表

试验项目	环境应力筛选	高温老练	正弦振动试验	随机振动试验	加速度试验	冲击试验	压力试验	热真空试验	热循环试验	低气压放电试验	静电放电试验	磁测试	电磁兼容试验	检漏
气瓶			Q/A	Q/A	Q/A		Q/A	Q/A						Q/A
充气阀			Q/A	Q/A		Q/A	Q/A	Q/A	Q/A					Q/A
高压自锁阀			Q/A	Q/A		Q/A	Q/A	Q/A				Q		Q/A
电磁阀			Q/A	Q/A		Q/A	Q/A	Q/A				Q		Q/A
缓冲气瓶			Q/A	Q		Q	Q/A							Q/A
压力传感器	Q/A	Q/A	Q/A	Q/A		Q/A	Q/A	Q/A		Q/A			A	Q/A
电推管理器		A	Q/A	Q/A	Q	Q/A		Q/A	Q/A	Q	Q/A		Q	
功率处理单元		A	Q/A	Q/A	Q	Q/A		Q/A	Q/A	Q	Q/A		Q	
滤波单元		A	Q/A	Q/A	Q	Q/A		Q/A	Q/A	Q	Q/A		Q	
矢量调节机构			Q	Q	Q	Q		Q						
矢调驱动控制器		A	Q/A	Q/A	Q	Q/A		Q/A	Q/A	Q	Q/A		Q	
霍尔推力器			Q	Q/A		Q/A		Q/A						Q/A

注: Q 表示鉴定级试验;A 表示验收级试验。

2. 霍尔推力器研制及寿命试验

霍尔推力器作为霍尔电推进系统的核心单机,除了按照技术要求开展测试和可靠性试验外,最主要关注鉴定试验或者批抽检试验中寿命试验的完成情况。霍尔推力器根据其在空间任务工作寿命指标要求,在地面完成工作寿命试验,也就是按照产品实际工作参数要求进行 1∶1 工况的全周期寿命试验,在试验中每隔一段时间对推力、运行参数、型面等参数进行测量[3]。

（1）某80 mN霍尔推力器初样阶段完成2台长寿命试验，1台完成9 240 h点火，1台完成3 000次、8 240 h点火，试验结束时推力器仍工作正常，预计寿命在10 000 h以上；

（2）某40 mN霍尔推力器初样阶段完成2台长寿命试验，1台完成2 500 h点火，1台完成2 000次、3 500 h点火，试验结束时推力器仍工作正常，预计寿命在4 000 h以上；

（3）某20 mN霍尔推力器初样阶段完成2台长寿命试验，1台完成2 000 h点火，1台完成2 000次、2 500 h点火，试验结束时推力器仍工作正常，预计寿命在3 000 h以上。

当受到进度、经费等因素制约，或者研制初期需要快速对寿命进行评估以确定技术状态时，在积累一定试验子样情况下，也可采用寿命试验和预估替代方案。某300 mN霍尔推力器需要在初样阶段研制初期完成寿命的评价，以确定产品技术状态。采用2 000 h寿命试验结合寿命预估的方法，根据放电室壁削蚀速率采用经验公式评估霍尔推力器寿命可达20 000 h以上。

3. 电推进控制单元

开展电推进控制单元初样产品研制，完成各项性能测试和鉴定级试验，并按照整星和子系统环境试验要求完成相关的环境试验考核。包括力学试验、热真空试验、热循环试验、EMC试验、低气压放电、老练试验等。

HECU是整个电推进子系统的控制中心，重点测试和验证了其通信接口正确性、控制极性正确性，自主程序执行的正确性，故障处理正确性等项目。

4. 功率处理单元研制

开展功率处理单元初样产品研制，完成各项性能测试和鉴定级试验，并按照整星和子系统环境试验要求完成相关的环境试验考核。包括力学试验、热真空试验（负载）、热循环试验、EMC试验、低气压放电、老练试验等。

由于功率处理单元的高电压和大功率设计，一旦出现故障会危及整星供电和人员安全，因此需要重点试验验证了其供电接口正确性、寿命试验和低气压放电试验，寿命试验参照电子单机通用做法采用高温加速寿命试验。

5. 矢量调节机构研制

开展矢量调节初样产品研制，完成各项性能测试和鉴定级试验，并按照整星和子系统环境试验要求完成相关的环境试验考核，包括力学试验、热真空试验、热循环试验、寿命试验等。最主要关注鉴定试验或者批抽检试验中转动寿命试验的完成情况。某型号矢量调节机构两轴均完成了20 000次寿命试验考核。

由于矢量调节机构是霍尔推力器矢量指向的控制机构，同时也为霍尔推力器提供安装接口，其失效给电推进子系统和整星带来的功能和性能影响比PPU更为严重。因此需要重点试验验证了其力学环境适应性和推力器安装面力学条件、与霍尔推力器的热接口验证、导线和导管防钩挂的确认、转动寿命试验等项目。

6. 360 L 氙气瓶研制

开展电推进控制单元初样产品研制,完成各项性能测试和鉴定级试验,并按照整星和子系统环境试验要求完成相关的环境试验考核。包括力学试验、热真空试验、热循环试验、验证压力试验、爆破压力试验、抽真空试验、压力循环寿命试验等。

氙气瓶为高压压力容器,储存有电推进子系统工作所需的所有工质,是整星可靠性和安全性重点关注项目之一。重点试验验证了其环境试验性、液压强度试验、寿命(可靠性)等项目。

12.3.5　霍尔电推进系统联试

1. 某卫星 300 mN 霍尔电推进系统

1) 系统级试验

初样阶段开展了以下 6 项系统级试验。

(1) 电推进系统"PPU+FU+霍尔推力器"鉴定产品匹配性试验。

初样阶段完成了"PPU+FU+霍尔推力器"鉴定产品点火联试,开展拉偏工况测试,最终确认 PPU、FU 和霍尔推力器之间匹配性、点火冲击能量水平、点火程序正确性和软件设计正确性,并最终明确 PPU、FU 和霍尔推力器正样产品状态。

(2) 电推进系统"HECU+PPU+FU+霍尔推力器"鉴定产品匹配性试验。

初样阶段完成了"HECU+PPU+FU+霍尔推力器"鉴定产品点火联试,确认点火状态下 HECU 和 PPU 之间通信接口正确性,确认点火程序设计合理性和正确性。

(3) HECU 和 PPU、HECU 和矢量调节机构控制器通信对接测试。

(4) "霍尔推力器+矢量调节机构"力学环境试验和联合点火试验。

(5) 电推进系统联试。

初样阶段开展了完整子系统的联试,验证系统内部各单机之间接口正确性,工作匹配性和协调性,参数设计合理性,软件设计正确性。主要联试项目有:① 各单机之间接口和功能测试;② 系统单步工作测试;③ 系统在轨自主程序测试;④ 系统在轨故障检测和处理功能测试;⑤ 拉偏工作测试。

(6) 系统工作调试。

初样阶段开展全系统工作调试试验,结合姿轨控分系统就在轨矢调指向、推力控制策略进行测试验证。

(7) 电推进系统"PPU+FU+霍尔推力器"可靠性试验。

初样阶段完成"PPU+FU+霍尔推力器"鉴定产品 500~1 000 h 可靠性点火试验,验证电推进系统在轨工作稳定性和可靠性。

2）整星级联试

初样阶段策划了以下 7 项整星级试验：

（1）电推进管理器与整星接口测试。

（2）功率处理单元与整星接口测试。

（3）矢调驱动控制器与整星接口测试（星上展开试验）。

初样阶段整星力学试验后开展矢量调节机构整星展开试验，确认矢量调节机构力学试验后可靠性及防钩挂设计正确性。

（4）PPU 热接口测试（整星热真空试验开展）。

（5）"PCU+PPU+FU+霍尔推力器"联试。

（6）"卫星综合电子+PCU+霍尔电推进系统"点火联试。

初样阶段开展了电推进系统对整星供电、通信接口验证测试，即开展"整星电源（PCU 和蓄电池）+综合电子+霍尔电推进系统"等点火联试，开展拉偏工况测试，获取了电推进系统点火启动及工作过程中母线电流冲击特性和通信信号特性，确认电推进子系统与整星供电和通信接口的匹配性和正确性、点火程序正确性和软件设计正确性，并最终明确电推进系统正样产品状态。

（7）卫星满载和空载力学试验（氙气瓶加排模拟液）。

3）"整星 PCU+PPU+FU+霍尔推力器"联试情况

以"整星 PCU+PPU+FU+霍尔推力器"联试情况为例说明霍尔电推进系统的联试开展情况。

为验证霍尔推力器点火启动和点火过程中 PCU 和 PPU 之间电接口匹配性，开展 PCU 带电推进负载的联合点火的功能测试，测量点火启动时 PCU 输出母线的冲击特性，测量点火启动过程及点火过程中 PCU 输出母线电压和纹波特性，测试验证电推配电器配电功能，平台配电器 42 V 母线的纹波和冲击特性。

点火工况包括 4.2 kW/3.7 kW/2.7 kW/2.3 kW/5.0 kW（霍尔推力器）共 5 个工况，覆盖电推力器在轨全部工况和推力器最大功率情况。4.2 kW 工况长时间点火测试，测试至推力器温度平衡（约 6 小时），其他工况测试至推力器点火稳定。试验过程中采用 PCU 接 1 台 PPU 等效器状态下，测量各工况下点火启动时 PPU 供电母线的冲击特性，点火过程中电压、电流、电压纹波特性等。

参试产品包括 1 台 PCU、1 台电推配电器、1 台平台配电器、1 台 PPU、1 台 FU 和 1 台霍尔推力器，参试设备包括 6 台太阳电池阵模拟器、1 台 PPU 等效器、1 台 PPU 上位机、1 套地面供气系统、5 kW 电子负载和 2 台示波器等。霍尔推力器安装在真空舱内，采用地面供气系统给推力器供气，通过 PPU 给霍尔推力器供电，PPU 通过 PCU 和电推进配电器供电，PCU 通过地面方阵供电。PPU 输出通过上位机模拟器控制。

星载计算机、PCU、PPU、霍尔推力器第一阶段联合点火试验设备连接原理图如图 12－16 所示，联试流程见图 12－17。电推进放置于真空舱内，电推进供气及

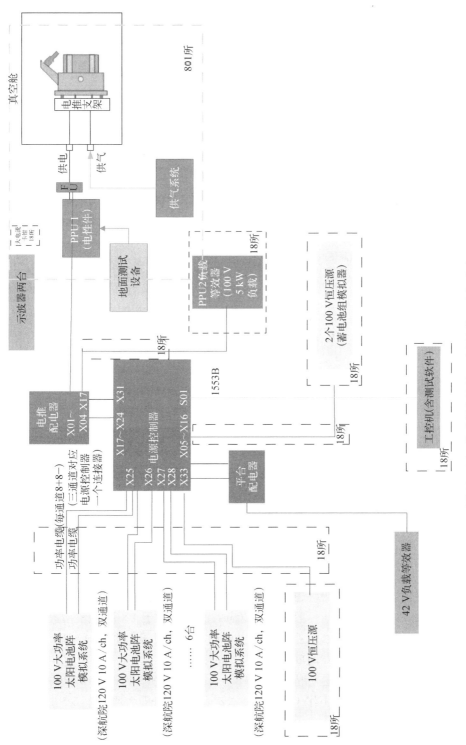

图 12 - 16　参试设备连接示意图(第一阶段试验)

流量调节由地面供气系统实现。地面方阵电源模拟帆板为系统供电。PCU 对方阵供电进行处理后,通过电推配电器单独为 PPU 提供 100 V 功率母线。图 12-18 为 4.15 kW 工况点火测试波形,图 12-19 为 5.0 kW 工况点火测试波形。

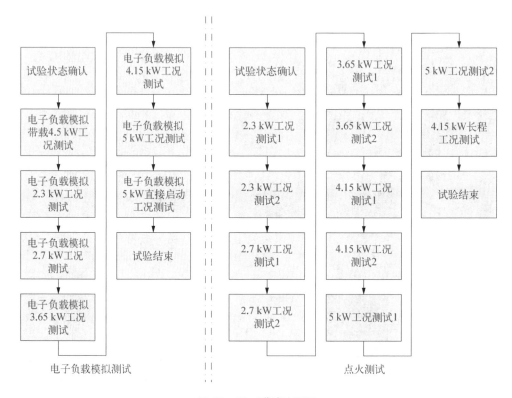

图 12-17 联试流程图

舱内设备与舱外设备通过专用电缆经过真空舱法兰相连。

"PCU+PPU+FU+推力器"第一阶段联试工作得出以下结论:

(1) 各工况下各单机均工作正常,充分验证了各单机之间接口协调、匹配。

(2) 各工况下推力器启动时对母线最大冲击电流为 35 A(出现在 5 kW 工况),对于在轨工作工况最大冲击电流为 32 A(出现在 4.15 kW 工况),均满足不超过 50 A 要求;冲击持续时间一般在 16~30 ms,满足不大于 100 ms 要求,浪涌上升斜率均满足小于 10^6 A/s 要求;推力器点火启动冲击和电子负载测试相比,启动冲击特性(母线冲击电流、持续时间等)基本一致。

(3) 4.15 kW 是在轨主工况,进行的 6 h 长程试验考核期间 PCU、PPU、FU 和推力器均工作正常。PPU 工作 1.5 h 后基本达到热稳态,推力器工作 2.5 h 后基本达到热稳态。

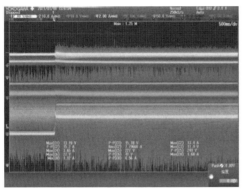

(a) 启动时阳极电压电流波形

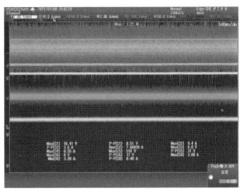

(b) 稳态工作时阳极电压电流波形

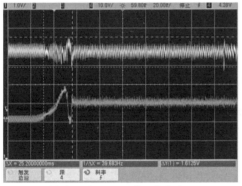

(c) 启动时PPU母线电压电流波形

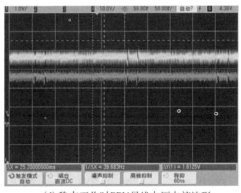

(d) 稳态工作时PPU母线电压电流波形

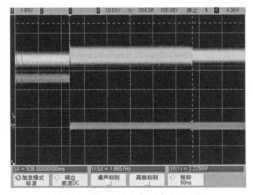

(e) 关机时PPU母线电压电流波形

图 12-18　4.15 kW 工况点火测试波形

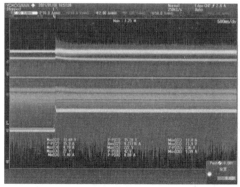

(a) 启动时阳极电压电流波形

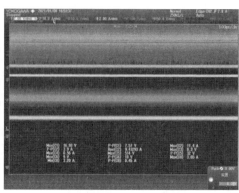

(b) 稳态工作时阳极电压电流波形

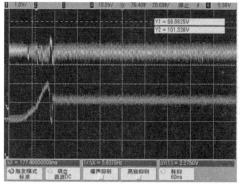

(c) 启动时PPU母线电压电流波形

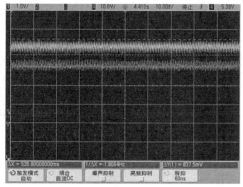

(d) 稳态工作时PPU母线电压电流波形

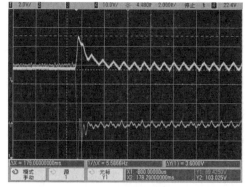

(e) 关机时PPU母线电压电流波形

图 12-19　5.0 kW 工况点火测试波形

（4）PPU 母线电压。

① 推力器启动时母线电压波动峰峰值约为 4 V，半峰值约为 2 V，出现在 5 kW 工况，在轨工作工况最大值约为 2.14 V，出现在 2.7 kW 工况；

② 推力器工作过程中母线电压波动峰峰值约为 0.975 V，满足要求；

③ 推力器关机时，母线电压波动峰峰值约为 3.6 V，出现在 5 kW 工况额，在轨工况最大值约为 2.35 V，出现在 3.65 kW 工况。

2. 某卫星 20 mN 霍尔电推进系统

1）系统级试验

初样阶段开展了 PPCU 鉴定和霍尔推力器鉴定产品点火联试，开展拉偏工况测试，最终确认 PPCU 和霍尔推力器之间匹配性、点火冲击能量水平、点火程序正确性和软件设计正确性，以最终明确 PPCU 和霍尔推力器正样产品状态。图 12‑20 为 PPCU 和霍尔推力器鉴定产品点火测试波形。

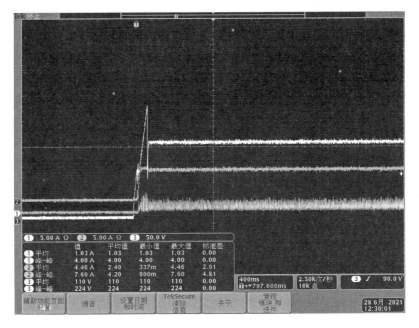

图 12‑20　PPCU 和霍尔推力器鉴定产品点火测试波形

2）整星级联试

初样阶段开展了霍尔电推进系统对整星供电、通信接口验证测试，即开展"PPCU 鉴定件+霍尔推力器鉴定产品+整星电源+综合电子"等点火联试，开展拉偏工况测试，获取电推进子系统点火启动及工作过程中母线电流冲击特性和通信信号特性，确认 PPCU 与整星供电和通信接口的匹配性、正确性，点火程序正确性和软件设计正确性，并最终明确 PPCU 和霍尔推力器正样产品状态。

12.3.6　霍尔电推进系统可靠性试验

为验证霍尔电推进系工作可靠性,综合考虑进度和成本,针对核心单机开展半系统级或系统级长寿命点火联试,充分考核核心单机长时间工作的匹配性和稳定性。

(1)某卫星 300 mN 霍尔电推进系统开展了"PPU+FU+霍尔推力器"100 次点火 515 h 的地面可靠性试验。

(2)某航天器 80 mN 霍尔电推进系统开展了"PPU+FU+霍尔推力器"1 000 次点火 1 200 h 的地面可靠性试验。

(3)某卫星 20 mN 霍尔电推进系统开展了"PPCU+霍尔推力器"1 000 次 420 h 的地面可靠性试验。

12.3.7　航天器主要载荷电磁兼容点火测试

某卫星研制过程中,为充分评估 20 mN 霍尔电推进系统与卫星其他系统电磁兼容性,特开展霍尔电推进在真空工作状态下点火浪涌测试、RE102 测试和对卫星无线射频链路影响测试。

1. 试验产品及设备

功率控制单元为鉴定状态,推力器为初样产品,测试过程中 PPCU 与推力器之间互联线缆为测试线缆,线缆经过包铜箔屏蔽处理。测试列表见表 12 - 10。

表 12 - 10　测试设备列表

序　号	设 备 名 称	数　量	用　　途
1	频谱分析仪	1	RE102 及链路影响分析
2	低噪声放大器	1	RE102 及链路影响分析
3	GPS 天线	2	RE102 及链路影响分析
4	测控天线	2	RE102 及链路影响分析
5	载荷测试天线	2	RE102 及链路影响分析
6	信号源	1	链路影响分析
7	矢量网络分析仪	1	链路影响分析
8	示波器	1	浪涌测试
9	电流钳	1	浪涌测试
10	射频线缆	6	用于 L 和 S 频段测试
11	射频线缆	3	用于 Ka 频段测试

续　表

序　号	设 备 名 称	数　量	用　途
12	天线支架	2	用于摆放测试天线
13	笔记本电脑	1	

2. 试验项目

1）浪涌测试

测量 PPCU 上电和阳极点火时母线浪涌。

2）RE102 项目测试

需进行测试频段见表 12-11 所示,主要进行导航频段和测控频段测试,载荷工作频段不做指标要求。

表 12-11　RE102 关注频段及测试表格

序号	频　段	限　值	灵敏度	测试天线增益	干扰能量限值	测试天线接收干扰能量	备注
1	1 550~1 600 MHz	10 dBuV/m	−160 dBW	5 dB	−146 dBW		导航
2	2 025~2 100 MHz	33 dBuV/m	−134 dBW	5 dB	−135 dBW		测控收
3	24. 45~24. 75 GHz		−149 dBW				星间收
4	26~27 GHz		−149 dBW				星间收
5	28. 6~31 GHz		−142 dBW				星地收
6	29. 75~30. 25 GHz		−153 dBW				宽波束

3）无线链路影响分析测试

需进行链路影响分析的频段见表 12-12 所示。

表 12-12　射频链路影响及测试表格

序号	频　段	电推点火前无线链路衰减及相位误差信息	电推点火后无线链路衰减及相位误差信息	备　注
1	1 550~1 600 MHz			导航
2	2 025~2 100 MHz			测控收
3	24. 45~24. 75 GHz			星间收

续　表

序号	频　段	电推点火前无线链路衰减及相位误差信息	电推点火后无线链路衰减及相位误差信息	备　注
4	26~27 GHz			星间收
5	28.6~31 GHz			星地收
6	29.75~30.25 GHz			宽波束

3. 试验结果

1）浪涌测试

PPCU 上电浪涌曲线见图 12-21，PPCU 上电浪涌为 13 A，持续时间小于 5 ms。

PPCU 上电浪涌曲线见图 12-22，阳极点火浪涌为 6 A，持续时间小于 5 ms。

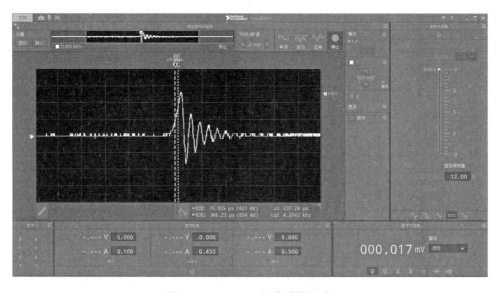

图 12-21　PPCU 加电浪涌测试

2）RE102 项目测试

测试场景布置见图 12-23 至图 12-26。

测试了推力器在点火过程中在导航频段、测控频段和载荷工作频段的电磁辐射发射情况。在三个频段内，推力器点火都未出现辐射干扰信号。

在导航和测控频段测试设备连接情况见图 12-27，测试天线在 1~3 GHz 频段增益为 8 dBi、导航天线和测控天线增益为 5 dBi，线损小于 8 dB，低噪放增益 30 dB（1~3 GHz）。

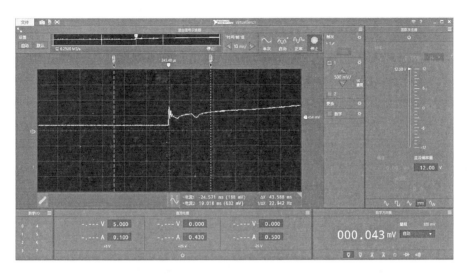

图 12 - 22　阳极点火浪涌测试

图 12 - 23　测试天线场景布置

图 12 - 24　导航天线场景布置　　图 12 - 25　测控天线场景布置

图 12-27　测试设备连接示意图

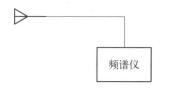

图 12-26　载荷天线场景布置　　　图 12-28　测试设备连接示意图

　　载荷测试频段连接关系见图 12-28,测试天线在 24~30 GHz 频段增益为 13 dBi,线损小于 16 dB。

　　3)无线链路影响分析测试

　　测试了推力器羽流在点火过程中在导航频段、测控频段和载荷工作频段对无线链路的影响情况。

　　导航天线场景布置见图 12-29,导航无线链路横穿羽流的测试过程中,经过点火前后 S21 参数对比发现,衰减幅值受羽流影响约 3 dB、时延减少约 0.2 纳秒。

　　载荷无线链路场景布置见图 12-30,在载荷无线链路横穿羽流的测试过程中,经过点火前后 S21 参数对比发现,经多次测试后发现衰减幅值、时延不受羽流影响。

图 12-29　导航天线场景布置　　　图 12-30　载荷无线链路场景布置

12.3.8　霍尔电推进系统试验项目及配套设备

　　霍尔电推进系统在各研制阶段开展的主要试验项目及主要配套设备汇总见表 12-13。在系统级试验时需要用到综合测试设备(含上位机模拟器、多通道示波

表 12-13　推进子系统各阶段试验项目及主要配套设备汇总表

序号	测试阶段	试验产品	性能测试	电测试	气密压力试验	力学环境	热试验	寿命试验*	低气压放电	静电放电	系统联试	其他	配气设备	检漏设备	电测设备	振动台	热试验设备	真空烘箱	电推试验舱	其他
1	初样阶段	功率处理单元	√	√		√	√				√					√	√			综合测试设备,霍尔推力器等效器,测试电缆
2		滤波单元	√	√		√	√	√		√	√				√	√	√			霍尔推力器等效器,测试电缆
3		电推进管理器	√	√		√	√				√				√	√	√			综合测试设备,阀门压降等效器,测试电缆
4	电推组件研制	300 mN 霍尔推力器	√	√		√	√	√		√	√	阴极性能测试、羽流角测试推力架	√						√	阴极试验舱,羽流专用测试设备,推力架设备
5		360 L 复合材料气瓶	√		√	√		√	√			高温液压强度测试	√	√				√		
6		8 L 铝合金气瓶	√		√	√	√	√					√	√			√	√		
7		充气阀	√		√	√	√	√					√	√			√	√		
8		减压阀	√		√	√	√	√				氦冲击、压力特性测试	√	√			√	√		氦冲击试验台,压力特性测试台
9		高压自锁阀	√	√	√	√	√	√					√	√	√		√	√		寿命测试设备
10		电磁阀	√	√	√	√	√	√					√	√	√		√	√		寿命测试设备
11		高压压力传感器	√	√	√	√	√	√		√			√	√	√		√	√		

续表

序号	测试阶段	试验产品	试验项目											主要配套设备							
			性能测试	电测试	气密试验	压力试验	力学环境	热试验	寿命试验*	低气压放电	静电放电	系统联试	其他	配气设备	检漏设备	电测设备	振动台	热试验设备	真空烘箱	电推试验舱	其他
12	电推组件研制	低压力传感器	√	√	√	√	√	√	√	√	√			√	√	√	√	√	√		
13		流量分配器	√		√	√						√	与推力器联试	√	√				√	√	流量测试设备
14		电缆		√			√	√	√							√	√	√			
15	系统测试	电推进	√		√	√	√	√	√	√	√	√	推力器与PPU联试,系统联试	√	√	√	√	√	√	√	综合测试设备,霍尔推力器等效器,阀门压传效器,氙气加注设备,EMC测试专用设备,测试电缆
16	整星测试	电推进	√	√			√	√	√			√	力学试验加推模拟液,热真空模拟点火	√	√						加注泄出设备,霍尔推力器等效器,测试电缆
												正样阶段									
17	电推组件研制	功率处理单元	√	√	√	√	√	√	√	√	√	√		√	√	√	√	√			综合测试设备,霍尔推力器等效器,测试电缆
18		滤波单元	√	√	√	√	√	√	√	√	√	√		√	√	√	√	√			推力器模拟负载,测试电缆
19		电推进管理器	√	√	√	√	√	√	√	√	√	√		√	√	√	√	√			综合测试设备,测试电缆
20		300 mN霍尔推力器	√				√	√	√				阴极性能测试,羽流角测试推力架	√	√	√	√			√	阴极试验舱,羽流专用测试设备,推力架设备
21		360 L复合材料气瓶	√				√	√	√					√	√			√	√		

续表

序号	测试阶段	试验产品	试验项目											主要配套设备							
			性能测试	电测试	气密	压力试验	力学环境	热试验	寿命试验*	低气压放电	静电放电	系统联试	其他	配气设备	检漏设备	电测设备	振动台	热试验设备	真空烘箱	电推试验舱	其他
22		8 L 铝合金气瓶	√						√					√	√				√		
23		充气阀	√		√	√	√	√	√					√	√		√	√	√		
24		减压阀	√		√	√	√	√	√				氦冲击,压力特性测试	√	√		√	√	√		氦冲击试验台,压力特性测试台
25	电推组件研制	高压自锁阀	√		√	√	√	√	√					√	√		√	√	√		寿命测试设备
26		电磁阀	√		√	√	√	√	√	√	√			√	√		√	√	√		寿命测试设备
27		高压压力传感器	√		√	√	√	√		√	√			√	√		√		√		
28		低压压力传感器	√		√	√	√	√		√	√			√	√		√		√		
29		流量分配器	√		√	√	√	√				√	与推力器联试	√	√		√	√	√		流量测试设备
30		电缆	√	√			√	√						√		√	√	√			
31	系统测试	电推进		√	√		√					√	推力器与 PPU 联试,系统联试	√	√	√	√			√	综合测试设备,霍尔推力器等效器,阀门压等效器,氙气加注设备,测试电缆
32	整星测试	电推进	√	√	√		√	√				√	热真空模拟点火	√	√	√			√		霍尔推力器等效器,测试电缆

注: *为寿命试验为组件鉴定件或批抽产品检验试验项目。

器、电子负载、故障模拟器、测试电缆等）、霍尔推力器等效器、阀门压传等效器、氙气加注设备,需要同步策划研制。

12.3.9 霍尔电推进系统软件研制

霍尔电推进系统一般通过控制单元(模块)来实现与上位机通信、对系统各单机的控制、自主飞行流程逻辑控制、数据采集和故障检测处理功能。控制单元配置有 CPU 控制软件,该软件开发活动依照软件工程化体系文件要求开展。

根据任务软件的开发特点和《生命周期模型选择及裁剪指南》要求,软件结构明确,因此选用瀑布模型作为该软件项目的生命周期模型,具体过程如图 12 - 31 所示。整个项目分为如下几个阶段。

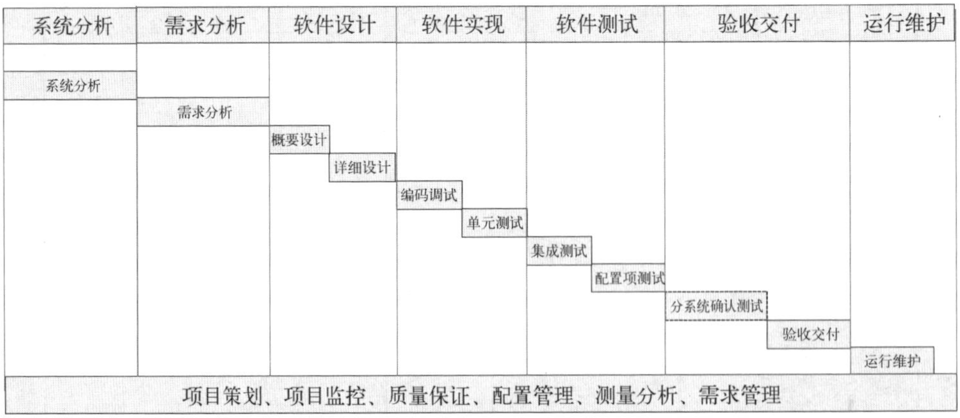

系统分析	需求分析	软件设计	软件实现	软件测试	验收交付	运行维护
系统分析						
	需求分析					
		概要设计				
		详细设计				
			编码调试			
			单元测试			
				集成测试		
				配置项测试		
					分系统确认测试	
					验收交付	
						运行维护
项目策划、项目监控、质量保证、配置管理、测量分析、需求管理						

图 12 - 31 瀑布生命周期模型框图

1. 系统分析阶段

开展软件研制任务书的编制工作和评审工作,在项目开发过程中,维护任务书。

2. 需求分析阶段

根据软件研制任务书,分析细化需求,对本软件的功能、性能、接口、可靠性等需求进行分析,并对每一项需求进行标识。编写软件需求规格说明,分析软件研制任务书中提出的对该软件的安全性要求,结合通用的软件安全性要求,确定每一项软件安全性需求并进行标识,对安全关键功能进行分析。

3. 软件设计阶段

根据软件需求规格说明,设计软件的总体结构,划分并定义软件部件,以及各部件的数据接口、控制接口,设计全局数据库和数据结构,编写软件概要设计说明。

对概要设计中产生的部件进行细化设计,划分并定义软件单元,设计单元的内部细节,确定各单元之间的数据流和控制流,确定每个单元的输入、输出和处理,为编写源代码提供必要的说明。

4. 软件实现阶段

依据详细设计说明，用指定的编程语言对每个软件单元进行编程，特别是要将每个安全关键的软件单元需实现的软件安全性需求通过编程加以实现；对源程序进行编译或汇编，通过调试排除语法等错误，直到通过为止；搭建软硬件联试环境；建立软硬件联试标签，提取源代码，构建可执行代码。

5. 软件测试阶段

1）单元测试

编写单元测试说明，开展软件单元测试的计划和设计工作，并组织评审；评审通过的单元测试计划及说明纳入受控库。

根据调试完成的源代码开展静态分析、代码审查和单元测试，验证软件单元与设计说明的一致性，编写单元测试报告，并组织评审。评审通过的单元测试报告纳入受控库。

源代码通过单元测试后入受控库。

2）集成测试

完善软件集成测试计划，编写集成测试说明，开展软件集成测试的计划和设计工作，并组织评审。评审通过的集成测试计划及说明纳入受控库。

建立集成测试环境、实施集成测试，编写集成测试报告，并组织评审，评审通过的集成测试报告纳入受控库。

3）配置项测试

完善软件配置项测试计划，根据软件需求规格说明中定义的全部需求及软件配置项测试计划，编写测试用例，准备测试数据，编制《软件配置项测试说明》，并组织评审。评审通过的配置项测试计划及说明纳入受控库。

建立配置项测试环境、实施配置项测试，编制《软件配置项测试报告》，并组织评审。评审通过的配置项测试报告纳入受控库。

4）分系统确认测试

分系统确认测试一般根据分系统确认测试计划和分系统确认测试说明进行分系统联试工作。

6. 第三方独立测评

选择具有资质的第三方评测机构开展软件独立测评工作，编制第三方评测任务书。评测机构按照相关标准进行评测，评测意见和建议反馈后，研制方修改软件或文档，对问题做出解答，并进行回归测试，直到第三方评测机构和用户认可。

7. 验收与交付阶段

准备并整理软件交付所需要的数据包文件及相关的过程文件，开展相关评审工作，根据评审的内容和要求进行讨论、分析并就最终结果达成一致。评审计划见表 12-14。

表 12-14 评审计划表

序号	评 审 名 称	评 审 对 象	评审形式
1	电推控制单元 CPU 控制软件需求规格说明评审	《电推控制单元 CPU 控制软件需求规格说明》	正式评审
2	电推控制单元 CPU 控制软件项目计划评审	《电推控制单元 CPU 控制软件开发计划》 《电推控制单元 CPU 控制软件配置管理计划》 《电推控制单元 CPU 控制软件质量保证计划》	内部评审
3	电推控制单元 CPU 控制软件需求分析阶段评审	《电推控制单元 CPU 控制软件需求分析阶段报告》	内部评审
4	电推控制单元 CPU 控制软件需求分析里程碑评审	《电推控制单元 CPU 控制软件需求分析里程碑报告》	正式评审
5	电推控制单元 CPU 控制软件概要设计说明评审	《电推控制单元 CPU 控制软件概要设计说明》	内部评审
6	电推控制单元 CPU 控制软件详细设计说明评审	《电推控制单元 CPU 控制软件详细设计说明》	内部评审
7	电推控制单元 CPU 控制软件设计阶段评审	《电推控制单元 CPU 控制软件设计阶段报告》	内部评审
8	电推控制单元 CPU 控制软件单元测试计划及说明评审	《电推控制单元 CPU 控制软件单元测试计划》 《电推控制单元 CPU 控制软件单元测试说明》	内部评审
9	电推控制单元 CPU 控制软件单元测试报告评审	《电推控制单元 CPU 控制软件单元测试报告》	内部评审
10	电推控制单元 CPU 控制软件实现阶段评审	《电推控制单元 CPU 控制软件实现阶段报告》	内部评审
11	电推控制单元 CPU 控制软件集成测试计划及说明评审	《电推控制单元 CPU 控制软件集成测试计划》 《电推控制单元 CPU 控制软件集成测试说明》	内部评审
12	电推控制单元 CPU 控制软件集成测试报告评审	《电推控制单元 CPU 控制软件集成测试报告》	内部评审
13	电推控制单元 CPU 控制软件配置项测试计划及说明评审	《电推控制单元 CPU 控制软件配置项测试计划》 《电推控制单元 CPU 控制软件配置项测试说明》	内部评审
14	电推控制单元 CPU 控制软件配置项测试报告评审	《电推控制单元 CPU 控制软件配置项测试报告》	内部评审

续　表

序号	评　审　名　称	评　审　对　象	评审形式
15	电推控制单元 CPU 控制软件测试阶段评审	《电推控制单元 CPU 控制软件测试阶段报告》	内部评审
16	电推控制单元 CPU 控制软件测试里程碑评审	《电推控制单元 CPU 控制软件测试里程碑报告》	正式评审
17	电推控制单元 CPU 控制软件项目验收评审	《电推控制单元 CPU 控制软件研制总结报告》	正式评审
18	电推控制单元 CPU 控制软件验收交付阶段评审	《电推控制单元 CPU 控制软件交付验收阶段报告》	内部评审
19	电推控制单元 CPU 控制软件结项里程碑评审	《电推控制单元 CPU 控制软件项目总结报告》 《电推控制单元 CPU 控制软件质量保证总结报告》 《电推控制单元 CPU 控制软件配置管理总结报告》	正式评审

8. 运行维护阶段

软件产品交付后,纠正在运行维护中发现的缺陷,启动软件问题处理流程,纠正软件错误和缺陷。如有必要,进行需求变更。维护活动完成后,需要组织重新验收交付。

12.4　霍尔电推进系统正样研制

12.4.1　正样研制主要内容和流程

霍尔电推进系统正样研制阶段,是在完成初样研制阶段的基础上,研制提供可供飞行试验的正样产品,执行在轨工作任务,通常可分为 4 个阶段工作。

以高轨卫星霍尔全电推进系统为例,正样阶段研制技术流程见图 12-32。

1. 正样(详细)设计和工艺总方案设计

首先要基于正样任务书要求,完成重要单机、系统的正样(详细)设计和工艺方案设计,确认系统各项技术指标符合任务书要求。明确内、外部接口,开展单机级、系统级和整星级试验策划,确定产品和测试设备配套。充分识别正样研制过程可能存在的风险项目,提出针对性控制措施,并持续关注。

2. 正样产品研制和接口测试

开展单机及系统级产品的生产、装配、测试和试验,交付单机产品通过验收级试验考核,完成性能测试,同批抽检产品通过质量一致性 C 组试验考核。开展系统内、外部接口对接测试,包括机械、供电、通信等接口,初步验证系统内外部接口正确性。

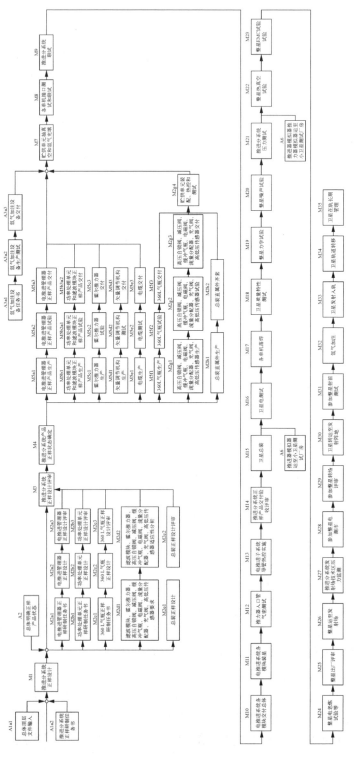

图 12-32　正样阶段研制技术流程

进一步地,开展系统级联试和整星级联试,进一步充分验证系统工作匹配性和协调性,验证系统外部接口正确性,完成系统技术指标测试。重点工作项目有以下几点。

1) 产品最终使用状态分析

单机(系统)产品(以下简称产品)和软件状态确认。产品和软件验收交付前,承制单位要开展产品和软件的实际状态与设计文件一致性的确认工作;在单机产品和软件验收时,通过验收测试、产品检验、数据包审查及接口联试等对单机产品和软件产品的状态进行量化确认,并形成验收过程实测记录和验收评审结论。

型号最终状态确认。型号出厂前,应对各级产品的状态与设计状态、验证状态的一致性进行复查和确认;对空间飞行器(assemble integrate and test, AIT)阶段开展的安装、连接、拧紧、绑扎、固定、走向、防护、开关、测试等环节的状态与文件、图纸的一致性进行量化分析。

型号进场后,应对发射场阶段开展的安装、连接、拧紧、绑扎、固定、走向、防护、开关、测试等环节的状态与文件、图纸的一致性进行量化确认。

2) 抗辐照、抗单粒子防护和供电安全措施有效性分析

抗辐照、单粒子防护分析。在型号和产品设计阶段,应针对任务需求,组织进行空间环境对辐照敏感器件影响的量化分析,组织进行空间环境对单粒子敏感器件(大规模 FPGA、DSP、CPU 等)影响的量化分析,对可能存在的风险,应从器件选用、电路设计、整机设计三个层面,通过硬件、软件和容错等手段主动开展抗单粒子效应防护设计工作,对所采取的措施应组织进行地面验证。

供配电安全分析。在型号和产品设计阶段,应对二次绝缘、过流保护、母线间的隔离、导线的安全间隙、高压继电器的使用、整星负载短路保护及对母线的影响等进行安全性分析,并提出控制措施和强制性检验要求。

3) 故障预案充分性及其验证情况分析

各型号应根据用户需求及飞行程序,研究分析以往型号测试、发射、飞行、在轨过程中发生的故障和异常现象,结合本型号的特点,梳理故障模式,制定故障预案,并对故障预案进行测试试验或仿真分析;对不具备系统级测试验证条件的故障预案,要进行专项仿真分析或分系统级别的验证测试。

型号出厂和发射前,要对故障预案的全面性、可行性及验证的充分性进行分析。空间飞行器在轨运行阶段,要根据实际情况完善故障预案。

4) 过程控制分析

重点关注在设计、工艺、生产试验过程、使用过程由于控制不严格或者缺乏量化控制引起的风险。

5) 测试覆盖性分析

重点分析可测试项目的状态与产品实际工作状态的差异性、地面无法验证的在轨工作状态仿真分析的有效性、质量问题归零及举一反三后的试验验证充分性、关键特性

指标的测试覆盖性及试验验证的充分性,开展不可测试项目的过程控制记录的检查。

6) 软件验证确认分析

重点进行软件可靠性、安全性分析,FPGA 抗空间辐射设计分析,对软件代码走查、第三方评测的覆盖性、有效性进行审查。

对于霍尔电推进系统,要重点关注并具体实施的项目有:① 电子单机供电安全措施有效性确认;② 四类关键特性识别及控制落实检查;③ 霍尔推力器的测试和试验;④ 功率处理单元的测试和试验;⑤ 氙气瓶的测试和试验;⑥ 系统内部接口测试和验证;⑦ 系统内部联试;⑧ 软件和飞行技术流程测试和验证;⑨ 软件第三方评测;⑩ 系统对外接口点火测试和验证;⑪ 整星级电推进系统联试。

3. 正样研制总结

对正样阶段霍尔电推进系统的研制情况进行全面总结,重点对以下几方面给出明确结论:① 霍尔电推进系统功能能否满足任务数要求;② 霍尔电推进系统技术指标能否满足任务书要求;③ 霍尔电推进系统内、外部接口是否正确;④ 正样阶段系统级和单机试验验证是否满足要求;⑤ 霍尔电推进系统的可靠性评价和总结。

4. 在轨飞行阶段

霍尔电推进系统随整星发射入轨后,需要先进行贮供排气和置换、阴极激活后方可正常使用,一般至少需要 7~8 h 时间,之后可按照设计的飞行技术流程点火工作。

12.4.2　霍尔电推进系统正样单机研制

某型号 20 mN 霍尔电推进系统正样阶段完成了 PPCU、霍尔推力器和贮供单机正样产品研制。

1. PPCU 正样件研制和试验

开展 PPCU 正样产品研制,完成各项性能测试和验收级试验,并按照整星和子系统环境试验要求完成相关的环境试验考核。包括力学试验、热真空试验、热循环试验、EMC 试验、老练试验等。

2. 20 mN 霍尔推力器正样产品研制和试验

开展 20 mN 霍尔推力器正样产品研制,完成各项性能测试和验收级试验,并按照整星和子系统环境试验要求完成相关的环境试验考核。包括力学试验、热真空试验、热循环试验等。

3. 贮供模块正样产品研制和测试

完成贮供模块正样产品的装配工作,完成贮供单元电测试、检漏、极性测试等工作,各组件按照整星和子系统环境试验要求完成相关的环境试验考核。某卫星 20 mN 霍尔电推进系统贮供产品照片见图 12-33。

4. 单机环境试验开展情况

各组件产品按照总体环境试验要求和各组件的技术条件完成了环境模拟试

图 12 - 33　霍尔电推进系统贮供产品照片

验,试验数据符合要求。各组件规定的环境试验项目矩阵见表 12 - 15。霍尔电推进系统所有组件在系统产品交付前均按照各自技术条件通过验收测试,霍尔电推进系统在研制过程和装配完成后开展测试工作,测试检查内容包括外观检查、极性、阀门特性、搭接电阻、绝缘电阻、导通电阻、单点漏率和全系统漏率等,测试数据详见测试报告,测试数据均合格,满足要求。

表 12 - 15　霍尔电推进系统产品试验矩阵表

试验项目 单机名称	环境应力筛选	高温老练	正弦振动试验	随机振动试验	冲击试验	压力试验	热真空试验	热循环试验	真空放电试验	磁测试	电磁兼容	检漏
气瓶			Q	Q	Q	Q/A						Q/A
缓冲气瓶			Q/A	Q	Q	Q/A						Q/A
电磁阀			Q/A	Q/A	Q/A	Q/A	Q/A	Q/A		Q		Q/A
减压阀			Q/A	Q/A	Q/A	Q/A		Q/A	Q/A			Q/A
自锁阀			Q/A	Q/A	Q/A	Q/A				Q		Q/A
加排阀			Q/A	Q/A	Q/A	Q/A						Q/A
压力传感器	A	Q	Q/A	Q/A	Q/A	Q/A	Q/A	Q/A	Q/A		Q	
PPCU	Q	Q/A	Q/A	Q/A	Q						Q	
霍尔推力器			Q/A	Q/A	Q		Q					Q/A

注:1. Q 为鉴定级(产品鉴定试验,试验量级为鉴定级试验量级),A 为验收级(产品验收试验,试验量级为验收级试验量级);

2. 导管除压力试验外的其他试验随整星一起进行,不单独进行;

3. 总装附件、接插件等产品的试验随整星一起进行,不单独进行;

4. 检漏试验没有鉴定级、验收级的设定,各组件按其技术要求进行考核。

12.4.3 系统级联试

以某型号 20 mN 霍尔电推进系统为例说明。

霍尔电推进系统在 PPCU 产品交付时和推力器进行了联合点火测试,在系统级产品交付前开展了推进系统联试以确认电推子系统各参数设置合理性及工作匹配性,期间开展了与整星电源和综合电子接口联试工作。

根据电推进功率控制单元正样验收大纲要求,对产品进行联试检查,联试项目包括桌面联试和与霍尔推力器点火联试。

1. 桌面联试

霍尔电推进系统正样电子单机开展了桌面联试工作,测试了电推进功率控制单元对外输出正确性、单步点火程序、故检程序正确性、自主飞行程序的功能正确性。桌面联试内容见表 12-16。

表 12-16 电推进功率控制单元桌面联试项目及结果汇总

序号	联 试 项 目		检查结果
1	电推进功率控制模块总线通信功能检查	发送总线常规遥测功能检查	正确
		接收、执行总线指令功能检查	正确
		接受遥测注入数据功能检查	正确
2	电推进子系统供电检查		正确
3	电推进子系统功能检查(单步点火)		正确
4	电推进功率控制控制单元控温功能检查	调节热敏电阻等效器,检查控温策略正确性检查	正确
		修改控温点,检查控温策略正确性	正确
5	电推进功率控制控制单元自主故障检测及处置功能检查		正确
6	电推进功率控制控制单元自主飞行流程功能检查	电路状态自检程序	正确
		气路除气与状态自检程序	正确
		霍尔推力器阴极预处理程序	正确
		霍尔推力器自主飞行程序	正确
		电推进系统关机程序	正确
		故障测试(点火电源故障、阳极电流偏低、阳极电流偏高)	正确

2. PPCU 与霍尔推力器点火联试

电推进功率控制单元开展了与霍尔推力器的点火测试。测试了额定状态和偏工况状态下电推进功率控制单元与霍尔推力器联合点火工作的可靠性和稳定性。偏工况包括：① 整星供电接口要求电压上下限；② 霍尔推力器流量拉偏（验收级拉偏）；③ 推力器工作电压拉偏（验收级拉偏）。

3. PPCU 与贮供单元极性测试

为验证电推进功率控制单元和贮供单元之间接口正确性，开展了极性测试。极性测试内容及结果见表 12 - 17。

表 12 - 17　电推进功率控制单元和贮供单元控制极性测试

序　号	联　试　项　目	检　查　结　果
1	压力传感器 HP1、HP2、LP1 极性	正确
2	LV1 开关控制极性	正确
3	电磁阀 SV1 极性	正确
4	电磁阀 SV2 极性	正确
5	电磁阀 SV3 极性	正确
6	电磁阀 SV4 极性	正确
7	阳极流量调节器加热器和热敏电阻极性	正确
8	阴极流量调节器加热器和热敏电阻极性	正确
9	Bang-Bang 控制极性	正确

4. 系统联试

为验证霍尔电推进系统正样产品工作匹配性和正确性，获取在轨工作控制参数，开展了电推进系统正样产品系统联试工作，工作模式要覆盖在轨主要工作模式和工作状态，且要有可重复性。某型号 20 mN 霍尔电推进系统联试主要项目见表 12 - 18。

表 12 - 18　某卫星 20 mN 霍尔电推进系统联试主要项目汇总

序　号	联　试　项　目	检　查　结　果	备　注
1	阴极激活程序测试	正确	
2	单步点火程序	正确	
3	BB1 自主飞行程序（310 V）	正确	含长程

续 表

序 号	联 试 项 目	检 查 结 果	备 注
4	BB2 自主飞行程序		
5	BB3 自主飞行程序	正确	
6	BB1 自主飞行程序(280 V)	正确	

某卫星 20 mN 霍尔电推进系统 BB1 自主飞行程序(310 V)点火 50 min 工况,稳定放电时电流 1.11~1.17 A,母线功率约为 399~418 W。其典型波形如图 12-34、图 12-35 所示。通过系统联试,充分验证了各模块机件、电、热接口的匹配性,系

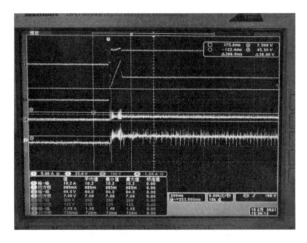

图 12-34 BB1 自主飞行程序(310 V)点火波形

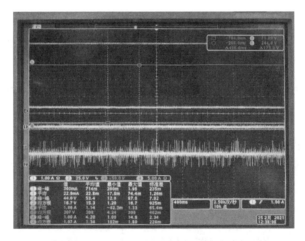

图 12-35 BB1 自主飞行程序(310 V)稳态波形

统极性正确,以及软件控制的合理性正确性;验证了飞行控制程序参数设置合理,自主飞行程序功能完备。

12.4.4　氙气加注

霍尔电推进系统当前主流采用氙气工质,对于加注量较大的任务(200 kg 以上),通常在发射场开展氙气加注工作。对于批量化投产产品或者加注量较小的任务(数十千克以下)通常采用预包装加注方式,产品交付时或者进场前完成氙气加注工作。

氙气中的水、氧等杂质会严重影响空心阴极的工作性能和寿命,特别是影响空心阴极发射体的效率、寿命和钽管的寿命[1]。对于钡钨阴极要求更为严格,通常要求采购的气源符合 GJB 9729 - 2020《电推进氙气规范》[4]。对于加注到航天器氙气瓶内氙气纯度通常要求优于 99.999 5%,其中氧含量需满足 $O_2 \leqslant 0.3$ ppm,水含量满足 $H_2O \leqslant 0.3$ ppm。为获取航天器霍尔电推进系统贮供模块内准确的氙气纯度,检验时通常是将贮供模块氙气瓶内氙气排放出来测试,或者用取样瓶通过靠近出口位置采样管路取样。测试管路、采样管路和取样瓶应充分置换,采样时不应有外界杂质混入样品。

1. 加注方案

氙气密度随温度变化曲线见图 12 - 36,氙气通常在轨高密度储存以减小氙气瓶容积,航天器气瓶设计和选用要综合考虑气瓶的质量和可靠性要求,充填密度通常达到 1.0~1.7 kg/L,常温压力约 6.5~8.0 MPa。根据国标要求,目前各大氙气供应商提供的标准产品氙气密度约 0.5~0.6 kg/L,室温压力约 5.5~6.0 MPa。采用直接加热落压加注方式无法满足要求,且效率较低。采用对航天器氙气瓶产品进

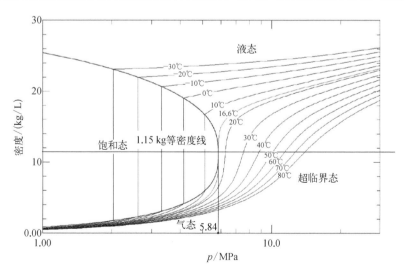

图 12 - 36　氙气密度与温度物性曲线

行降温加注方式在航天器上不易实施,通常采用膜片隔离压缩法(又称隔膜泵增压法)和热增压法进行氙气高密度加注[5]。采用膜片隔离压缩法加注适用性更为广泛,可以适用于氙气、氪气、氩气等各种工质,但是要特别关注过程中油气等杂质的渗透。热增压法主要针对氙气特性设计,加注效率更高。为保证氙气加注纯度满足使用要求,加注前可采用 GB/T4844 - 2011 超纯氦气[6]或氙气对氙气瓶进行多次充气和抽真空置换,直至氙气纯度满足要求后方可正式进行加注。氙气加注设备连接示意图如图 12 - 37 所示,加注过程中采用称重法对加注量进行测量。

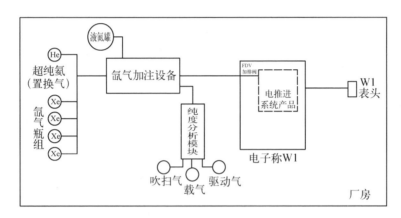

图 12 - 37　加注设备分布

2. 防护要求

加注及置换用介质为气体,泄漏不会对产品造成污染,但加注过程中会出现氙气液化情况,要特别注意可能存在液态氙封闭空间的温度控制,避免温度升高导致超压风险。

氙气常温常压下无色气体,无毒,有麻醉性,用于医疗麻醉剂[5]。高浓度时有窒息作用,大量泄漏会导致人员昏迷。加注或泄出过程需排放的氙气不应该排放在厂房内,可通过专用管路直接排放到通风良好的大气中,严防出现高浓度氙气聚集。此外,加注厂房要求排风换气,加强空气流通,配置氧气浓度检测报警设备,作业过程中工作区氧气含量不得低于 19.5%。加注作业过程中设有醒目的安全标志,禁止无关人员在场,紧急情况下,人员进入可能有高浓度氙气聚集或氧体积含量低于19.5%的区域作业时,应按照 GB 8958 - 2021、QJ 20762 - 2018 和 GB/T 18664 - 2002 要求使用隔绝式呼吸防护用品,并有人监护[5]。

人员不慎吸入过量氙气,应迅速转移至空气畅通处,保持呼吸通畅。如有呼吸困难、昏迷、窒息等症状,应立即进行人工呼吸,并及时就医。氙气泄漏严重时,尽可能切断泄漏源,人员应迅速撤离泄漏区,或采取适当的防护措施,并严格限制无关人员进入。

3. 工程实例

某卫星 20 mN 霍尔电推进系统采用预包装加注方案,产品交付前完成氙气加注工作。加注前先对产品气瓶和管路进行气体置换,产品气瓶在最后一次氙气置换时,水含量 H_2O:0.262 ppm(见图 12-38);氧氩含量 $O_2 \cdot Ar$:0 ppm,满足指标要求。随后对产品进行氙气加注,推进系统采用称重法对加注量进行监测,最终加注氙气 9 kg,加注密度为 1.5 kg/L。

图 12-38　水含量检测结果

12.4.5　软件研制

电推进功率控制单元 CPU 控制软件属于新研软件,软件按照 B 类软件的研制流程进行研制,电推进控制器控制软件完成了任务分析、需求分析、概要设计、详细设计和编码调试工作及开发方测试的所有测试内容,主要包括单元测试、集成测试、配置项测试和系统测试等,共计完成 21 次评审。

1. 走查和静态分析

电推进控制器软件研制过程中共开展了 2 次走查,走查过程中发现流程标志字错误置数等问题,所有影响到软件功能和性能的问题均已更改。

软件研制过程每个版本入受控库前均进行了静态分析工作,入库版本软件均不存在静态分析问题。

2. 单机测试

电推进功率控制单元完成了单机软硬件协同匹配测试和指令测试,软件版本 V1.01。测试过程中,单机所有指令能够正常执行,遥测通信正常,各模块能正常工作,并在单机测试环境下验证软件的功能、性能等指标。

3. 分系统测试

电推进功率控制单元软件进行系统测试(软件版本分别为 V1.01 和 V1.04),测试过程中软件工作正常,验证了软件的功能、性能及硬件和软件之间的匹配性。

4. 系统联试

软件完成了电推进系统的系统联试,其中 V1.04 版本完成了推力器点火测试、推力器与贮供系统联试、PPCU 与上位机测试、PPCU 与综合电子单元联试等测试项目。在与综合电子单元接口联试过程中电推进控制器工作正常,软件运行正常,各项功能和性能满足设计要求。

5. 整星测试

电推进控制器软件(1.05 版本)参加了正样阶段整星模飞测试和系统联试,研制过程中的设计更改均在开发方完成回归确认测试和推进子系统联试后,进行了整星环境下的系统联试和模飞测试。

软件在参加整星模飞过程中,各项功能正常,性能能够满足设计指标要求,能够适应整星测试环境条件下的PPCU单机软硬件协同工作。

12.4.6　交付整星后试验项目

霍尔电推进系统交付总体后,还需要配合整星完成电测试和热试验测试工作。

1. 整星电测试

霍尔电推进系统采用电子负载或推力器等效器模拟霍尔推力器工作,整星状态下开展电推进系统相关的模飞程序,进一步验证供电接口、通信接口、工作时序的正确性。

2. 整星热试验

霍尔电推进系统采用推力器等效器模拟霍尔推力器工作,模拟在轨工作状态下PPCU和整星热接口正确性。

3. 贮供加注前预处理

对于发射场加注任务,为节省在发射场加注时间,进场前对贮供进行预处理,使其内部水氧含量满足加注要求。

12.4.7　在轨飞行情况

某卫星发射后霍尔电推进系统正常完成了状态自检,贮供单元除气和阴极激活,之后一次点火成功,采用自主飞行程序运行。图12-39和图12-40分别为某

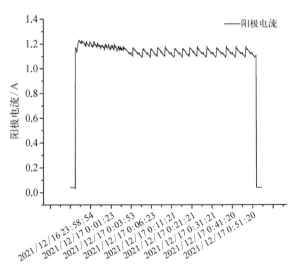

图12-39　20 mN 霍尔电推进系统在轨飞行阳极电流遥测曲线

次轨控任务的阳极电流和阳极电压曲线,电压和电流曲线均平稳。

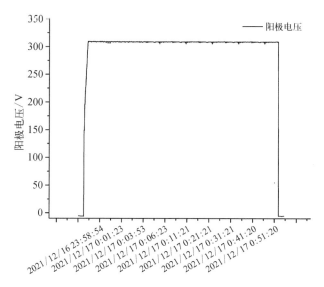

图 12 - 40　20 mN 霍尔电推进系统在轨飞行阳极电压遥测曲线

参考文献

[1] 王敏,仲小清,王珏,等.电推进航天器总体设计.北京:科学出版社,2019.

[2] 李文钊,崔铁铮,荆泉,等.航天型号单点故障模式识别与控制要求:Q/QJA 71 - 2011.北京:中国航天科技集团公司,2011.

[3] 康小录,刘佳,乔彩霞,等.空间电推进试验测量技术.北京:科学出版社,2020.

[4] 乔彩霞,康小录,周骏,等.电推进氙气规范:GJB 9729 - 2020.北京:中国人民解放军总装备部,2020.

[5] 乔彩霞,康小录,杭观荣,等.电推进氙气推进剂安全使用准则:GJB 9832 - 2020.北京:中国人民解放军总装备部,2020.

[6] 刘泽军,付永成,方华,等.纯氦、高纯氦和超纯氦:GB/T 4844 - 2011.北京:中国国家标准化管理委员会,2011.

第 13 章
霍尔电推进工程应用

霍尔电推进由于结构简单、可靠性高、推力功率比大等特点,在低轨航天器、GEO 卫星、深空探测器及在轨服务等领域得到广泛应用,应用的霍尔推力器功率范围已覆盖百瓦至 5 kW。截至 2021 年 10 月,约有 2 281 个发射入轨的航天器采用了 2 845 台霍尔推力器,其中 GEO 卫星 141 颗,低轨卫星 2 139 颗,深空探测器 1 个。

近年来,空间互联网和低轨通信等需求飞速发展,美国 SpaceX 公司星链星座、OneWeb 公司星座等均采用小功率霍尔电推进作为动力。具有信息化作战需求的天地一体化高轨卫星,采用中大功率霍尔电推进执行变轨任务。大功率长寿命技术的发展使得霍尔电推进更能胜任航天器主推进任务和轨道转移任务等,催化了全电推进平台的应用,充分发挥了电推进高比冲优势,能够大幅节省推进剂,提高有效载荷比。同时,人类空间活动的增加刺激了在轨服务领域的发展,其中一个主要方向就是为空间寿命末期航天器延寿服务,电推进的高比冲优势可为此类在轨服务航天器提供更大的总冲,具有天然的应用优势。

本章将分别介绍霍尔电推进在低轨卫星、高轨卫星、深空探测器及在轨服务领域的应用情况,涉及相应航天器的基本情况及霍尔电推进系统配置和基本性能等。

13.1 霍尔电推进在低轨航天器领域的应用

低轨航天器是指运行在约 180~2 000 km 轨道上的航天器,本节介绍霍尔电推进在低轨航天器上的应用。典型案例包括中国空间站、全球多媒体卫星、星座互联网,以色列 Venμs 卫星和美国 TacSat - 2 卫星等。

13.1.1 中国空间站

1. 航天器概述

中国于 1992 年 9 月 21 日制订了载人航天工程三步走的发展战略,其中第三步是建造载人空间站,解决有较大规模的、长期有人照料的空间应用问题。中国空间站包括核心舱、实验舱梦天、实验舱问天、载人飞船和货运飞船,各模块的组合分布如图 13-1 所示,空间站的预定轨道 400~450 km。

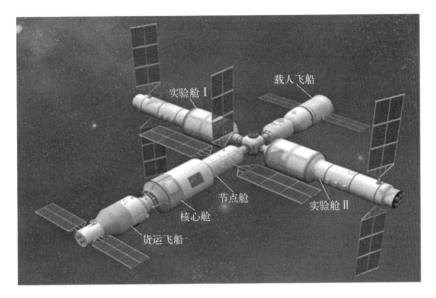

图 13-1　中国空间站布局图

2021 年 4 月 29 日,长征五号 B 遥二运载火箭成功发射空间站天和核心舱。天和核心舱是中国迄今为止研制的最大航天器,主要分为节点舱、小柱段与大柱段,长 16.6 m,直径 4.2 m,质量 22.5 t。核心舱主要功能是进行整个空间站的管理和控制,可供 3 名航天员长期在轨驻留和进行舱外实验。

空间站核心舱的一个重大突破是在国际上首次采用霍尔电推进执行空间站长期运行的大气阻力补偿任务,较采用传统的化学推进系统,空间站每年可节省的推进剂量数以吨计,效益显著。

空间站霍尔电推进系统由上海空间推进研究所研制,系统采用 4 台 80 mN 推力的 HET-80 霍尔推力器,其中 2 台同时工作,另 2 台为备份。2021 年 9 月 23 日至 24 日,空间站核心舱霍尔电推进系统圆满完成首轮在轨点火,全面验证了工作协调性和基本性能,为后续转入正式应用奠定了基础[1]。

2. 霍尔电推进系统介绍

1) 任务与指标

空间站霍尔电推进系统用于执行大气阻力补偿任务,具备在轨工作 15 年的能力,具体功能要求如下：① 具备维持空间站轨道的所需推力;② 具备推进工质(氙气)的贮存与输送管理功能;③ 具备接收和执行数管和遥控指令的功能;④ 具备在热控分系统配合下控制电推进系统设备温度的功能;⑤ 具备参数测量、遥测采集，以及在其他分系统配合下行数据的功能。

表 13-1 给出了空间站霍尔电推进系统的主要指标要求。

表 13-1 空间站霍尔电推进系统指标要求

指 标		要 求
系统	发射质量(含氙气)	≤151 kg
	随舱发射的气瓶数量/容积/氙气装载量	2 个/12 L/≥18 kg
	随货运飞船上行的在轨更换气瓶数量/容积/氙气装载量	2 个/75 L/≥120 kg
	峰值功耗	≤3 200 W(持续时长不大于 5 ms)
	稳态功耗	≤2 990 W
	霍尔推力器数量	4
	同时工作霍尔推力器数量	2
	寿命	在轨工作不小于 15 年
	寿命末期可靠性	0.96
霍尔推力器	标称推力	≥80 mN
	标称比冲	≥1 600 s
	额定功率	≤1 350 W
	在轨工作寿命	≥8 000 h
	工作次数	≥3 000 次
	在轨最长再启动时间间隔	≥4 年
	质量	≤6 kg

2）系统方案

空间站霍尔电推进系统在技术上继承了 SJ-9 卫星霍尔电推进系统,系统采用模块化设计(如图 13-2 所示),主要由复合材料气瓶、阀门、霍尔推力器、功率处理单元、控制器等组成。霍尔电推进系统采用氙气作为工质,氙气贮供方案的设计能够满足任务期间电推进供气要求,方案设计具有冗余性,能够实现地面氙气加注、空间贮存和工作时的气密、压力监控。闭环控制系统进行缓冲罐压力的监测和调节。通过流量控制器进行微小流量的控制和分配,工作过程中保证气路的密封和洁净度。通过对一次功率母线电能进行转换分配后,为霍尔推力器(阳极、磁线圈、阴极加热器、阴极点火极)供电。滤波模块位于霍尔推力器与功率处理单元之间,用于抑制霍尔推力器工作时产生的等离子体放电振荡,减小霍尔推力器工作时放电电流产生的传导和辐射发射干扰。电推进子系统控制器按照电推进子系统工作时序需求完成对子系统的逻辑控制、数据采集、故障诊断等功能。

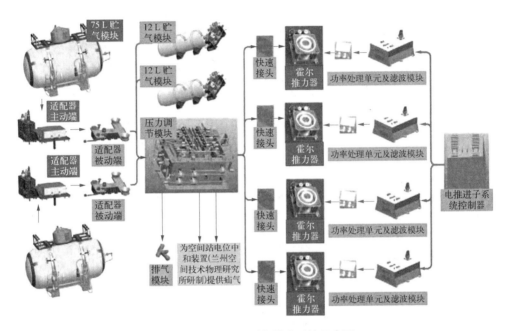

图 13 - 2　空间站霍尔推进系统示意图

3）关键技术

空间站霍尔电推进系统关键技术包括霍尔推力器长寿命技术、贮气模块在轨更换技术、推力器在轨更换技术、高纯氙气加注技术。

霍尔电推进系统采用的推力器为 HET - 80 霍尔推力器,其额定性能指标为:功率 1 350 W,推力 80 mN,比冲 1 600 s。研制过程中,共选取了 2 台推力器开展工作寿命考核验证。第一台寿命考核 HET - 80 霍尔推力器在上海空间推进研究所 VF - 4 电推进长寿命试验台上开展试验,霍尔推力器累计试验时间超过 9 240 h,总冲超过 2.66 mN·s,满足工程应用要求。图 13 - 3 为 HET - 80 霍尔推力器 9 240 h 寿命试验前后放电室的形貌图像。第二台寿命考核 HET - 80 霍尔推力器在北京航空航天大学进行了 8 240 h 试验。两台推力器在试验后均状态良好,具备再次工作能力。

HET - 80 霍尔推力器配套 4.5 A 空心阴极单独开展了累计点火时间达到

(a) 寿命试验前　　　　　　　　　　　　(b) 寿命试验后

图 13-3　9 240 h 寿命试验前后的 HET-80 霍尔推力器形貌图像

图 13-4　寿命试验阴极产品

28 115 h,点火次数 15 094 次的工作寿命极限摸底试验,验证了空心阴极的寿命能力。图 13-4 为对应的空心阴极产品实物。

由于空间站大气阻力补偿任务所要求的总冲很高,在目前的技术现状下,单台推力器不可能满足这一要求。为此,空间站霍尔电推进系统设计了推力器和气瓶的在轨更换功能。当推力器工作达到预计工作时间后,通过空间站舱外机械臂与出舱航天员的配合,完成推力器的在轨更换,延续霍尔电推进系统的在轨持续工作能力。可使用机械臂实现贮箱气瓶的在轨更换,航天员可顺利实现贮气模块舱内外的拆卸、组装、安装等操作,并能在空间中实现霍尔推力器的安装、拆卸和维修。其中快速接头插拔试验共 20 次,顺畅无卡滞,远大于在轨需求次数。图 13-5 为推力器拆装照片。

3. 霍尔电推进系统在轨测试

根据空间站天和核心舱在轨任务安排,2021 年 9 月 23 日至 24 日,霍尔电推进子系统开展了首次在轨点火测试,以确认子系统的功能、性能及在轨工作的系统协调性。在本次点火测试之前,子系统已经按照既定流程完成了系统功能自检、在轨

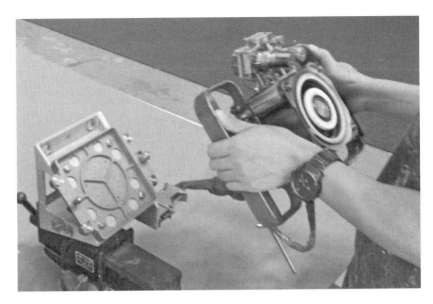

图 13-5　推力器拆装照片

除气、推进剂管路置换与增压、阴极预处理等工作。

为了充分验证霍尔电推进子系统在轨工作情况,本次点火测试共计开展了四种不同组合下的推力器组合点火模式,每一组点火测试均为 2 台霍尔推力器组合工作,分别为主份霍尔推力器+主份空心阴极、主份霍尔推力器+备份空心阴极、备份霍尔推力器+主份空心阴极、备份霍尔推力器+备份空心阴极。其中,每组点火测试的 2 台霍尔推力器采用独立的 2 套功率处理单元分别供电。

首次点火测试期间,按照上述四种不同组合的点火模式,霍尔电推进子系统均实现了一次点火成功,工作电压、电流、气体压力等各遥测数据均在正常范围内。每组测试的各台霍尔推力器的推力、比冲等性能结果均满足任务要求,为霍尔电推进子系统后续转入日常工作奠定了基础。

13.1.2　全球多媒体卫星

1. 航天器概述

全球多媒体卫星是中国科学院微小卫星创新研究院为德国公司研制的用于 Ka 频段通信的试验卫星,该项目阿尔法阶段的 A、B 两星于 2019 年 11 月 17 日在酒泉由快舟一号火箭发射,贝塔阶段的 A、B 两星于 2021 年 8 月 4 日在太原由长征六号发射。

贝塔阶段 A、B 星配置激光通信载荷、Ka 频段通信载荷、霍尔电推进,主要执行高速星间激光载荷、多波束数字载荷及霍尔电推进系统的试验验证任务。项目试验目的是评估 Ka 频段移动通信环境适应性,验证 Ka 波段 LEO 卫星对 GEO 卫星的干扰抑制技术,并进行商业级电子元器件的低消耗长寿命在轨验证。

2. 霍尔电推进系统介绍

1) 任务与指标

霍尔电推子系统为卫星轨道控制提供推力,是姿轨控分系统的主要执行机构,任务和功能如下:

(1) 完成 900 km 轨道在轨试验任务后,转移至 1 050 km 目标轨道,总冲 16 000 N·s,霍尔推力器平均每轨点火时长约 30 min,每轨点火一次;

(2) 卫星在 900 或 1 050 km 圆轨道期间,执行轨道相位调整,总冲 10 000 N·s,每轨霍尔推力器点火一次;

(3) 寿命末期离轨控制,总冲 74 000 N·s,霍尔推力器平均每轨点火时长约 30 min,每轨点火一次;

霍尔电推进系统采用 20 mN 霍尔推力器,对应的系统指标见表 13 - 2:

表 13 - 2　全球多媒体卫星霍尔电推进指标

指 标 名 称	要　　　求
推力	20±2 mN
比冲	1 350±100 s
功耗	≤350 W
系统干质量	≤10.5 kg
寿命	≥3 年
寿命末期可靠性	0.92

2) 系统方案

霍尔电推进系统原理图如图 13 - 6 所示,按模块功能分为功率处理单元(按功能分为功率处理模块和滤波模块)、贮供单元(贮供单元又分为贮气模块、压力调节模块、流量调节模块)和霍尔推力器等。系统可产生卫星轨道抬升、相位保持,以及离轨所需的推力。

高压氙气存储在气瓶内,工作时,自锁阀开启后,气瓶内高压氙气减压至 0.2~0.6 MPa 左右。打开 Bang-Bang 阀,将缓冲气罐充填至 0.2±0.008 MPa,通过流量控制器对缓冲气罐输出的氙气流量进一步地调节,输出霍尔推力器所需要的高精度微小流量。霍尔电推进功率处理单元为霍尔推力器阴极加热器供电,发射体加热到约 1 100℃时开始发射电子,同时为霍尔推力器的触持极点火供电,在发射体和触持极之间形成氙气击穿放电,阴极开始发射电子,然后向霍尔推力器阳极供

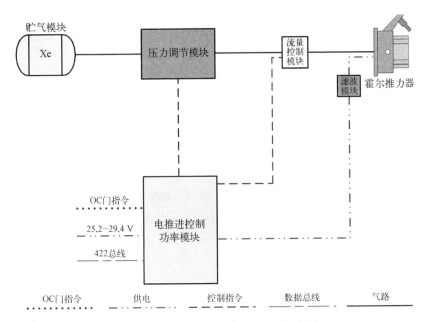

图 13-6　电推进子系统原理图(按功能)

电,放电室中氙气电离,离子被加速,输出推力。

3) 研制情况

霍尔推力器推力 20 mN,其比冲、推力、功率在一定范围内可调,功率覆盖 150~450 W,已完成了大范围工况调节能力验证试验、产品超长程工作稳定性考核试验、2 200 h 寿命验证试验,以及推力器与 PPCU 联试、推力器与流量分配器联试。

图 13-7 是霍尔推力器样机及其点火工作的照片。2021 年 10 月 10、11 日,多媒体贝塔 A/B 星霍尔电推进子系统首次成功在轨点火,下一步将按计划执行预定在轨推进任务。

图 13-7　20 mN 霍尔推力器样机及其点火工作的照片

13.1.3 低轨星座

1. 航天器概述

随着互联网的飞速发展,为了扩大网络的覆盖面,为偏远地区提供高速宽带的接入服务,互联网卫星星座应运而生。美国 SpaceX 公司在 2015 年提出 Starlink 计划,计划在 2019 年至 2024 年间发射 1.2 万颗卫星,主要工作在 550 km 高度轨道上,实现网络的地球全覆盖。至 2021 年 9 月,已发射了 3 096 颗卫星,这些卫星全部采用以氪为推进剂的霍尔电推进系统作为空间动力。

OneWeb 公司和空客公司合作发展 OneWeb 星座,计划一期发射 685 颗卫星、二期发射 900 颗卫星,至 2021 年 10 月 14 日,已发射 388 颗卫星,卫星最终工作轨道 1 200 km,这些卫星均采用以氙为推进剂的霍尔电推进系统。

此外,美国的 Iridium、Globalstar、Boeing、加拿大 Telesat、韩国三星等,中国的航天科技、航天科工、长光卫星等均在发展低轨卫星星座。具体情况如表 13-3 所示。

表 13-3 低轨卫星星座统计

公司/星座名称	数量/颗	发布时间	预计服役	轨道高度/km	卫星质量/kg	国家	已发射(截至2021 年 10 月)
铱星	一代: 66+6 二代: 66+9	2009	2020	780	一代: 700 二代: 840	美	一、二代全部发射
SpaceX/Starlink	一期 4425 二期 7518	2015	2024	550	400	美	3 005 颗试验星在轨
OneWeb	一期 720 二期 900	2015	2019	1 200	150	美、英	330 颗在轨
波音	2 956	2016	/	1 030~1 080	/	美	/
三星	4 600	2015	2028	1 500~2 000	/	韩	/
Globalstar	48+8	/	/	1 414	450	美国	已完成全球组网
TeleSat LEO	117	2016	2021	1 000/1 248	168	加拿大	/
航天科技/鸿雁	324	/	/	1 100	1 000 kg	中国	1 颗
航天科工/虹云	156	/	/	1 000 km	700 kg	中国	1 颗
长光卫星/吉林一号	60+138	/	/	650	/	中国	29 颗

图 13-8 为 OneWeb 星座的卫星效果图,OneWeb 星座一期的 720 颗卫星分布在 18 个轨道面上,每个轨道面上的卫星相差 9°,工作轨道高度 1 200 km。卫星基于 Arrow 卫星平台,采用以氙气为推进剂的霍尔电推进系统执行卫星的变轨任务。

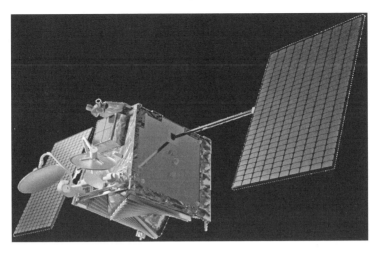

图 13 - 8　OneWeb 卫星

卫星首先由运载火箭发射到约 450 km 的轨道上,在完成了卫星电源、测控、推进、通信系统的状态检测后,采用星上的霍尔电推进系统将卫星抬升至最终工作轨道(用时大约 3 个半月)。

2. 霍尔电推进系统介绍

Arrow 卫星平台霍尔电推进系统采用 200 W 霍尔推力器 SPT - 50M,该霍尔推力器是俄罗斯 Fakel 设计局 SPT - 50 霍尔推力器的改进型。图 13 - 9 为 SPT - 50M 霍尔推力器实物照片,其比冲、寿命、开关次数等性能在 SPT - 50 的基础上得到了大幅提升(如表 13 - 4 所示)。

图 13 - 9　SPT - 50M 推力器

表 13 - 4　SPT - 50 与 SPT - 50M 性能对比

	SPT - 50	SPT - 50M
放电电压/V	180	
放电电流/A	1.2	
放电功率/W	220	
推力/mN	14	14.8
比冲/s	860	930

	SPT-50	SPT-50M
重量/kg	1.23	1.32
工作时间/h	≥2 500	~5 000

SPT-50M 主要进行了如下技术改进。

（1）磁路系统优化：增大磁场梯度、构建更聚焦的磁镜磁场构形、将最大磁感应强度移出加速通道外、提升磁路容磁能力。

（2）放电区调控：放电室中心线上最大磁场强度的轴向位置向推力器下游移动，使放电加速区的轴向位置向下游移动，一定程度上能通过减少等离子体与放电室的接触进而延长推力器。

（3）改进放电室材料：SPT-50 使用的放电室材料是 BGP-10，力学性能较好但抗溅射性能差。SPT-50M 采用了 BN 比例大于 99.7% 的陶瓷材料，抗溅射能力提高了 1.3~1.7 倍。由于需要承受更大的机械载荷，SPT-50M 还进行了结构加强设计。

（4）减小阴极流量以提高比冲：阴极可以在关闭触持电源情况下，以小于 1 A 的放电电流工作。表 13-5 给出了阴极改进前后性能对比。推力器还进行了阴极位置优化，使阴极悬浮电位最小，并在布局位置与溅射速率上进行了权衡考虑。

表 13-5　阴极改进前后性能对比

参　　数	改 进 后	改 进 前
氙气流量/（mg/s）	>0.1	>0.15
加热功率/W	90	90
放电电流/A	可达 1.5	可达 2
次数	11 000	3 000

SPT-50M 功率范围 200~500 W，放电电压 200~500 V，流量 0.8~2.5 mg/s。推力器稳定工作的放电电压的下限是 120 V；稳定工作的最小流量是 0.5 mg/s，对应放电电流 0.5 A，阴极触持电流 0.5 A。

图 13-10 给出了 SPT-50M 霍尔推力器的推力、效率和比冲的调节范围。

SPT-50M 进行了 1 500 h 寿命试验，实验过程中推力和比冲的变化如图 13-11 所示，根据初期放电室削蚀速率预估 SPT-50M 的寿命约为 5 000 h[2]。

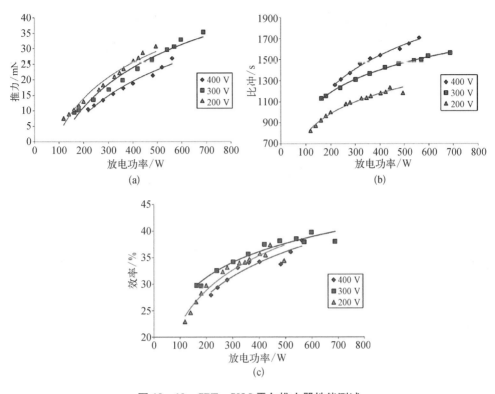

图 13-10　SPT-50M 霍尔推力器性能测试

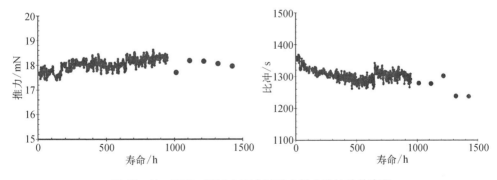

图 13-11　SPT-50M 在寿命试验中推力及比冲的变化

13.1.4　以色列 Venμs 卫星

1. 航天器概述

Venμs 卫星由以色列航天局和法国国家空间研究中心联合研制。该卫星基于以色列航空航天工业公司制造的改进型多用途卫星(Improved Multi-Purpose Satellite, IMPS)小型卫星平台,主要载荷为多光谱相机。Venμs 卫星运行于倾角

98.27°的太阳同步轨道上,任务主要包括两部分:在720 km 轨道,用2.5 年时间完成科学研究任务;在410 km 轨道,用1 年时间完成技术研究任务,主要是验证由高轨道到低轨道的卫星成像分辨率的提高、高大气阻力环境的成像等。

2. 霍尔电推进系统介绍

Venμs 卫星采用的 R - 400EPS 霍尔电推进系统,主要执行轨道转移和轨道修正任务。

1) 任务与指标

第一阶段,为了满足卫星在720 km 轨道上极为苛刻的成像要求,需要霍尔电推进系统进行轨道维持;第二阶段,霍尔电推进系统执行720 km 到410 km 的轨道转移任务,通过降低轨道提高成像分辨率;第三阶段,霍尔电推进系统主要执行卫星在高大气阻力环境成像期间的轨道保持任务。

霍尔电推进系统的指标及参数如表13-6 所示。

表 13 - 6　推进系统参数

参　　数	数　　值
质量	<12 kg
最大功率效率	91%
阳极功率	600 W(300 V)
热控	自主
阳极电压	300 V
磁线圈电流	0.6~2.6 A
阴极加热电流	11 A
阴极触持电压	60 V

2) 系统方案

Venμs 卫星采用化电混合推进模式工作,图13-12 给出了卫星推进模块的布局图,该模块由单组元肼化学推进系统和霍尔电推进系统组成,总质量约50 kg。

化学推进系统采用4 台1N 的肼推力器,通过1 个7 kg 装载量的肼贮箱供应推进剂。

霍尔电推进系统组成框图如图13-13,系统采用2 台 HET-300 霍尔推力器(HET-A 和 HET-B),对称分布在卫星两侧且推力矢量过卫星质心,通过1 个16 kg 装载量的氙气瓶供气;功率处理单元功率可达600 W,采用数字控制,通过底部的散热器实现辐射散热;整个霍尔电推进系统采用全冗余设计。

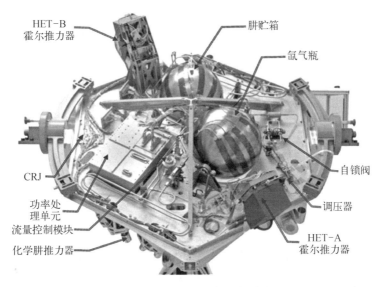

图 13 - 12　Venμs 卫星推进模块布局

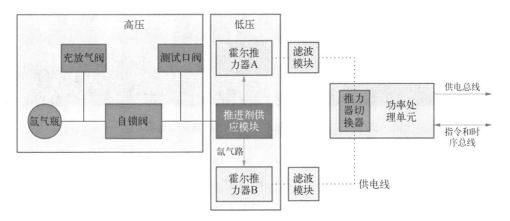

图 13 - 13　Venμs 卫星电推进系统组成框图

3) HET - 300 霍尔推力器

HET - 300 霍尔推力器采用单阴极设计,图 13 - 14 是推力器实物和放电工作时的照片,推力器的基本性能参数见表 13 - 7。

表 13 - 7　HET - 300 霍尔推力器基本性能

序　号	基本性能参数	技　术　指　标
1	功率	250~600 W
2	比冲(300 W 时)	>1 210 s

续 表

序　号	基 本 性 能 参 数	技　术　指　标
3	推力(300 W 时)	>14.3 mN
4	总冲	>135 kN·s
5	工作寿命	>1 100 h
6	工作次数	>2 000
7	质量	1.5 kg
8	包络	170 mm×120 mm×90 mm

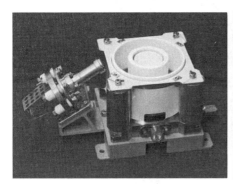

图 13‒14　HET‒300 霍尔推力器及其点火照片

4) 在轨应用情况

在轨霍尔电推进试验开始于 2018 年,每次试验通过三次开环控制改变轨道,最后通过闭环控制完成轨道再驻留,方案如图 13‒15。每个开环阶段,霍尔电推进系统长时间恒功率工作,在此期间卫星成像三次。第一阶段,霍尔电推进工作,卫

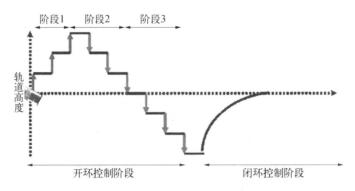

图 13‒15　霍尔推力器在轨试验方案

星升至预定轨道并调整至合适姿态;第二、三阶段卫星连续成像三次,期间电推进点火,但是卫星轨道在下降;每阶段末期均进行轨道测量和评估。在闭环控制卫星轨道驻留阶段,霍尔电推进持续点火,卫星连续成像,期间不断调整卫星姿态,直至卫星到达预定轨道。在轨技术试验中,霍尔电推进功率范围 300~500 W,两台推力器在轨测试数据如图 13‐16 所示,推力与功率的关系基本呈线性,测量数据一致性较好[3]。

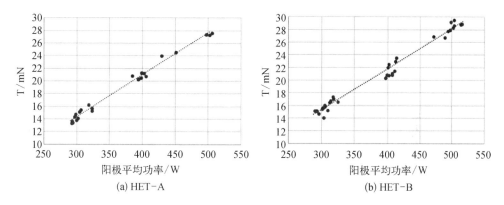

图 13‐16 Venμs 卫星两台霍尔推力器在轨测试数据

13.1.5 美国 TacSat‐2 卫星

1. 航天器概述

为提升空间系统的快速响应能力,美国提出了快速响应太空的概念。2000年,犹他大学空间动力实验室实现了小卫星设计和生产的流水化,每颗卫星可节省100 万美元,大大加快了应急响应速度。2003 年,美国国防部军力转型办公室(Office of Force Transformation, OFT)正式提出了"战术卫星"(TacSat)概念,以构建低成本快响应空间平台。

TacSat‐2 是其中一颗全光谱光学成像战术小卫星,由微小卫星系统公司(MicroSat System's Inc., MSI)研制,其主要任务是:形成快速响应卫星的工程技术与设计方法;明确快速研制新卫星和有效载荷的要求和限制;获得卫星之间的相互引导方法以实现目标成像。

卫星于 2006 年 12 月 16 日在美国沃洛浦斯飞行中心由 Minotaur 火箭发射。卫星质量 367 kg,有效载荷 13 个,任务周期 1 年,设计寿命 5 年,轨道高度 413 km×424 km,倾角 40°,三轴稳定控制,稳定精度优于 0.15°,遥感分辨率可达 1 m。TacSat‐2 卫星采用 Busek 公司研制的霍尔电推进系统执行大气阻力补偿任务,速度增量 154 m/s。

2007 年 4 月,TacSat‐2 开始收集图像,试验共进行了 11 项,其中包括地球表面成像(ESI)试验和目标指示器试验(TIE)等重要试验。TacSat-2卫星于2007年12停止运行并在2011年2月5日离轨再入大气层。

2. 霍尔电推进系统介绍

TacSat-2卫星霍尔电推进系统是美国首套国产霍尔电推进系统,也是Busek公司首套成功应用的霍尔电推进产品,采用BHT-200霍尔推力器,性能表现优异,产品集成度高,可使用氙、碘等多种工质,在轨测试满足航天器任务需求。

下面将重点介绍霍尔推力器和贮供系统的研制情况。

1)霍尔推力器

BHT-200霍尔推力器配套空心阴极为BHC-1500,工作参数见表13-8。推力器飞行产品于2005年完成设计,于2006年初交付于诺思罗普·格鲁曼公司空间技术部。该推力器额定功率200 W,功率包络范围50~300 W,相应推力4~17 mN,最高比冲可达1 600 s,重量小于1 kg。图13-17为BHT-200推力器。

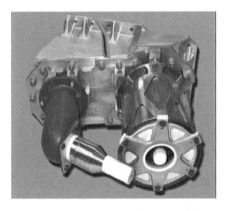

图13-17 BHT-200推力器

表13-8 BHT-200额定工况下参数

输 入 功 率	200 W
放电电压	250 V
放电电流	800 mA
推进剂流量	0.94 mg/s
推力	12.8 mN
比冲	1 390 s
效率	43.5%
尺寸	ϕ100 mm×105 mm

BHT-200霍尔推力器在轨验证了脉冲工作(脉宽<5 s)和连续工作(30 min)能力。星上搭载了霍尔推力器相关的监测设备,包括用于监测推力器表面特性的光度计与辐射计传感器,用于监测羽流区电子与离子密度的羽流等离子体传感器等。

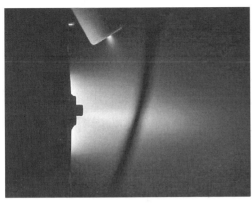

图 13 - 18　氙(左)与碘(右)工质下的羽流特性

　　BHT - 200 霍尔推力器还在国际上首次试验了碘工质,点火功率 100~300 W,相关性能与采用氙气工质接近,在某些工作点上推力功率比、推力效率比更高。图 13 - 18 是该霍尔推力器分别采用氙气工质和碘工质的放电照片。

　　2) 贮供系统

　　TacSat - 2 卫星中的贮供单元采用了 Moog 公司研制的基于比例流量控制阀(proportional flow control valve, PFCV)的氙流量控制系统(xenon flow system, XFS),如图 13 - 19 所示。氙流量控制系统将上游氙气瓶中的高压氙气降压至 36.2 kPa,并可实现主动压力控制。氙流量控制系统技术指标:① 入口压力 0.69~15.2 MPa;② 出口压力 36.2 kPa±1%;③ 阳极流量 0.882 mg/s,阴极流量 0.071 mg/s;④ 流量响应时间<5 s。

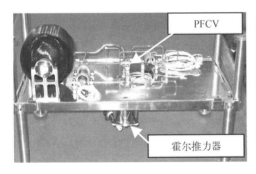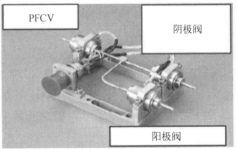

图 13 - 19　TacSat - 2 氙气贮供系统　　　图 13 - 20　Moog 公司基于 PFCV 的
　　　　　　　　　　　　　　　　　　　　　　　　　　　　流量控制模块

　　PFCV 经过了长时间连续的寿命测试,测试结果满足要求。图 13 - 20 为 Moog 公司基于 PFCV 的 51 - 245A 比例流量控制器[4],图 13 - 21 为入口压力 6.9 MPa 时,氙流量控制系统飞行样机的出口压力响应曲线。

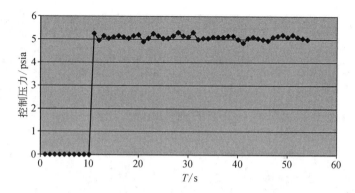

图 13-21　入口压力 6.9 MPa 时的 XFS 飞行样机的出口压力响应曲线

13.2　霍尔电推进在 GEO 卫星领域的应用

1945 年,英国人 Clarke 首次提出了地球静止轨道(geostationary Earth orbit, GEO)的概念。自 1963 年人类第一颗 GEO 卫星发射以来,人类已共发射了数百颗 GEO 卫星。GEO 卫星具有多功能、大型化的特点,卫星有效载荷承载能力是衡量 GEO 卫星先进性的重要指标,而推进系统在很大程度上决定了 GEO 卫星有效载荷承载能力。因此,GEO 卫星推进系统是衡量各国航天空间推进技术水平的重要标志。

GEO 卫星推进系统承担的任务有轨道转移、轨道修正、在轨位置保持、寿命末期离轨等。电推进相较于化学推进,比冲高出数倍至十倍以上,因此 GEO 卫星使用电推进可大幅节省推进剂的携带量。目前电推进 GEO 卫星一般采用亚千瓦级至 5 kW 量级的霍尔推力器,如天地一体化天基骨干全电推进卫星采用上海空间推进研究所研制的 5 kW 霍尔推力器;欧洲空客公司的 Eurostar 3000 平台采用千瓦级 SPT-100 霍尔推力器,改进型全电推进平台 Eurostar 3000EOR 采用了 5 kW 级 SPT-140D 霍尔推力器;德国 OHB 公司的小型 GEO 平台 Small GEO,采用 8 台 SPT-100 霍尔推力器;基于 A2100M 平台的美国空军极高频军事通信卫星 AEHF 采用了 4 台 XR-5(原 BPT-4000)多模式霍尔推力器。表 13-9 给出了国际上主要 GEO 卫星平台采用霍尔电推进的情况。

表 13-9　国际上主要 GEO 平台应用霍尔电推进一览表

序号	国家	平台名称	平台研制公司	霍尔推力器型号
1	美国	A2100M	Lockheed Martin 洛克希德·马丁	5 kW 级 XR-5
2		LS-1300	Maxar	千瓦级 SPT-100,5 kW 级 SPT-140

续　表

序号	国家	平台名称	平台研制公司	霍尔推力器型号
3		Eurostar 3000	Airbus 空中客车	千瓦级 SPT - 100
4		Eurostar 3000EOR	Airbus 空中客车	5 kW 级 SPT - 140D
5	欧洲	Spacebus 4000	Thales Alenia 泰利斯·阿莱尼亚	千瓦级 SPT - 100
6		Alphabus	Airbus 空中客车	千瓦级 PPS 1350 - G
7		Small GEO	OHB	千瓦级 SPT - 100
8		MSS - 2500 - GSO	NPO PM 应用力学科研生产联合体	千瓦级 SPT - 100
9	俄罗斯	UPS	Eneigiya　能源设计局	亚千瓦级 SPT - 70
10		US - KMO	Lavochkin　拉沃奇金设计局	亚千瓦级 SPT - 70

13.2.1　天基骨干网 GEO 卫星

1. 航天器概述

2013 年我国开启了天地一体化网络计划,主要解决异构网络互联和全网管理的问题。类似的项目还包括 NASA 的空间通信与导航体系结构、欧洲天基成像系统等。基于 GEO 卫星的天基骨干网络系统利用 GEO 卫星及卫星间的通信链在太空中布局形成空天主干网,完成远域分发和信息交换。天基骨干网络的示意如图 13 - 22 所示。

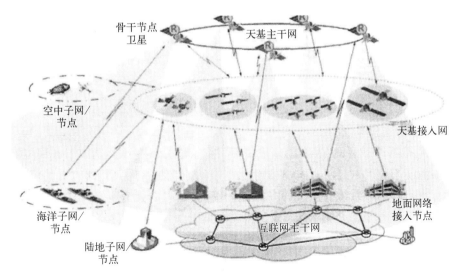

图 13 - 22　网络示意图

2. 霍尔电推进系统介绍

天基骨干网 GEO 卫星为全电推进卫星,采用上海空间推进研究所研制的 5 kW 霍尔电推进系统执行卫星发射后的轨道转移、在轨位置保持、动量轮卸载等任务。

5 kW 霍尔推力器是上海空间推进研究所针对全电推进卫星平台需求研制的产品(图 13-23),部分实测指标见表 13-10。2016 年 4 月,该款霍尔推力器完成 DFH-4SP 全电推进卫星平台详细设计评审,并通过了后续的 DFH-4SP 全电推进卫星平台工程的地面演示验证,达到了直接应用于卫星型号研制的技术状态。

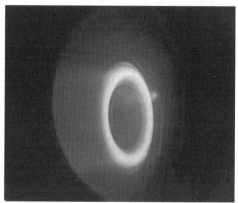

图 13-23　5 kW 霍尔推力器产品及其点火状态

表 13-10　5 kW 霍尔推力器实测性能指标

工　况	功　率	推　力	比　冲	效　率	束发散半角	备　注
大推力模式	5 000 W	280 mN	2 353 s	64.6%	24.6°	冷态
	5 000 W	276 mN	2 318 s	62.7%	24.6°	热平衡
小推力模式	3 000 W	160 mN	2 136 s	55.8%	26.3°	冷态

针对天基骨干网 GEO 卫星项目,5 kW 霍尔推力器在不同功率下开展了霍尔推力器性能摸底测试,经过多次测试和改进。为了增加空间飞行时点火的可靠性,进行了霍尔电推进系统的点火冲击测试,最后优化了点火流程,降低了高电压、大功率工况下推力器点火对于各组件的冲击。此外,5 kW 霍尔推力器进行了力学结构优化;优化了阳极绝缘器的设计,严格控制多余物;解决了新产品初期点火的振荡放电问题;进行了阴极自持点火的参数优化;进行了矢量调节机构的热传导评估等工作。

　　针对任务要求的 7 500 h 寿命指标,5 kW 霍尔推力器采用了磁屏蔽设计,大幅降低放电室壁面削蚀速率,可成倍提高霍尔推力器的寿命。2020 年进行的 300 h 寿命试验表明,预估寿命 30 000 h 以上,满足任务需求。图 13－24 是该霍尔推力器 200 h 点火试验前后放电室照片。

图 13－24　霍尔推力器 200 h 点火试验前(右)后(左)放电室照片

13.2.2　Eurostar 3000EOR 卫星平台

1. 航天器概述

　　空客公司自 2004 年起在 Eurostar 3000 卫星平台上开始采用霍尔电推进,自 2012 年以来发展了 Eurostar 3000 EOR 全电推进平台,相比较于传统化学推进平台有效载荷比提升了 75%。Eurostar 3000 EOR 平台采用了 4 台俄罗斯火炬设计局研制的 SPT－140D 霍尔推力器。至 2018 年 4 月,该平台已发射了 Eutelsat 172B 和 SES14/GOLD 两颗卫星,另有 Inmarsat－6 F1、Inmarsat－6 F2、SES－12、Syracuse 4B、Turksat 5A、Turksat 5B 等 6 颗星已经订购。

　　表 13－11 给出了国际上几款全电推进卫星平台的主要参数对比。

表 13－11　几款全电推进卫星平台参数对比

项　　目	美国波音公司 BSS－702SP	欧空局 Eurostar 3000EOR	中国 DFH－4SP
整星质量/kg	1 900	3 500~4 200	2 200
承载载荷/kg	500	700+	700
载荷功率/kW	8	8	9
电推进系统	离子 XIPS－25	霍尔 SPT－140D	霍尔 HET－300 离子 LIPS－300

续　表

项　目	美国波音公司 BSS-702SP	欧空局 Eurostar 3000EOR	中国 DFH-4SP
卫星寿命/年	15	15	15
卫星发射方式	"一箭双星"	"一箭双星"	"一箭双星"

Eurostar 3000EOR 平台的首颗星为 Eutelsat 172B,于 2017 年 6 月 1 日发射,通过霍尔推力器约 123 天的持续推进,2018 年 10 月 11 日将卫星送达地球静止轨道。Eutelsat 172B 发射质量 3 551 kg,有效载荷为 14 个 C 波段转发器,16 个 Ku 波段转发器和 1 个高通量 Ku 波段载荷。Eutelsat 172B 卫星重量比波音 BBS-702SP 全电推平台卫星(最重的一颗星约 2 300 kg)重 1 200 kg,但变轨时间比后者要短 2~3 个月,得益于 Eurostar 3000EOR 平台所采用的霍尔推力器比波音 BBS702SP 全电推平台采用的离子推力器的更大推力。

2. 霍尔电推进系统介绍

为了给载荷留有足够的空间且尽量减小对于轨道转移的持续时间,Eurostar 3000EOR 卫星平台采用了 5 kW 霍尔推力器,在飞行过程中,太阳能翻板始终朝向太阳,以便为霍尔推力器提供尽可能大的功率。霍尔电推进系统以氙气为工质,包含两个推力器模块,每个推力器模块安装在推力矢量调节机构上,可以进行卫星的姿态控制和动量轮卸载。推力矢量调节机构有三个铰链,能够在执行不同阶段任务时变换推力器的姿态。

图 13-25 是俄罗斯火炬设计局研制的 SPT-140D 霍尔推力器实物及其放电工作时的照片。该款推力器额定推力 290 mN,比冲 1 850 s,放电功率 4 500 W,寿命超过 10 000 h,推力器质量 8.5 kg,总冲不少于 9 mN·s,点火次数不少于 5 000 次。

图 13-25　SPT-140 霍尔推力器及点火

针对其鉴定样机 M1 至 2015 年已完成了 9 300 h 点火,绝大部分在 4.5 kW 功率下,发现前 2 000 h 推力器性能下降 8%,后续基本保持稳定。另外,该款推力器具有多模式工作能力,图 13 - 26 为推力器多模式工作性能。

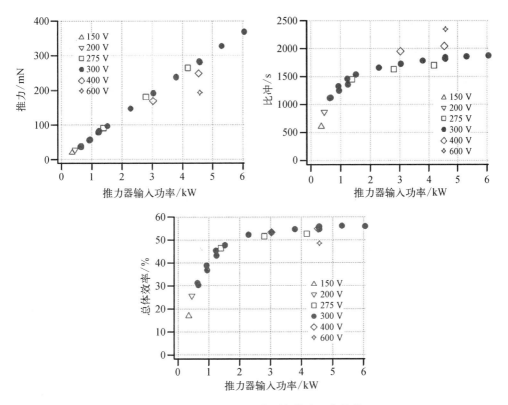

图 13 - 26　SPT - 140 实测多模式工作性能

13.2.3　Small GEO 卫星平台

1. 航天器概述

为了弥补欧洲卫星型谱在小型 GEO 卫星领域的短缺,由 OHB 系统公司根据欧空局电信系统高级研究(ARTES)计划开发了 Small GEO 平台。基于该平台研发的西班牙卫星 Hispasat 36W - 1 已经在 2017 年 1 月发射。平台最大发射质量 3 500 kg,最大载荷 450 kg,最大载荷功率 5 kW,设计寿命 15 年。Small GEO 平台采用模块化设计理念,主要包含平台模块和载荷模块,平台模块的推进模块为化—电混合推进,化学推进用于轨道转移,电推进用于卫星的轨道保持。模块化设计的优点可以进行卫星的灵活改动设计,根据卫星任务的不同可以变换为化—电混合卫星、全电推进卫星和传统化学推进卫星,其中全电推进卫星的载荷质量最高可达 900 kg。图 13 - 27 为 Small GEO 卫星剖视图。

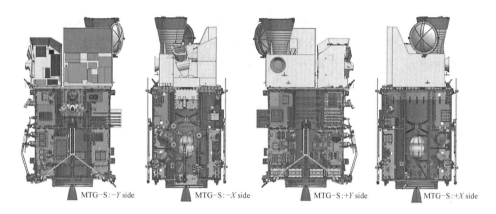

MTG-S:-Y side   MTG-S:-X side   MTG-S:+Y side   MTG-S:+X side

图 13 - 27   Small GEO 卫星剖视图

2. 霍尔电推进系统介绍

1）任务与系统方案

Small GEO 平台中电推进分系统主要执行以下任务：① 与运载火箭分离后的减速；② 姿态修正；③ 南北和东西位置保持；④ 轨道转移中的动量管理；⑤ 寿命末期离轨。

为满足 Small GEO 的任务需求，将电推进系统设计为两个子系统，每个子系统由 4 台霍尔推力器、1 台功率处理单元和 1 个电推力器切换单元组成。霍尔推力器直接安装于星体，没有矢量调节机构，推力方向不可调节。

霍尔推力器的空间布局与俄罗斯 Yamal 等卫星类似，采取三维对称布局方式。每台霍尔推力器工作都能同时产生法向和切向速度，不产生径向速度。整个寿命周期内星体质心变化不超出推力方向构成的平面所包围的区域，始终能保证霍尔推力器点火时能产生卸载力矩。三维对称构型与矩形构型相比，所用的霍尔推力器数量多了 1 倍，但不需要矢量调节机构，降低了平台的复杂度，推力只在切向和法向存在分量，位置保持控制中的耦合影响减弱，姿态轨道控制耦合作用较小；同时由于该构型下霍尔推力器推力方向不通过质心，点火过程中的干扰力矩较大。图 13 - 28 为 Small GEO 平台 8 台霍尔推力器的推力方向示意图，该布局方案的优点如下[1]：

（1）霍尔推力器可统一执行轨道转移任务和在轨东西、南北位置保持任务。

（2）霍尔推力器推力矢量基本过卫星质心，不需要结构复杂的矢量调节机构，简化卫星控制策略，提高电推进系统的可靠性。

（3）霍尔推力器安装在棱边轴线中部，推力矢量同时指向东南、西南、东北、西北方向，在执行南北位保的同时，如果推力器角度合适，可同时执行东西位保，有利于减小推力损失，简化位保策略。表 13 - 12 为 Small GEO 电推力器推力方向统计表。

（4）霍尔推力器总台数多，应对特殊情况的灵活性增强。

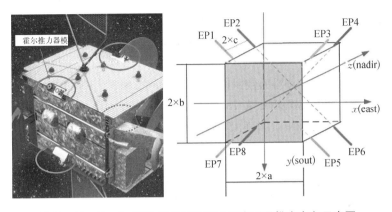

图 13-28　Small GEO 平台霍尔推力器布局及推力方向示意图

表 13-12　Small GEO 电推力器推力方向统计表

推　力　方　向	推　力　器
SE(东南)	EP1,EP2
SW(西南)	EP3,EP4
NE(东北)	EP7,EP8
NW(西北)	EP5,EP6

　　霍尔电推进系统组成示意图见图 13-29,包含两个 60 L 的氙气气瓶,氙气供应系统包含配合控制使用的电子器件、压力调节器和保护件,主要作用是将气瓶出口的高压调节至推力器需要的压力(2.2 bar)。霍尔推力器组件包含一个功率处理

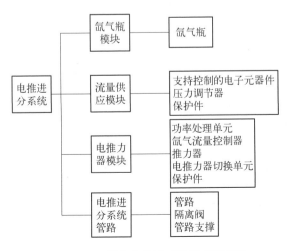

图 13-29　霍尔电推进系统组成示意图

单元、一个推力器切换单元、4 个推力器及其相应的热接口盒、氙气流量控制单元、滤波单元和保护件。内部管路包含管路、绝缘器和支撑件。

2）霍尔推力器

系统采用的霍尔推力器为俄罗斯火炬设计局的 SPT - 100,单台推力器额定功率 1.35 kW,额定推力 80 mN。表 13 - 13 为 SPT - 100 霍尔推力器的主要参数,推力器寿命末期推力 78 mN,比冲 1 450 s。

表 13 - 13   SPT - 100 霍尔推力器参数

放电室直径/mm	100
额定功率/W	1 350
比冲/s	1 600
额定推力/mN	80
累计工作寿命/h	≥7 500
总效率/%	50
放电电压/V	300
放电电流/A	4.5
质量/kg	3.5
总冲/(N·s)	2.49×10^6

针对西方卫星的 SPT - 100 霍尔电推进系统的鉴定和寿命试验于 1996 年完成。试验时采用了 PPU 工程样机向 SPT - 100 霍尔推力器供电。劳拉空间系统公司负责对 PPU 单元的鉴定考核,Moog 公司负责对压力管理单元进行考核。两台 SPT - 100 霍尔推力器通过了寿命试验,其中试验时间较长的一台推力器累计工作时间 9 000 h,开关次数 8 883 次,总冲达到了 2.71×10^6 N·s。此外,在最终霍尔电推进系统验证时,对 SPT - 100 集成系统在火炬设计局的真空试验舱内进行了 1 000 h 工作和 700 次开关的鉴定试验。该集成系统由 1.5 kW 级霍尔电推进系统的组件组成,包括 1 台 SPT - 100 霍尔推力器,2 台 Xe 流量控制器鉴定样机,PPU 鉴定样机,压力管理装置鉴定样机和氙贮箱鉴定样机。试验时进行了多参数拉偏试验,以覆盖执行空间任务时的各种情况[5]。图 13 - 30 是霍尔电推进

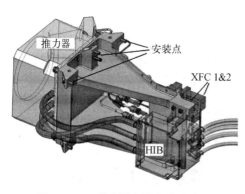

图 13 - 30　单个推力器安装示意图

系统中单个推力器安装示意图。

13.2.4　A2100M 卫星平台

1. 航天器概述

洛克希德·马丁空间系统公司的 A2100M 平台由 A2100 平台升级而来。这两个平台均采用了由远地点发动机(双组元)、化学姿态控制发动机(单组元)和霍尔电推进子系统三部分组成的化—电混合推进系统,所有用于姿态控制和位置保持的推力器均采取了全功能冗余的形式。A2100 平台的电推进子系统采用电弧推进,而 A2100M 平台升级为双模式霍尔电推进。基于 A2100M 平台的代表卫星为美国空军极高频军事通信卫星 AEHF(首发星于 2010 年 8 月 14 日发射)。AEHF 项目将替换美国原有的 5 颗卫星组成的 Milstar 军事通信系统,采用了 6 颗运行于 GEO 轨道的 AEHF 卫星。AEHF 卫星发射质量 6 168 kg,设计工作寿命 14 年。至 2020 年,6 颗 AEHF 卫星全部发射。

AEHF - 1 卫星在发射后,利用其 BT - 4 远地点发动机进行近地点轨道提升时,远地点发动机因一小片织物堵住了管路,启动失败,无法执行变轨任务。根据制定的新轨道提升方案,霍尔电推进执行了比原计划更多的轨道转移任务,最终将卫星送入轨道,且由于采取了优化的拯救策略,卫星剩余推进剂足够维持其 14 年寿命。

2. 霍尔电推进系统

1) 任务与指标

A2100M 平台采用 BPT - 4000(后改名为 XR - 5)双模式霍尔电推进系统,首发星 AEHF - 1 卫星的 4.5 kW 级霍尔电推进系统是当时空间应用的最大功率的霍尔电推进系统,也是美国继在 2006 年 12 月 16 日发射的 Tacsat 2 卫星上采用的 BHT - 200 霍尔电推进系统后在空间应用的第二套霍尔电推进系统,具有双模式工作能力,即在轨道转移期间工作在大推力模式(同时保持较高的比冲),在轨位置保持期间工作在高比冲模式(同时保持足够的推力)。

2) 系统方案

霍尔电推进系统包括 Xe 贮箱、1 套氙气供应系统和 4 个由 1 台 BPT - 4000 霍尔推力器、1 台功率处理单元(PPU)、1 台流量控制器(XFC)组成的支路。图 13 - 31 为双模式霍尔电推进子系统原理图。

Aerojet 公司负责研制和鉴定霍尔推力器、PPU、Xe 流量控制器(XFC)及这些组件的相关集成工作。洛克希德·马丁空间系统公司负责 Xe 贮箱、Xe 供应系统和所有整星级的系统集成工作。

3) 关键组件

BPT - 4000 霍尔推力器是 Aerojet 公司在美国 Busek 公司的许可技术基础上

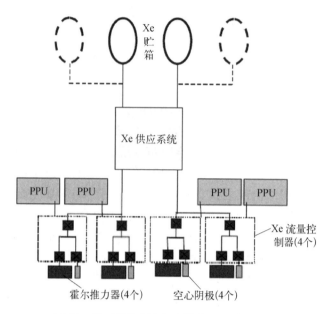

图 13-31　双模式霍尔电推进子系统原理图

开发的,其主要设计指标如表 13-14 所示。最终实现的指标包括: 比冲 1 769~
2 076 s,推力 168~294 mN,额定功率 3.0~4.5 kW,额定电压 300~400 V,效率
50%,质量(推力器和阴极)<7.5 kg,包络尺寸 16 cm×22 cm×27 cm,寿命大于
6 000 h。

表 13-14　霍尔推进系统设计指标

输入功率		3~4.5 kW			
输入电压		300~400 V			
总冲/(N·s)		>4.6×10⁶			
开关次数		>6 300			
工作模式	功率	4.5 kW	4.5 kW	3 kW	3 kW
	电压	300 V	400 V	300 V	400 V
推力/mN		294	254	194	168
比冲/s		1 844	2 076	1 769	1 969
Xe 流量/(mg/s)		16.2	12.5	11.2	8.7

2005 年 BPT-4000 霍尔推力器完成了针对 GEO 卫星应用的 5 800 h 寿命鉴定

试验之后,为了论证 BPT - 4000 的低功率工作能力,NASA 进行了其寿命扩展鉴定试验,至 2010 年,累计工作时间 10 400 h[6],开关次数 7 316 次,总冲达 8.7 mN·s,共消耗 Xe 气 452 kg。

Xe 贮供系统采用 2~4 个 18.62 MPa 的复合材料气瓶贮存氙气,Xe 气瓶的容积可根据任务需要调整,最大装载能力能够满足 8 台 BPT - 4000 霍尔推力器的应用需求。氙供应系统包括过滤器、隔离阀和减压阀等组件。整个寿命周期内,氙供应系统出口压力维持在 255±21 kPa 范围,保证了下游氙流量控制模块(XFC)为霍尔推力器提供稳定的 Xe 气流量。

氙流量控制模块由一个 51 - 245A 比例流量控制阀(PFCV)、阳极气路电磁阀、阴极气路电磁阀和阴极节流器组成,如图 13 - 32 所示。阴极节流器安装在阴极气路电磁阀下游,通过节流孔实现阴极精确流量控制,阳极流量约占入口流量的95%。由于霍尔推力器阳极电流和 Xe 流量成近似正比关系,PFCV 通过霍尔推力器阳极电流反馈实现闭环控制。阳极和阴极气路电磁阀的型号分别为 51E244 和51E248。电磁阀在电压 24 V、脉宽 50 ms 的脉冲下打开,然后由一个较低的电压维持阀的开启状态,以减小功耗。表 13 - 15 为氙流量控制模块的技术指标,表13 - 16 为比例流量控制阀的主要技术指标。

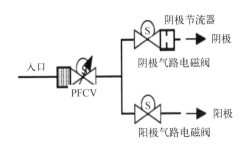

图 13 - 32　Moog 公司为 BPT - 4000 研制的配套氙流量控制模块

表 13 - 15　氙流量控制模块的技术指标

参　　数	指　　标
PFCV 入口压力	255±21 kPa
阳极流量	8.4~14.8 mg/s(调节比达 1∶1.76)
阴极流量	0.42~1.33 mg/s(调节比达 1∶3.17)
最大功耗	4.1 W
质量	≤500 g

表 13 - 16　比例流量控制阀的技术指标

参　数	指　标
工作流量范围	$6\sim20$ mg/s（氙气）
入口压力范围	$35\sim40$ psia
出口控制压力范围	$0\sim40$ psia
最大预期工作压力（MEOP）	900 psia
验证压力	1.5 倍 MEOP
爆破压力	2.5 倍 MEOP
非工作（保存）压力范围	$-34\sim+71℃$
工作压力范围	$-8\sim+71℃$
外漏	$<1\times10^{-6}$ scc/s GHe（最大预期工作压力时）
内漏	$<8.3\times10^{-4}$ scc/s GHe（最大预期工作压力时）
工作循环次数	6 635
开启/关闭响应时间	$\leqslant25$ ms
质量	$\leqslant115$ g

　　PPU 由洛克希德·马丁空间系统公司和 Aerojet 联合研制。PPU 提供了航天器与霍尔推力器、流量控制模块之间的所有指令、遥测信号和供电接口,其主要技术参数为:功率范围 $2\sim4.5$ kW,输入电压 70 V,输出电压 $150\sim400$ V,电压调节步长 50 V,质量 12.75 kg,尺寸 43 cm×40 cm×11 cm。

　　霍尔推力器通过推力矢量调节机构(图 13 - 33)安装在 AEHF - 1 卫星的侧板接边的中部。推力矢量调节机构用于改变霍尔推力器的推力矢量,以提供所需方向的推力。推力矢量调节机构选择了 Moog 公司的 2 轴电推力器推力矢量调节机构,具有步进电机驱动的双轴转动驱动器和用于推力器推进剂管路和导线的螺旋调节装置。该推力矢量调节机构两轴转动范围±36.5°,精度优于 0.02°,额定转动速度 1°/s。

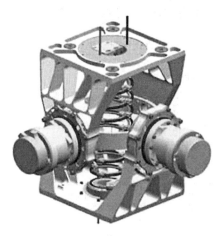

图 13 - 33　Moog 公司电推力器推力
矢量调节机构

13.3　霍尔电推进在深空探测领域的应用

　　深空探测是指对地球以外的天体进行的空间探测活动,意义在于不断加深人类对于宇宙及其生命起源的认识,通过深空探测活动带动相应科学技术的发展。目前人类探测的主要目标是月球、火星、水星、金星、巨行星及其卫星、小行星与彗星,月球是深空探测的首选目标,目前有美国、俄罗斯、欧洲、日本和中国对月球进行过探测,其中标志性成果是月球采样返回、载人登月及发现月球表面存在冰水。火星作为与地球最相像的星球,美国曾发射过探路者号、漫游者号、机遇号和勇气号、凤凰号、好奇号等火星车,印度也进行了曼加里安号火星探测。此外,小行星探测方面有日本隼鸟号、美国黎明号等。中国目前在深空探测领域已经发射了嫦娥系列月球探测器、天问号火星探测器,将来还计划开展金星、木星小行星等探测活动。

　　深空探测活动的主要特点是,任务距地球远、周期长,希望空间推进系统具有高的总冲,能携带更多的推进剂,同时需要更高的比冲,电推进相较于化学推进具有显著的优势;从推进剂和能量来源的角度,需要能够利用在长时间飞行过程中有持续不断的足够能源(如太阳能或核能)。采用霍尔电推进的深空探测任务有欧洲 SMART-1 月球探测器(PPS 1350-G 霍尔推力器),美国 Psyche 小行星探测器(SPT-140D 霍尔推力器)、深空之门月球空间站(HERMeS 和 BHT-6000 霍尔推力器)。

13.3.1　欧洲 SMART-1 月球探测器

1. 航天器概述

　　SMART-1 月球探测器(图 13-34)是欧洲空间局(ESA)的技术预先研究小型任务计划(Small Mission for Advanced Research in Technology, SMART)的第一个任务。在月球探测的同时,SMART-1 号探测器为 ESA 将来的"基石"科学任务试验新技术,还执行了欧洲首次霍尔电推进空间试验任务。借助于由落压式单组元肼推进系统(姿控)和霍尔电推进系统(主推进)组成的化—电混合推进系统,SMART-1 号探测器超额完成了科学探测任务[7]。

　　SMART-1 月球探测器于 2003 年 9 月 27 日由 Ariane 5G 运载火箭发射,2006 年 9 月 3 日以撞击月球的形式结束任务。整个任务分为 7 个阶段。

　　(1) 发射和早期工作阶段:探测器于 2003 年 9 月 27 日发射,初始轨道 7 029 km×42 263 km;

　　(2) 脱离范艾伦辐射带:采用持续推进策略以尽快提升近地点,2003 年 12 月 22 日脱离范艾伦辐射带,轨道 20 000 km×63 427 km;

　　(3) 脱离地球巡航:在近地点处启动推进系统以增大近地点半径;

　　(4) 月球共振和引力捕获:利用月球共振辅助轨道变化,2004 年 11 月 15 日

图 13-34 SMART-1 月球探测器效果图

月球引力捕获,此时距地球 310 000 km,距月球 90 000 km;

(5) 降低月球轨道:在霍尔推力器作用下降低月球轨道,直至 2 200 km×4 600 km 的工作轨道;

(6) 月球科学研究:从 2005 年 2 月开始,直至 2006 年 9 月探测器寿命终结,其中在 2005 年 9 月的重新启动阶段中,因优化月球轨道中止科学研究一个月;

(7) 轨道重新启动阶段:2006 年 6、7 月利用姿控发动机调整探测器撞击日期和时刻。

SMART-1 月球探测器的一项重要任务就是开展霍尔电推进系统试验,作为欧洲第一个采用霍尔电推进系统的航天器,打破了多项欧洲和世界纪录,具体表现为:① 欧洲的第一次探月任务;② ESA 的第一个极低预算小型科学任务;③ 验证了电推进联合引力辅助机动的工作模式;④ 欧洲第一次成功的霍尔电推进空间飞行试验;⑤ 第一次以霍尔推力器为主推进的空间飞行器;⑥ 推进剂质量占比最低(只有 22%)的月球探测器;⑦ 第一个由电推进实现脱离地球轨道的探测器(2004 年 11 月 15 日脱离);⑧ 第一个利用电推进进入另一个天体轨道的探测器(2004 年 11 月 16 日进入月球轨道)。

2. 霍尔电推进系统

SMART-1 霍尔电推进系统由霍尔推力器、贮供系统、电能供应系统、数字接口和通信系统(digital interface and communication system)四部分组成[8],系统干质量 29 kg,系统组件布局见图 13-35。

1) 霍尔推力器

PPS 1350-G 霍尔推力器(图 13-36)是俄罗斯 SPT-100 霍尔推力器的欧洲版,根据欧洲技术和西方通信卫星应用的技术标准进行开发,推力器放电室出口直

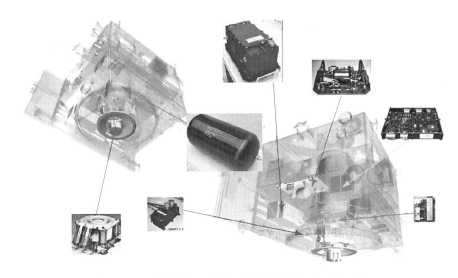

图 13 - 35　SMART - 1 霍尔电推进系统组件布局示意图

径 100 mm,额定功率 1.5 kW,额定工况 350 V、4.28 A,平均推力 90 mN、平均比冲大于 1 650 s、总冲 3.36×10⁶ N·s。在 2006 年通过了 10 530 h 寿命试验,前 4 000 h 的性能见表 13 - 17。该推力器可多模式工作,适应探测器平台功率的变化。

图 13 - 36　PPS 1350 - G 霍尔推力器及其点火状态

表 13 - 17　PPS 1350 - G 霍尔推力器寿命试验过程性能参数测量

性　能	初　始	1 000 h	2 000 h	3 000 h	4 000 h
放电电压	351 V	352 V	353 V	353 V	353 V
放电电流	4.28 A	4.27 A	4.29 A	4.27 A	4.28 A
总氙流率	5.32 mg/s	5.45 mg/s	5.44 mg/s	5.43 mg/s	5.48 mg/s
推力	89.1 mN	88 mN	91 mN	88.6 mN	86.5 mN

续　表

性　能	初　始	1 000 h	2 000 h	3 000 h	4 000 h
比冲	1 706 s	1 647 s	1 707 s	1 657 s	1 693 s
效率	49.6%	47.2%	50.4%	47.6%	50.1%

2）Xe 供应系统

Xe 供应系统由 Xe 贮箱、Bang-Bang 压力调节单元（Bang-Bang pressure regulation unit，BPRU）和 Xe 流量控制器（xenon flow controller，XFC）组成。Xe 贮箱为圆柱形铝内胆复合材料气瓶，容积 49 L，置于 SMART‑1 探测器中心的 Z 轴线上。Xe 贮箱存储 Xe 推进剂 82.5 kg，压力 15 MPa，密度 1.7 g/cm^3，最高工作温度 50℃。图 13‑37 为 BPRU 飞行样机。

工作时，利用 BPRU 单元将 Xe 压力降低并稳定在额定值（0.2 MPa）范围。BPRU 由两个串联的电磁阀和下游缓冲空腔和压力传感器组成，以压力传感器输出为控制参数通过 PRE 板闭环控制程序驱动电磁阀频繁开关实现稳定下游压力在额定值的目标。然后，Xe 气流入流量控制器，在 PPU/TSU 的控制下，利用霍尔推力器放电电流实现闭环控制，以使流入霍尔推力器和阴极的 Xe 推进剂流量保持稳定。

图 13‑37　BPRU 飞行样机

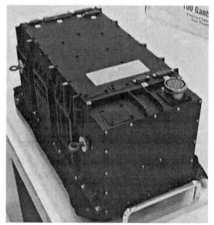

图 13‑38　功率处理单元

3）电能供应系统

电能供应系统由功率处理单元（power processing unit，PPU）和滤波单元（filter unit，FU）等组成，图 13‑38 是 PPU 的实物照片。PPU 功率范围 462~1 190 W，共有 117 档功率调节档位。PPU 可进行自动点火程序，该程序能限制点火时的电流浪涌。执行"Auto Exec"命令后，阴极加热，Xe 推进剂开始供应，霍尔推力器由点火脉冲电源实现点火。滤波单元(FU)用于减少推力器放电时的振荡到可接受量级,并保护 PPU[9]。

4) 矢量调节机构

推力矢量调节机构(图 13 - 39)具有 2 轴自由度,安装在探测器 Z 面板的中心,上面安装了 PPS 1350 - G 霍尔推力器。由于推进剂消耗和热效应的影响,探测器质心会发生变化。通过推力指向机构,霍尔推力器的推力矢量方向可进行调节以通过探测器质心。此外,利用指向装置,霍尔推力器可用于动量轮卸载,从而可减少肼推进剂消耗。

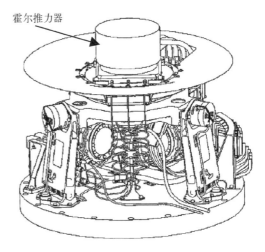

图 13 - 39　SMART - 1 推力矢量调节机构

5) 电推进诊断装置

霍尔电推进系统工作时的羽流等离子体有可能对卫星表面产生轰击溅射和沉积污染。为了监测霍尔推力器的羽流效应,SMART - 1 装备了意大利 Alcatel Alenia Space 公司研制的电推进诊断装置(electric propulsion diagnostic package, EPDP),包含朗缪尔探针(Langmiur probg, LP)、阻滞势分析仪(retarding petential analyzer, RPA)和石英晶体天平(quartz crystal microbalance, QCM)等。LP 和 RPA 安装在 SMART - 1 探测器底板上,RPA 的轴线朝着推力器。QCM 安装在探测器的 X 面板上。

6) 霍尔电推进系统的地面试验

为了获得霍尔电推进系统在探测器上的工作情况,2002 年 12 月在 ESTEC 的 HBF3 真空舱内进行了探测器上霍尔电推进系统整器点火试验,如图 13 - 40 所示。

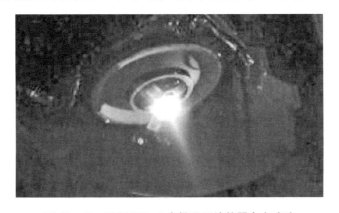

图 13 - 40　SMART - 1 电推进系统整器点火试验

试验结果表明,遥测和遥感操作正常,没有明显的电磁干扰信号或虚假信号。从 EMC 方面考虑,霍尔电推进系统的表现在正常范围内。

SMART-1 发射后的第三天,霍尔电推进系统首次点火成功。在整个任务周期内,霍尔电推进系统成功完成了所有预定操作,包括到 2006 年 9 月撞击月球前的 1 年扩展任务中的低压模式工作。表 13-18 为 SMART-1 任务周期内霍尔电推进系统性能汇总。Xe 压力调节电磁阀寿命超过了 10^6 次预期寿命的 25%,且始终未出现泄漏现象,性能优异。

表 13-18 SMART-1 电推进系统性能

工作时间	电推进系统累计工作时间	4 958.3 h
	累计推力调节时间	4 913 h
	单次最长工作时间	240 h
	阴极 A	3 865 h
	阴极 B	1 106 h
首末次点火时刻	首次	2003.9.30 12:25
	末次	2005.9.17 18:45
总冲		1.2 mN·s
速度增量		3.7 km/s
总飞行操作程序数		45
电推进系统总工作序列数		98
电推进系统总工作脉冲数		844
Xe 压力调节电磁阀动作循环次数		1 256 505
Xe 质量	发射时	82.5 kg
	撞击月球前	约 0.28 kg
推力器	放电功率范围	462~1 190 W
	平均放电功率	1 140 W
	平均轴向推力	65.7~9.1 mN
	平均设计推力	67 mN
	平均有效质量流量	4.44 mg/s
	平均有效比冲	1 540 s

　　整个任务周期内,借助于可根据探测器实际情况进行功率调节的霍尔电推进系统,性能稳定的太阳能电池阵及优化的地—月轨道转移策略,SMART‑1 探测器寿命延长了 1 年,科学观测周期达到原计划的 3 倍。利用具有推力指向机构的霍尔推力器,SMART‑1 成功进行了动量轮卸载,减少了数千克的肼推进剂消耗。SMART‑1 月球探测器的经验表明,多模式霍尔推力器适应性强,工作可靠,在科学任务和商业应用中将大有用武之地。

13.3.2　美国 Psyche 探测器

1. 航天器概述

　　Psyche 探测器是 NASA"发现计划"最新的探测任务,计划 2022 年发射。"发现计划"已经支持了 NEAR 近地小行星探测、火星探路者、月球勘探、起源号探测、彗星深度撞击、星尘号探测、开普勒探测、圣杯月球探测、信使水星探测、InSight 火星探测、黎明号谷神星与灶神星探测等任务。Psyche 任务的目标是太阳系内最大的金属小行星灵神星(Psyche),该小行星直径约 210 km,含超过 90% 的铁、镍,和金、铂等稀有金属。Psyche 探测器将在 2 年时间内探测该小行星的地形、重力、磁性、表面特性和材料特性,目标可归结为如下三点：① 了解从未经过勘探的行星结构——铁核;② 通过检验不同天体的内部来认识类地行星;③ 首次探究不是由岩石或冰层,而是由金属形成的天体。

　　Psyche 探测器的太阳能霍尔电推进系统由 Maxar 公司提供,采用 20 kW 级太阳能电池阵和 SPT‑140 霍尔推力器。Maxar 公司还负责 100 V 量级的电源系统,为电推进系统、航天器其他部分、热控系统、姿控系统硬件及冷气推进系统供电。美国喷气推进实验室 JPL 负责指令和数据处理电子设备硬件、X 波段通信系统、飞行控制制导及导航软件及自动保护系统。

2. 霍尔电推进系统介绍

1) 任务与系统组成

　　霍尔电推进系统在 Psyche 探测中执行如下任务：从地球到灵神星巡航、巡航期间的动量控制、小行星科学探测轨道间的转移、小行星位置保持。预计 2022 年 8 月飞行器发射后开始 3 年的巡航,包括 2023 年 5 月的火星引力加速,2026 年航天器被灵神星轨道捕获并开始执行科学任务,在 4 个轨道间转移,2027 年 10 月完成所有任务。Psyche 探测器任务期间功率变化和氙推进剂消耗情况如图 13‑41 所

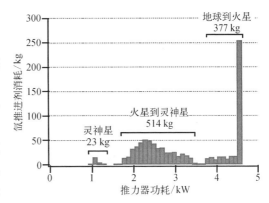

图 13‑41　Psyche 探测器任务期间功率变化和氙推进剂消耗情况

示。电推进系统总共携带了 1 030 kg 的推进剂,工作功率范围为 1.7~4.5 kW[10]。

霍尔电推进系统示意图如图 13‑42 所示,包含 4 台 SPT‑140D 霍尔推力器、两台功率处理单元、4 个流量控制单元、4 个推力器辅助支持单元 TASU,功率处理单元分别与四个推力器辅助支持单元(相当于滤波单元 FU)连接,每个推力器辅助支持单元与一台推力器连接,起放电过滤及保护作用。两台霍尔推力器及各自的流量控制器组成一个矢量调节模块 DSM,如图 13‑43 所示。两个 DSM 分别位于航天器两边,可以实现 5 个自由度的控制。

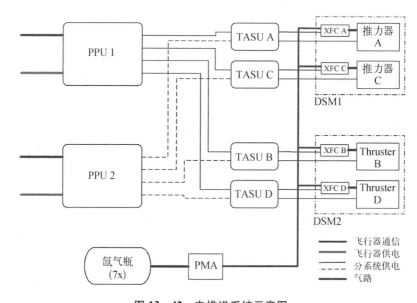

图 13‑42　电推进系统示意图

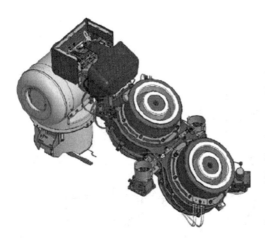

图 13‑43　安装 2 台 SPT‑140 霍尔推力器的矢量调节机构

2）关键组件情况

此次任务 SPT‑140D 增加了低功率工况,并针对性地开展了低功率工况测试。为衡量新的工况下霍尔推力器的寿命情况,利用霍尔推力器鉴定样机,开展了一系列激光诱导荧光测试,获得了用以构建性能和寿命模型的数据。

SPT‑140D 霍尔推力器的额定功率在 3~4.5 kW 范围,其飞行历史数据表明,在 4 kW 下,推力器平均推力 234±0.5 mN。Psyche 任务将其工作点拓宽到 0.9 kW 和 1 kW,并在 1 kW 条件下进行了热真空试验,测试了低功率工况下的阴极工作适配性。SPT‐140D 霍尔推力器在 3～4.5 kW 条件下前 2 000 h 推力下降了 8%,在 6 000～10 000 h 期间推力不变。对工作在 0.9 kW 下的八台不同霍尔推力器进行测试,推力随工作时间的变化如表 13‐19。

表 13‐19　几台 SPT‐140D 在 0.9 kW 下的测试数据

推　力　器	推力器工作时间/h	背景压力/Pa	测试推力/mN
QM002	～790	1.3×10^{-4}	57±2
QM001	～940 ～9 900 ～10 400	1.3×10^{-3}	58±5 54±5 55±5
Psyche FM029 Psyche FM030 Psyche FM031 Psyche FM030	～40	1.3×10^{-3}	58±5 60±5 58±5 57±5

SPT‐140D 霍尔推力器总冲为 8.8 mN·s,超过了任务需求,通过仿真也进行了验证。至 2015 年,在 4.5 kW 和 3 kW 功率下进行了 9 300 h 点火试验,在 1 kW、0.9 kW、4.5 kW 下分别进行了 250 h、250 h 和 480 h 点火试验,累计的点火试验时间达到 10 371 h。后期 500 h 寿命试验验证了 SPT‐140D 能够在低功率条件件下稳定工作(Psyche 任务共需要霍尔推力器在低于 1.5 kW 条件下工作 1 500 h)。图 13‐44 给出了霍尔推力器 6 000 h 寿命试验推力的变化情况。

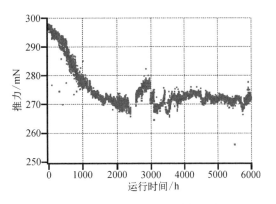

图 13‐44　试验前 6 000 h 的推力变化

图 13‐45 为 Psyche 探测器电推进系统氙流量控制器示意图。针对霍尔推力器在不同模式下的流量需求,氙流量控制器采用比例流量控制阀实现 3～23 mg/s 的推进剂流量调节。比例流量控制阀下游分为三条支路,每条支路上均设置了一个节流孔板。三条支路中,一条支路为阳极支路,两条为阴极支路,阴极支路出口合并为一路。一条阴极支路上,设置了一个自锁阀,初始状态为关闭状态,阴极支路分流 5% 的总流量。推力器功率小于 1.5 kW 后,自锁阀开启,导通一条阴极气路,阴极支路分流增大到 9% 的总流量。这是由于推力器放电功率大于 1.5 kW 时

阴极需要5%的总流量,放电功率小于1.5 kW时阴极需要9%的总流量,以此来限制阴极对地的电位。

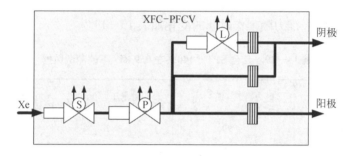

图13-45 Psyche探测器电推进系统氙流量控制器示意图

13.3.3 深空之门任务

1. 航天器概述

NASA的阿尔忒弥斯(Artemis)计划在2024年将第一位女性和下一位男性送到月球南极,2028年之前实现人类在月球表面长期驻留。核心计划深空之门将建设重要的站点以供人类在月球表面的长期生存和试验,其主要任务包括:① 帮助人类开展临月空间和月球表面的活动;② 为2 024人类登陆月球南极提供登陆点;③ 在月球周围战略布局,增加月球设施的可修复性和鲁棒性;④ 演示月球任务技术,并为探测火星做准备;⑤ 在月球表面或者周围提供建筑模块以便未来扩展。

深空之门任务的首个单元是电力和推进模块(power and propulsion element, PPE),将采用大功率长寿命霍尔电推进系统。图13-46为深空之门探测器效果图。

图13-46 深空之门示意图

2. 霍尔电推进系统

1) 功能指标与系统组成

Maxar 公司为 PPE 研制了装载 2 500 kg 氙气、功率 50 kW 的太阳能霍尔电推进系统。设计方案继承了 LS–1300 平台霍尔电推进系统,该平台已经用于超过 38 个 GEO 卫星,包括多种长期轨道转移任务,霍尔推力器累计工作超过 100 000 小时。图 13–47 为 PPE 探索任务轨道转移示意,火箭分离后,PPE 将进行一系列的空间站组装检查和氙气转移演示,然后开启自动太阳能霍尔电推进执行轨道转移,转移到中间轨道,再转移到月球极地轨道,之后将进行一系列测试,演示载荷通信任务[11]。

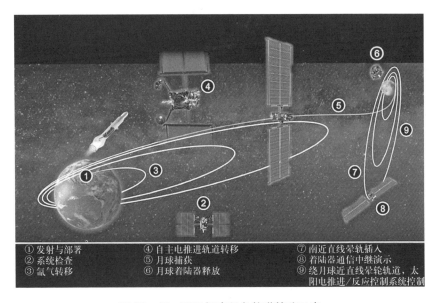

① 发射与部署　　　　④ 自主电推进轨道转移　　　⑦ 南近直线晕轨插入
② 系统检查　　　　　⑤ 月球捕获　　　　　　　　⑧ 着陆器通信中继演示
③ 氙气转移　　　　　⑥ 月球着陆器释放　　　　　⑨ 绕月球近直线晕轮轨道,太
　　　　　　　　　　　　　　　　　　　　　　　阳电推进/反应控制系统控制

图 13–47　PPE 探索任务轨道转移示意

PPE 将使用 60 kW 的太阳能电池,2 个氙气罐及包含 6 台推力器、6 台功率处理单元的 49 kW 电推进系统。霍尔推力器包含 Aerojet 公司研发的 2 台 12.5 kW AEPS 霍尔推力器(各自安装在小范围机动的推力矢量调节机构上),4 台 Busek 公司研发的 6 kW 霍尔推力器(成对安装在 Maxar 公司研发的矢量调节机构上)。霍尔电推进系统如图 13–48 所示,包含两个 825 L 的氙气瓶,Bang-Bang 压力调节子系统,推力器,流量控制子系统,推力矢量调节机构和功率处理单元等。

电推进系统不同推力器组合的推力变化范围为 580 mN(12 kW)～2.34 N (49 kW),不同组合性能和推进剂消耗量见表 13–20。功率 49 kW、比冲 2 500 s、轨道转移速度增量为 3.1 km/s 时,需要 800 kg 氙气,持续 100 天。

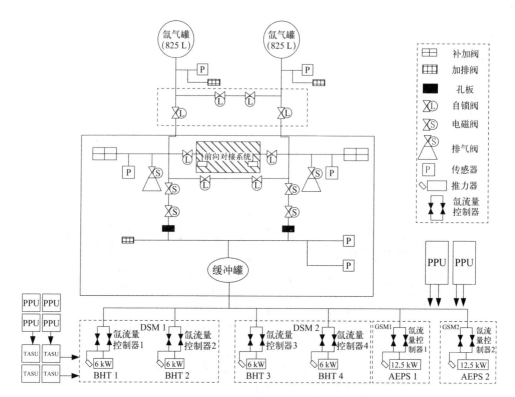

图 13 - 48　PPE 电推进系统示意图

表 13 - 20　PPE 不同推力器组合性能和推进剂消耗量

构　　形	推力器功率/ kW	推力/N	流量/ (mg/s)	比冲/s	每日推进剂 使用量/kg
×2 AEPS	25	1. 18	46	2 620	4
×2 BHT - 6000	12	0. 58	24	2 505	2
×4 BHT - 6000	24	1. 16	47	2 505	4.1
×1 AEPS,×2 BHT - 6000	24. 5	1. 17	47	2 560	4
×2 AEPS,×4 BHT - 6000	49	2. 34	93	2 560	8

2) 关键组件研制

电推进系统主要由 12. 5 kW 霍尔电推进模块和 6 kW 霍尔电推进模块组成,下面将介绍两种霍尔电推进模块的具体研制情况。

AEPS 霍尔电推进系统中的推力矢量调节机构能够进行 20°的半角锥面范围的机动,可在轨道转移和位置保持时应用,推力矢量调节机构的设计继承于 Maxar

公司的矢量调节机构,流量控制器距推力器的距离 10 m,将内置于推力矢量调节机构中,简化了设计。AEPS 霍尔推力器由 NASA 和美国喷气推进实验室共同研发,额定功率 12.5 kW、比冲 3 000 s、寿命 50 kh。在放电电压 600 V 下该推力器比冲超过 2 800 s,推力效率超过 67%。该霍尔推力器采用磁屏蔽设计,工作寿命远超过任务需求。

AEPS 霍尔推力器功率范围 6.25~12.5 kW,放电电压 300~800 V,放电电流 11~31 A,图 13-49 是该推力器的推力、比冲、放电功率包络,其中中间的红色调节曲线是恒定 20.8 A 电流时,电压从 300 V 上升到 600 V 时推力器性能的变化。

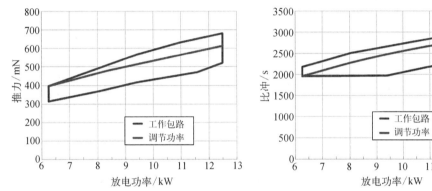

图 13-49　AEPS 霍尔推力器性能包络

对 AEPS 霍尔推力器 TDU-3 样机开展了 3 600 h 的寿命考核试验,试验参数见表 13-21,寿命试验后放电室壁面几乎观察不到削蚀,根据磁极削蚀情况可估算霍尔推力器寿命在 35 000 h 以上。

表 13-21　TDU-3 霍尔推力器寿命试验平均性能参数

工　　况	推力/mN	比冲/s	效率/%
300 V,2.7 kW	167.5	1 760	51.1
300 V,6.3 kW	395.5	1 960	59.6
400 V,8.3 kW	479.1	2 321	64.4
500 V,10.4 kW	545.7	2 595	65.8
600 V,12.5 kW	612.9	2 826	67.2
630 V,13.1 kW	630.3	2 897	67.5

AEPS 霍尔推力器进行了包含振动试验和热真空试验在内的环境试验。2016年振动试验暴露了磁线圈力学设计的缺陷,改进后,2019年通过力学试验并点火成功(图 13-50)。2018年,完成了包含从-121℃到+373℃三次热循环的热真空试验,推力器在 12.5 kW、600 V 工况下工作,推力器需要在最高温度工作 8 h 并热启动。热真空试验过程中,放电振荡增大了 11%,推力矢量偏差±0.2%。

图 13-50　AEPS 霍尔推力器力学测试和热真空试验

BHT-6000 霍尔推力器(图 13-51)是 Busek 公司基于 BHT-5000 霍尔推力器改进发展而来,大推力模式放电功率 5 kW,电压 300 V,推力 325 mN,比冲2 029 s,高比冲模式放电功率 6 kW,电压 600 V,推力 298 mN,比冲 2 708 s,推力器重量 12.5 kg,预计总冲超过 8.5 mN·s。

图 13-51　BHT-6000 霍尔推力器及其氙点火状态

BHT-6000 霍尔推力器配套矢量调节机构(图 13-52)可在轨道提升和位置保持时进行 100°的旋转,配套流量控制器采用了 Moog 公司比例流量控制阀,最大流量 23 mg/s。

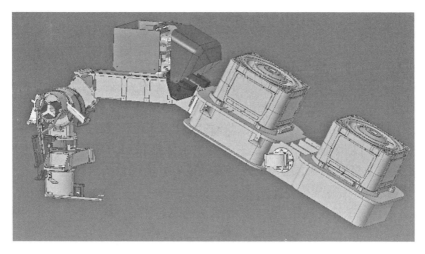

图 13-52　安装两台 BHT-6000 霍尔推力器的矢量调节机构

13.4　霍尔电推进在在轨服务领域的应用

近年来人类空间活动愈加频繁,空间站、各类卫星和轨道机动飞行器等应用广泛。目前空间站已经具备一定的在轨维护能力,然而大部分航天器基本不具备在轨维护功能。特别是不少高价值 GEO 卫星往往在推进剂消耗完后,有效载荷仍然能够工作,但因为失去了动力,无法维持轨道,卫星只能报废或功能大幅减弱。低轨星座卫星,如果推进系统或其他关键系统失效,卫星在寿命末期无法离轨而变成太空垃圾,将造成宝贵的轨道资源无法释放,影响后续轨道应用。

如果能通过在轨服务对各类航天器进行补加、维修、清理等,将大幅提升航天器的在轨应用效能、寿命,同时确保轨道资源和太空环境安全。因此,航天器在轨服务应运而生,其五大市场包括在轨延寿、机器人操作、轨道修正、重新定轨和离轨。在轨延寿技术是在航天器寿命到期时通过推进剂加注、延寿器与航天器交会对接接管其姿轨控功能或者更换贮箱模块方法延长航天器在轨使用寿命。机器人操作指的是轨道航天器上的机械臂进行目标对象捕获或移除、在轨组装、在轨维修等。轨道修正指通过一个航天器使偏离预定轨道的航天器回归预定轨道。重新定轨服务指通过一个轨道航天器帮助另一个航天器进行轨道转移,例如轨道抬升、低轨小卫星部署、SSO 轨道平面调整等。离轨服务指运送寿命到期的卫星至"轨道坟墓"或再入大气层。

目前轨道航天器的功能通常涵盖多种方面,除机器人操作外皆需要空间推进系统提供动力进行轨道控制、轨道机动和位置保持等。霍尔电推进作为一项应用逐渐成熟的空间推进技术,以优异的综合性能使其成为在轨服务动力的优先选择。

13.4.1　SMART‐OLEV 轨道延寿器

1. 航天器概述

2006 年起德国宇航中心和美国轨道复活公司合作研制"GEO 轨道延寿器"CX‐OLEV,通过航天器与目标卫星对接,接管卫星的姿轨控功能,从而使其寿命延长,服务目标是同步轨道的通信卫星。该延寿器自身基于 ConeXpress 平台研发,通过连接目标卫星的远地点发动机实现对接。整个任务过程包括轨道转移、交会、对接和结伴飞行四个阶段,其中霍尔电推进系统提供动力将延寿器轨道转移至 GEO 轨道,与卫星对接后的结伴飞行阶段由霍尔电推进系统执行组合体的位置保持任务,姿控任务由冷气推力器完成。

后来为了节省研发成本,基于已经成熟的飞行平台 SMART 发展了 SMART‐OLEV 延寿器[11],SMART‐OLEV 设计寿命 12 年,采用由 6 台 PPS 1350‐G 霍尔推力器组成的电推进系统,对于 1 400 kg 以下的目标卫星可实现 12 年的轨道维持。

2. 霍尔电推进系统

SMART‐OLEV 拓展了轨道延寿器的功能,除其主要的延寿功能之外,还能进行卫星脱钩与重对接、卫星移除、轨道修正、旋转轨道交点及作为在轨储备等。SMART‐OLEV 任务包含以下阶段:① 发射于早期轨道阶段,从发射到标准的转移轨道一般需要 2~3 天;② 轨道转移,大约 150 天,霍尔电推进系统连续工作至地球同步轨道并消除轨道倾角;③ 对接与交会阶段,最具挑战的阶段,耗费数天时间,且目标卫星并没有专用的对接接口;④ 位置保持阶段,至少延寿 8 年;⑤ 任务末期,将目标卫星送入坟墓轨道,并与目标卫星脱钩。

其中重点过程是延寿器与航天器的对接过程,通常 GEO 卫星都配备变轨用远地点发动机,SMART‐OLEV 利用冠状对接结构与目标航天器对接,如图 13‐53 和图 13‐54 所示,捕获工具插入远地点发动机喉部之后,冠状机构打开卡住喉部,将延寿器和目标卫星连接。交会对接载荷主要由捕捉工具、部署机构、视觉系统、客

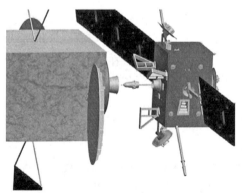
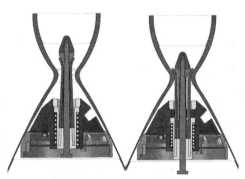

图 13‐53　SMART‐OLEV 与卫星对接　　　　图 13‐54　对接锁定结构

户支持支架、对接载荷控制器。已经飞行的 MEV 和将要发射的"太空雄蜂"服务器都采用了这种对接方案[12]。

SMART－OLEV 霍尔电推进系统采用 4 台霍尔推力器成对地分布在 SMART－OLEV 南北侧板上,执行位置保持任务。每台推力器尽可能地与目标卫星靠近以减小径向速度分量,减小径向上推力器位置与整体重心之间的间距。另外两台霍尔推力器布置在背地面板上,进行卫星的轨道转移。图 13－55 是 SMART－OLEV 与卫星对接示意图。该轨道延寿器的设计和研究为后来应用的任务延寿飞行器 MEV 奠定了技术基础[13]。

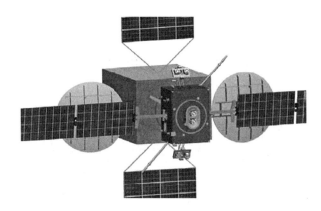

图 13－55　SMART－OLEV 与卫星对接示意图

13.4.2　MEV 任务拓展飞行器

1. 航天器概述

2019 年 10 月,诺思罗普·格鲁曼公司研制的延寿器 MEV－1 由质子号火箭发射升空,与在轨飞行了 18 年寿命末期的国际通信卫星 Intelsat 901 卫星对接,为其提供推进功能以延长在轨寿命,这也是国际上首个商业在轨服务任务。MEV－1 配置了对接系统,可以服务多颗卫星。

MEV－1 电推进系统配置了 4 台 XR－5 霍尔推力器。星箭分离后,MEV－1 首先使用单组元发动机抬升近地点并利用霍尔电推进圆化轨道,经过约三个月升轨至会合轨道,同时目标卫星 Intelsat 901 升轨至"GEO 坟墓轨道",两者在坟墓轨道对接(如图 13－56)。对接后 MEV－1 将 Intelsat 901 卫星拖至新的工作点,并于 2020 年 4 月成功投入了使用,如图 13－57 为 MEV 轨道延寿器与目标卫星飞行效果图。霍尔电推进系统主要进行南北位置保持以消除目标卫星的轨道倾角,至少将目标卫星的寿命延长 5 年以上。

第二颗轨道延寿器 MEV－2 与国际通信卫星 Intelsat 10－02 在卫星轨道上对接,对接过程对目标卫星的干扰很小,对接期间目标卫星并不中止服务。

图 13－56　MEV－1 与国际通信卫星 Intelsat 901 对接

图 13－57　MEV 轨道延寿器与目标卫星飞行效果图

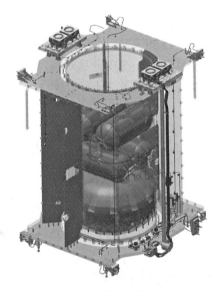

图 13－58　MEV 推进系统结构布局

2. 霍尔电推进系统介绍

　　MEV 采用了化学单组元推进系统和霍尔电推进系统组成的化电混合推进系统,如图 13－58 所示为 MEV 推进系统结构布局。化学推进在接近和对接阶段使用;霍尔电推进在轨道抬升、交会、对接后整体的位置保持和动量管理过程使用。霍尔电推进系统有两个分支,每个分支配置两台 XR－5 霍尔推力器、一台功率处理单元和两台流量控制器(如图 13－59)。由于 MEV 是一个多任务飞行器,需要完成轨道倾角消除、轨道保持、卫星迁移和寿命末期卫星离轨等多项任务,因此工作范围较宽。XR－5 推力器是航空喷气·洛克达因公司自 2000 年就开始研发的 4.5 kW 级霍尔推力器,其前身是 BPT‑4000 霍尔推力器,经过了鉴定考核,并可在放电电压为 300 V 和 400 V 的工况下工作,功率变化范围为 3~4.5 kW,该推力器总共点火 10 400 小时,启动次数超过 7 300 次,总冲大于 $8.7×10^6$ N·s[14]。

(a) XR‑5 推力器

(b) 流量控制器

(c) 功率处理单元

图 13‑59　XR‑5 推力器、流量控制器、功率处理单元

PPU 具备在两个霍尔推力器间切换供电的功能,能够闭环控制流量控制器,母线电压 36 V,总效率超过 90%,通过 MIL‑STD‑1553B 数据链通信,根据 MEV 任务需求使用了抗辐射组件。

MEV 配备有推力矢量调节机构,在 MEV 单独飞行阶段和对接后的飞行阶段可以大范围调节霍尔推力器的推力矢量。该机构采用了 4 个旋转制动器,两个安装在航天器上,两个安装在霍尔推力器面板上进行两轴推力矢量控制。

每台 XR‑5 霍尔推力器分别配备 1 台流量控制器,流量调节范围 6~20 mg/s。每台流量控制器含 1 个比例阀、2 个气体节流器和 1 个阴极支路过滤器。流量控制器的进口压力为 34~40 psi,比例阀通过 PPU 内的 PID 控制电路完成闭环控制,以为霍尔推力器提供稳定的流量供给。阴极支路上的过滤器可防止微小多余物和污染物进入阴极。

13.4.3　地球同步轨道卫星机器人服务

1. 航天器概述

"地球同步轨道卫星机器人服务"RSGS 项目是美国"凤凰"计划后期分化的项目,旨在发展在轨服务航天器。"凤凰"计划由 DARPA 于 2011 年启动,目的是验证在轨模块化重构技术,计划通过一个无人航天器将退役卫星的零部件和模块化可重构平台在轨组装成新的卫星。2015 年分化出了 RSGS 计划,将利用机械臂对高轨卫星进行检视、维修、辅助变轨和安装有效载荷等。2017 年,RSGS 项目原本由劳拉空间系统公司(SSL)负责,2020 年转为诺思罗普·格鲁曼公司负责,将使用其第二代延寿航天器 MRV。MRV 将携带 10~12 个"任务延寿吊舱"MEP,

MRV 可传输和安装 MEP 或其他载荷到客户卫星上,在安装过程中客户卫星能够保持正常工作。每个 MEP 均配备霍尔电推进模块、电源和通信系统,可以为目标卫星提供 6 年的轨控服务。图 13-60 为地球同步轨道卫星机器人服务作业过程示意图。

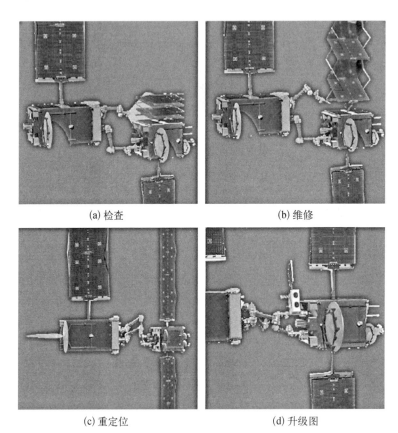

(a) 检查

(b) 维修

(c) 重定位

(d) 升级图

图 13-60　地球同步轨道卫星机器人服务作业过程示意图

MRV 继承了 MEV 的交会对接系统,除延寿服务外增加了机器人服务,如对卫星外表进行全面检查、安装搭载有效载荷、大规模在轨维修、捕获无星箭对接环的卫星及在轨结构组装。

携带 MEP 的 MRV 预计在 2023 年发射,将一次性释放多个 MEP 为多个客户卫星提供任务扩展服务。未来,可通过运载火箭发射更多的 MEP,由 MRV 装载到不同客户卫星上,从而建立一个全新的卫星服务生态系统。

为了保持通用性,MRV 的核心舱、结构和推进系统与 MEV 完全相同,关键区别在于机动需求的差异。MRV/MEP 能够一次为多个客户卫星提供服务,在轨期间需要与多个客户卫星进行交会对接。

2. 霍尔电推进系统

为了满足不同客户卫星的质量及机动需求,MEP 霍尔电推进系统配备了一主一备两台霍尔推力器,安装在操纵机构上。这种构形和位置保持的功能与 MEV 十分相似,但是有一点显著的不同就是 MEP 上的操纵机构连接了客户卫星的两侧,允许单支霍尔电推进和机构进行轨道保持的操作。而且,通信天线也安装在此机构上,因此进一步简化了系统复杂性。

MEP 追求小型模块化设计,只专注为目标卫星提供轨道维持服务,功能决定了其霍尔电推进模块追求小型化、低功率。1 台 MEP 的体积只有 MEV 的 1/10,表 13‑22 给出了两者霍尔电推进指标的差异。

表 13‑22　多任务 MEV 和单一任务 MEP 电推进指标对比

参　　数	MEV	MEP
阳极功率/W	3 000~4 500	600~900
比冲/s	>1 600	>1 600
推功比/(mN/kW)	>58	>58
单台推力器推进剂/kg	>400	>100

参考文献

[1] 金广明,康亮杰."天和"核心舱霍尔电推进子系统设计. 中国航天,2021(8):22‑27.

[2] Saevets P, Semenenko D, Albertoni R, et al. Development of a Long-Life Low-Power Hall Thruster. Atlanta:35th International Electric Propulsion Conference, 2017.

[3] Herscovitz J, Lev D R, Shoor B, et al. VENμS‑Updates on Technological Mission Using the Israeli Hall Effect Thruster (IHET). Vienna:36th International Electric Propulsion Conference, 2019.

[4] David M P. Continuing Development of the Proportional Flow Control Valve (PFCV) for Electric Propulsion Systems. Florence:30th International Electric Propulsion Conference, 2007.

[5] Duchemin O, Leroi V, Vial V, et al. Electric Propulsion Thruster Assembly for Small GEO. Nashville:46th AIAA/ASME/SAE/ASEE Joint Propulsion Conference & Exhibit, 2010.

[6] Kristi G, Alex M, Ben W, et al. Demonstration of 10,400 Hours of Operation on a 4.5 kW Qualification Model Hall Thruster. Nashville:46th AIAA/ASME/SAE/ASEE Joint Propulsion Conference & Exhibit, 2010.

[7] Davina M D C, Denis E. SMART‑1:An Analysis of Flight Data. Vancouver:55th International Astronautical Congress, 2004.

[8] Estublier D, Saccoccia G, Amo J G. Electric Propulsion on SMART‑1. ESA bulletin, 2007 (129):41‑46.

[9] Camino O, Alonso M, Gestal D, et al. SMART‑1 Operations Experience and Lessons Learnt.

Valencia: 57th International Astronautical Congress, 2006.

[10] John S S, Dan M G, Vernon C, et al. Electric Propulsion for the Psyche Mission. Vienna: 36th International Electric Propulsion Conference, 2019.

[11] Daniel A H, Timothy G, et al. The Application of Advanced Electric Propulsion on the NASA Power and Propulsion Element (PPE). Vienna: 36th International Electric Propulsion Conference, 2019.

[12] Koppel C R, Marchandise F, Prioul M, et al. The SMART – 1 Electric Propulsion Subsystem around the Moon: In Flight Experience. Tucson: 41st AIAA/ASME/SAE/ASEE Joint Propulsion Conference & Exhibit, 2005.

[13] Foing B. Esa's SMART – 1 Mission at the Moon: Highlights of Results After One Year. Valencia: 57th International Astronautical Congress, 2006.

[14] Michael J G, Joe D A, Gregg A H, et al. Application of Solar Electric Propulsion in the Emerging Satellite Servicing Industry. Vienna: 36th International Electric Propulsion Conference, 2019.

拓展篇

第 14 章

霍尔电推进"三化"产品研制

霍尔电推进工程研制按照传统的研制流程和工作模式开展研制,往往是针对需求的产品"订制",研制工作与航天器型号的整个研制流程相互交织,导致产品的研制周期、研制成本、产品质量和稳定性都不能得到有效控制。为了适应整个航天产品研制从试验应用型向业务服务型,从单星向多星和星座组批生产模式的战略转型,有必要开展霍尔电推进的产品化研制工作,使得霍尔电推进产品研制形成"货架产品",满足霍尔电推进产品的大规模空间应用需求。

霍尔电推进产品化研制是以"三化"工作为基础的,"三化"指通用化、系列化、组合(模块)化。通用化即最大限度地扩大同一单元的使用范围;系列化是根据同一类产品的发展规律和使用要求,对主要参数作合理规划,将其型式与结构进行统一和规定;组合化/模块化是对一定范围内的不同产品进行功能分析和分解,设计生产出一系列通用模块或标准模块,从中选取补充新设计的专用模块/零件进行相应的组合。

在系统和单机的研发过程中,应遵循国家颁发的法律和法规,在满足总的性能要求的前提下,贯彻通用化、系列化、组合(模块)化的设计思想,最大限度采用、贯彻各级先行有效标准,借鉴其他产品成熟的标准,规范设计、制造、装配、试验等活动,控制产品质量,缩短研制周期,确保研制目标实现。

从研制过程看,霍尔电推进工程中的"三化"工作包括规划和预研阶段的"三化"工作,研制阶段的"三化"工作,定型阶段的"三化"工作。规划和预研阶段的"三化"工作重点是确定"三化"工作目标和"三化"设计的一般要求。研制阶段的"三化"工作重点是确定"三化"工作的具体要求并落实,包括,规范和编制产品代号,确认标准选用范围、紧固件选用范围、原材料选用范围和元器件选用范围,落实"三化"工作要求。定型阶段,"三化"工作重点在于考核"三化"设计达到的程度,总结"三化"设计经验,并进行"三化"评估,提出改进建议。

从研制对象的角度看,霍尔电推进工程中的"三化"工作包括系统和单元两个层面的工作。在系统层面"三化"工作的重点是分析和提出采用下一层次现有分系统、设备的要求,开展与实施统一化规定的要求及是否纳入相应系列型谱标准的要求。从单元层面来说,"三化"工作的重点是提出采用通用模块、通用零部件、通用结构形式和尺寸参数的要求及是否纳入相应系列型谱的要求。系统和单元的是相对的概念,单元为系统的下层,系统为单元的上层,例如,对于霍尔电推进系统而言,贮供单元属于单元部分,而对于气瓶、节流器,贮供单元则属于系统。

本章内容围绕霍尔电推进工程的产品化展开,重点介绍产品化中的"三化"工作。首先,从"三化"概念出发,引出霍尔电推进工程"三化"工作的一般要求和基本原则;然后,从时间维度上介绍霍尔电推进工程不同阶段的"三化"工作重点,从研制对象角度说明系统和单机层面的"三化"工作重点;最后,以实例形式呈现霍尔电推进工程"三化"效果。

14.1 霍尔电推进"三化"的基本原则和要求

"三化"是伴随航天技术发展而提出的,随着时代的发展,航天活动规模的不断扩大,航天任务数量和需求持续提升,航天产品的复杂度日益增长,出现了产品研发面临周期长、成本高、质量保证难度大的挑战,"三化"是应对上述挑战的重要途径,是化解航天活动高投入与预算有限这一矛盾的有效手段。积极推进"三化",以先进的工程技术和尽可能少而合理的系列品种满足多样化用户需求,对提升产品质量、降低研发投入、缩短研发周期、适应市场与用户的多样化需求、提高市场竞争力具有重要意义,对推进航天技术发展具有战略意义。大量的国内外航天技术发展的经验与教训均表明,推行三化是加速发展航天产业的根本出路,是快速、持续、稳定地发展航天技术的必由之路[1,2]。

霍尔电推进工程的产品化工作以"三化"为基础,基于霍尔电推进产品的特点,运用通用化、系列化、组合(模块化)方法,以达到减少产品品种,扩大产品覆盖的需求范围,提高产品研发效率的目标。

14.1.1 "三化"的基本概念

1. 通用化

通用化指具备功能互换性和结构互换性的产品可以彼此替代。通用化的对象极为广泛,可以是系统、设备、组件、零部件、原材料及其品种、规格,乃至结构、尺寸要素。通用化的形式有继承型通用化和开发型通用化。前者指在研制新系统时选用现有系统中可以继承的单元的一种通用化型式,"借用"就是这种通用化型式。后者指通过对未来发展需求的预测,有目标、有选择地设计、生产某些通用化单元,然后在研制新系统中推广使用这些通用单元的一种通用化型式[2-4]。

通用化是通过科学合理的规范化和标准化管理,最大限度地精简产品的品种,优化并统一产品的设计促进产品及其所服务的对象的快速发展。

通过通用化设计,首先可以提高设计效率,大幅减少协调工作量减少设计与生产的重复劳动,缩短研制周期与节约经费。其次是有效控制质量问题,统一的通用化产品指标要求,便于开展批次性生产,便于生产单位提升生产质量控制。最后是显著节约研制成本,扩大生产规模和通用范围,通过优化压缩产品种类及要求,可有效减少新研型号研制成本。通用化产品生产可实现批次订货、批次试验,对于外协厂家可大幅降低设计、生产、试验成本。

通用化工作内容包括:单机、元器件通用化,使用环境条件通用化,测试方法通用化,测试设备通用化。

开展"通用化"工作的方法包括以下两点。

(1)建立性能参数标准化选取表,形成通用化产品参数选取表,对产品主要性能及力、热试验进行统一规定,各型号参数设置可直接根据需求从标准化表格中进行选取。

(2)开展测试评估,形成通用化设计建造规范,并在新产品研制中推行通用化。通用化规范应当包括:优化的产品选型,压缩的产品种类;产品代号与编号;基本特性、力、热特性、电气特性指标;接口规范;尺寸外形规范;形成模板任务书及测试验收表格。

2. 系列化

系列化指根据某一类型产品发展趋势和使用特点,将其主要参数按一定规则规划,使一类型的产品有不同规格,每一规格产品在一定范围内通用,不同规格产品可以覆盖的工作范围大于单一产品工作范围的特征。系列化的对象包含分系统、设备、组件、零部件、元器件及其性能参数、尺寸参数和结构型式。例如:各种标准紧固件、电阻、电容等。产品系列化的例子:各种微电机的系列化等。

系列化工作目标是形成品种齐全,数量合适,功能优化,结构相近的体系化产品,尽可能广泛地满足使用需求。

系列化的意义在于扩大一类型产品的通用范围,在更大范围内提高设计效率,控制生产质量,提高生产效率。

系列化工作的主要内容是制定产品基本参数系列标准、编制产品系列型谱和开展系列化设计。制定产品基本参数系列标准是编制产品系列型谱和开展系列化设计的基础,是系列化的首要环节。制定产品基本参数系列标准是按某类产品的特点和发展规律确定其基本参数,按使用需求和一定规则将其基本参数划分成若干级别和档次。编制产品系列型谱是根据需求和对国内外同类产品的现状、发展前景的分析与预测,除对基本参数按一定数列作出合理安排或规划外,还对结构和(或)形式进行规定或统一,并用简明图表把基型产品和变型产品的关系及品种发展的总趋势反映出来,从而形成一个简明的品种系列表,以指导旧产品的整顿、新产品的开发及零部件的通用化和结构的标准化。产品的系列化设计,是按产品系列型谱设计基型产品,并在此基础上作横向或纵向扩展,构成一系列的产品或变型产品。

系列化方法包括整顿型系列化、开发型系列化和综合型系列化。整顿型系列化对现有产品进行规范、增删,形成系列。开发型系列化在产品规划阶段即开始预测使用需求,编制型谱,指导后续产品开发。综合型系列化结合现有产品整顿和新产品研发,建立合理型谱。

3. 模块(组合)化

模块化指将一定数量的元器件、组件制成具备特定功能的整体,其接口具有一定的适应能力和扩展能力,具有互换性、通用性和扩展功能上的灵活性。模块是从满足用户的需要出发,在企业、行业甚至全国范围内经合理简化品种规格,将性能好、结构合理、生产率高、经济性强、总体综合功能最佳的品种精选出来的,并形成多功能标准化的模块系列。模块的规模并没有一个严格的定义,一般指能完成某一特定功能的、现场可替换的独立单元。但这种模块本身又可以由若干子模块及零部件组成。比如一个电源模块可以由变压器模块、整流模块及稳压模块组成。模块化应该属于标准化范畴,是以标准化为基础的,是标准化在科学技术领域具体应用和发展的产物。

模块化的目标是按照一定规则将复杂系统或过程分解为可进行独立设计的半自律性子系统,通过尽可能少的模块按照某种规则集成,构成尽可能多的类型和规格的系统。

模块化工作内容涵盖设计、生产和组织架构等方面。通过模块化理论是对一定范围内的不同功能或相同功能不同性能的设备、组织、系统进行功能分析,通过对划分出的功能模块进行筛选和组合,得到具有新功能的设备、组织和系统以满足多样化需求。

1) 设计模块化

模块系统的正常运转依赖设计规则、独立实验和模块测试。设计规则确立了模块结构、界面和测试协议;独立实验是为了寻找到设计所蕴含的可能性,产生众多备选方案;模块测试则是作为一种选择机制,利用现有的测试技术对各种设计进行评估和选择。不同模块之间的相互关系由系统设计规则界定,其由结构、界面、标准3个要素组成。结构确定模块系统的构成要素,界面详细规定模块的相互作用、位置安排、信息交换等,标准用来确保模块符合设计规则。设计规则一旦确定,每个模块的设计和改进就可以独立于其他模块进行。

2) 生产模块化

生产模块化的核心是基于分工和专业化协作把生产过程或产品构件进行分解,再通过相互协作生产复杂产品的过程。生产模块化分为组件共享、互换、量体裁衣、混合、总线和组合6种方式。

3）组织模块化

为了降低成本，以更优化的方式设计、制造模块，企业围绕产品或功能的模块化进行部门或分公司的模块化，并通过外包、代工等活动结成企业联盟。随着多个企业层面组织模块化的实现，使模块产品或模块组织兼容、嵌入到其他企业的产品或组织成为可能，从而引发了相关企业的跨产业重组，导致产业集群盛行，最终出现了产业模块化。早期欧美航空航天产品研制几乎都是在整机企业内部或下属企业进行生产，一级、二级甚至三级、四级零部件企业都属于整机企业的一部分。但随着整机企业边界不断扩大，企业内部组织成本递增，整机企业把零部件业务转包出去，集中力量进行整机设计研发和最后组装等环节。模块化要求集成商重点关注模块界面划分、设计规则、集成验证规则的制定，弱化对模块内部技术细节的掌控。

模块化工作的开展涉及模块划分与模块组合两个基本过程。模块划分是系统功能的分解过程，按照系统内各部分的关系，通过合理组合、优化功能结构布局将系统整体功能需求逐层转化为可实现、可测试的模块设计要求。模块组合是在分析需求后，通过对不同功能、性能的模块组合的可能性及合理性进行评价，进而配置出满足个性化需求系统的过程。模块划分与模块组合通过接口关联起来，模块划分过程定义模块的物理和信息接口，以描述模块对外的各类特性，模块配置过程则基于已定义的接口开展。

开展模块化工作时，首先，按照模块化思路分解系统整体功能，把关系密切的功能要素聚合成独立功能的模块，逐层定义功能结构形式，通过合理组合、优化功能结构布局将系统整体功能需求逐层转化为可实现、可测试的模块设计要求，形成涵盖体系、领域、型号、系统、关键单机甚至是零组件等在内的模块化技术系统、产品体系、架构，并明确不同层级的技术和产品平台。

其次，详细定义接口系统和测试准则，确保包括机械、电气、软件及人机、机环、人环等在内的各类物质、能量、信息共享接口线性可叠加，而不是非线性耦合；将接口作为一个系统进行管理，尽可能采用通用和标准接口，通过制定不同模块层级详细的测试内容和判据准则避免过度测试，确保以最少测试量实现模块测试的覆盖性和集成测试的有效性。接口定义应力求强内聚、弱耦合，使模块内部功能、结构复杂，但对外输入、输出简单。系统应将下级模块作为黑箱，主要考虑模块功能分解和外部接口，而基本不涉及内部具体结构。

模块化工作中需要用到以下方法。

1）接口分析

系统内各单元之间是互相联系、互相作用、有机结合的，系统与环境、系统与系统之间也存在相互联系和相互作用。在模块化系统中，这种相关性体现为系统中的链状的接口系统，如模块之间的机械接口、电气接口、机电接口、各种物理量与电量的接口、信息接口等。只有充分考虑各接口之间的协调与匹配性。

2）相似性分析

设备和过程中的相似性有各种不同的形式,例如零件之间的几何相似性,设备结构之间的结构相似性,部件、设备之间的功能相似性等,这些不同类型的相似性归纳起来将构成模块化系统的基础。

3）标准化分析

模块化也是标准化的一种新形式模块化侧重于部件级标准化,进而达到设备系统的多样化.通过对某一类设备系统的分析研究,将其中含有相同或相似的功能单元分解出来,用标准化原理进行统一、归并和简化,以通用单元的形式独立存在,然后用不同的模块组合来构成多种新设备。

14.1.2　霍尔电推进"三化"要求

作为基本型研制的推进系统应全面考虑后续型号的系列化发展,应考虑制定相应的系列型谱,派生型在主要功能参数方面应符合系列型谱的要求。新研制而未构成系列的霍尔电推进系统应便于以后形成系列或系列型谱。改进型研制的霍尔电系统应充分考虑继承性和后续型号的系列化发展。

霍尔电推进系统研制应充分重视功能的通用化,实现"一机多用"、装载于不同空间飞行器平台,对影响装载配置的分系统或设备应进行通用化设计。推进系统装配构成中应尽量选用已有空间推进系统中经过验证、有效的通用产品。

构成霍尔电推进系统的各层次产品应采用组合化(模块化)设计,并提出具体要求。霍尔电推进系统构成的模块划分,既应考虑功能的相对独立性,又要考虑结构的完整性,并适应所要装载的各种平台。模块应具有良好的通用性和互换性。模块内部应有低的"联接性""连通性"和高的"内聚性",以便于模块的改进和更新。模块应选择通用的结构、接口和尺寸。

14.1.3　霍尔电推进系统的"三化"工作原则

霍尔电推进系统的研制中,针对"通用化"要求,在满足产品涉及要求的前提下,尽可能地借用和继承技术成熟的、在生产及试验中积累丰富经验的产品,充气阀、加排阀、自锁阀、气瓶、贮箱、过滤器、电磁阀、推力室和热控组件等设备级产品应使用通用化产品;总装管接头尽可能采用通用零部组件。配合基本尺寸和配合的选取、螺纹的连接等都应符合相应标准,以取得通用和互换,并尽可能减少品种、规格,以提高通用化程度。针对"系列化"要求,在充分分析需求的前提下,合理划分产品推力范围,通过型谱、推力器组合,形成层次合理、覆盖完善的推进平台系列。针对"组合(模块)化"要求,应当从安装、测试、互换方便的角度出发,合理划分产品功能层级。

总体上,霍尔电推进系统的"三化"工作应当遵循以下原则:

(1)开展霍尔电推进系统及其以下各层次产品开展"三化"工作时,应特别重视系统顶层"三化"要求,尽早开展"三化"工作;

(2)新研制系统、单机应该基本型设计、系列化发展的思路;

(3)避免盲目追求先进和低水平的重复研制与建设;

(4)正确处理创新与继承的关系,合理采用新技术和大量继承成熟技术与产品,突出工程体系的整体效能,实现总体优化,充分利用武器系统及其以下各层次产品已有的"三化"成果;

(5)重视分系统、部件、设备及其接口的三化,注意处理好创新与继承的关系,积极采用成熟技术和成熟产品,尤其是经过空间考验或经过地面充分试验的分系统、部件、设备、零部件和元器件的采用,要利用好现有的组合单元、模块,或开展组合单元、模块、设计,形成组合化、模块化产品;

(6)需要形成系列的参数或产品,都应组织制定相应的参数系列、系列型谱或产品标准,开展系列化设计或在基本型的基础上派生新产品。

14.2　霍尔电推进工程研制"三化"工作策划

从研制历程看,不同研制阶段的"三化"工作重点和工作目标有明显差异:霍尔电推进系统的"三化"工作在规划阶段进行策划布局,在工程研制阶段落实与完善,在定型阶段进行改进与提升。

14.2.1　规划阶段的"三化"工作

霍尔电推进系统规划阶段的"三化"工作目标是明确"三化"工作的总目标和一般要求,开展技术继承与开展通用化、系列化、组合化的必要性、可行性分析。

规划阶段的"三化"工作具体内容包括向相关用户单位了解电推进系统发展需求,特别是对系统级和分系统级等顶层的"三化"需求。充分调研国外相应霍尔电推进系统的"三化"发展状况,从中启发思路,并结合我国实际情况,用于电推进系统的"三化"设计。提出电推进系统总的"三化"要求,并随设计工作的开展不断修正和调整。分析霍尔电推进系统在轨道转移、阻力补偿、南北位保和深空探测各应用领域的特点和共性、研究其公用部分通用化的可能性。收集、分析霍尔电推进系统将要面对的应用背景的发展变化、提出霍尔电推进系统的通用化要求,包括:霍尔推进系统完成在轨道转移、阻力补偿、南北位保类任务中的通用化;霍尔电推进系统在高轨任务和深空任务中的通用化;霍尔电推进系统与星上其他系统的通用化;基于推力需求、卫星平台功率水平的霍尔电推进系统型谱确定。

产品型谱通常在规划阶段确定。这一阶段需要制定产品基本参数系列标准,按某类产品的特点和发展规律确定其基本参数,对于霍尔电推进系统,主要是推力、比冲和总冲。按使用需求和一定规则将其基本参数划分成若干级别和档次。编制产品系列型谱时,还要根据需求和对国内外同类产品的现状、发展前景的分析与预测,除对基本参数按一定数列作出合理安排或规划外,还对结构和(或)型式进行规定或统一,并用简明图表把基型产品和变型产品的关系及品种发展的总趋势反映出来,从而形成一个简明的品种系列表,以指导已有产品的整顿、新产品的开发及零部件的通用化和结构的标准化。

14.2.2 研制阶段的"三化"工作

霍尔电推进系统研制阶段"三化"工作可以进一步细分为论证阶段的"三化"工作、方案设计阶段的"三化"工作和工程研制阶段的"三化"工作。根据型号研制方案的初步安排,分析可继承的成熟技术和可运用的最新科研成果,同时分析型号研制中对哪些部位和对象开展"三化"的必要性、可行性,为型号"三化"要求做准备。

1. 方案阶段的"三化"工作

方案阶段"三化"工作目标如下:

(1) 贯彻订购方提出的"三化"要求及开展"三化"设计的一般要求;

(2) 论证并采用下一层次通用或现有设备、部组件要求;

(3) 论证并提出新研产品是否纳入系列型谱及修订系列型谱的意见;

(4) 对采用现有产品进行可行性分析及试验验证的要求;

(5) 对研制方案和设计进行"三化"评审的要求。

方案论证阶段,要根据系统特点贯彻落实霍尔电推进系统发展规划中有关"三化"的思想、原则和要求,并满足使用方对型号的"三化"要求。使霍尔电推进系统的研制尽量与型号发展规划中的系列型谱一致,使其应用领域、性能指标等符合"系列化"发展要求。在论证工作中,应根据任务需求的发展对"三化"要求进行调整;收集、分析国外相应霍尔电推进系统在"三化"发展、设计方面的成功经验和可借鉴的思路,结合我国现实条件,进行型号论证工作。

在进行霍尔电推进系统顶层的"三化"论证时,应考虑以下内容:

(1) 霍尔电推进系统在不同轨道平台上的通用;

(2) 根据霍尔电推进系统应具备的多种应用模式,轨道转移、阻力补偿、南北位保,碰撞规避,深空推进等要求,尽早开展技术途径论证。

结合电推进系统的发展规划,提出后续型号的系列化发展要求,其内容如下:

(1) 在模块划分上,使改进部分相对集中;

(2) 在关键技术论证中,应考虑所要求的功能或性能参数系列化发展;

(3) 在关键设备的选择上,应留有发展余地,以利于系统的系列化发展。

根据使用方的推进需求,对霍尔电推进系统的推进功能流程进行分析研究,以便对霍尔电推进系统构成进行模块划分,并提出模块化设计要求。

根据推进过程的需要和推进任务应具备的反应要求,对推进系统软件进行合理、优化的模块划分,使之既便于系统软件开发,又利于后续型号的系列化发展。

推进系统的驱动软件和测试软件应与该推进系统硬件划分相对应,并在此基础上形成自身的软件模块。

2. 方案设计阶段的"三化"工作

霍尔电推进系统方案设计阶段的"三化"工作目标是明确"三化"工作的具体要求。方案设计阶段,应不断分析、预测和调整空间推进任务发展变化对霍尔电推进系统的影响,使设计方案中的"三化"工作符合任务需求。

从"通用化"的角度出发,对方案进行调整时需要充分考虑技术发展、系统的使用需求变化、系统的输入输出接口变化、系统全寿命周期内的使用维护要求变化,应考虑的因素包括:

(1) 卫星平台类型增加对霍尔电推进系统的影响;

(2) 卫星平台功率水平提升,载荷性能提升的对霍尔电推进系统带来的影响;

(3) 卫星平台使用方式变化对霍尔电推进系统带来的影响;

(4) 产品存储环境变化,力、热、电磁环境变化,运输要求变化对霍尔电推进系统的影响。

考虑霍尔电推进系统与其他电推进系统和化学推进系统协同工作的可行性和方便性,预留必要的接口。为使霍尔电推进系统具有通用化和高效费比,一个系统可配置多种推力、比冲的推力器,或者一台推力器有较宽的推力、比冲调节范围,以便于满足不同任务类型或不同任务阶段的需求。

考虑霍尔电推进系统系列化发展时,方案设计中应分为不变部分和可变化发展部分,变化发展部分是"三化"设计重点,应考虑的内容如下:

(1) 把变化部分设计成独立性较强的模块;

(2) 尽量简化该模块与系统的电气、机械连接;

(3) 模块本身也应采用组合化设计,通过改变内部模件来改进该模块;

(4) 模块人—机—环接口一致。

在系统方案设计的优化阶段,霍尔电推进系统装备构成的"组合化"是方案优化设计的一个重要内容,应考虑的内容包括:

(1) 推进系统各模块的功能和结构的独立性与通用性;

(2) 各模块应尽量小型化、轻量化、紧凑化设计、满足安装在不同平台的需要;

(3) 各模块外形和尺寸包络的优化,便于在不同场合下装卸。

在方案设计中作为基本型研制的霍尔电推进系统经过完善设计后,可以为后续型号的"系列化"奠定良好基础。

在方案设计阶段,测试保障系统应与霍尔电推进系统同步开展"三化"设计:

维修保障系统应尽量采用通用化设计;测试保障系统的组合化设计应与系统的组合化设计协调对应。

最终,在方案阶段,应当明确以下涉及"三化"的要求:

(1)接口、互换性要求:① 机械接口要求及需实施的相关标准;② 电气接口要求及实施的相关标准;③ 软件接口要求及需实施的相关标准;④ 功能接口需求及需实施的相关标准;⑤ 需实施的信息格式标准等。

(2)产品设计通用性要求及需实施的相关标准:① 计量单位制规定;② 零件尺寸公差、配合等制作互换性要求及需实施的相关标准;③ 各类机械连接结构互换性要求及需实施的相关标准。

3. 工程研制阶段的"三化"工作

霍尔电推进系统和单元在工程研制阶段的"三化"工作主要体现在"三化"设计实现和试验验证上,应考虑的内容如下:推进系统各个模块的性能是否具有较强的适应性和较宽的环境适应范围;推进系统各模块的性能和外形尺寸是否能够适应系列化发展。对分系统以下层次产品的研制和设计,应尽量考虑通用化和系列化。传感器、控制通信模块应选用成熟、通用的模块。推进系统采用组合化继承,系统内各功能部分尽量设计成模块。

此外,在任务书明确论证阶段和方案阶段确定的有关产品的"三化"要求,可以开展工程研制和相关的"三化"工作的同时,应当根据型号工艺总方案,提出工装"三化"目标,并提出工程研制阶段,将"三化"目标转化为具体实施方案,并开展工装的"三化"设计,将实施方案落实到工装设计文件的要求中。

工装方面,需要根据样机试制数量多少、时间紧迫程度、变化大小的特点及本单位现有工装实际情况,提出尽可能采用现有和通用工装的要求,提供现有和通用工装清单,提出最大限度减少专用工装设计的要求,并对专用工装的设计提出采用通用零部件的要求。

试验仪器、仪表方面,尽可能采用现有和通用的试验设备与仪器、仪表,减少专用设备的要求;同时对专用设备提出"三化"要求,对外购的试验设备和仪器、仪表提出"三化"方面的要求。

研制阶段的"三化"工作是对预研规划阶段"三化"工作的落实和反馈,根据预研规划阶段"三化"工作的安排部署,分解落实指标,细化实施过程,并依据研制过程的实际情况,技术发展,使用需求变化,对"三化"工作进行调整优化。

按照"三化"工作原则,工程研制阶段通常涉及对型谱产品的选用,其一般过程如图14-1所示。

在立项时,依据任务书技术要求,在型谱简表内拟选出相应的配套单机产品。拟选中,根据所选型谱产品成熟度高低开展验证工作。

对拟选出的型谱单机产品,如其成熟度较高,分析比对该单机产品规范(或技

图 14-1　型谱产品选用过程

术条件)的技术要求是否覆盖任务书的相关技术要求。如不完全覆盖,则应通过相应的试验验证是否具备相应的能力。在进行试验验证时,宜用覆盖新老型号的试验方案进行。对拟选出的型谱单机产品,如其成熟度较低,应尽可能用覆盖未来可预见型号的技术要求对其进行鉴定试验、验收试验。

被选的型谱产品成熟度较低时,其技术状态的确定除了符合本型号的要求外,应尽可能地覆盖未来可预见的相关型号的要求。被选的型谱产品成熟度较高时,通过试验验证,如具备任务书要求的能力,则宜按以下方法之一确定产品代号或技术状态。

(1)沿用型谱简表中的产品代号,沿用原产品规范(或技术条件);

(2)沿用型谱简表中的产品代号,并按已经过验证的覆盖新老型号的技术要求更改产品规范(或技术条件);

(3)当该型谱产品被已定型的武器型号使用时,可启用新的产品代号,重新编制相应的技术文件。

被选的型谱产品成熟度较高,通过试验验证,如不完全具备新型号要求的能力,可做适应性改进,重新编制产品代号。

14.2.3　定型阶段

定型阶段的"三化"工作主要是通过鉴定检验和飞行试验完成使用性能试验的考核,来验证霍尔电推进系统和单机"三化"设计达到的程度。通过分系统及其以下各层次产品的鉴定审查,考核"三化"设计达到的程度。总结"三化"设计经验,并进行"三化"评估,提出改进建议。

对工艺定型的产品,应提出在工艺定型阶段,总结、检查工装"三化",对小批量生产的适应性,提出改进措施与建议的要求。根据产品的"三化"程度,针对批量生产的特点,提出调整工装"三化"方案,继续开展"三化"设计和扩大采用现有和通用工装的要求。

14.3　霍尔电推进系统与单机的"三化"产品研制

在规划阶段的顶层设计确定"三化"工作的方向和实施要求后,需要针对研制对象落实"三化"要求,这些工作主要在方案设计和工程研制阶段开展。对于不同层级和功能的研制对象,其"三化"要求有一定差异。对于霍尔电推进系统,三化工作涵盖"通用化""系列化"和"组合化",但重点在于"组合化(模块)化",通过合理划分系统层级、功能,向下级设备、单机、部组件明确指标、接口要求,在这些要求中落实"通用化""系列化"要求。

对于单机、部组件层级的研制对象,其"三化"工作侧重"通用化""系列化"的实现,以满足上级系统"模块化"要求,同时明确对下级一层级的"通用化""系列化"要求,作为重点零件、原材料、元器件、品种规格、结构要素的"通用化"和"系列化"的输入。

14.3.1　霍尔电推进系统的"三化"工作

霍尔电推进系统为空间飞行器提供轨道机动、姿态控制、再入控制等任务所需的冲量,为力矩陀螺卸载提供动力,其核心功能是提供推力。当系统推力、比冲、总冲满足任务要求时,只要使用环境合适,力、热、电接口符合规范,系统即具有较强的通用性。因此,霍尔电推进系统"通用化"工作重点在于为满足"通用化"要求开展的测试评估,包括基本性能参数、力、热特性、电气特性指标;接口规范;尺寸外形规范。这些测试评估项目包括一般性的环境条件要求和专门性的单机指标要求,如推力器推力、传感器量程、气瓶容积,通常分解为单机的任务指标,在单机层面和系统层面进行考核。

霍尔电推进系统的系列化的目标是面向霍尔电推进系统形成不同功率级别、不同组合方式的系列化产品,面向组成霍尔电推进系统的单机元件、组件,通过系列化技术研究,逐步规划产品的系列化,以满足系统研制全寿命周期的快速管理需求,同时提高产品配套能力,满足型号及领域拓展等进一步发展要求。在系统研制中,尽可能多地选用型谱产品,通过型谱产品的组合实现霍尔电推进系统的系列化,例如在一定范围内,通过更换储气瓶容积改变电推进系统的最大存储量,实现不同总冲;通过功率控制单元选型适应不同类型卫星平台功率级别;通过推力器系列选型实现不同推力、比冲性能的推进系统。

霍尔电推进系统内部的功能划分非常明确,包括霍尔推力器、贮供单元、功率控制单元和控制模块。贮供单元将高压氙气减压节流,向推力器供应满足需求的氙气流量,功率处理单元将星上一次电源供应的电能转换为满足推力器需求的电压和电流,控制模块完成对各个模块的参数采集、指令注入,并与上位机通信。在实际设计中,也存在将控制单元板卡化后,与功率处理单元集成在同一机箱结构的做法。"模块化"工作重点在于模块的实现(选型)、模块化测试和模块组合。

通过以上分析可以看出,霍尔电推进系统的"三化"工作重点在以下两方面:① 系统接口划分与约定;② 系统通用测试项目和测试要求的确定。

一般而言,霍尔电推进系统内部各个模块之间的接口定义和功能如下:

(1)霍尔推力器与贮供单元之间的机械接口,推进剂通过此接口由贮供单元输入霍尔推力器;

(2)霍尔推力器与功率处理单元之间的电接口,电能通过此接口由功率控制单元输入到霍尔推力器;

(3)控制单元与贮供单元之间的电接口,控制单元通过此接口控制贮供单元动作,采集贮供单元数据;

(4)控制单元与功率处理单元之间的电接口,控制单元通过此接口控制功率处理单元的开关,采集功率处理单元输出。

霍尔电推进系统对外接口定义和功能如下:

(1)与结构接口,包括控制和功率模块与卫星舱体,霍尔推力器与卫星机械接口。

(2)与供配电系统接口,包括电推进控制器的一次电源接口、功率处理单元接口。

(3)与热控系统接口,主要是各组件的热控要求。

(4)与综合电子系统接口,包括通信接口,遥测、遥控接口。

霍尔电推进系统涉及的通用测试项目通常包括:正弦振动、随机振动、热真空、热循环、压力、检漏、寿命试验。产品成熟度等级 2 级定级前需要通过鉴定试验;在设计发生重大更改时,原则上应重新进行鉴定试验。产品在交付前应完成所有的验收试验。组批生产产品按照产品规范进行抽检鉴定试验。

14.3.2　霍尔推力器的"三化"

1. 推力器功能分析

霍尔推力器是霍尔电推进系统的核心单机,产生完成各类推进任务的推力。霍尔推力器由霍尔加速器和空心阴极两大模块组成。霍尔加速器模块是霍尔推力器的主体部分,由它完成电子磁化约束,推进剂气体供给、电离并加速向外喷射形成推力的任务。空心阴极发射电子是霍尔推力器放电产生等离子体的先决条件,它不仅提供推力器放电所需的初始电子,同时还保证推力器排出羽流的电中性。

霍尔推力器工作时,加载在阳极和阴极之间的外部放电电压产生霍尔推力器的轴向电场,四个外磁极和一个内磁极产生径向的磁场。推力器工作时,首先启动空心阴极并发射电子,电子在霍尔加速器电场的作用下进入放电室,被放电室内的磁场捕获,并与从推进剂输送管和阳极/气体分配器进入放电室的推进剂气体分子发生碰撞,从而使得推进剂气体分子被电离,随后电离的离子在放电室轴向电场的加速下被高速喷出,从而形成霍尔推力器所需要的推力。与此同时,阴极发射的另一部分电子在推力器放电室出口与加速喷出的离子中和,形成中性羽流。

2. 推力器通用化工作分析

霍尔推力器的通用化工作包括单机通用化、零部件通用化和原材料通用化三个方面。

霍尔推力器可以作为通用化动力装置,满足卫星平台的不同任务的动力需求,如用于升轨、相位调整、南北位保、动量卸载、碰撞规避、离轨等任务。不同类型任务对推力器性能指标和工作模式的要求存在差异,例如,升轨和离轨任务中,需要推力器能够长时间、大推力工作;南北位保任务中需要推力器具有较高比冲和启动次数;碰撞规避类任务中,需要推力器启动可靠。推力器层面的通用化工作围绕以上动力需求开展,包括扩展推力器性能包络范围,丰富推力器工作模式,提升推力器工作时间和启动次数,提高推力器可靠性。此外,提高推力器力、热、辐照等环境适应性,覆盖更多的发射平台、轨道环境,也是霍尔推力器通用化工作的重要组成部分。

在零部件通用化方面,霍尔推力器内部的气路绝缘器、空心阴极是重要的零部件通用化项目。气路绝缘器的功能是输送工质气体,同时将推力器阳极上的高压电与贮供单元隔离,通常采用“金属—陶瓷—金属”的三层结构,金属与陶瓷通过钎焊连接,中间的陶瓷起到绝缘作用,两端金属用于供气管路焊接。这一类器件可以在结构上进行统一,作为通用件用于不同规格推力器。空心阴极的功能是发射电子,同一规格空心阴极的电子电流具有较宽的范围,可以作为通用件,在一定范围内适配不同功率的推力器。

在材料、器件通用化方面,主要有导磁材料通用化、陶瓷材料通用化和电磁导线的通用化。推力器通过软铁材料调节磁场,通过采用统一牌号的软铁材料,可以实现推力器磁路零件材料检测方法、磁路零件加工处理方法的通用化。陶瓷材料在推力器中起到绝缘、机械连接和抗溅射作用,通过研制或选用力学、绝缘及抗溅射指标符合要求的陶瓷材料,可以实现推力器内陶瓷材料检验、陶瓷零件加工方法的通用化。器件方面,推力器内部使用高温电磁线,此类导线缠绕于铁芯,构成电磁铁,在推力器中产生磁场,工作过程中需要耐受推力器高温,并保证绝缘性。通过统一高温电磁线的耐温能力,绝缘性能及许用弯曲程度,建立通用化的电磁导线规范,形成通用化的高温电磁导线,可以实现推力器磁路部件的通用化。

在结构通用化方面,主要有绝缘连接结构的通用化和阳极气体分配器结构的通用化。绝缘连接上,可以通过采用“陶瓷—金属—陶瓷”的结构,在保证连接的同时将带电金属结构与其他金属结构隔离,实现绝缘连接的通用化。在阳极气体分配器上,可以通过两级腔体缓冲结构,实现阳极气流缓释。

在霍尔推力器生产和测试过程中涉及的各类试验中,工装和设备的“通用化”也是霍尔推力器“通用化”工作的重要组成部分。霍尔推力器装配过程中,涉及多次气密测试、绝缘导通测试和磁极性测试,在这些环节中,有必要形成通用的气密测试工装,绝缘导通测试工装和磁极性测试工装。在霍尔推力器的验收和鉴定试验中,涉及力、热学试验,推力器点火试验,推力测量,羽流发散角测量,电磁兼容性测量,需要设计通用的力学试验工装,实现推力器到不同类型力学试验台的转接;需要对推力器点火使用的高真空模拟舱进行通用化设计,覆盖较宽的推力器功率范围,满足点火、推力测量和其他测量的设备、仪器接口要求,实现真空点火设备的通用化。

3. 推力器系列化工作分析

霍尔推力器的"系列化"工作的目标是形成品种齐全,数量合适,功能优化,结构相近的体系化霍尔推力器产品,尽可能广泛地满足使用需求,扩大霍尔推力器所能覆盖的需求范围,并建立反映推力的型谱化推力器命名方式。霍尔推力器"系列化"工作内容包括确定推力器基本参数、对基本参数进行分档形成型谱系列和开展系列化产品设计。

能够直观反映霍尔推力器规格的参数包括:推力器的推力、功率和放电通道尺寸,三种参数具有相对确定的对应关系,可以选择任意一个参数作为型谱划分参数。需要说明,三类参数反映的分类理念有一定差异,以推力为主要型谱参数的理念是直接面向任务需求进行分级;以功率为主要型谱参数强调了推力器主要工作条件;以通道尺寸为主要参数,可以较明确反映出推力器的核心尺寸特征。

实际工程研制中,三种命名思路均有应用,例如,国内有以额定推力为型谱参数的霍尔推力器型谱产品,包括: HET－20、HET－40、HRT－80、HET－300、HET－500、HET－1000;美国 Busek 公司的霍尔研制的霍尔推力器以额定功率为型谱参数开展研制,形成了 BHT－100、BHT－200、BHT－350、BHT－600、BHT－20K 等系列化霍尔推力器;俄罗斯火炬设计局研制的霍尔推力器以放电室中径作为型谱参数,形成 SPT－20、SPT－50、SPT－100、SPT－140 系列霍尔推力器。

在推力器推力级别明确后推力器比冲、总冲基本确定,霍尔推力器的"系列化"设计工作主要围绕推力器陶瓷通道出口面积的系列化开展,同时包括与系列化通道出口面积对应的磁路设计、装测工装设计。

14.3.3　贮供单元的"三化"

1. 贮供单元功能分析

典型的贮供单元功能如图 14－2 所示,在贮供模块中,高压氙存储在一定容积的气瓶内,经压力调节模块减压至低压,通过流量控制器对准确控制流量,最终输出满足霍尔推力器所稳定工作需要的流量。贮供单元据功能可以划分为贮气模块、压力调节模块和流量调节模块。贮气模块主体为气瓶,贮存高压氙气,执行机构为高压自锁阀,控制高压气路通断;压力调节模块主要功能是减压,通常需要将兆帕级别的压力减压至数百千帕;流量调节模块功能是实现流量的精确控制,保证流量稳定。此外,考虑到流量控制和状态检测,通常会在压力调节模块入口和出口设置压力传感器。考虑到系统测试和加注,会在管路上设置若干加排阀。

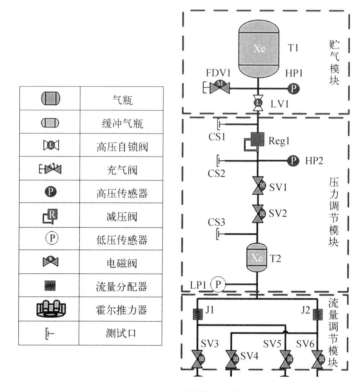

图 14-2 贮供单元结构

2. 贮供单元通用化分析

贮供单元的"通用化"工作主要集中在部分模块的通用化和零部件的通用化,其中,模块的通用化包括贮存模块的通用化、压力调节模块的通用化和流量调节模块的通用化,零部件通用化主要是器件安装固定方式的通用化和气路连接方式的通用化。

1) 贮气模块的通用化

贮气模块的通用化工作主要是气瓶选型,目前航天器常用气瓶主要有全钛合金气瓶、金属内衬复合材料气瓶,后者在卫星产品上使用较多。由于氙气为惰性气体,与气瓶材料相容性良好,因此在气瓶选型中,对气瓶材料和形式并无限制,仅要求气瓶力学强度满足要求即可。

2) 压力调节模块的通用化

压力调节模块通用化工作包括减压方式的通用化,减压阀与传感器的通用化等内容。

现阶段,霍尔电推进系统的高压氙气减压方案存在多种选择,主要有 bang-bang 阀减压方式和基于功能材料的比例阀减压方式。前者实现简单,但存在体积、重量大,压力输出不稳定的问题,后者结构紧凑,但执行机构、控制规律较复杂,两类减压方式均具有较强的通用性。

阀门的通用化工作集中在阀门的选型上,要满足阀门的通用化,需要综合考虑贮供单元的各项要求。贮供单元对阀门的主要技术指标要求有:流动介质、流量、工作压力、工作温度、漏率、开关次数等。不同流动介质具有各自的物理特性,与流动材料有不同的相容性,对阀门的结构设计和材料选择有影响;流量反映阀门的流通能力,流量大小直接决定阀门结构形式的选择;工作压力决定减压阀的基本设计要求和类型选择,工作温度影响阀门材料的选择和配合间隙的选择,漏率影响阀门类型选择和具体结构选择。

传感器的通用化工作集中在传感器选型上,传感器内部涉及电子电路,需要综合霍尔电推进系统的力、热、电磁环境指标,抗辐照要求选择符合量程和精度要求的压力传感器。

3)流量调节模块的通用化

流量调节模块的通用化工作包括主要是节流方式的通用化。目前存在多孔材料节流、孔板节流、毛细管节流、刻蚀微流道节流等节流方式。多孔材料节流通过金属多孔材料形成的微小通道实现气体节流。多孔材料节流部件具有体积小、重量轻的优点,但存在采用电加热调节响应速度慢、产品一致性差、多孔材料存在掉渣隐患、加工性较差等问题。孔板节流通过一个或多个串联的、有微米量级直径小孔的孔板实现气体节流,孔板节流部件具有加工一致性好、尺寸小等优点,但存在小孔加工困难、容易发生堵塞、加热调节响应慢等问题。毛细管节流利用毛细管的微小孔径和较长的长度来实现气体节流,通过控制毛细管的孔径和长度,实现所需的气体节流。毛细管节流部件具有可批量生产、产品质量可靠性好、重量轻、便于电流直接加热、调节速度快等优点,但存在容易堵塞、焊接部位容易断裂漏气等问题。刻蚀微流道节流利用化学刻蚀等形成的微流道,实现气体节流。刻蚀微流道节流的优点是可以和阀门组合成紧凑的模块,但具有工艺复杂、改变设计就需要重新制造刻蚀掩膜、小批量生产周期长、价格高等缺点。目前尚未形成统一通用化节流方式。

4)零部组件的通用化

贮供单元内各器件通常通过支座、卡箍固定于星体结构,需要具有较宽的力、热环境适应范围,通常通过继承型通用化方法,选用成熟的产品和结构形式,以满足通用化要求。

气路接口通用化设计主要是接口形式的通用化,考虑到装测过程中多次拆装要求,贮供单元对外的气路接口通常使用带有密封件的密封结构,通过替换密封件,避免密封面损坏。

3. 贮供单元系列化分析

贮供单元的系列化是为了适应霍尔推力器系列化要求,主要有两项系列化参数,首先是推进剂容量的系列化,不同容量的贮供单元与不同总冲的推进系统相对应;其次是推进剂流量的系列化,不同流量规格的贮供系统与不同推力(功率、口径)的霍尔推力器相适应。

1)贮气模块系列化

贮气模块系列化工作与贮供单元容量的系列化要求对应,工作内容是在成熟气瓶型谱中选择容量、工作压力合适的系列化气瓶作为推进剂存储容器。

2)压力调节模块系列化

现阶段霍尔电推进系统的压力调节模块仅执行减压任务,功能单一,入口压力和出口压力确定,是一个通用化的模块,几乎适应于霍尔电推进系统的各种贮供单元,无须进行系列化研制。

3)流量调节模块系列化

流量调节模块的系列化工作与贮供单元推进剂流量的系列化要求对应。由于霍尔电推进系统的流量主要通过节流器件控制,流量调节模块系列化工作的核心任务是实现节流器件的系列化,系列化参数可选择为节流器件的流阻,即一定流量范围内,通过节流器的流量与节流器两端压力差的比值。对于不同的节流方式,流阻参数最终又可以转化为相应的物理参数,对于孔板节流、毛细管节流、刻蚀微流道节流等节流方式,流阻对应流动通道的截面形状和长度—截面比,对于多孔材料节流,流阻则对应材料的孔隙率、材料在流动方向上的厚度和垂直流动方向的截面积。

4. 贮供单元模块化分析

贮供单元的模块化工作包含两方面内容,首先是贮供单元本体的模块化,其次是贮供单元内部子模块的模块化。

贮供单元的功能是储存和供应推进剂,完成相关功能的气瓶、阀门、传感器、管路必然聚合为独立的功能模块。对贮供单元的模块化工作包括定义安装机械接口、加注接口、输出接口、遥测遥控接口和热控接口并开展设计工作。

贮供单元内的子模块包括储气模块、压力调节模块、流量调节模块。三类子模块的共性的模块化工作是气路接口的划分和设计,热控接口的设计。对于贮气模块和压力调节模块,有压力检测需要,因而需要进行压力遥测接口的定义和设计;对于流量调节模块,要进行流量闭环控制,因而需要进行遥测接口和控制接口的定义和设计。

14.3.4　功率处理与控制单元(PPCU)"三化"

1. PPCU 功能分析

PPCU 为霍尔电推进系统主要单元之一,其主要功能是对霍尔电推进系统内阀门,加热器进行驱动,并采集系统的工作状态,并将航天器的一次功率母线电能进行功率变换分配后按照时序要求提供给霍尔推力器各用电部件,同时将电源内部各模块的数据上传霍尔电推进系统控制器。PPCU 主要包括控制部分及功率变换部分两个功能模块。其中控制部分包括电源模块、CPU 模块、驱动与采集模块等;功率变换部分主要包括输入浪涌抑制电路、输入滤波电路、集中供电电路、阳极电源模块、阴极加热电源模块、阴极点火电源模块和滤波模块等。

通常,PPCU 的功率变换部分包含阳极电源模块,阴极加热器电源模块,阴极点火电源模块,通信模块、控制模块、采样模块。阳极电源模块,为霍尔推力器阳极供电。阴极加热器电源模块为霍尔推力器的阴极加热器供电。阴极点火电源模块为霍尔推力器阴极的点火极供电。阴极用高电压触发点火,点火成功后应自动切换到恒流模式。通信模块与星上计算机进行通信,采集模块对经调理后功率部分信号进行采样,需要采集的参数类型包括阳极输出电压、阳极输出电流、阴极加热输出电压、阴极加热输出电流、阴极点火输出电压、压力传感器输出参数。

2. PPCU 通用化工作

PPCU 通用化设计工作包括:通用化电路结构设计、通用化接口设计、通用化器件选型规范建立,通用化测试项目的确定,通用化软、硬件测试平台建立。

通用化电路结构设计是实现 PPCU 各模块功能的电路结构的通用化,主要包括升压电路的通用化设计、滤波电路的通用化设计、信号采样电路的通用化设计,阀门驱动电路的通用化设计、加热器驱动电路的通用化设计。

通用化接口设计主要有通用化机械接口设计、通用化电接口设计和通用化通信接口设计。通过上述接口的通用化设计,使 PPCU 在不同型霍尔电推进系统中具有较强的通性。

PPCU 研制过程中的通用化测试项目包括,产品质量测试、产品外包络尺寸、本体尺寸及安装孔孔距孔径测试、平面度、粗糙度、产品表面热辐射率测试、外观检查、电连接器检查、焊接质量及多余物检查、导通电阻、特征阻抗、绝缘电阻、搭接电阻测试、输入浪涌电流测试、供电母线反射纹波电压测试、供电母线电压拉偏测试、整机效率测试、DICU 功能测、阳极电源模块电性能测试、阴极电源模块电性能测试、点火电源模块电性能测试。

PPCU 通用硬件测试平台主要是模拟推力器的模拟负载和阀门负载。可以通过通用模拟器模拟。模拟器应当能够模拟推力器启动过程中的动态响应特性和稳定工作时的静态特性。

3. PPCU 系列化工作

PPCU 的系列化工作主要是功率部分的系列化,目标是满足霍尔推力器型谱的需要。主要的型谱化参数是各个电源模块的电压、电流参数。在 PPCU 的电路架构确定后,PPCU 的型谱化实现通过功率元器件的型谱选择实现,主要包括变压器、高压二极管、高压继电器、高压导线、高压电容器等器件。

4. PPCU 软件三化设计

控制软件通过总线向星载中心计算机发送工程遥测数据,接收总线遥控指令与注入指令;采集系统模拟量参数,对霍尔电推进系统的电磁阀、自锁阀、加热管和继电器进行控制,使系统按流程进行工作,确保系统各个模块处于安全正常工作状态;对推进与系统故障进行自主诊断,并将故检状态信息发送至中心机。通过总线接收总线遥控指令、注入指令和遥测请求指令。根据采集到的温度传感器数据,按照一定的控制策略实现阳极和阴极模块的自动控温以实现流量调节;通过接收总线阀门指令,控制系统阀门的开关;通过接收总线 OC 指令,控制阳极阴极电源的开关和阴极电源的切换;按照霍尔电推进子系统工作需求,完成霍尔推力器点火流程、系统故检,并根据系统需求切换系统工作模式;根据采集数据对电推进子系统故障进行自主诊断,按照一定处理策略对故障进行处理。软件最终固化在霍尔电推进功率控制单元单机硬件上运行。软件代码抄写至 FLASH 内,硬件上电后即开始运行。软件作为一个独立的配置项进行管理。

霍尔电推进系统测控软件的通用化、系列化是以硬件系统的通用化、系列化为基础的。当系统的通用化、系列化工作较完善时,必然能够形成通用性较强的系统使用流程,固化为系统的测控软件,并通过软件参数的修改、扩展而系列化。在模块化方面,软件产品具有固有的模块化优势,软件模块与系统功能模块具有清晰的对应关系,通过编程语言实现软件功能通常也是模块化编写和实现。软件产品"三化"工作的另一项重点在于软件测试环境的通用化。软件测试结构如图 14-3 所示,主要为实装环境,包括电推进功率控制版、仿真器、电源、示波器、温度模拟设备、压力模拟设备及加热管、自锁阀等负载,PPCU 霍尔电推进功率控制单元软件

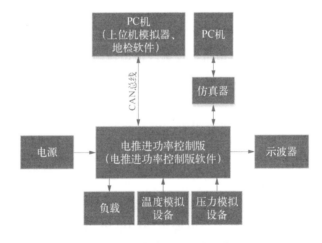

图 14-3　软件测试环境结构图

运行在电推进功率控制版上。软件运行环境与真实环境一致,测试环境中使用地检星务模拟软件模拟与 PPCU 霍尔电推进功率控制单元软件进行通信,通信周期与数据均可与真实环境一致,对测试结果无影响。逐项测试软件需求规格说明规定的软件功能、性能等特性;测试用例的输入应包括至少一个有效等价类值、无效等价类值和边界数据值;每个特性至少被一个正常测试用例和一个被认可的异常测试用例所覆盖;测试软件的输入数据,包括用假想的数据类型和数据值运行,用额定数据值、非法数据值和边界值运行,测试软件排斥非法输入的能力;测试软件的输出数据及其格式;测试条件不仅包括正常条件,还要包括异常条件;实例化的测试策略,如半实物仿真测试等。

14.4　霍尔电推进"三化"工作案例

对于霍尔电推进系统和各层级产品,"三化"工作的具体内容和重点与产品在系统中所处的层级和产品的功能密切相关。本章选取典型的霍尔电推进"通用化""系列化""模块化"实例,进一步说明霍尔电推进工程中的"三化"工作实践。

14.4.1　通用化案例

对于现阶段使用稀有气体作为推进剂的电推进系统,气体减压功能是不可或缺的,压力调节模块的通用化设计是霍尔电推进系统中具有代表性的通用化设计实例。

压力调节模块将氙气瓶内的高压氙气减压至较低压力,便于下游流量的精确调控。在满足推进系统流量去需求的前提下,通用化的压力调节模块应当能适应较宽范围的入口,并输出较宽范围出口压力。

图 14-4 给出一种通用化的 Bang-Bang 阀压力调节模块设计,从入口到出口依次为高压自锁阀、减压阀、两路串联的 Bang-Bang 阀,缓冲气罐及压力传感器。其工作过程如下:高压自锁阀打开后,气瓶流出的高压气体首先经自锁阀下游的减压阀进行一级减压,减压至 1 MPa 以下,然后通过 Bang-Bang 阀流入缓冲气管。根据压力传感器采集的缓冲罐压力为控制量,通过控制 Bang-Bang 阀开闭时间,调节流入缓冲气罐的气体量,形成压力的闭环控制,从而实现压力的可控输出。

在该压力调节模块设计中,入口压力取决于自锁阀和减压阀的最高工作压力,在两类阀的选型中,选择入口压力较高的产品,即可实现压力调节模块在较宽范围入口压力下的

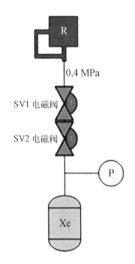

图 14-4　一种压力调节模块通用化设计

通用化。对于出口压力,通过调节闭环压力的设置调控 Bang-Bang 阀开闭时间,则可以输出范围较宽的出口压力,实现压力输出的通用化。

14.4.2　系列化案例

霍尔电推进系统中最典型的系列化实例是霍尔推力器的系列化设计,此处给出以额定推力和额定功率为主要系列化参数的系列化设计实例。

1. 推力系列化霍尔推力器实例

表 14-1 是上海空间推进研究所以额定推力为主参数的霍尔推力器型谱化产品,包括 5 mN~3 N 系列霍尔推力器,通过型谱表,建立功率、比冲及寿命与主参数的型谱关系;表 14-2 是上海空间推进研究所以发射电流为主参数的空心阴极型谱化产品,包括 0.5~100 A 空心阴极产品;表 14-3 给出了美国 Busek 公司以额定功率为主参数的霍尔推力器型谱化产品,包括 100 W~20 kW 系列霍尔推力器。

表 14-1　上海空间推进研究所霍尔推力器型谱化产品

代号	功率/W	推力/mN	寿命/h	比冲/s	总冲/(N·s)	重量/kg	技术状态	图片
HET-5	≤100	5	2 000	≥1 000	$3.6×10^4$	0.5	工程样机	
HET-10	200	10		≥1 000	$1.44×10^5$	1	工程样机	
HET-20	350	20	2 200	≥1 300	$1.6×10^5$	1.5	正样	
HET-40	≤700	40	3 000	≥1 500	$4.3×10^5$	3	正样	

续　表

代号	功率/W	推力/mN	寿命/h	比冲/s	总冲/(N·s)	重量/kg	技术状态	图　片
HET－80	≤700	80	9 000	≥1 500	$2.6×10^6$	5	正样	
HET－300M	≤5 000	129～320	15 000	1 800～2 350	$1.7×10^7$	9	正样	
HET－500	780～12 500	38.6～606	20 000	1 250～3 213	$4.4×10^7$	10	工程样机	
HET－1000	10 000～20 000	500～1 050	30 000	2 500～4 000	$1.1×10^8$	10	原理样机	

表 14－2　上海空间推进研究所霍尔阴极型谱化产品

产品分类		电流范围/A	适用推力器	典型产品						
				产品型号	发射电流/A	点火时间	寿命/h	点火次数/次	产品状态	图　片
冷阴极		/	/	HC－2F	1～6	≤1 s	≥10 000	≥10 000	工程样机	
热阴极	小电流	<2	HET－5 HET－10 HET－20	HC－1	0.8～1.4	≤7 min	≥2 200（验证）	≥8 000	鉴定样机	

续　表

产品分类		电流范围/A	适用推力器	典型产品						
				产品型号	发射电流/A	点火时间	寿命/h	点火次数/次	产品状态	图片
热阴极	中等电流	2~10	HET-40 HET-80 HET-80HP HET-300M	HC-2	2~4.5	≤7 min	≥3 000（验证）	≥3 400（验证）	鉴定样机	
				HC-4.5	2~8	≤7 min	≥15 000（验证）	≥28 000（验证）	飞行样机	
				HC-10	5~20	≤7 min	≥7 000（验证）	≥7 000（验证）	鉴定样机	
	大电流	>10	HET-500 HET-1000 HET-3000	HC-40	13~50	≤7 min	≥20 000	≥20 000	原理样机	
				HC-100	40~150	≤7 min	≥20 000	≥20 000	原理样机	

表 14-3　美国 Busek 公司霍尔推力器型谱化产品

代号	功率/W	推力/mN	寿命/h	比冲/s	总冲/(N·s)	重量	图片
BHT-100	100	7	1 700	1 000	$4.5×10^4$	/	
BHT-200	200	13	3 200	1 390	$1.4×10^5$	/	

续　表

代号	功率/W	推力/mN	寿命/h	比冲/s	总冲/ （N·s）	重　量	图　片
BHT－350	300	17	4 000	1 244	2.4×10^5	/	
BHT－600	600	39	>7 000	1 500	1.0×10^6	/	
BHT－1500	1 500	101	>17 000	1 670	6.5×10^6	/	
BHT－20K	6 000	201~235	>10 000	1 900~ 2 700	$>8.5\times10^6$		

14.4.3　模块化案例

霍尔电推进系统由多个模块和单元构成,是模块化设计工作的体现。此外,霍尔电推进系统中的 PPCU 由多个电源模块、控制单元、滤波电路组成,也是典型的模块化设计产物。因此,本节以霍尔电推进系统和 PPCU 作为霍尔电推进工程的模块化工作实例。

1. 霍尔电推进系统模块化设计实例

图 14－5 给出一种霍尔电推进系统模块构成,系统包括 1 台霍尔电推进控制器(简称 PPCU,含控制模块、功率处理单元、滤波模块)、2 台 20 mN 霍尔推力器、1 套贮供单元(功能上分为贮气模块、压力调节模块、流量调节模块)组成。

电推进控制器为电推分系统的控制中心,接受指令后,控制贮供单元阀门动作,给霍尔推力器提供工作所需的氙气。同时将地面指令,解析后指令发送至内部功率处理模块,功率处理模块接受指令后,经滤波模块给霍尔推力器供电控制。霍尔推力器为最终执行机构,在供电控制和供气控制下,霍尔推力器点火工作,加速氙气离子并高速喷出,产生推力。

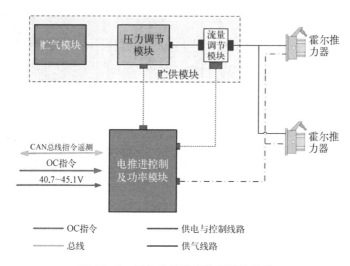

图 14-5　霍尔电推进系统模块化设计

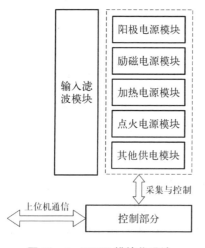

图 14-6　PPCU 模块化设计

2. PPCU 模块化设计实例

PPCU 主要由 7 部分组成:输入滤波模块、阳极电源模块、励磁电源模块、加热电源模块、点火电源模块、为阀门和传感器供电的其他电源模块构成及负责通信与采集功能的控制模块组成。PPCU 的模块化设计方案如图 14-6所示。

输入滤波模块主要实现对输入浪涌电流和干扰信号的抑制作用,输入滤波模块有两方面功能,首先是抑制母线电源开通瞬间在电源输入端会产生的浪涌电流,其次是双向阻断母线与功率模块之间的共模传导干扰和差模传导干扰。

　　阳极电源主要实现阳极的功率变换及输出,电压和电流采样及调理电路及输出滤波功能;励磁电源模块实现励磁电流的恒流输出及电流、电压采样;阴极加热电源主要实现电源的功率变换及输出,加热电压和加热电流采样;阴极点火电源实现电源的稳压变换及输出,点火电压和点火电流采样。这几类电源需要实现大功率的电压电流变换功能,通常包含变压器、整流滤波电路、采集和控制电路,以实现输出要求。

其他电源模块输出满足压力传感器、阀门工作需求的电压和电流,涉及的功率变换较小,可以通过 DC-DC 变换电路实现。

参考文献

[1] 贺焰. 浅析产品设计的通用化、系列化、组合化(模块化). 航天标准化,2007(3):9 - 12.

[2] 庞海涛. 航天产品实施通用化、系列化、组合化有关问题的研究. 航天标准化,2006(1):1 - 5.

[3] 周丹丹,罗迪. 产品通用化的设计方法研究与流程管理. 管理与标准化,2020(323):203 - 204.

[4] 涂少平. 整车开发过程中的零部件通用化管理方法研究. 机电技术,2017(111):108 - 110.

第 15 章
霍尔电推进生产线建设

随着航天器技术发展的带动,霍尔电推进的产品研制已越来越明显地呈现出任务多、周期短、质量与可靠性要求高的特点,对霍尔电推进产品研制、生产能力提出了新的挑战。这就要求将生产模式由单机研制向批量生产转变,逐步构建起能适应多任务、多项目和批产要求的产品生产体系,以实现产品的规模化和企业的可持续发展。其中,生产线的建设是全面提升生产能力和质量保证能力及航天企业产业化发展的必经之路。

霍尔电推进"三化"产品研制工作和关键通用产品的相继定型给生产线建设和产品的批量生产提供了可能;生产线则是充分发挥定型产品作用的桥梁。通过生产线建设和定型产品的线上应用,实现高效产出、质量稳定和性能一致的产品目标,提升企业核心竞争力,使效益最大化,推动航天企业在激烈竞争环境下的不断发展。

15.1 生产线的基本要求

15.1.1 生产线的概念

广义的生产线是指产品生产过程所经过的路线,即从原料进入生产现场开始,经过加工、运送、装配、检验等一系列生产活动所构成的路线。狭义的生产线是按对象原则组织起来完成产品工艺过程的一种生产组织形式,即按产品专业化原则配备生产某种产品所需的各种设备和各类人员,负责对相同劳动对象进行不同的工艺加工,完成该产品的全部制造工作[1]。

15.1.2 生产线建设的原则和要求

生产线建设是运用科学的方法和手段对产品生产相关的人员队伍、仪器设备、生产设施及过程控制等要素进行合理配置,使其形成一个协调、高效、经济的生产运作系统[2]。

1. 生产线建设的原则

生产线建设应充分考虑到霍尔电推进产品的生产特点,瞄准国际先进生产组织模式,以定型产品的相关技术文件为生产线建设的依据,逐步构建面向产品的专业化生产系统,强化过程控制,提升霍尔电推进产品生产线的生产能力和质量保证能力,使其稳定、高效地重复生产合格产品。因此,霍尔电推进产品生产线建设应遵循以下 5 条原则:

1）专业化原则

生产线建设应以专业产品为主线,适当考虑同类专业产品的生产需求,淡化具体航天型号研制特征。

2）精细化原则

生产线建设应通过细化生产操作规程、量化质量控制措施等方法,严格控制生产过程,以保证产品质量的稳定性、一致性。

3）适应性原则

生产线建设应适应"多品种、小批量"的生产模式,并能够通过对生产单元进行适当调整和重构,满足一定范围内的需求或技术变化。

4）经济性原则

利用最少的生产资源,满足生产线建设的需求。

5）科学性原则

优化各要素资源配置,保证生产线建设的合理性。

2. 生产线建设的主要要求

为保证生产线各要素和各环节协调有序地运行,达到预期目标,生产线建设应满足以下 7 个方面的要求。

1）生产线定位准确

把产品生产线作为一个制造整体来考虑,批生产、在研产品、预研产品生产均应使用同一条生产线,在产品研制初期就充分考虑批生产的要求,并逐步淡化产品应用对象色彩,按照产品组织批生产。

例如,霍尔推力器产品在转入工程应用初期,产品设计和工艺上存在较多优化空间,同时要开展大量优化验证工作。因此在生产线建设时,建议集霍尔推力器产品研发和生产于一体,便于型号对产品的需求规划及时传达到生产队伍,利于生产线的计划使用、维护及人员的调配等;生产一线发现的问题能够及时反馈到研发及设计师队伍,有利于产品的成熟度提升;新产品的研发、产品的更新换代能够在生产线上得到快速实施和验证。

2）生产组织形式合理

生产线应建立动态响应的制造执行控制系统,具有模块化的设备配置与布局,能够适应多品种、小批量生产,可以满足对快速响应目标的需求。换言之,建议脉动式的生产布局与组织形式,针对生产瓶颈的零部组件或者工艺环节,组建自动化甚至智能化的先进制造单元,大幅提升某零部件或工艺环节的生产效率,然后由点及线,通过各环节生产节拍和资源配置的匹配,使得产品连续不间断地流转,实现整个生产线的效率提升。

例如,针对霍尔推力器的生产特点,零件生产按工艺布局,针对批生产瓶颈的产品组建制造单元,对一类零部件集中生产,大幅度提高零部件生产效率;部件装配和整机总装按产品布局,针对关键产品组件装配单元和整机总装、调试、测试单元,提升产品批生产能力。同时,针对通用零部件甚至通用的推力器整机,设置货架式库存管理,集中生产,滚动补缺,提升生产线的整体运行效率。

3)生产范围界面清晰

针对产品研制生产的实际情况,按照"两头在内、中间在外、关键在手"的原则,把握核心,适当外协,重点把握关键产品和关键技术,一般产品和工艺过程,可在有效控制采购及验收活动的基础上,采用委托、协作等方式组织实施。

4)生产流程优化

生产流程应通过科学的方法进行优化,保证生产流程顺畅,减少不必要的浪费。根据定型产品工艺文件的工艺流程调整工艺路线图和工艺布局,以便于组织生产。工艺路线的布局和技术流程,应按"工艺八步法"实施:① 确定产品零件族;② 优化工艺梳理;③ 绘制工艺路线图;④ 绘制综合工艺顺序图;⑤ 计算工序负荷;⑥ 确定工序数量和排列;⑦ 绘制工艺布局平面图;⑧ 绘制生产流程图。

5)工艺文件精细化

要正确理解工艺的内涵,改变过去工艺主要是零部件加工和装配的观念,工艺应涵盖产品加工、装配、调试、测试、环境试验、应用全过程,重点应放在装配、调试、测试环节上,全面解决涉及产品组批生产的各类工艺问题,同时按照"可操作、可量化、可检测、可重复"的要求,对工艺文件进行精细化管理,提高产品的生产质量、生产效率。

例如,针对霍尔推力器推进剂导管弯制和焊接工序,通过工艺细化和优化,设计专用的弯制和夹持工装,通过导管焊接试验,优化并固定了焊接参数,提高了弯制一次成型和焊接一次合格的成功率,最终提高了生产效率。

6)生产信息流通高效

各类生产信息流转畅通高效,能够及时、真实地记录产品生产全过程的各类信息,并准确地传递到相关组织和人员,从而及时、可靠、合适地对生产线活动进行控制和调节,实现生产全过程的信息化管理。

7)投入产出比合理

在生产线建设完成后,应该分析生产线建成后所产生的效益,生产线建成一年后,要验证生产线建线前后的产能、周期、质量,进行成本复查。

15.1.3　生产线建设的流程

生产线建设分为现有生产线改造和新生产线建设两种:现有生产线改造的

重点是针对现有生产能力的瓶颈和薄弱环节实施改进和强化措施;新生产线建设的重点则是围绕产能建设目标系统规划并建立符合要求的生产线。围绕"稳定、高效地重复生产合格产品"的目标,产品生产线建设工作主要包括以下两个方面。

（1）通过分析生产需求、优化生产流程、改进资源配置、完善规章制度,从成本、效率和产能三方面提升产品生产过程的总体效能;

（2）通过梳理生产工艺、完善操作文件、识别关键环节、强化监控手段,有针对性地加强过程控制,提高产品生产的质量保证能力。

霍尔电推进生产线建设包括生产线建设策划、生产线建造、生产线认证、生产线运行评估 4 个基本流程。具体工作实施流程如图 15-1 所示。

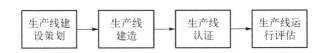

图 15-1　霍尔电推进生产线建设基本流程

15.1.4　生产线的基本要素

生产线就是与实现规定的生产目标有关的全部生产要素的集合体,是生产过程与管理过程有机结合的整体。其中,生产过程提供将资源转换成产品或服务的功能;管理过程提供为生产过程制定目标和计划,并对计划的实施进行组织和控制,是不断适应动态变化的环境功能。产品生产线由岗位人员、仪器设备、配套物资、技术方法、环境设施、信息化和管理制度等 7 个要素组成。

1）岗位人员

岗位人员是指保证生产流程正常运行所需的岗位设置和职责分工,以及具有具备相应资质和数量的人员,包括操作人员(含试验、测试和检验人员)、生产管理人员、设备维护人员、物流控制人员、工艺人员等。

2）仪器设备

仪器设备是指按照规定要求完成生产流程所需的全部设备和工具及其布局和配套数量。设备和工具包括加工装配设备、专用工装设备、测试设备、检测设备、产品转运防护设备、生产信息采集处理工具及配套的软件工具等。

3）配套物资

配套物资是指保证生产线正常运行所需的各种元器件、原材料和消耗品(如酒精、聚酰亚胺胶带、设备的备品备件等)。

4）技术方法

技术方法是指依据生产要求制定、用于指导产品生产操作过程的各类技术文件,包括标准、规范、规程和岗位作业指导书等。

5）环境设施

环境设施是指达到生产要求所必需的环境保障设施,包括场地建筑设施(如厂房、库房)、环境控制设施(如空调、风淋设施)、安全防护设施(如消防、防静电设施)及资源供给设施(如水、电、气供应设施)等。

6）信息化

信息化是指保证生产信息及时、准确采集、传递所必需的覆盖生产管理全过程的信息传递渠道,包括生产计划管理系统、质量管理信息系统等。

7）管理制度

管理制度是指描述生产线运行管理的基本要求和方法,用于组织、协调生产线相关要素,一般包括总则和各要素的管理文件、规范等,如生产线说明书、质量管理要求、设备管理规定、生产信息管理制度等。

15.2　霍尔电推进生产线建设模式

生产模式与生产技术水平相匹配是保证在生产过程中各项生产要素协调的前提条件,因此,有必要对霍尔电推进产品生产特点进行分析,选择合适的生产模式。

15.2.1　霍尔电推进产品特点

霍尔电推进产品开发与设计按照具有自身特色的传统航天产品开发"V"模型开展,从推进系统功能要求,向下细化为各组成部分技术要求,通过研制生产活动转化为实物产品,再经过逐级验证、交付,并在高一级进行组装和集成,最终完成整个系统的研制、验证、交付。

霍尔电推进系统主要由霍尔推力器、功率处理单元、推进剂贮供单元、控制单元等四个单机组成。按照航天器霍尔电推进系统产品研制经验,霍尔推力器、功率处理单元、控制单元均采取独立单元研制、生产、交付、安装的方式,贮供单元根据系统多样化布局需求可整体单元交付、安装或采取更小的模块跟随系统总装完成装配。由于现阶段卫星、探测器等航天器对推进系统功能需求多样化的特点,对控制单元、贮供单元、功率处理单元等单机的控制、供气、供电等功能和可靠性要求也不尽相同,相比而言,作为推力执行机构的霍尔推力器,通过合理的型谱规划,更容易实现通用化和去型号化,满足多样化的推进需求。

因此,本章节主要以霍尔推力器为对象,根据航天产品生产线建设的理论、经验和运行管理要求,结合霍尔推力器产品及工艺特点,阐述霍尔电推进生产线建设的一些思路和建议。

15.2.2　生产线建设模式

典型的生产线建设模式主要分为产品导向型（如汽车生产线）、工艺导向型（如化工、制药生产线）和模块组合化柔性生产单元 3 种，从具体实现方式来看可以分为刚性生产线、柔性制造系统、集成制造系统、单元制造系统，对上述生产制造系统进行分析比较，得到的结果见表 15-1。

表 15-1　不同生产线的比较分析

	刚性生产	柔性制造	集成制造	单元制造
投资费用	高	中	高	低
原有设备利用率	低	低	低	高
柔性	低	高	中	中
生产效率	高	中	高	高
物流效率	高	中	高	中

从表 15-1 可以得出以下结论：

（1）刚性生产线从产品、设备到工人操作都实行标准化，建立固定节拍流水生产线，实现高效率与低成本；刚性生产线将生产过程分得很细，对于提高生产率和保证产品质量具有重要意义，但系统柔性差，生产准备时间长，投资大。显然这种刚性的生产线不适应航天产品生产需要。

（2）柔性制造系统投资大，控制和管理困难，其柔性被限制在一定范围内，在机械加工之外的铸造、装配等领域很难实施，也不是理想的解决方案。

（3）集成制造系统与柔性制造系统具有同样的问题，同时还有刚性生产线的弊端，也不适应航天产品生产需要。

（4）单元制造系统将某一类零件集中在一起加工，将加工这类零件所需要的机械设备集中在一起，从而缩短了物流路线，提高了生产效率和加工质量，简化了生产管理，同时避免了投资过大、管理复杂等问题。

15.2.3　霍尔推力器生产线建设模式选择

通过对上述几种生产线制造系统的对比分析，其中单元制造系统通过将某一种类的加工工序或装测工序的资源配置集中在一起，可以缩短物流路线，提高生产效率和质量，简化生产管理。单元制造最重要的一条就是"让产品流动起来可以大幅提高生产效率"，或者说"一流动就活"。产品流动及作业人数的弹性化、物流供应的准时化，将有效排除传统生产方式存在的诸多浪费，同时可以大大缩短生产周期，创造出高效率、低成本、高品质、少库存、能快速应对任务变化的生产系统，可以有效解决航天产品批量生产问题。

　　在飞机、大型液体动力发动机等产品批量生产的情况下,通常采用一种脉动生产线的生产组织模式,脉动生产线是按节拍移动的一种装配线,运用精益制造思想,对装配过程进行流程再设计、优化和平衡,实现按设定节拍的站位式装配作业,达到缩短装配周期、满足客户要求的装配生产形式。总装脉动生产线是介于固定站位装配与连续移动装配之间的一种装配生产线形式,其典型特征是产品移动时不进行装配作业,装配作业进行时产品不移动。

　　通过对不同生产线建设模式和实现方式进行分析对比,结合霍尔推力器产品多为"品种规格多、技术状态多、生产数量小"的特点,可选择模块组合化柔性生产单元的建设模式,建立单元制造系统,采用准流水线的作业方式,在投入有限的情况下大幅提升霍尔推力器产品的生产效率。

15.3　霍尔推力器生产线建造

15.3.1　霍尔推力器生产线要素分析

　　霍尔推力器生产主要包括零件加工、装配、测试、试验等环节,零件加工包括机械加工和表面处理(表面阳极化、热处理、镀镍、陶瓷喷涂等),装配包括一般装配、电装、焊接(激光焊、电子束焊、氩弧焊)等,测试包括焊缝检测、气密测试、电性能测试、冷态流阻测试、轴线精度测试等,试验包括真空点火试验、力热环境试验等,具有生产环节多、涉及专业领域广等特点。全流程的生产线建设将面临建造和运行的高成本问题。

　　因此,为了保证霍尔推力器生产线按照正确的方向进行建设,生产线建设单位应充分考虑霍尔推力器产品特点,准确把握和理解产品研制全过程的功能和特性,运用生产流程优化的具体方法,从生产线定位、布局方式、管理模式等方面进行系统策划,把重点放在装配、调试、测试、环境试验上,全面提升生产线生产能力和产品质量。而后依据生产线建设实施方案,完成相应的配置与建造工作,并进行试运行,验证是否满足生产线建设目标要求。

　　生产线建设策划应首先进行需求分析,以目前及将来一段时间(如3~5年)内产品的需求量为依据,对产品功能、预期产量与产值及质量要求等进行分析,明确生产线建设的目标,然后围绕以下7个要素进行详细策划。

　　1) 岗位和人员配置

　　根据生产流程需要,确定保证生产线正常运行的相应岗位设置及其人员配置要求;同时,根据生产岗位需求,制定有针对性的人员培训和资质认证要求。

　　2) 仪器设备配置

　　以产品定型文件为依据,确定生产流程、设备及其布局,尽可能地提高生产线的适应性。针对专业产品类别相同或相近的生产线,可以考虑、建成多产品共用的"混合式布局"形式,在充分识别共性工艺环节的基础上,将完成相同或相似工艺的资源集中起来,形成公用生产单元;同时,针对不同产品补充个性生产单元,以满足产品特定工艺要求。

3）物流配置

明确保证生产线正常运行所需的各种元器件、原材料和消耗品,如酒精、聚酰亚胺胶带、设备的备品备件等的配置方案及产品的贮存和转运要求,应注意战略的风险分析及储备。

4）技术指导文件体系

针对不同岗位的工作内容和要求,分别制定相应的技术指导文件,建设方案应提供所需编制的技术指导文件清单,如操作规程、岗位作业指导书等,并明确用途。

5）安全与环境设施建设

根据产品生产要求、设备及人员的配备情况,确定场地及其附属设施的建设方案,应注意安全防护、某些特种工艺对生产环境、资源、供给及环境保护等方面的特殊要求。

6）信息化建设

策划适合于生产线的信息管理系统,合理设置信息采集范围、内容、方式等,明确生产管理信息管理与控制流程,实现工艺、质量、物资、生产系统的一体化应用。

7）管理制度

应制定用于管理和维护生产线固有能力的全部规章制度,一般包括总则和各要素的管理文件、标准、规范等,如生产线说明书、质量管理要求、设备管理要求、安全生产及环境控制管理要求、队伍配置要求和元器件、原材料管理要求等。

在生产线建设策划工作结束后,应形成生产线建设实施方案作为生产线建造的依据,具体要求见表 15 - 2。

表 15 - 2　生产线建设实施方案编制要素及要求

序号	项目	要　素	子要素	策　划　要　求	备注
1	概述	项目来源		简述生产线建设背景	
		生产线简介	生产对象	生产线生产的主要产品	
			生产线定位	简述生产线在产品研制过程中服务的阶段,说明输入及输出	
			建线前生产能力	简要分析建造生产线前生产能力及周期	
			任务需求	通过对未来任务需求的分析,论证建设生产线的必要性和迫切性	

续　表

序号	项目	要　素	子要素	策　划　要　求	备注
2	建设内容	工艺问题解决	历史问题复查	生产线存在问题是否已全部解决,不存在需攻克的工艺难点	
			基线选取	选取生产线典型产品作为建设生产线的基线产品	
			优化并固化工艺流程	对工艺流程进行分析,选取最优工艺路线	
		生产流程优化	生产流程的工时负荷	按产品分别绘制生产计划流程图,要求每一个工序都要说明工时定额(以小时为单位),计算每个产品的生产周期	
			工时运行负荷分析	对产品工时负荷进行分析,找出制约生产能力的瓶颈所在	
			对生产流程统筹考虑并进行优化	将线上同时生产的多个产品的工序按并行工程原则进行优化,绘制新的生产流程图,并计算出优化后的工时运行负荷,绘制工时运行负荷图,得出实际的生产周期	
			生产布局	根据新的生产流程图绘制生产布局图	
		安全及环境设施建设	安全设施建设/改造要求	说明生产线技术安全,消防安全等方面的建设和改造要求	
			生产环境要求	说明生产环境的控制要求	
		仪器设备及物流	仪器设备配置要求	分析现有设备配置情况,说明应增加的设备	
			仪器设备管理要求	仪器设备的计量、标定、维保要求	
			产品的贮存和转运	说明生产线物流要求、转运设备、贮存方式及设备等	
		生产线质量保证	生产线产品保证细则	根据产品保证要求制定生产线产品保证细则	
			生产线产品检验规程	根据工艺文件要求合理设置检验点、关键检验点、强制检验点,按照质量体系文件要求明确生产线产品检验规程	
		岗位和人员配置	岗位设置	说明岗位配置要求及目前情况	
			人员配置要求	说明人员配置数量及能力要求	
			人员培训	制定详细的人员培训计划和要求,包括上岗、在岗、复岗培训等	

序号	项目	要 素	子要素	策 划 要 求	备注
2	建设内容	信息化建设	质量信息管理	明确生产线质量信息收集、上报的范围、流程和实现方式	
			生产信息管理	明确生产线生产信息收集、上报的范围、流程和实现方式	
		规章制度制定		对现有规章制度进行分析,形成管理制度清单	
3	能力预估	目标定位		与国内外水平对标	
		投入产出比分析		分析比对建成前后的生产周期、成本、生产能力	
4	计划	建设工作计划		生产线具体的工作计划	
5	其他	保障条件		为保证生产线建设顺利开展所必需的其他保障条件	

15.3.2 霍尔推力器生产流程优化

生产流程的优化是生产线建设策划的核心内容,必须找出产品实现过程的瓶颈环节,进行流程的优化与资源的合理配置,从而实现提高产能的目标。通过对生产过程的梳理,找出不适应生产要求的因素,并对其进行优化。科学地调配各种资源,合理安排投产的批次、数量及投产时间,缩短生产周期,从而使生产能力在尽可能短的时间内得到最大程度的提升。下面根据典型霍尔推力器的工艺实现流程、不同阶段资源配置和生产流程来描述生产流程优化的一些思路。

霍尔推力器由加速器模块和阴极模块组成,加速器模块由阳极部件、内外磁部件、接管嘴部件,以及放电室、底板、托架、管路、电缆等总装零件组成,阴极模块由空心阴极、接管嘴部件,以及支架、管路、电缆等总装零件组成。图 15-2 为霍尔推力器基本组成。

霍尔推力器装配按照工艺实现方式可分为一般装配、电装、焊接等三个主要装配单元,一般装配包括零件清洗烘干、激光标印、真空烘烤、标准件连接、导管弯制、割管、修毛;电装包括走线、拨线、压接、灌胶,以及热缩管和玻璃纤维绳的包覆、绑扎;焊接包括电子束焊、激光焊、氩弧焊。霍尔推力器测试按照功能可分为焊缝检测、气密测试、电性能测试、冷态流阻测试、轴线精度测试、真空点火测试、力热环境试验等七个测试单元,其中电性能测试包括冷态电阻、导通、绝缘、极性、磁感应强度等测试,力热环境试验包括正弦振动、随机振动、冲击、热真空

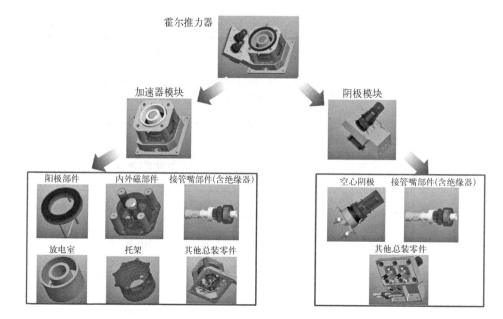

图 15-2　霍尔推力器基本组成

等试验。

　　在霍尔推力器专用生产建设之前,霍尔推力器的生产不可避免要借用一些公共的生产资源,其工艺方法必然受限于当前的工艺实现手段,且实现过程自动化水平不高,很难保证生产效率。因此,为保证霍尔推力器生产线建成后高效运行,必须围绕霍尔推力器产品实现过程,针对生产能力瓶颈、工艺问题短板,借助自动化、数字化、智能化等手段,建设先进的制造和测试单元,并由点及线,打造霍尔推力器先进研制生产线。

　　霍尔推力器加速器模块装配工艺流程如图 15-3 所示。

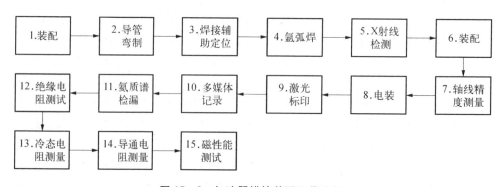

图 15-3　加速器模块装配工艺流程

　　霍尔推力器总装工艺流程如图 15-4 所示。

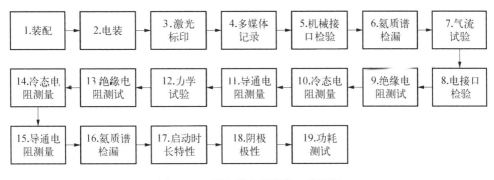

图 15－4　霍尔推力器总装工艺流程

　　例如,针对霍尔推力器生产过程中导管管制及焊接、焊缝检测、电性能测试、气密及流阻测试等自动化程度很低的工艺实现环节,开展导管自动弯制焊接及检测单元、霍尔推力器自动化测试单元、霍尔推力器试车自动化测试和数据处理单元等紧紧贴合霍尔推力器主线生产自动化装测需求的先进制造单元规划与建设,解决主线生产焊接、测试、真空点火试验等瓶颈环节,提高装配测试的自动化水平和效率,保证出产质量的高品质和一致性。

　　通过先进制造单元的建设与成线布局,加速器模块研制流程可由图 15－3 所示简化为图 15－5 所示,其中工艺流程 2~5 由导管自动化弯制焊接及检测单元自动化完成,工艺流程 11~15 由霍尔推力器自动化测试单元自动完成。

图 15－5　优化后加速器模块装配工艺流程

　　通过先进制造单元的建设与成线布局,霍尔推力器研制流程可由图 15－4 所示简化为图 15－6 所示,其中工艺流程 5~11 和流程 13~16 由霍尔推力器自动化测试单元自动完成,工艺流程 17~19 由霍尔推力器试车自动化测试和数据处理单元自动完成。

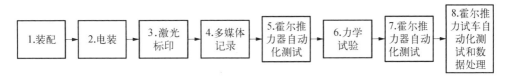

图 15－6　优化后霍尔推力器总装工艺流程

15.3.3　霍尔推力器生产线建造

生产线建造过程是依据生产线建设实施方案,完成岗位和人员配置、仪器设备配置、物流保障建设、技术指导文件完善与配置、安全与环境设施建设、信息化建设及管理制度制定等工作,并进行试运行,验证是否满足生产线建设目标要求,具体流程和内容见图 15-7。

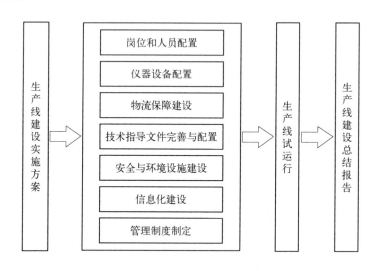

图 15-7　生产线建造流程和内容

1. 生产线岗位和人员配置

生产线岗位和人员配置主要包括生产线定员、员工培训管理等工作,应根据产品方案、生产规模和建设进度设计和进行定员,按照要求和建设进度有计划地配备和培训各类人员,避免无计划过多、过早地招收和使用员工。

生产线定员的工作流程包括分析阶段、定岗阶段、定员阶段和完成阶段,具体流程见图 15-8。生产线定员应当以生产线当前和近期生产发展为主要依据,采用先进工艺技术,改善劳动组织和生产组织,实行先进合理的劳动定额、充分挖掘劳动潜力,既保证满足生产的需要,又避免窝工浪费。

在霍尔推力器产品生产线建设时,应重点解决设计、生产队伍的分离,改变研究室、实验室出产品的状况。应按生产线上主要产品设置产品首席专家,明确设计人员、测试人员、试验人员、工艺人员、装配人员的分工,实现设计、测试、装配等队伍分离。同时,要明确产品首席的职责,充分发挥产品首席的作用;为加强生产线产品保证能力,设置生产线产品保证工程师;加强工艺师队伍,设置产品工艺师、专业工艺师、现场工艺师等,有效地保证产品的生产质量。

生产线员工培训内容包括新员工上岗培训,"一专多能"的在岗培训、安全教育培训等多方面内容,应根据生产线岗位实际需要制定详细的生产线培训计划书,

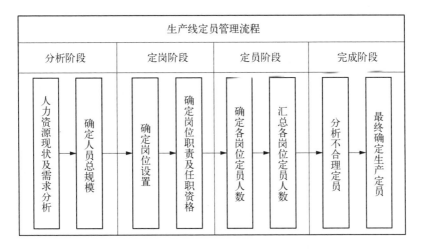

图 15‑8　生产线定员管理流程

使新员工能够尽快满足上岗条件,使在岗人员的技术和技能水平得到持续提升。生产线岗位和人员配置要求见表 15‑3。

表 15‑3　生产线岗位和人员配置要求

序号	要　素	目　　标
1	岗位设置	岗位设置科学合理,专业化分工明确,完成分离
2	岗位说明书	岗位职责清晰; 任职资格标准细化、明确,也包括学历知识、经验、技能、行为成果等相关要求; 岗位输出成果具体
3	岗位操作规程	能够覆盖主要生产岗位; 指导性、操作性强
4	岗位培训	岗位培训(知识和经验)要求明确; 有岗位培训计划; 培训有记录、有考核
5	人员配置	能够提供完整的生产线人员名册; 上岗人员均携带上岗证书 符合持证上岗要求,特殊岗位有关人员有上岗证书; 岗位人员的任职资格(技能等级)结构合理,比例均衡,能够承担重要和难度大的任务

2. 生产线仪器设备配置

仪器设备是生产线物质系统的重要组成部分,是生产线正常生产的重要物质与技术保证。设备技术状态的好坏,直接影响所生产的产品数量与质量。生产线仪器设备管理包括设备的选购、设备的安装调试、设备的使用、设备的维护、设备的改造与更新等工作。

设备的选择应坚持"技术上先进、经济上合理、生产上可行"的原则,首先满足生产任务需求,综合考虑设备的生产率、可靠性、维修性、安全性、成套性、节能性、经济性、环保性等主要因素,统筹兼顾,配置合适的仪器设备。同时应做好设备的维护与修理工作,明确设备操作规程和使用环境条件,掌握设备磨损和故障发生规律,制定科学的维护和修理计划,并严格执行。生产线仪器设备配置管理要求见表15-4。

表 15-4 生产线仪器设备配置要求

序号	要素	要求
1	设备管理规定	内容全面,应能够覆盖设备的申请、投产、验收、入库与管理、使用与维护等方面
2	设备管理记录	制定项目全面、内容可追溯的记录表格
3	仪器设备清单	明确用于仪器设备使用的工序及用途,技术状态,生产、检定、校准、检查日期
4	设备操作规程及维保规范	各种设备操作规程、维保规范齐全
5	仪器设备周期检定、校准计划	制定通用仪器设备年度检定计划和月度检定计划; 制定专用测试设备年度校准计划和月度校准计划
6	设备仪器应急预案	预案科学、合理、可靠
7	仪器设备配置	仪器设备配置与清单相符; 设备、计量仪器检定、校准、检查标识清楚,现场维护保养情况良好
8	测量过程控制管理	测量仪器设备经计量检定、校准合格; 测量方法和测量范围按规定要求执行; 测量过程的环境条件符合要求
9	工艺装备管理	工艺装备配置与清单相符; 在用、自研工艺装备的图样齐套,保存完整; 工艺装备标识清楚,现场使用情况良好; 工装存放使用符合要求; 工装履历表等专用记录表格记录完整全面

此外,为提高生产效率,保证质量稳定性,霍尔推力器生产线的设备单元在软硬件配置应具有显著的自动化、数字化、智能化特征,能够对设备、工艺系统及加工状态实时监测,可针对生产计划、技术准备、加工操作、检验检测等基本作业状态进

行集中监控,实现信息实时采集、交互共享。例如,霍尔推力器生产过程中的导管弯制、焊接及焊缝检测环节,采用自动弯管设备对导管进行弯制、端面切割和处理,激光扫描检测设备对弯制好的导管进行检测;检测合格的产品流转至焊接单元,激光清洗机进行焊接面的激光清洗(代替传统的酸洗),焊接机器人进行焊接面自动对接、定位和焊接,多媒体设备对焊缝外观形貌进行检测记录,X 射线拍片设备进行焊缝质量的数字成像检测。

3. 生产线物流保障建设

生产线物流管理是保证生产线正常运行,适应市场需求变化、增强生产计划工作的灵活性和抵御原材料和元器件市场变化的关键环节。霍尔推力器产品生产线物流建设主要包括物资的计划、采购、质量保证、仓储、配套管理及生产现场产品/半成品的贮存、运输与防护等内容。

霍尔推力器产品可靠性要求高,对物资管理特别是元器件方面提出了更高的要求,必须加强仓储设施等基础条件的建设,仓储环境、搬运等条件满足存储物资的技术条件和要求;建立并严格执行物资质量控制制度,对元器件的领用复验、失效、中转贮存等要进行严格管理。

由于霍尔推力器产品的生产线易受原材料和元器件缺料等因素的影响,需要建立一定量的风险物资的战略储备,在综合考虑库存、质量保证、消耗、起订量等因素的基础上编制各类物资的采购计划。例如,霍尔推力器生产线就必须提前储备一定量的 BN 陶瓷材料,贮供单元生产线就必须提前储备一定量的传感器,以抵御缺料带来的风险。

生产线物流保障建设要素及要求见表 15 - 5。

表 15 - 5　生产线物流保障建设要求

序号	要　素	要　　求
1	管理制度	各项管理制度应基本包括以下内容: 元器件有效贮存期规定; 温度、湿度监测规定; 库存产品状态标识管理规定; 元器件失效管理相关规定; 元器件领用复验管理规定; 搬运、包装、防护管理规定
2	库房建设	安全、防盗措施到位; 防尘、密闭、防腐蚀措施到位; 温、湿度控制措施到位; 防静电放电措施到位; 不合格/超期元器件的隔离措施到位

续　表

序号	要　素	要　　求
3	产品/半成品贮存、周转与防护管理	对静电、水分、冲击、污染等敏感的产品按照相关要求进行标识、包装和运输； 生产线工位分区标识清楚，产品周转路线明确； 产品贮存区(含库房)有明显标识，温度、湿度、洁净度和安全性满足有关要求且记录完整

4. 生产线技术指导文件完善与配置

生产线技术文件体系可以分为生产指导性文件(静态文件)和生产过程文件(随产品流动类文件)，应按照建设实施方案进行补充完善和配置，具体分类如图15-9所示。

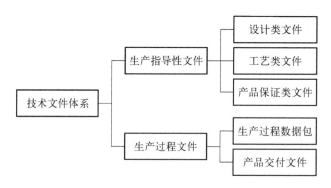

图 15-9　生产线技术文件体系图

生产指导性文件不随产品流转，状态相对固化，保存在各个工位，指导相应的生产操作，文件状态控制严格，变更需要经过技术状态控制委员会审查批准。

生产过程类文件随产品流动和交付，通过标识或编号等进行区别，与产品是一一对应的，保证产品信息的可追溯性。

生产线技术文件的配置应按"清理(对所有定型文件清理)、归类(对所有文件进行归类)、确定(确定在生产线上应用的所需工艺文件和产品保证文件等)、模拟运行(通过模拟运行发现、解决新、旧文件存在衔接问题)、补充(补充完善模拟运行中缺少的文件和表格，完整记录生产中的数据)、流转(产品文件在生产线上正式流转运行)"6 个步骤进行相应工作的梳理、完善，形成管理规范，保证文件配置合理，流转畅通。

5. 生产线安全与环境设施建设

为确保生产线正常生产活动安全进行，防止安全事故发生，保护人身安全，必须加强生产线安全生产管理。航天产品生产线建设应综合产品实际特点，辨识危险源、进行安全风险分析、评估,采取相应防范措施,主要包括安全预防与防护设施建设、安全纪律和规章制度建设等内容,保证生产线设备稳定运行,保证涉及的人员、产品安全。生产线安全生产建设管理要求见表 15 - 6。

表 15 - 6　生产线安全生产建设管理要求

序　号	要　素	要　求
1	安全控制目标	安全控制目标明确
2	生产线危险因素分析	对作业人员、设施设备、作业现场、环境条件等方面的安全状况进行分析
3	相关人员岗位安全职责	制定相关人员岗位安全职责
4	安全生产规章制度、标准及安全生产操作规程	建立或完善针对生产线的各项安全规章制度、标准、操作规程等
5	安全生产事故应急处置预案	制定安全生产事故应急处置预案
6	生产线现场安全管理	生产线上操作者劳动防护措施落实到位; 生产线各项安全措施的落实情况

生产线现场是产品的加工地、集散地,环境条件必须满足产品的特殊要求。通常航天产品对环境条件都有洁净度、温度、湿度等特殊要求,必须严格控制。同时,生产现场环境的好坏直接影响操作者的情绪与生产效率,因此必须结合航天产品的实际特点进行生产线环境建设或改造。

例如,霍尔推力器空心阴极采用的核心功能材料——钡钨发射体对水、氧等杂质气体比较敏感,为了保护空心阴极产品,确保其工作性能和工作寿命,产品在地面存贮、流转与测试期间,提出了明确的环境要求。如"产品长期贮存应带好保护件,放入电子干燥柜中,要求温度 20~35℃,相对湿度≤15%"等。霍尔推力器导管弯制与焊接过程中,为避免多余物进入产品,要求在 10 万级净化间内完成,净化间生产环境在温度、湿度、照度、洁净度、防静电措施等方面均需满足要求,才能够保证生产过程的有效控制。

6. 生产线信息化建设

航天产品的特点,决定了产品在生产制造过程中的复杂程度,在生产、装配、调试、测试、试验各阶段中,工序繁多而且复杂,在生产的工艺、计划、质量等管理过程中,产生的包括工艺过程、产品质量记录、产品状态、产品性能等众多生产信息,必须利用信息化的手段,控制并指引生产制造全过程,从而提高资源利用率、信息传递效率及保证产品可靠性。

7. 生产线管理制度建设

生产线管理制度体系包括岗位设置、安全生产、环境控制、设备管理、质量控制等一系列的规章制度,在相关要素的建设中应配套完成。本节重点介绍航天产品生产线质量管理方面的规章制度建设的内容和要求。

生产线质量管理应在本单位质量管理体系的指导下。加强生产过程控制和生产过程数据包管理,建立质量问题的快速响应机制和定期的面向产品的质量问题分析机制。生产线质量管理主要包括检验管理、关键工作管理、关键检验点(强制检验点)管理、生产过程数据包管理等根据质量体系要求和产品特点制定相应管理办法。

航天产品生产线应建立质量问题快速响应机制。一般来说,产品生产过程中发现的质量问题必须认真记录和汇总,及时填写《产品质量问题报告表》,在发现后12小时内将报告表送生产线质量管理人员,质量管理人员收到报告表后24小时内,上报本单位(部门)及上级单位质量管理人员,及时组织归零。

航天产品生产线建立面向产品的质量问题分析机制。每月由生产线产品保证工程师填写《生产线产品质量问题月度统计报表》,统计生产线产品交付数量、在线数量、质量问题数量、不合格品审理数量、技术问题处理单、更改单、技术通知单、超差单的数量,对每月质量情况进行分析,提出措施建议等。每个季度、半年度,产品首席专家组织开展产品的质量问题分析工作,分析问题根源并提出解决措施,持续改进和提高产品的固有质量与可靠性。

15.4　霍尔推力器生产线运行

15.4.1　生产线运行前认证

霍尔推力器生产线建造工作完成后,应由生产线专业组织依据生产线建设方案,围绕建设需求和目标重点考核生产能力和质量保证努力,对建设单位的文件资料和生产现场进行检查,考核生产线建设效果,并给出认证结论[3]。

根据通常航天产品生产线建设的要求,霍尔推力器生产线认证流程参照航天产品生产线认证程序,如图15-10所示。

1)认证准备

霍尔推力器生产线建设单位完成生产线建造并经过试运行,实现生产线建设目标后提出认证申请。

2)认证申请

生产线建设单位向组织单位提交《航天产品生产线认证申请表》《航天产品生产线建设实施方案》和《航天产品生产线建设总结报告》。

3)资料审查和现场审查

生产线认证工作的重点是资料生产和现场审查两部分,分别审查文件资料的

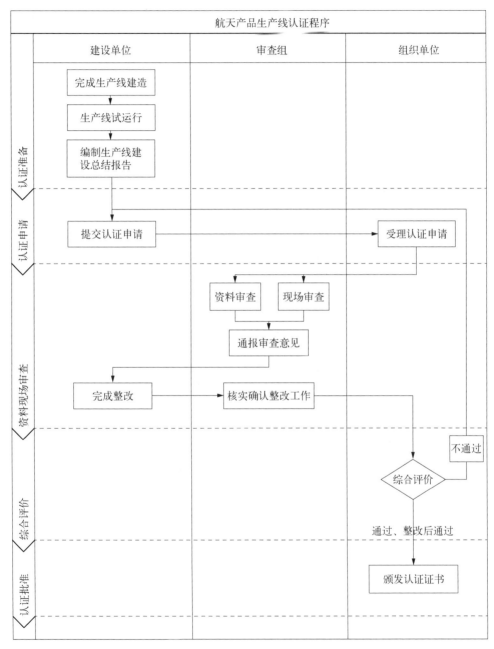

图 15 - 10　航天产品生产线认证程序[4]

指导性和现场对文件的执行情况。

资料审查是由生产线认证专家对责任单位提交的生产线相关文件进行的审查,审查组结合《航天产品生产线建设实施方案》,重点审查《航天产品生产线建设总结报告》、使用说明书、产品保证文件和工艺规程及操作规范等文件,生产文件是否能够保证生产过程受控,指导产品重复生产。

资料审查要求可以按表 15－7 所示的格式进行。

表 15－7 生产线认证资料审查要求

序号	审查项目	审 查 要 求	备 查 文 件
1	生产线综合情况	生产流程经过优化; 生产线布局合理; 生产能力达到策划目标	生产线建设实施方案; 生产线建设总结报告; 生产线建设自查结论
2	岗位和人员配置情况	岗位设置要求明确; 根据岗位需求制定并实施培训计划	岗位设置及人员配置文件等; 特殊岗位有关人员上岗证书; 岗位操作规程; 培训计划及证明材料
3	仪器设备配置管理情况	仪器设备能力满足生产需求; 有仪器设备清单等明确的工序及用途; 各种仪器设备操作规范齐全; 有仪器设备工装年度维保、周检计划等文件	设施设备操作规程及规范; 工装仪器设备清单; 设施设备计量及校准报告
4	物流配置管理情况	原材料、元器件的存放、使用有相关的规章制度; 原材料、元器件领用的记录卡片完整、符合要求; 产品/半成品贮存、周转和防护有明确要求	元器件、原材料管理规章制度相关工艺文件、产品保证细则等
5	技术指导文件完善情况	各类生产指导类文件齐全,可操作性强,过程类文件模板清楚细化,填写要求明确; 各类按岗位配置和随产品流转的文件配置和使用要求清楚	技术指导文件配置清单
6	安全与环境设施管理情况	能够对生产线设计的所有安全隐患进行分析并有应对措施; 能够说明现场环境温度、湿度、清洁度、多余物等环境条件	环境检测报告、安全风险分析及预案等
7	信息化建设情况	信息化系统管理制度齐全; 形成信息化系统操作说明书	相关制度、系统操作说明书
8	管理制度制定情况	规章制度完备; 产品实现过程质量跟踪受控; 产品数据包数据翔实; 关键项目、关重件管理规范	产品(质量)保证类文件

资料审查结束后,审查组成员应提出生产线资料审查结论并向责任单位反馈审查意见,确定现场审查重点项目。

　　现场审查是针对资料生产的意见和重点,到生产线现场进一步检查,重点从产品生产流程、生产布局、岗位及人员配置情况、仪器设备配置等方面考察生产线具备的生产能力,并从物料控制、生产过程控制和验收控制等方面考察保证产品质量和一致性的能力。表 15‑8 为现场审查项目及重点。

表 15‑8　现场审查项目及重点

序号	审 查 项 目	审 查 要 求	备注
1	生产线综合情况	生产线规模、布局和能力符合建设实施方案要求	
2	岗位和人员配置情况	生产线现场人员配置到位; 生产线现场人员管理符合相关管理规定	
3	仪器设备配置情况	生产线仪器设备配置到位; 生产线仪器设备的能力满足要求; 设备、计量仪器和工装使用、现场管理遵守相关规定	
4	物流配置情况	生产线库房建设和管理符合相关规定; 原材料元器件使用、保管符合管理要求; 生产线现场物流畅通,产品周转符合规定	
5	技术指导文件应用情况	技术指导文件按照实施方案要求进行现场配置,文件使用、填写和控制符合管理要求	
6	安全与环境设施建设情况	生产线现场各种安全措施、劳动防护符合要求; 生产线环境控制符合策划要求,记录齐全有效	
7	信息化应用情况	信息化系统运行正常,使用规范,生产线信息流通高效	
8	管理制度执行情况	质量保证措施落实; 生产线现场图样、工艺文件使用规范、流转受控、高效; 生产线上各种质量记录文件齐全、有效; 生产线上产品状态标识、批次管理清楚	

　　4)综合评价

　　生产线审查通过后,组织单位召开生产线综合评价评审会。对生产线认证审查活动的规范性和有效性进行确认,对生产线进行综合评价,确定其是否具备预期的生产和质量保证等综合能力。

　　5)认证批准

　　生产线建设组织单位对评审通过的生产线颁发生产线合格证书。如果生产线发生以下变更时,应重新认证:

　　(1)生产线产品技术状态、制造工艺方案、生产组织模式、生产场地和环境等发生重大变化时;

　　(2)发生其他影响认证要求的变更时。

15.4.2　生产线运行管理

生产线运行管理是在生产线取得认证后,重点围绕生产线的稳定运行和持续改进而开展的工作。生产线运行管理主要是针对生产线七大要素的管理,即人员队伍管理、仪器设备管理、物流管理、技术文件管理、安全与环境管理、信息化管理、质量管理等。

人员队伍管理主要包括生产岗位及人员配置的动态管理,以及人员培训教育管理。如明确生产线岗位职责与要求、岗位人员配置健全且人员能力符合岗位需求、制定合理的年度培训计划、落实培训计划并留下记录等。

仪器设备管理主要包括仪器设备台账管理、规章制度管理、维护管理、使用环境管理等。如设备清单和配置要清楚准确,设备的操作规范和注意事项既要基于设备本身又要符合生产线实际情况,仪器设备单产能力和质量状况符合产品生产要求,有计量属性的仪器设备要有周期检定校准计划并按计划组织实施,仪器设备资产状态控制标志("合格"或"完好")要有效,仪器设备使用环境符合工艺文件规定等。

物流管理主要包括物资配套计划及风险管理、原材料及元器件有效期管理、产品防护控制等。如制定明确合理的物资配套计划节点要求并有相应的风险分析和应急控制手段,建立原材料及元器件有效期管理制度并明确超期或失效器材的处置流程和措施,制定生产线产品搬运、贮存、包装、防护控制管理规定,对静电、水分、冲击、污染等敏感的产品按相关要求进行包装,确保生产线各工位分区标识清楚及明确产品周转路线,确保温湿度、洁净度等环境条件满足相关要求并记录完整等。

技术文件管理主要包括技术文件管理制度、工艺文件规范性及有效性管理、生产线文件配置管理等。如制定齐全的制度管理文件,确保工艺文件编写规范、签署齐全、更改符合相关管理规定,关键工序工艺文件编制符合相关要求,设计图样、工艺文件、标准等各类生产指导文件齐全并按照工位进行配置,确保生产现场的文件受控等。

安全与环境管理主要包括安全生产管理、现场环境控制等。如制定安全相关规章制度和操作规程并严格执行,开展危险源辨识和评价工作并确保危险源辨识充分、评价结果符合相应风险等级,针对各级危险源采取相应的防范措施,制定有效的应急处置预案并定期组织演练,安全生产责任落实到各岗位并签订责任书,确保作业人员经过安全生产培训后上岗,明确静电防护、多余物控制等生产现场环境要求并制定具体措施,确保生产现场环境控制记录完整可追溯,确保生产现场人员着装符合相关规定等。

信息化管理主要包括信息化管理制度、信息化应用管理等。如制定齐全的制度管理文件,按照相关规定进行信息的录入、查询和系统使用,工艺、质量、物资、生产系统信息一体化应用等。

质量管理主要包括一般检验管理、关键(强制)检验点管理、生产线数据包管理等。如制定齐全的检验管理规章制度,生产线检验点设置合理且检验依据明确,工序间交接进行自检、互检并签署明确,按规定对不合格品标识、隔离、评价、处置和记录,对生产过程中的各类不合格项进行分类、统计、分析,根据产品需要制定关键工序清单并标识清楚,关键(强制)检验点检验项目、合格判据、检验方法和验收手段明确,关键(强制)检验点过程记录量化、详细、实时有效并按规定存档,关键(强制)检验点检验结果应在现场由检验、工艺、设计共同确认并签署,多媒体记录要求明确并记录完整,形成规范的数据包填写模板并明确填写要求,质量数据内容规范、完整、正确并具有可追溯性等。

参考文献

[1] 牛庆锋,李宇峰,张书庭,等. 宇航产品生产线的建设、认证及运行评估初探. 航天工业管理,2010(7):30-35.

[2] 袁家军. 航天产品工程. 北京:中国宇航出版社,2011.

[3] 李海金,杜刚,陆宏伟. 开展宇航产品生产线建设与认证的思路和方法. 质量与可靠性,2013(2):29-33.

[4] 李国钧,丁森,黎朝晖,等. 航天产品生产线建设管理要求:Q/QJA 755-2020. 北京:中国航天科技集团有限公司,2021.